C/C++ 函数与算法速查宝典

陈锐 孙玉胜 梁辉 著

人民邮电出版社
北京

图书在版编目（CIP）数据

C/C++函数与算法速查宝典 / 陈锐，孙玉胜，梁辉著
. -- 北京 : 人民邮电出版社，2022.9
ISBN 978-7-115-58835-7

Ⅰ. ①C… Ⅱ. ①陈… ②孙… ③梁… Ⅲ. ①C++语言
—程序设计 Ⅳ. ①TP312.8

中国版本图书馆CIP数据核字(2022)第039522号

内容提要

本书全面、系统地讲解了 C 和 C++中的常用函数及算法，其内容分为 3 篇，共 29 章，包括近 300 个常用函数和九大类算法，还以实例形式讲解了 Visual Studio 调试技术。其中，在 C 语言函数篇，对每一个函数的讲解都包含了函数原型、功能、参数、返回值、范例、解析等内容，部分函数会通过综合实例来辅助理解。在算法篇，每个算法采用相应实例进行讲解，包含问题、分析、实现、说明等内容。在 C++输入/输出流与容器篇，针对每个类库选取了最常用的函数，按构造类函数、存取类函数、操作类函数等类别从函数原型、函数功能、函数参数、函数返回值、函数范例、函数解析等方面进行了介绍。

本书适合学习 C/C++函数和算法的初、中级开发人员，爱好者和大、中专院校学生使用。对于经常使用 C/C++进行开发的程序员，本书更是一本不可多得的案头常备工具书。

◆ 著　陈　锐　孙玉胜　梁　辉
责任编辑　蒋　艳
责任印制　王　郁　胡　南

◆ 人民邮电出版社出版发行　北京市丰台区成寿寺路 11 号
邮编　100164　电子邮件　315@ptpress.com.cn
网址　https://www.ptpress.com.cn
北京七彩京通数码快印有限公司印刷

◆ 开本：800×1000　1/16
印张：25　2022 年 9 月第 1 版
字数：551 千字　2024 年 12 月北京第 6 次印刷

定价：89.90 元

读者服务热线：(010)81055410　印装质量热线：(010)81055316
反盗版热线：(010)81055315
广告经营许可证：京东市监广登字 20170147 号

前　　言

C/C++作为目前最为流行的编程语言之一，是高等院校计算机类相关专业学生的必修课程，也是计算机科学研究和软件开发的重要基础。熟练掌握C/C++编程语言和相关的开发工具对于今后深入学习和理解数据结构、算法设计与分析、操作系统、计算机网络、数据库原理、编译原理等专业课程意义重大。C/C++定义了编写程序的语法规则，其中的算法则告诉如何利用这两门语言编写出高质量的程序。本书主要介绍C语言常用的函数、C++常见类库和函数、常用算法及范例，旨在帮助读者掌握 C/C++中的常用函数和算法，理解如何使用这些函数，并熟谙算法思想。

本书分为3篇：C语言函数篇、算法篇、C++输入/输出流与容器篇。其中，C/C++函数、容器主要介绍每个函数的原型、参数含义、返回值及使用方法。相对来说，这两部分内容比较容易掌握。算法这一篇分11章（第8～18章）进行介绍，其中第18章是以范例的形式介绍程序调试技术。我们学习计算机软件开发的过程往往是从掌握编程语言的语法开始，但在学完编程语言后，只是了解了这些语言的语法，会编写简单的程序，如果遇到一些稍有难度的程序（如蛇形方阵、螺旋矩阵）时，仍然会感到吃力。而导致这种结果的其中一个原因是看的程序太少，阅读的程序设计类书籍太少，另一个原因是没有学过数据结构和算法方面的知识。在读完一本C语言的书后，虽然了解了它的语法规则，但是可能还不怎么会用，这就需要多看一些范例，并上机实践。除此之外，还需要学习并掌握一些常见的算法。算法是程序设计的思想和灵魂，而C/C++只是实现算法的工具。这就像做一道菜，语言工具就是食材和作料，算法就是烧菜的方法，至于菜烧得好吃不好吃，则取决于厨师的手艺。在编程中，算法决定了编写出的程序是不是有效，因此，熟练掌握算法至关重要。

为了让读者快速地掌握函数的使用方法，除了介绍函数的功能、参数、返回值外，本书还提供了极具代表性、趣味性和实用性的范例，以开拓读者思路，使其理解算法设计的奥妙。例如，第12章的“求 *n* 个数中的最大者”“和式分解”“大牛生小牛问题”都巧妙地利用了递归来实现。第16章矩阵算法中的“打印螺旋矩阵”“将矩阵旋转90度”虽然代码不长，却充分体现出程序员的程序设计思想和实际编程技术。考虑到算法的实用性，本书尽量将范例与实际工作和生活相结合，比如加油站问题、找零钱问题、大小写金额转换、求算术表达式的值。本书的算法部分可以被看作对前面基础知识的一种升华。

本书作为一本工具书，对每一个函数和算法范例的关键知识点都进行了说明，并列出了注意事项，以帮助读者快速上手。

本书的特点

1. 覆盖全面，讲解详细

本书的内容不仅包括 C 函数库、C++函数库，还包括常用的算法。本书精选了 C 语言中的 7 个常用函数库，其中包含了 100 多个常用函数，还精选了多个常用算法，比如排序算法、查找算法、递推算法、枚举算法、递归算法、贪心算法、回溯算法等。此外，还精选了 C++中的 11 个常用类库，其中包含了近 200 个常用函数。这些函数涵盖了 C/C++的各个领域，基本满足读者的各项需求，算法也比较全面，所选用的范例也都是比较经典的范例。

2. 层次分明，结构清晰

本书层次分明、结构清晰，便于读者阅读和掌握。本书用篇、章、节和小节划分知识点，其中第 1 篇 C 语言函数篇中每一小节都以【函数原型】【函数功能】【函数参数】【函数的返回值】【函数范例】【函数解析】的形式分别进行讲解。

3. 图表丰富，语言通俗

本书对每个函数都结合了具体的范例进行讲解，旨在通过具体运用，让读者明白函数的用法。而本书的算法则除了有具体的范例外，还用比较直观的图表来表示抽象的概念，以便读者掌握。在叙述上，本书普遍采用短句或易于理解的语言，让读者阅读起来更轻松。

4. 范例具体，实用性强

针对每个函数和算法，本书均提供了具体的应用范例。此外，还选取了一些比较大的综合范例以说明多个函数的综合应用效果。另外，除了对算法原理的讲解，本书还筛选了典型范例，并提供了完整的实现代码，方便读者掌握算法思想，提高读者的实践能力。

本书的内容

第 1 篇主要讲解 C 语言的常用函数，包括 ctype.h、stdio.h、string.h、stdlib.h、math.h、stdarg.h、time.h 库函数，如字符处理函数、标准控制台输入/输出函数、字符串和字符数组、字符串转换函数、内存分配函数、过程控制函数、数学函数、可变参数函数、日期和时间函数的应用。

第 2 篇主要讲解常用算法，包括插入排序、交换排序、选择排序、归并排序和基数排序算法、基于线性表/树的查找算法，以及哈希查找算法、顺推法和逆推法、枚举算法、递归算法、贪心算法、回溯算法、分治算法、矩阵算法、实用算法等。

第 3 篇主要讲解 C++输入/输出的基类 ios_base 类、iostream 类、文件流类、string 类、vector 类、deque 类、list 类、stack 类、queue 类、set 类、map 类的使用。

程序调试的提示

在教学研究和实践过程中，经常有学生在上机实践时会犯这样或那样的错误，那么如何能快速找出错误程序的位置和原因，以便让程序正常运行呢？方法如下。

1. 熟练掌握一个开发工具

为了解决程序调试问题，首先要选择一个比较趁手的开发工具，比如 Visual C++或 Visual Studio。

- 对于语法错误，编译器会直接定位错误行，并给出相应的错误提示。
- 对于逻辑错误和运行时的错误，则需要为可能出问题的代码段设置断点，以跟踪查看变量在程序运行过程中的变化情况。通过对输入的数据进行分析，就能很快找出问题所在。

2. 亲自动手，多上机实践

虽然本书为所有的范例都提供了完整的代码，但还是建议读者亲自在计算机上运行一下代码，在编写代码和运行代码的过程中体会算法的设计思想。这个过程中，你也许会不小心输入错误，也许会为一个小错误苦恼半天，但在经过多次检查和艰难调试后，你最终会找到代码错误的原因并且成功将其解决。当你看到代码正确地运行出结果时，你可能会激动不已，甚至喜极而泣。这个过程也是每个成功者的必经之路，只有经历无数次的痛苦、挣扎，你才有可能成长为一名经验丰富的 C/C++程序员，或一名合格的软件工程师。计算机是一门学科，也是一门技术，算法思想固然很重要，但再伟大的算法也需要对其进行验证。正所谓实践是检验真理的唯一标准，这个亘古不变的道理在这里同样成立。

如果有读者看完本书后感觉有所收获，那么编者长时间的辛苦与付出就是值得的，也就达到了编写本书的目的。

本书范例的运行结果（如图 1-1）中显示的路径仅为作者本地运行路径，读者运行的路径略有不同。

本书由陈锐、孙玉胜、梁辉主编，戎璐、徐洁、蔡增玉、陈明、李昊、崔建涛参与编写。

由于时间仓促，加上编者水平有限，书中难免会存在一些不足和疏漏，希望读者不吝赐教，通过邮箱 235668080@qq.com 与编者联系，或通过 QQ 群（1059130240）与编者沟通交流。

致谢

本书的编写参阅了大量相关文献、著作、网络资源，在此向各位原著者致谢！

另外，本书的出版得到了郑州轻工业大学和人民邮电出版社的大力支持与帮助，在此向其表示感谢。尤其要感谢人民邮电出版社的蒋艳编辑和王旭丹编辑，她们十分看重本书的实用价值，在她们的努力下，本书才得以顺利出版。

最后，还要感谢所有编者的家人，正是他们的默默付出与鼓励才使我们顺利完成本书的编写。

陈锐

资源与支持

本书由异步社区出品，社区（https://www.epubit.com/）为您提供相关资源和后续服务。

配套资源

本书提供如下资源：

- 本书配套源代码；
- C++输入/输出流与容器篇对应 PDF 电子资源。

要获得以上配套资源，请在异步社区本书页面中点击 配套资源 ，跳转到下载界面，按提示进行操作即可。注意：为保证购书读者的权益，该操作会给出相关提示，要求输入提取码进行验证。

如果您是教师，希望获得教学配套资源，请在社区本书页面中直接联系本书的责任编辑。

提交勘误

作者和编辑尽最大努力来确保书中内容的准确性，但难免会存在疏漏。欢迎您将发现的问题反馈给我们，帮助我们提升图书的质量。

当您发现错误时，请登录异步社区，按书名搜索，进入本书页面，点击“提交勘误”，输入勘误信息，单击“提交”按钮即可。本书的作者和编辑会对您提交的勘误进行审核，确认并接受后，您将获赠异步社区的 100 积分。积分可用于在异步社区兑换优惠券、样书或奖品。

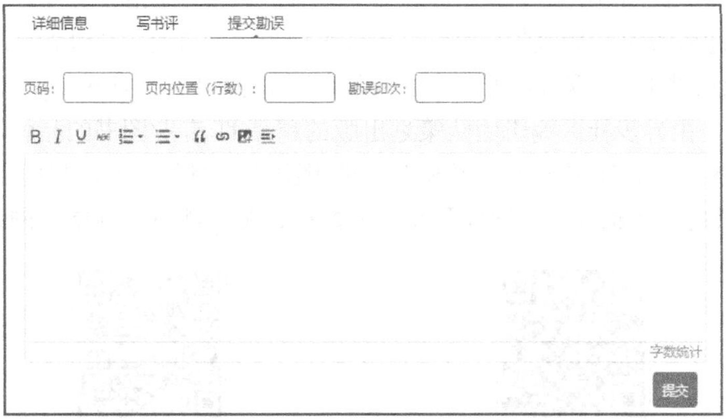

扫码关注本书

扫描下方二维码，您将会在异步社区微信服务号中看到本书信息及相关的服务提示。

与我们联系

我们的联系邮箱是 contact@epubit.com.cn。

如果您对本书有任何疑问或建议，请您发邮件给我们，并请在邮件标题中注明本书书名，以便我们更高效地做出反馈。

如果您有兴趣出版图书、录制教学视频，或者参与图书翻译、技术审校等工作，可以发邮件给我们；有意出版图书的作者也可以到异步社区在线提交投稿（直接访问 www.epubit.com/contribute 即可）。

如果您是学校、培训机构或企业用户，想批量购买本书或异步社区出版的其他图书，也可以发邮件给我们。

如果您在网上发现有针对异步社区出品图书的各种形式的盗版行为，包括对图书全部或部分内容的非授权传播，请您将怀疑有侵权行为的链接发邮件给我们。您的这一举动是对作者权益的保护，也是我们持续为您提供有价值的内容的动力之源。

关于异步社区和异步图书

"异步社区"是人民邮电出版社旗下 IT 专业图书社区，致力于出版精品 IT 技术图书和相关学习产品，为作译者提供优质出版服务。异步社区创办于 2015 年 8 月，提供大量精品 IT 技术图书和电子书，以及高品质技术文章和视频课程。更多详情请访问异步社区官网 https://www.epubit.com。

"异步图书"是由异步社区编辑团队策划出版的精品 IT 专业图书的品牌，依托于人民邮电出版社近 40 年的计算机图书出版积累和专业编辑团队，相关图书在封面上印有异步图书的 LOGO。异步图书的出版领域包括软件开发、大数据、AI、测试、前端、网络技术等。

异步社区

微信服务号

目　录

第1篇　C语言函数篇

ctype.h 库函数主要包括一些字符处理函数。例如，其中的 isalnum 函数用来判断是否是英文字母或数字字符，tolower 函数是将大写字母转换为小写字母。

stdio.h 库函数主要包括常用的输入/输出函数。例如，其中的 getch 函数用来接受从键盘输入的字符，printf 函数用来格式化输出数据，fprintf 函数用来格式化输出数据到指定的文件中。

string.h 库函数主要包括常用的字符串操作函数。例如，其中的 strcmp 函数用来比较两个字符串的大小，strcpy 函数用来将一个字符串拷贝到另一个字符串中，strcat 函数用来将两个字符串连接在一起。

stdlib.h 库函数主要包括字符串转换函数、动态内存管理函数、过程控制函数等。例如，atof 函数是将字符串转换为双精度浮点数，malloc 函数是分配内存空间，abort 函数用来终止当前的进程。

math.h 库函数主要包括三角函数、指数和对数函数、幂指数和开方函数等。例如，cos 函数用来求角度的余弦值，log 函数用来求自然对数，pow 10 函数用来求 10^{exp} 的值。

stdarg.h 库函数主要包括 3 个用来处理变长参数的宏。例如，va_arg 宏用来获取下一个参数，va_start 宏用来初始化变长参数列表。

time.h 库函数主要包括一些时间处理函数。例如，其中的 time 函数用来得到当前的时间，ctime 函数用来将时间转换为字符串形式。

第 2 篇　算法篇

排序算法是程序设计中较为常用的算法。排序算法主要包括插入排序、交换排序、选择排序、归并排序和基数排序。

查找算法是程序设计中常用的算法。查找算法主要包括基于线性表的查找、基于树的查找和哈希表的查找。

递推算法是通过不断迭代，用旧的变量值递推得到新值。递推算法常用来解决重复计算的问题，如斐波那契数列、存取问题等。

枚举算法也称穷举算法，它是编程中常用的一种算法。在解决某些问题时，可能无法按照一定规律从众多的候选解中找出正确的答案。此时，可以从众多的候选解中逐一取出候选答案，并验证候选答案是否为正确的解。

递归是自己调用自己，它将一个复杂的问题进行整体考虑，只要知道最基本问题的答案，就可以得到整个问题的答案。常见的递归问题有阶乘、斐波那契数列和最大公约数等。

贪心算法是一种不追求最优解，只希望找到较为满意解的方法。贪心算法省去了为找最优解要穷尽所有可能而必须耗费的大量时间，因此，它一般可以快速得到比较满意的解。贪心算法常以当前情况为基础做最优选择，而不考虑各种可能的整体情况，所以贪心算法不需要回溯。

回溯算法也称为试探法，是一种选优搜索法。该方法首先暂时放弃关于问题规模大小的限制，并将问题的候选解按照某种顺序逐一枚举和检验。当发现当前的候选解不可能是解时，就选择下一个候选解；倘若当前候选解只是不满足问题的规模要求，但满足所有其他要求时，则继续扩大当前候选解的规模，并继续向前试探。如果当前的候选解满足包括问题规模在内的所有要求，则该候选解就是问题的一个解。在寻找解的过程中，放弃当前候选解，退回上一步重新选择候选解的过程就称为回溯。

分治算法是将一个规模为 N 的问题分解为 K 个规模较小的子问题进行求解，这些子问题相互独立且与原问题性质相同。求出子问题的解，就可得到原问题的解。最大子序列和、求 x 的 n 次幂、众数问题等就是利用分治算法来实现的。

矩阵算法主要通过分析数组中元素值的变化规律，巧妙利用数组下标与元素值之间的关系设计算法。矩阵算法往往需要交换或者存取矩阵中的某个元素，这就需要灵活掌握二维数组两个下标的变换。

vector 类是 C++中常用的容器类，包括了一些常用的函数实现，用户无须重新编写函数即可使用。例如，size 函数用来表示向量的大小，empty 函数用来表示向量是否为空，push_back 函数用来向向量中追加元素。

deque 类是 C++的双端队列。它主要包括求队列的大小函数、元素的存取函数、向队列中插入元素和删除元素的函数等。

list 类是 C++的链表容器。它主要包括求链表的大小函数、元素的存取函数、链表的操作函数。例如，push_front 函数在链表的开始插入元素，push_back 函数在链表的末尾插入元素，unique 函数删除链表中重复的元素。

stack 类是 C++的栈容器。它主要包括求栈的大小函数和存取函数。例如，top 函数返回栈顶元素，push 函数在栈顶位置插入新元素，pop 函数删除栈顶元素。

queue 类是 C++的队列容器。它主要包括队列的存取函数和一些判断队列的状态函数。例如，front 函数用来存取队头元素，back 函数用来存取队尾元素。

set 类是 C++的集合容器。它主要包括求集合的大小函数和其他操作函数。例如，find 函数返回要查找元素的迭代器，lower_bound 函数返回大于等于某个值的第一个元素的迭代器。

map 类是 C++的映射容器。它主要包括求 map 容器大小的函数、元素的存取函数和查找操作函数。例如，insert 函数是插入一个元素到 map 中，erase 函数是清除 map 中的元素。

第1篇　C语言函数篇

由 ANSI 制定的 C 标准库虽然不是 C 语言本身的构成部分，但是它支持标准 C 语言的实现，还提供该函数库中的函数声明、类型及宏定义。标准库中的函数及宏定义如下表所示。

标准库中的函数及宏定义

函数	宏定义
alloc.h	动态地址分配函数
assert.h	诊断函数
float.h	定义从属于环境工具的浮点值
math.h	数学函数
stdarg.h	变长参数表
stdlib.h	常用函数（动态内存分配、类型转换等）
ctype.h	字符操作函数
limits.h	定义从属于环境工具的各种限定
setjmp.h	非局部跳转函数
stddef.h	常用函数
string.h	字符串函数
errno.h	定义出错代码
local.h	地区函数
signal.h	信号函数
stdio.h	标准的输入/输出函数
time.h	日期与时间函数

如果要使用标准库中的函数，则需要用以下的方式包含库函数。

```
#include<库函数>
```

虽然库函数的包含顺序是任意的，但是库函数必须被包含在任何外部声明或定义之外。

注意：C++标准库也同样包含 C 标准库，但是所有 C 语言函数库的库函数之前都被冠以“c”，例如，C 标准库中的库函数 stdio.h 在 C++中则变为 cstdio。

第 1 章　ctype.h 库函数

ctype.h 库函数包含了 C 语言中的字符测试函数、字符转换函数等函数。字符测试函数的作用是判断字符的类型，如数字字符、英文字母、空白字符等。字符转换函数主要有大写英文字母转换为小写英文字母的函数、小写英文字母转换为大写英文字母的函数、字符转换为 ASCII 码的函数。

ctype.h 库函数在 C++中通用，使用时，需要以下文件包含命令。

```
#include <cctype>
```

1.1 字符测试函数

C 语言中的字符测试函数可以判断字符属于哪种类型，比如是属于英文字母、数字字符、控制字符、可打印字符、小写英文字母、标点符号、空白符，还是属于十六进制字符。另外，还可以判断字符属于 ASCII 码的范围等。

1.1.1 isalnum 函数——判断是否是英文字母或数字字符

1. 函数原型

```
int isalnum(int ch);
```

2. 函数功能

isalnum 函数的功能是判断字符是否是英文字母或数字字符。

3. 函数参数

参数 ch：可以是字符，也可以是整型数字。

4. 函数的返回值

如果 ch 是英文字母或数字字符，则返回非 0 值；否则返回 0。

5. 函数范例

```
/********************************************
*范例编号：01_01
*范例说明：判断字符是否是英文字母或数字字符
********************************************/
01    #include <stdio.h>
02    #include <ctype.h>
03    void main()
04    {
05        char ch1='*';
06        char ch2='2';
07        if(isalnum(ch1)!=0)
08            printf("'%c'是英文字母或数字字符\n",ch1);
09        else
10            printf("'%c'不是英文字母也不是数字字符\n",ch1);
11        if(isalnum(ch2)!=0)
12            printf("'%c'是英文字母或数字字符\n",ch2);
13        else
14            printf("'%c'不是英文字母或数字字符\n",ch2);
15    }       system("pause");
```

该函数范例的运行结果如图 1-1 所示。

6. 函数解析

（1）参数 ch 必须是用单引号括起来的字符，或者是整型数字。例如，'a''2''5''%'都是合法的。

（2）如果 ch 是'0'～'9'的数字，或者是'A'～'Z'和'a'～'z'的字符时，则返回非 0 值；否则返回 0。

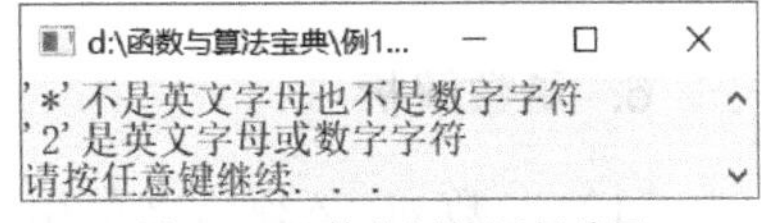

图 1-1　函数范例的运行结果

7. 应用说明

isalnum 函数是宏定义，非真正函数。

1.1.2　isalpha 函数——判断是否为英文字母

1. 函数原型

```
int isalpha(int ch);
```

2. 函数功能

isalpha 函数的功能是判断 ch 是否是英文字母。

3. 函数参数

参数 ch：可以是带单引号的英文字母，也可以是带单引号的数字，或其他字符。

4. 函数的返回值

如果 ch 是英文字母（'A'～'Z'或'a'～'z'），则返回非 0 值；否则返回 0。

5. 函数范例

```
/*********************************************
*范例编号：01_02
*范例说明：判断字符是否是英文字母
*********************************************/
01    #include <stdio.h>
02    #include <ctype.h>
03    #include <stdlib.h>
04    void main()
05    {
06         int c;
07         c='x';
08         printf("%c:%s\n",c,isalpha(c)?"是英文字母":"不是英文字母");
09         c='6';
10         printf("%c:%s\n",c,isalpha(c)?"是英文字母":"不是英文字母");
11         c='&';
12         printf("%c:%s\n",c,isalpha(c)?"是英文字母":"不是英文字母");
13         system("pause");
14    }
```

该函数范例的运行结果如图 1-2 所示。

6. 函数解析

（1）参数 ch 必须是带单引号的字符，或者是整型数字。与 isalnum 函数的参数取值相同。

（2）如果 ch 是小写英文字母或大写英文字母，即'A'～'Z'或'a'～'z'，则函数返回非 0 值；否则返回 0。

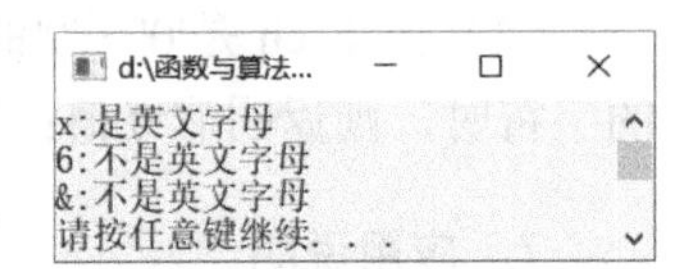

图 1-2 函数范例的运行结果

1.1.3 isascii 函数——判断 ASCII 码是否位于 0～127

1. 函数原型

```
int isascii(int ch);
```

2. 函数功能

isascii 函数的功能是判断 ch 的 ASCII 码是否位于 0～127，也就是判断 ch 是否为 ASCII 码字符。

3. 函数参数

参数 ch：可以是带单引号的字符，也可以是整型数字。

4. 函数的返回值

如果 ch 的 ASCII 码位于 0～127，则函数返回非 0 值；否则返回 0。ASCII 的全称为美国信息交换标准代码，是一种标准的单字节字符编码方案，用来表示常用的英文字母、数字等字符与二进制数的对应关系。

5. 函数范例

```
/*********************************************
*范例编号：01_03
*范例说明：判断字符的 ASCII 码是否位于 0～127
*********************************************/
01    #include <stdio.h>
02    #include <ctype.h>
03    #include <stdlib.h>
04    void main()
05    {
06         int i,n;
07         char str[]={'B',0x80,'a','y'};
08         n=sizeof(str)/sizeof(char);
09         for(i=0;i<n;i++)
10         {
11             printf("%c%s 是一个 ASCII 字符\n", str[i],(isascii(str[i]))?"":"不");
12         }
13         system("pause");
14    }
```

该函数范例的运行结果如图 1-3 所示。

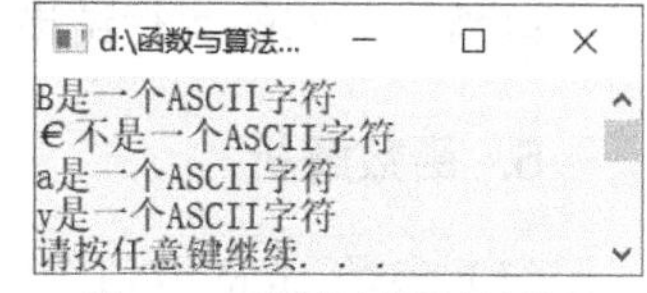

图 1-3　函数范例的运行结果

6. 函数解析

（1）参数 ch 的取值合法性与 isalpha 函数的参数取值相同。

（2）主要判断 ch 的 ASCII 码是否位于 0～127。

1.1.4　iscntrl 函数——判断是否是控制字符

1. 函数原型

```
int iscntrl(int ch);
```

2. 函数功能

iscntrl 函数的功能是判断 ch 是否是控制字符，即 ASCII 码是否位于 0x00(NOL)～0x1f(VS)或等于 0x7f（Delete 键的 ASCII 码）。

3. 函数参数

参数 ch：可以是带单引号的字符，也可以是整型数字。

4. 函数的返回值

如果 ch 是控制字符，则函数返回非 0 值；否则返回 0。

5. 函数范例

```
/*********************************************
*范例编号：01_04
*范例说明：判断字符是否是控制字符
*********************************************/
01    #include <stdio.h>
02    #include <ctype.h>
03    #include <stdlib.h>
03    void main()
04    {
05         int c;
06         c='a';
07         printf("'%c'%s\n",c,iscntrl(c)?"是控制字符":"不是控制字符");
08         c=13;
09         printf("ASCII 码为%x 的字符%s\n",c,iscntrl(c)?
10                  "是控制字符":"不是控制字符");
11         c=0x7f;
12         printf("ASCII 码为%x 的字符%s\n",c,iscntrl(c)?
13                  "是控制字符":"不是控制字符");
14         system("pause");
15    }
```

该函数范例的运行结果如图 1-4 所示。

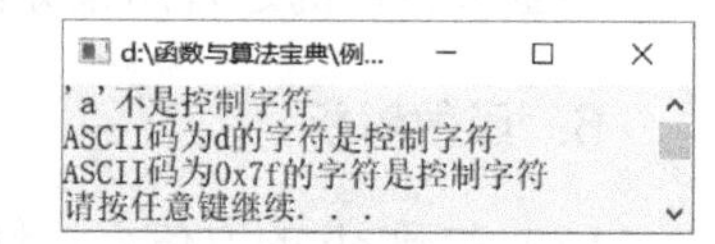

图 1-4　函数范例的运行结果

6. 函数解析

（1）参数 ch 的取值合法性与 isalpha 函数的参数取值相同。

（2）控制字符的 ASCII 码是 0x00～0x1f 和 0x7f。

1.1.5 isdigit 函数——判断是否是数字字符

1. 函数原型

```
int isdigit(int ch);
```

2. 函数功能

isdigit 函数的功能是判断 ch 是否是数字字符，即是否是'0'～'9'的字符。

3. 函数参数

参数 ch：可以是带单引号的字符，也可以是整型数字。

4. 函数的返回值

如果 ch 的取值在'0'～'9'，则函数返回非 0 值；否则返回 0。

5. 函数范例

```
/*********************************************
*范例编号：01_05
*范例说明：判断字符是否是数字字符
*********************************************/
01    #include <stdio.h>
02    #include <ctype.h>
03    #include <stdlib.h>
04    void main()
05    {
06         char str[]="2%3a5S";
07         int i;
08         for(i=0;str[i]!='\0';i++)
09              printf("%c%s 数字字符.\n",str[i],isdigit(str[i])?"是":"不是");
10         system("pause");
11    }
```

该函数范例的运行结果如图 1-5 所示。

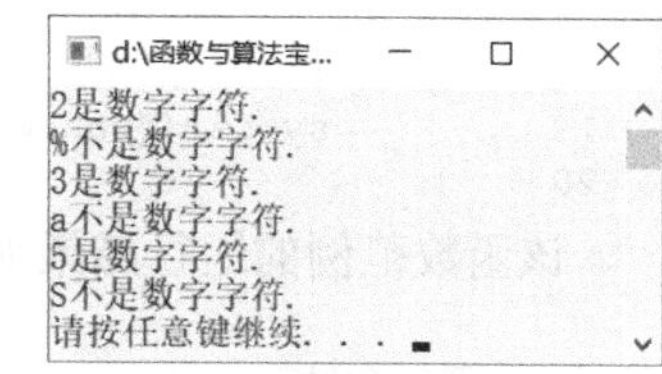

图 1-5　函数范例的运行结果

6. 函数解析

（1）参数 ch 的取值合法性与 isalpha 函数的参数取值相同。

（2）数字字符分别是'0''1'…'9'，对应的 ASCII 码分别是 48、49、…、57。

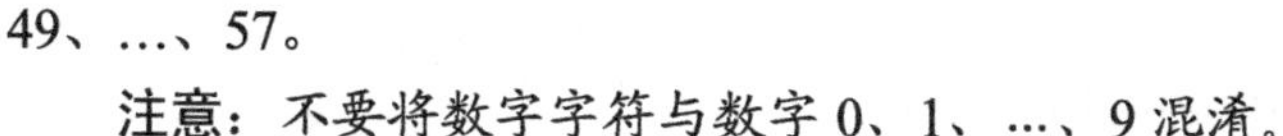

注意：不要将数字字符与数字 0、1、…、9 混淆。

1.1.6　isgraph 函数——判断是否是可打印字符（不包括空格）

1. 函数原型

```
int isgraph(int ch);
```

2. 函数功能

isgraph 函数的功能是判断 ch 是否是可打印字符（不包括空格）。

3. 函数参数

参数 ch：可以是带单引号的字符，也可以是整型数字。

4. 函数的返回值

如果 ch 是可打印字符（不包括空格），则返回非 0 值；否则返回 0。

5. 函数范例

```
/**********************************************
*范例编号：01_06
*范例说明：判断字符是否是可打印字符（不包括空格）
**********************************************/
01    #include <stdio.h>
02    #include <ctype.h>
03    #include <stdlib.h>
04    void main ()
05    {
06         char ch;
07         while(1)
08         {
09              printf("请输入一个字符(退出请输入'q'):");
10              ch=getchar();
11              getchar();
12              if(isgraph(ch))
13                   printf("'%c'是可打印字符.\n",ch);
14              else
15                   printf("'%c'不是可打印字符.\n",ch);
16              if(ch=='q')
17                   break;
18         }
19         system("pause");
20    }
```

该函数范例的运行结果如图 1-6 所示。

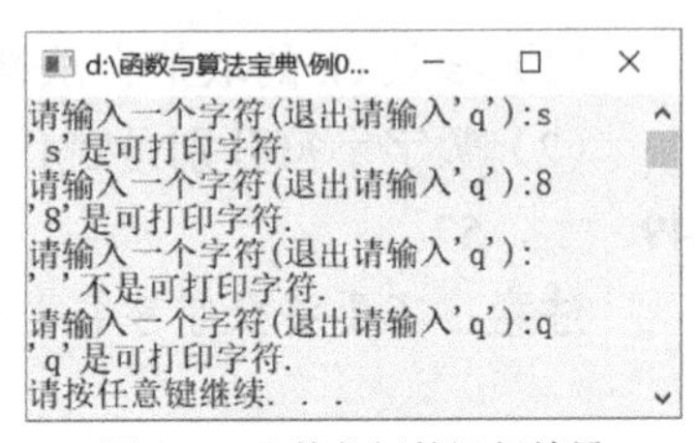

图 1-6　函数范例的运行结果

6. 函数解析

（1）参数 ch 的取值合法性与 isalpha 函数的参数取值相同。

（2）可打印字符指的是可显示字符，英文字母、数字字符、标点符号都是可打印字符，可打印字符的 ASCII 码在 33～127。换行符、回车符、空格符、Tab 键对应的字符都是不可打印字符。

1.1.7 islower 函数——判断是否是小写英文字母

1. 函数原型

```
int islower(int ch);
```

2. 函数功能

islower 函数的功能是判断 ch 是否是小写英文字母。

3. 函数参数

参数 ch：可以是带单引号的字符，也可以是整型数字。

4. 函数的返回值

如果 ch 是小写英文字母，则返回非 0 值；否则返回 0。

5. 函数范例

```
/*********************************************
*范例编号：01_07
*范例说明：判断字符是否是小写英文字母
*********************************************/
01    #include <stdio.h>
02    #include <ctype.h>
03    #include <stdlib.h> void main()
04    {
05         int i=0,low_count=0,upper_count=0,other=0;
06         char str[]="Test String.";
07         char ch;
08         while(str[i])
09         {
10              ch=str[i];
11              if(islower(ch))
12              {
13                   printf("'%c'是小写英文字母.\n",ch);
14                   low_count++;
15              }
16              else if(isupper(ch))
17              {
18                   printf("'%c'是大写英文字母.\n",ch);
19                   upper_count++;
20              }
21              else
22              {
23                   printf("'%c'是其他字符.\n",ch);
24                   other++;
25              }
26              i++;
27         }
28         printf("小写字母有%d 个,大写字母有%d 个,其他字符有%d 个.\n",
29              low_count,upper_count,other);
30         system("pause");
31    }
```

该函数范例的运行结果如图 1-7 所示。

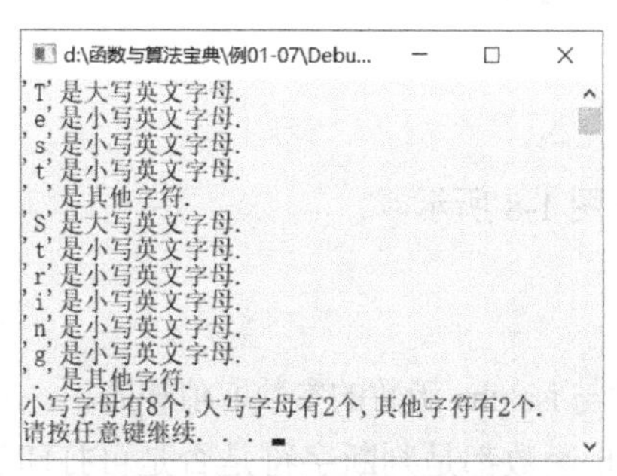

图 1-7　函数范例的运行结果

6. 函数解析

（1）参数 ch 的取值合法性与 isalpha 函数的参数取值相同。

（2）小写英文字母是'a'～'z'的字母，共 26 个，对应的 ASCII 码为 97～122。

1.1.8 isprint 函数——判断是否是可打印字符（包括空格）

1. 函数原型

```
int isprint(int ch);
```

2. 函数功能

isprint 函数的功能是判断 ch 是否是可打印字符（包括空格）。

3. 函数参数

参数 ch：可以是带单引号的字符，也可以是整型数字。

4. 函数的返回值

如果 ch 是可打印字符（包括空格），则返回非 0 值；否则返回 0。

5. 函数范例

```
/*********************************************
*范例编号：01_08
*范例说明：判断字符是否是可打印字符（包括空格）
*********************************************/
01    #include <stdio.h>
02    #include <ctype.h>
03    #include <stdlib.h> void main()
04    {
05        int i=0;
06        char str[]="Welcome to you!\nWelcome to Beijing!\n";
07        while(isprint(str[i]))
08        {
09            putchar(str[i]);
10            i++;
11        }
12        system("pause");
13    }
```

该函数范例的运行结果如图 1-8 所示。

图 1-8　函数范例的运行结果

6. 函数解析

（1）参数 ch 的取值合法性与 isalpha 函数的参数取值相同。

（2）isprint 函数与 isgraph 函数都是判断字符是否是可打印字符的函数，区别在于前者将空格符作为不可打印字符，而后者则将空格符作为可打印字符。

（3）在范例程序中，因为有不可打印字符'\n'，所以只输出了第 1 个'\n'之前的字符。

（4）putchar 函数的作用是将一个字符输出。

1.1.9　ispunct 函数——判断是否是标点符号

1. 函数原型

```
int ispunct(int ch);
```

2. 函数功能

ispunct 函数的功能是判断 ch 是否是标点符号。

3. 函数参数

参数 ch：可以是带单引号的字符，也可以是整型数字。

4. 函数的返回值

如果 ch 是标点符号，则返回非 0 值；否则返回 0。

5. 函数范例

```
/*******************************************
*范例编号：01_09
*范例说明：判断字符是否是标点符号
*******************************************/
01    #include <stdio.h>
02    #include <ctype.h>
03    #include <stdlib.h> void main()
04    {
05    char str1[]="How are you,Mr Liu!";
06    char str2[]="Mobile interface development,system analyst,algorithm design!";
07    int i=0,count=0;
08    char *p;
09    while(str1[i]!='\0')
10    {
11         if(ispunct(str1[i]))
12         count++;
13         i++;
14    }
15    printf ("字符串%s 包含%d 个标点符号.\n",str1,count);
16    p=str2;
17    count=0;
18    while(*p!='\0')
19         {
20         if(ispunct(*p))
21         count++;
22         p++;
```

```
23    }
24    printf ("字符串%s 包含%d 个标点符号.\n",str2,count);
25    system("pause");
26    }
```

该函数范例的运行结果如图 1-9 所示。

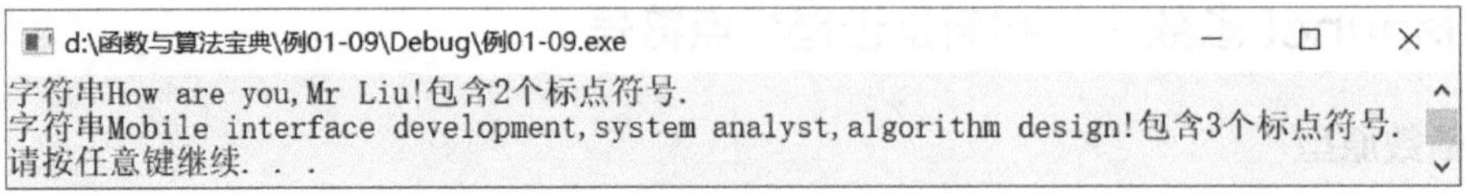

```
d:\函数与算法宝典\例01-09\Debug\例01-09.exe
字符串How are you,Mr Liu!包含2个标点符号.
字符串Mobile interface development,system analyst,algorithm design!包含3个标点符号.
请按任意键继续. . .
```

图 1-9　函数范例的运行结果

6. 函数解析

（1）参数 ch 的取值合法性与 isalpha 函数的参数取值相同。

（2）在范例程序中，count 是计数器，表示标点符号的个数。

1.1.10　isspace 函数——判断是否是空白符

1. 函数原型

```
int isspace(int ch);
```

2. 函数功能

isspace 函数的功能是判断 ch 是否是空白符，空白符包括空格符、水平制表符、回车符等，如表 1-1 所示。

表 1-1　空白符与 ASCII 码的对应关系

空白符	ASCII 码	说明
‘ ’	32	空格符
‘\t’	9	水平制表符
‘\n’	10	换行符
‘\v’	11	垂直制表符
‘\f’	12	换页符
‘\r’	13	回车符

3. 函数参数

参数 ch：可以是带单引号的字符，也可以是整型数字。

4. 函数的返回值

如果 ch 是空白符，则返回非 0 值；否则返回 0。

5. 函数范例

```
/*********************************************
*范例编号：01_10
*范例说明：判断字符是否是空白符
*********************************************/
01	#include <stdio.h>
02	#include <ctype.h>
03	#include <stdlib.h>
04	void main()
05	{
06		char str[]="Huge come from Beijing!\n";
07		char *p;
08		int count=0,alpha_count=0,black_count=0,other_count=0;
09		for(p=str;*p!='\0';p++)
10		{
11			if(isspace(*p))
12				black_count++;
13			else if(isalpha(*p))
14				alpha_count++;
15			else
16				other_count++;
17			count++;
18			putchar(*p);
19		}
20		printf("字符个数为%d,英文字母个数为%d,空白符个数为%d,其他字符个数为%d\n",
21				count,alpha_count,black_count,other_count);
22		system("pause");
23	}
```

该函数范例的运行结果如图 1-10 所示。

图 1-10　函数范例的运行结果

6. 函数解析

（1）参数 ch 的取值合法性与 isalpha 函数的参数取值相同。

（2）在范例程序中，逐个判断字符串中的字符，如果是空白符，则将'\n'赋值给 *c*，然后输出 *c*；否则，直接输出 *c*。

1.1.11　isxdigit 函数——判断是否是十六进制字符

1. 函数原型

```
int isxdigit(int ch);
```

2. 函数功能

isxdigit 函数的功能是判断 ch 是否是十六进制数字 0～9 和 A～F（a～f）。

3. 函数参数

参数 ch：可以是带单引号的字符，也可以是整型数字。

4. 函数的返回值

如果 ch 是十六进制数字对应字符，则返回非 0 值；否则返回 0。

5. 函数范例

```
/*********************************************
*范例编号：01_11
*范例说明：判断字符是否是十六进制数字
*********************************************/
01    #include <stdio.h>
02    #include <ctype.h>
03    #include <string.h> void main()
04    {
05         char str[3][10]={"2FE9H","3EC7","X48A"};
06         int i,k,len;
07         for(k=0;k<3;k++)
08         {
09              len=strlen(str[k]);
10              for(i=0;str[i]!='\0';)
11                   if(isxdigit(str[k][i]))
12                        i++;
13                   else
14                        break;
15              if(i>=len)
16                   printf("%s 是十六进制对应的字符\n",str[k]);
17              else
18                   printf("%s 不是十六进制对应的字符\n",str[k]);
19         }
20    }
```

该函数范例的运行结果如图 1-11 所示。

6. 函数解析

（1）参数 ch 的取值合法性与 isalpha 函数的参数取值相同。

（2）在范例程序中，因为字符串"2FE9H"中含有字符'H'，"X48A"中含有'X'，所以两者都不是十六进制数字对应的字符串。

（3）isxdigit 函数的作用是判断 ch 是否是十六进制数字对应的字符，而不是判断 ch 是否是十六进制数。'0''1''C'是十六进制数对应的字符，0、1、C 是十六进制数中的数字。

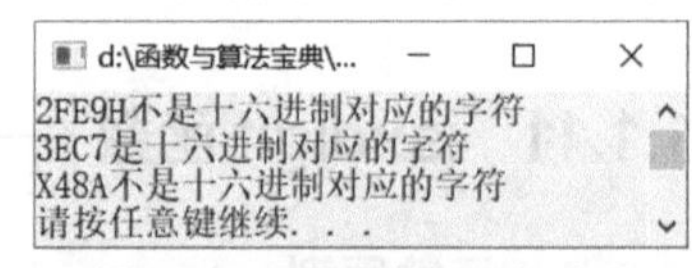

图 1-11　函数范例的运行结果

1.2 字符转换函数

字符转换函数包括将大写英文字母转换为小写英文字母的函数、将小写英文字母转换为大写英文字母的函数、将字符转换为 ASCII 码的函数。

1.2.1 tolower 函数——将大写英文字母转换为小写英文字母

1. 函数原型

```
int tolower(int ch);
```

2. 函数功能

如果 ch 是'A'～'Z'的大写英文字母，则 tolower 函数会将 ch 转换为'a'～'z'的小写英文字母。

3. 函数参数

参数 ch：可以是带单引号的字符，也可以是整型数字。

4. 函数的返回值

如果 ch 是大写英文字母，则返回小写英文字母；如果 ch 不是大写英文字母，则返回 ch。

5. 函数范例

```
/********************************************
*范例编号：01_12
*范例说明：将大写英文字母转换为小写英文字母
********************************************/
01     #include <stdio.h>
02     #include <ctype.h>
03     #include <stdlib.h>
04     #define MAXSIZE 100
05     void main()
06     {
07          char str[]="Artificial Intelligence and Big Data are the most popular direction for
08     computer majors.\n",str2[MAXSIZE];
09          int i,j;
10          for(i=0,j=0;str[i]!='\0';i++)
11          {
12               if(isalpha(str[i]))
13               {
14                    if(isupper(str[i]))
15                    {
16                         str2[j++]=tolower(str[i]);
```

```
17                    }
18                    else
19                    {
20                          str2[j++]=str[i];
21                    }
22              }
23              else
24              {
25                    str2[j++]=str[i];
26              }
27
28        }
29        str2[j]='\0';
30        printf("源字符串：%s",str);
31        printf("转换后的字符串：%s",str2);
32        system("pause");
33  }
```

该函数范例的运行结果如图 1-12 所示。

```
D:\函数与算法宝典\01-12\Debug\01-12.exe
源字符串：Artificial Intelligence and Big Data are the most
 popular direction for computer majors.
转换后的字符串：artificial intelligence and big data are th
e most popular direction for computer majors.
请按任意键继续. . .
```

图 1-12　函数范例的运行结果

6. 函数解析

（1）参数 ch 的取值合法性与 isalph 函数的参数取值相同。

（2）如果 ch 是大写英文字母，则 tolower 函数的返回值是小写英文字母；否则，不进行转换，直接将原字符返回。因此，该函数可以直接作为 putchar 函数的参数。

1.2.2 toupper 函数——将小写英文字母转换为大写英文字母

1. 函数原型

```
int toupper(int ch);
```

2. 函数功能

toupper 函数的功能是将小写英文字母'a'～'z'转换为大写英文字母'A'～'Z'。

3. 函数参数

参数 ch：可以是带单引号的字符，也可以是整型数字。

4. 函数的返回值

如果 ch 是小写英文字母，则返回大写英文字母；如果 ch 不是小写英文字母，则返回 ch。

5. 函数范例

```
/*******************************************
*范例编号：01_13
*范例说明：将小写英文字母转换为大写英文字母
*******************************************/
01    #include <stdio.h>
02    #include <ctype.h>
03    #include <stdlib.h>
04    #define MAXSIZE 100
05    void main()
06    {
07         char str[]="Hello,C Program Language.\n"
08                       "Welcome to C Language World!\n",str2[MAXSIZE];
09         int i,j;
10         for(i=0,j=0;str[i]!='\0';)
11         {
12              if(isalpha(str[i]))
13              {
14                   if(isupper(str[i]))
15                        str2[j++]=str[i++];
16                   else if(islower(str[i]))
17                        str2[j++]=toupper(str[i++]);
18              }
19              else
20                   str2[j++]=str[i++];
21         }
22         str2[j]='\0';
23         printf("源字符串：%s",str);
24         printf("转换后的字符串：%s",str2);
25         system("pause");
26    }
```

该函数范例的运行结果如图 1-13 所示。

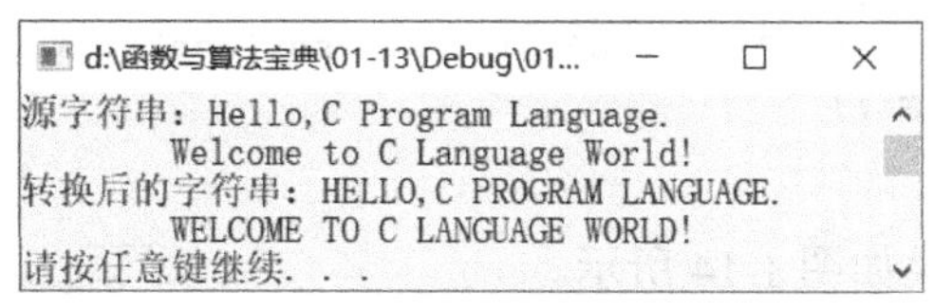

图 1-13　函数范例的运行结果

6. 函数解析

（1）参数 ch 的取值合法性与 isalpha 函数的参数取值相同。

（2）与 tolower 函数一样，因为 toupper 函数具有返回值，所以也可以作为 putchar 函数的参数。

1.2.3　toascii 函数——将字符转换为 ASCII 码

1. 函数原型

```
int toascii(int ch);
```

2. 函数功能

toascii 函数的功能是将字符转换为相应的 ASCII 码。

3. 函数参数

参数 ch：是字符数据。

4. 函数的返回值

返回值是字符 ch 的 ASCII 码。转换后的 ASCII 码的范围是 0～127，低 7 位以外的数位将被清除。

5. 函数范例

```
/*********************************************
*范例编号：01_14
*范例说明：将字符转换为对应的 ASCII 码
*********************************************/
01    #include <stdio.h>
02    #include <ctype.h>
03    void main()
04    {
05         char ch;
06         while(1)
07         {
08              printf("请输入一个字符：");
09              ch=getchar();
10              if(ch=='q')
11                   break;
12              if(ch!=10)
13                   printf("ASCII 码为%d\n",toascii(ch));
14              getchar();
15         }
16    }
```

该函数范例的运行结果如图 1-14 所示。

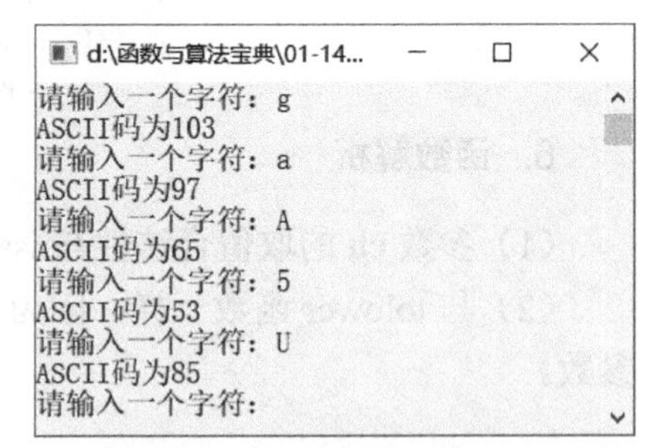

图 1-14　函数范例的运行结果

6. 函数解析

（1）参数 ch 只能是单个字符数据，如'A''a'等。如果输入多个字符，则只将第一个字符转换为对应的 ASCII 码。

（2）范例程序中第 2 个 getchar 函数的作用是忽略输入的回车符。

第2章　stdio.h库函数

stdio.h库函数包含C语言的标准输入/输出函数，这些函数可分为字符输入/输出函数、格式化输入/输出函数、文件输入/输出函数、文件定位函数、文件存取操作函数和文件错误控制函数。

C++兼容了stdio.h库函数，使用本章的函数时，需要以下文件包含命令。

```
#include<stdio.h>
```

或

```
#include<cstdio>
```

2.1 字符输入/输出函数

C语言中的字符输入/输出函数主要接受用户从键盘输入的字符或在屏幕上输出字符。

2.1.1 getch函数和getche函数——接受从键盘输入的字符

1. 函数原型

```
int getch();
int getche();
```

2. 函数功能

getch函数和getche函数的功能都是接受从键盘输入的字符。

3. 函数的返回值

getch函数和getche函数的返回值都是通过键盘输入的字符。

4. 函数范例

```
/*******************************************
*范例编号：02_01
*范例说明：接受从键盘输入的字符
*******************************************/
01      #include <stdio.h>
02      #include <conio.h>
        #include <stdlib.h>
        void main()
03      {
04          char ch;
05          printf("请输入一个字符:\n");
06          ch=getch();
07          printf("\n 输入的字符是:%c\n",ch);
08          printf("请输入一个字符:\n");
09          ch=getche();
10          printf("\n 输入的字符是:%c\n",ch);
11          system("pause");
12      }
```

该函数范例的运行结果如图 2-1 所示。

5. 函数解析

（1）在 C 语言中，getch 函数和 getche 函数的原型都在 stdio.h 中；在 C++中，getch 函数和 getche 函数的原型都在 conio.h 中。

（2）getch 函数与 getche 函数的区别：getch 函数接受输入的字符但不显示在屏幕上，而 getche 函数则接受输入的字符并显示在屏幕上。

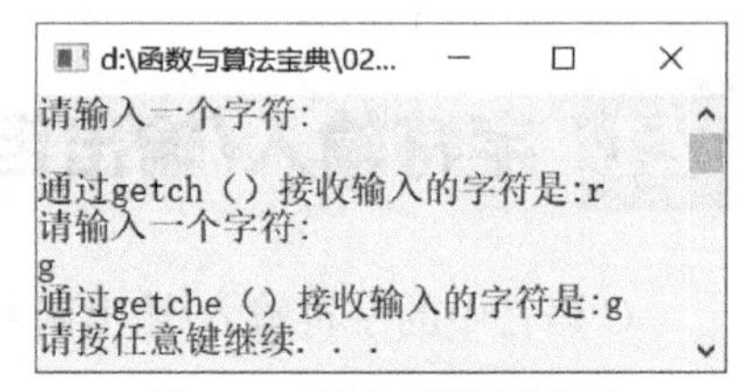

图 2-1　函数范例的运行结果

（3）getch 函数和 getche 函数一次只能接受单个字符。

（4）getch 函数和 getche 函数都不能接受键盘上的功能键和方向键。

2.1.2　getchar 函数——接受一个字符并显示在屏幕上

1. 函数原型

```
int getchar();
```

2. 函数功能

getchar 函数接受从键盘输入的字符并显示在屏幕上。

3. 函数的返回值

函数的返回值是通过键盘输入的字符。

4. 函数范例

```
/*********************************************
*范例编号: 02_02
*范例说明: 接受通过键盘输入的字符
*********************************************/
01      #include <stdio.h>
02      #include <stdlib.h> void main()
03      {
04              char ch;
05              int count=0;
06              printf("请输入一个文本串:");
07              while((ch=getchar())!='\n')
08              {
09                      putchar(ch);
10                      count++;
11              }
12              printf("\n 共输入了%d 个字符!",count);
13              system("pause");
14      }
```

该函数范例的运行结果如图 2-2 所示。

```
d:\函数与算法宝典\02-02\Debug\02-02.exe
请输入一个文本串:Hello Everyone, Let's begin to learn C Programming Language!
Hello Everyone, Let's begin to learn C Programming Language!
共输入了60个字符!请按任意键继续. . .
```

图 2-2　函数范例的运行结果

5. 函数解析

（1）getchar 函数并不是直接从键盘读取字符，而是从键盘缓冲区读取字符。当用户通过键盘输入字符后，将该字符存放到键盘缓冲区中，直到按下回车键时才从键盘缓冲区读入该字符。

（2）getchar 函数与 getch 函数的区别：getchar 函数等待按下回车键后才从键盘缓冲区读入字符；而 getch 函数则直接接受从键盘输入的字符，不会等待用户按回车键，用户只要按下一个键，getch 函数就返回该字符。

2.1.3　gets 函数——读取一个字符串

1. 函数原型

```
char *gets(int *str);
```

2. 函数功能

gets 函数接受用户从键盘输入的一个字符串并存放到 str 指向的字符数组中。

3. 函数参数

参数 str：一个字符指针类型，指输入字符串的首地址。

4. 函数的返回值

如果操作成功，则函数返回指向字符串的指针；否则，函数返回空指针 NULL。

5. 函数范例

```
/*********************************************
*范例编号：02_03
*范例说明：从键盘读取一个字符串
*********************************************/
01    #include <stdio.h>
02    #include <stdlib.h>
03    #include <stdlib.h>
04    void main()
05    {
06         char name[20],*p,*q;
07         p=name;
08         printf("请输入你的姓名（姓和名中间有一个空格）：");
09         gets(name);
10         printf ("你的姓名是:%s\n",name);
11         p=name;
12         while(*p!=' ')
13              p++;
14         q=p+1;
15         *p='\0';
16         printf("姓：%s,",name);
17         printf("名：%s\n",q);
18         system("pause");
19    }
```

该函数范例的运行结果如图 2-3 所示。

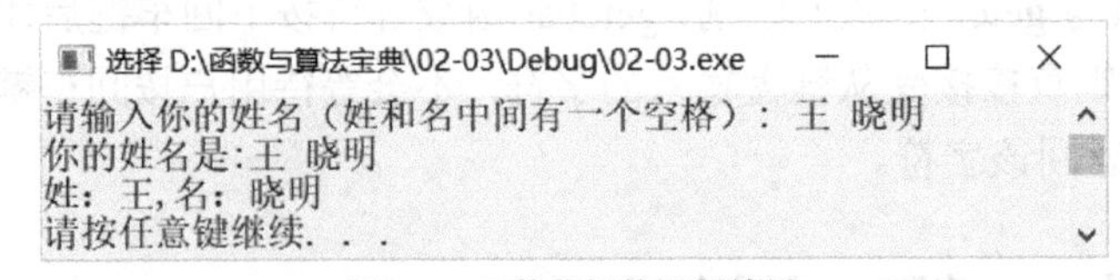

图 2-3　函数范例的运行结果

6. 函数解析

（1）gets 函数持续读取字符直到遇到换行符，换行符不会进入字符串，它将被转换为空字符，作为字符串的结束符。

（2）参数 str 指向的内存单元必须事先分配，否则将出现错误。

（3）在使用 gets 函数接受用户输入的多个字符串时，可以将参数 str 定义为字符数组或字符指针类型，这两者是通用的。如果定义为字符指针类型，则需要为字符指针变量分配内存空间。例如，将范例中 name 对应的代码修改如下。

```
char *name;
name=(char*)malloc(sizeof(char)*20);
```

2.1.4 putchar 函数——在屏幕上输出一个字符

1. 函数原型

```
int putchar(int ch);
```

2. 函数功能

putchar 函数的功能是在屏幕上输出一个字符 ch。

3. 函数参数

参数 ch：待输出的字符。

4. 函数的返回值

调用成功时，函数返回要输出的字符 ch；否则，函数返回 EOF。

5. 函数范例

```
/*********************************************
*范例编号: 02_04
*范例说明: 在屏幕上输出一个字符
*********************************************/
01    #include <stdio.h>
02    void main()
03    {
04        char str[]="Welcome to NorthWest University!";
05        int i=0;
06        printf("字符串:\n");
07        while(str[i])
08        {
09            putchar(str[i]);
10            i++;
11        }
12        putchar('\n');
13    }
```

该函数范例的运行结果如图 2-4 所示。

图 2-4 函数范例的运行结果

6. 函数解析

putchar 函数的作用与 putc(ch,stdout)的相同。在 02_04 范例的实现中，也可以将 putchar 函数用 putc 函数代替，代码如下。

```
01    #include <stdio.h>
02    void main()
03    {
04        FILE *stream;
05        char *p,ch,str[]="Welcome to NorthWest University!";
06        int i;
07        stream=stdout;
          p=str;
08         for(p=str;(ch!=EOF)&&(*p!='\0');p++)
09              ch=putc(*p,stream);
          put c('\n',stream);
          system("pause");
10    }
```

2.1.5 puts 函数——在屏幕上输出一个字符串

1. 函数原型

```
int puts(const char *str);
```

2. 函数功能

puts 函数的功能是在屏幕上输出一个字符串。

3. 函数参数

参数 str：指向输出的字符串，即字符串的首地址。

4. 函数的返回值

如果调用成功，则函数返回一个非负的值；否则，函数返回 EOF。

5. 函数范例

```
/*********************************************
*范例编号: 02_05
*范例说明: 在屏幕上输出一个字符串
*********************************************/
01    #include <stdio.h>
02    #include <stdlib.h>
03    void main()
04    {
05         char str[]="A beautiful girl!";
06         puts("字符串:");
07         puts(str);
08         puts(str+2);
```

```
09        puts(&str[2]);
10        system("pause");
11    }
```

该函数范例的运行结果如图 2-5 所示。

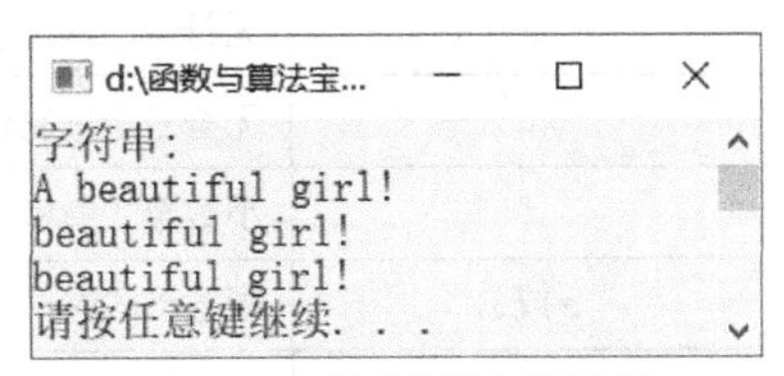

图 2-5 函数范例的运行结果

6. 函数解析

（1）参数 str 可以是字符串常量，也可以是字符数组或字符指针。

（2）puts 函数在输出一个字符串后自动加上换行符，字符串最后的结束符不会被输出。

（3）puts 函数的作用与 2.3.6 节中 fputs(str，stdout)的相同。

2.2 格式化输入/输出函数

格式化输入/输出函数按照指定的格式（数据类型、对齐格式等）输出相应的数据。

2.2.1 printf 函数——格式化输出数据

1. 函数原型

```
int printf(const char *format[,argument]…);
```

2. 函数功能

printf 函数的功能是在由 format 指定的格式控制下，将 argument 输出到屏幕上。

3. 函数参数

（1）参数 format：由格式说明和普通字符构成。其中，格式说明定义 argument 的显示格式，它以"%"开头，后面跟格式字符。格式字符前面还可以有其他修饰符，表示输出数据的宽度、精度等。参数 format 的格式如下。

```
%[flags][width][.precision][length]格式字符
```

格式说明的个数必须与参数 argument 的个数一致。格式字符及说明如表 2-1 所示。

表 2-1 格式字符及说明

格式字符	说明	示例
d 或 i	带符号十进制整数	26、285
o	无符号八进制整数	316、501
x	无符号十六进制整数	8cf、32b7

续表

格式字符	说明	示例
X	无符号十六进制整数（以大写形式输出）	8CF、32B7
u	无符号十进制整数	1234、32727
f	小数形式的单、双精度浮点数	102.6、2987.58
e 或 E	指数形式的单、双精度浮点数	1.026e+2、1.026E+2
g 或 G	以%f 或%e 的形式输出浮点数	102.6
c	单个字符	‘a’、‘A’
s	字符串	"hello"
p	输出一个指针	0012FF7C

普通字符是按照原样输出的字符，如逗号、空格和换行符。

flags 控制输出数据的对齐方式。flags 及说明如表 2-2 所示。

表 2-2　flags 及说明

flags	说明
–	在给定的域宽内靠左端输出
+	强制在正数前输出+号，在负数前输出–号
#	使用 o、x 或 X 格式时，在数据前面分别增加前导符 0、0x 或 0X 输出

width 控制数据输出的宽度。width 及说明如表 2-3 所示。

表 2-3　width 及说明

width	说明
m	输出字段的宽度，如果数据的宽度小于 m，则左端补上空格；否则按照实际位数输出

precision 表示单精度和双精度浮点数的小数点个数。precision 及说明如表 2-4 所示。

表 2-4　precision 及说明

precision	说明
n	对于浮点数，表示输出 n 位小数；对于字符串，表示输出字符串的个数

length 表示整型数据是长整型还是短整型。length 及说明如表 2-5 所示。

表 2-5　length 及说明

length	说明
h	用来输出短整型数据（只对 i、d、o、u、x 和 X 有效）
l 或 L	用来输出长整型数据和双精度型数据

（2）参数 argument：表示要格式化输出的数据，分别与格式字符对应。

4. 函数的返回值

如果调用成功，则函数返回输出的字符个数；否则返回一个负数。

5. 函数范例

```
/*********************************************
*范例编号：02_06
*范例说明：格式化输出数据
*********************************************/
01    #include <stdio.h>
02    #include <stdlib.h>
03    void main()
04    {
05         printf ("整数: %d %ld\n",2021, 6553500L);
06         printf ("以十、八、十六进制输出:%d %o %x\n",-1,-1,-1);
07         printf ("以空格填充: %12d,以 0 填充:%012d\n",2021,2021);
08         printf ("浮点数: %4.2f %+.0e %E \n",9.825,9.825,9.825);
09         printf ("输出%: %f%%\n",1.0/3);
10         printf ("字符: %c %c\n",'A',97);
11         printf ("字符串%-30s\n", "this is a C program!");
12         printf ("字符串%+30s\n", "It is beautiful!");
13         printf ("字符串% 30s\n", "It is beautiful!");
14         printf ("字符串:%s\n", "How are you!");
15         system ("pause");
16    }
```

该函数范例的运行结果如图 2-6 所示。

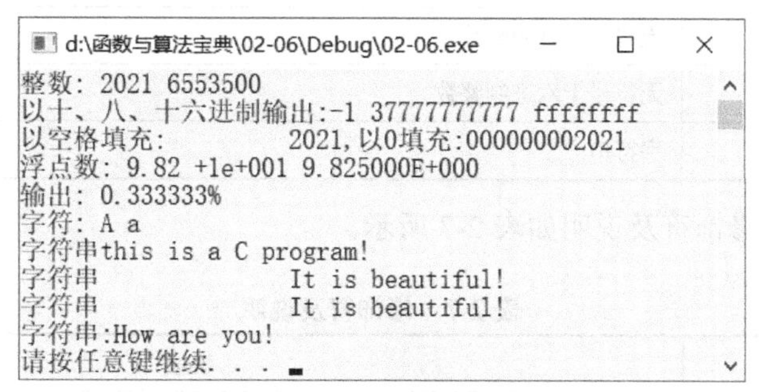

图 2-6　函数范例的运行结果

6. 函数解析

（1）printf 函数返回实际输出的字符个数（包括换行符）。例如，printf("%d\n",66)返回的是 3，而不是 2。

（2）printf 函数中的格式控制字符包括普通字符和转义字符，如'\n' '\r' '\t' '\f'。

（3）输出指针或地址时，应使用%p 输出。

2.2.2 scanf 函数——格式化输入数据

1. 函数原型

```
int scanf(const char *format[,argument]);
```

2. 函数功能

scanf 函数的功能是接受从键盘输入的数据，并将其转换为相应的格式。

3. 函数参数

（1）参数 format：由格式说明、空白字符与非空白字符构成。

格式说明：指示了参数 argument 的输入格式，它由%开头，后面跟格式字符，格式字符前也可以有其他修饰符。格式说明的一般格式如下。

```
%[*][width][modifiers]格式字符
```

格式字符及说明如表 2-6 所示。

表 2-6 格式字符及说明

格式字符	说明
c	单个字符
d 或 i	十进制整数
e、E、f、g、G	浮点数
u	无符号十进制整数
o	无符号八进制整数
x 或 X	无符号十六进制整数
s	字符串

格式字符前面的修饰符及说明如表 2-7 所示。

表 2-7 修饰符及说明

修饰符	说明
*	跳过读入的数据，不存入对应的参数 argument 中
width	指定输入数据所占用的宽度
modifiers	指定由 d、i、x、X、o、u、e、f、g 说明的字符的大小 h：短整型或无符号短整型 l：长整型或无符号长整型或双精度浮点型 L：长双精度类型

空白字符：可以使 scanf 函数忽略输入的一个或多个空白字符。空白字符可以是空格、制表符或换行符。实际上，scanf 函数读入空白字符但是并不存储它们。

非空白字符：scanf 函数读入并删除与该字符相同的字符。如果读入的字符与格式控制中的非空白字符不匹配，则停止读入。

（2）参数 argument：一个地址列表，表示要格式化的输入数据的地址。

4. 函数的返回值

如果调用成功，则函数返回读入数据的个数；如果读入出错，则返回与读入数据匹配的个数。

5. 函数范例

```
/*********************************************
*范例编号：02_07
*范例说明：格式化输入数据
*********************************************/
01    #include <stdio.h>
02    #include <stdlib.h>
03    void main()
04    {
05         char name[20];
06         float chinese,math,english,sum,average;
07         printf("请输入你的姓名:");
08         scanf("%s",name);
09         printf("请输入你的语文，数学，英语的成绩： ");
10         scanf("%f,%f,%f",&chinese,&math,&english);
11         printf("你的姓名：%s.\n",name);
12         printf("语文  数学  英语\n");
13         printf("%.2f %.2f %.2f\n",chinese,math,english);
14         sum=chinese+math+english;
15         average=sum/3.0;
16         printf("%s 的各门课成绩总分：%.2f，平均分：%.2f\n",name,sum,average);
17         system("pause");
18    }
```

该函数范例的运行结果如图 2-7 所示。

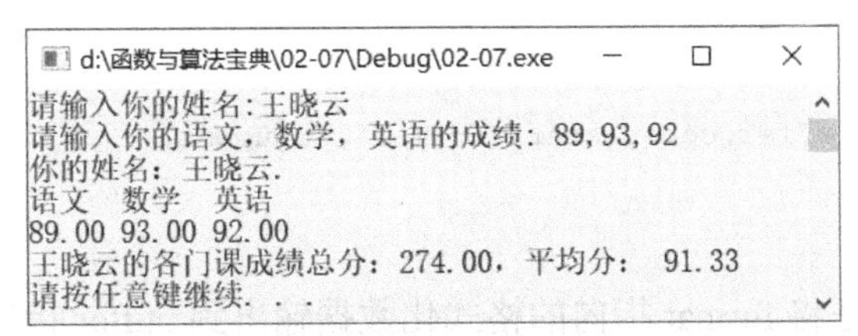

图 2-7　函数范例的运行结果

6. 函数解析

（1）scanf 函数的参数 argument 是变量的地址或字符串首地址，而不能是变量。地址列表中的变量名前需要加上&。

（2）一般情况下，回车键被认为是输入的结束。对于非字符型数据的输入，空格符、跳格符、回车键都可以被认为是输入的结束。

7. 应用说明

使用*修饰符将忽略地址列表中的分隔符。例如，在下面的代码中，如果输入"20/30"，则忽略输入的"/"，将"20"赋给 *a*，将"30"赋给 *b*。

```
scanf("%d%*c%d",&a,&b);
```

在格式说明符中，除了格式字符还有其他字符。在输入数据时，应输入与这些格式说明符相同的字符。

```
scanf("%d,%d",&a,&b);
```

例如，在上面的代码中，应该按照以下形式输入。

```
30,40
```

而下面的输入形式则是错误的。这是因为在格式说明中，两个数据以逗号分隔。

```
30 40
30:40
```

使用%c 输入字符时，空格字符和转义字符都可以作为有效的字符输入。

```
scanf("%c%c%c",&a,&b,&c);
```

例如，在上面的代码中，如果按照以下形式输入，则字符'x'将赋给 *a*、'y'将赋给 *b*、'z'将赋给 *c*。

```
x y z
```

8. 注意事项

在输入数据时，不能指定输入数据的精度。例如，下面的输入形式是错误的。

```
scanf("%6.3f",&a);
```

在使用 scanf 函数时，不要在格式说明中添加"\n"，这是很常见的错误。例如，下面的输入形式会造成输入错误。

```
scanf("%d\n",&a);
```

2.2.3 sprintf 函数——输出格式化数据到指定的数组中

1. 函数原型

```
int sprintf(char *buffer,const char *format[,argument]);
```

2. 函数功能

sprintf 函数的功能是将 format 指向的格式化数据输出到 buffer 指向的数组中。

3. 函数参数

（1）参数 buffer：存放格式化数据。

（2）参数 format：格式说明，与 printf 函数的参数含义相同。

（3）参数 argument：参数列表，与 printf 函数的参数含义相同。

4. 函数的返回值

如果调用成功，则返回输出字符的个数（不包括字符串末尾的空字符）；否则，返回负数。

5. 函数范例

```
/*******************************************
*范例编号：02_08
*范例说明：输出格式化数据到指定的数组中
*******************************************/
01    #include <stdio.h>
02    #include <stdlib.h>
03    void main()
04    {
05         int i,offset=0;
06         char str[40];
07         for(i = 0; i < 10; i++)
08              offset+=sprintf(str+offset,"%d,",rand()%100);
09         str[offset-1]='\n';
10         printf("产生的随机数分别是:\n%s",str);
11         system("pause");
12    }
```

该函数范例的运行结果如图 2-8 所示。

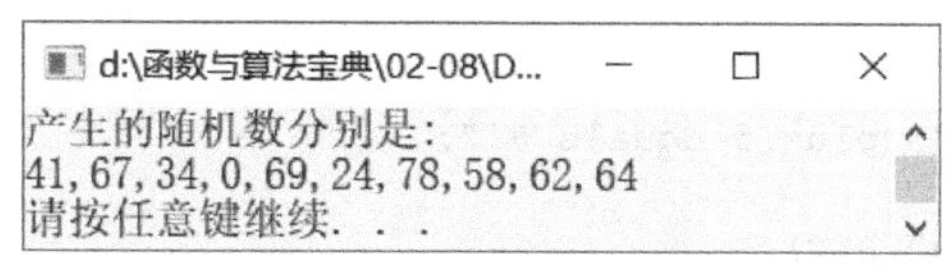

图 2-8　函数范例的运行结果

6. 函数解析

（1）printf 函数与 sprintf 函数的区别：printf 函数输出格式化数据到屏幕上，而 sprintf 函数输出格式化数据到指定的数组中。

（2）sprintf 函数的返回值是输出字符的个数。

7. 应用说明

利用 sprintf 函数的返回值可以将连续多个字符串输出到一个数组中。

2.2.4 sscanf 函数——从字符串读取格式化数据

1. 函数原型

```
int sscanf(char *buffer,const char *format[,argument]);
```

2. 函数功能

sscanf 函数的功能是从 buffer 指向的字符串中读取 format 指定格式的数据，存储到 argument 中。sscanf 函数的功能与 scanf 函数的类似。

3. 函数参数

（1）参数 buffer：存放用来读取的源数据。
（2）参数 format：格式说明，与 scanf 函数的参数类似。
（3）参数 argument：地址列表，与 scanf 函数的参数类似。

4. 函数的返回值

如果调用成功，则返回输入数据的项数；否则，返回 EOF。

5. 函数范例

```
/*********************************************
*范例编号：02_09
*范例说明：从字符串读取格式化数据
*********************************************/
01    #include <stdio.h>
02    #include <stdlib.h>
03    void main()
04    {
05         char str[]="3 plus 5 equals 8!";
06         int a,b,c;
07         printf("%s\n",str);
08         sscanf(str,"%d %*s %d %*s %d",&a,&b,&c);
09         printf("%d+%d=%d\n",a,b,c);
10         system("pause");
11    }
```

该函数范例的运行结果如图 2-9 所示。

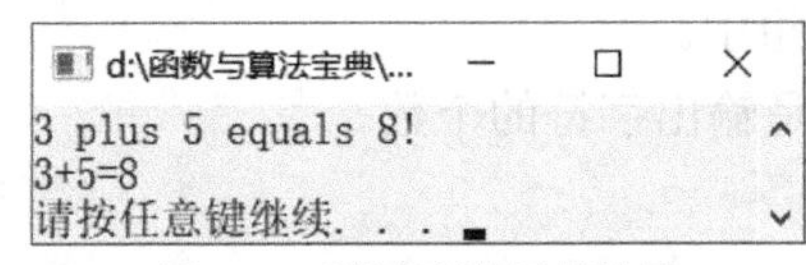

图 2-9　函数范例的运行结果

6. 函数解析

如果格式字符是%s，则从指定的源字符串中读取字符序列，遇到空格符、跳格符或换行符则停止读取。例如，在下面的代码中，%s 读取字符串"Tom live Beijing"，%*s 忽略空格符，%d 读取"10"到 year 中。

```
01    char s[]="Tom live Beijing 10 years";
02    char str[20];
```

```
03    int year;
04    sscanf (s,"%s %*s %d",str,&year);
```

2.2.5　vprintf 函数——在屏幕上输出格式化变长参数列表

1. 函数原型

```
int vprintf(const char *format,va_list arg_ptr);
```

2. 函数功能

vprintf 函数的功能是在屏幕上输出格式化变长参数列表中的数据。

3. 函数参数

（1）参数 format：要输出的文本，可以包含格式字符，格式化字符由变长参数指针指示。与 printf 函数中的参数 format 含义相同。

（2）参数 arg_ptr：变长参数列表对象。其实它是一个指向参数列表的指针。va_list 类型在 stdarg.h 中定义。

4. 函数的返回值

如果调用成功，则返回输出的字符个数；否则，返回负数。

5. 函数范例

```
/*********************************************
*范例编号：02_10
*范例说明：在屏幕上输出格式化变长参数列表
*********************************************/
01    #include <stdio.h>
02    #include <stdarg.h>
03    #include <stdlib.h>
04    void PrintFormatted(char *format, ...)
05    {
06         va_list args;
07         va_start(args, format);
08         vprintf(format, args);
09         va_end(args);
10    }
11    void main()
12    {
13         PrintFormatted("Welcome to use %s.\n","Visual Studio 2019");
14         PrintFormatted("The 120th anniversary of %s will be celebrated
15                        in %d.\n","Northwest University",2022);
16         PrintFormatted("The %dth and %dth anniversary of %s and %s will be celebrated
17              in %d.\n",120,100,"Nanjing University","Southeast University",2022);
18         system("pause");
19    }
```

该函数范例的运行结果如图 2-10 所示。

```
d:\函数与算法宝典\02-10\Debug\02-10.exe
Welcome to use Visual Studio 2019.
The 120th anniversary of Northwest University will be celebrated in 2022.
The 120th and 100th anniversary of Nanjing University and Southeast University will be celebrated in 2022.
请按任意键继续. . .
```

图 2-10　函数范例的运行结果

6. 函数解析

（1）参数 arg_ptr 指向要格式化的变长参数。

（2）在调用 vprintf 函数前，需要先调用 va_start 函数初始化的 va_list 类型的指针；在调用结束后，需要使用 va_end 函数释放的 va_list 类型的变量。

2.2.6 vscanf 函数——读取从键盘输入的格式化数据

1. 函数原型

```
int vscanf(const char *format,va_list arg);
```

2. 函数功能

vscanf 函数读取从键盘输入的格式化数据。

3. 函数参数

（1）参数 format：格式说明符，与 scanf 函数的参数含义相同。

（2）参数 arg：变长参数对象，指向接受数据的变量地址列表。

4. 函数的返回值

如果调用成功，则函数返回输入数据的项数；否则，返回 EOF。

5. 函数范例

```
/**********************************************
*范例编号：02_11
*范例说明：读取从键盘输入的格式化数据
**********************************************/
01    #include <stdio.h>
02    #include <stdarg.h>
03    int InputFormatted(char *fmt, ...)
04    {
05         va_list argptr;
06         va_start(argptr, fmt);
07         vscanf(fmt, argptr);
08         va_end(argptr);
09    }
10    void main()
11    {
```

```
12          long int no;
13          int age;
14          float score;
15          printf("Please Input no,age,score(e.g.1001,23,89.5):\n");
16          InputFormatted("%ld,%d,%f",&no,&age,&score);
17          printf("%ld %d %f\n", no, age, score);
18      }
```

该函数范例的运行结果如图 2-11 所示。

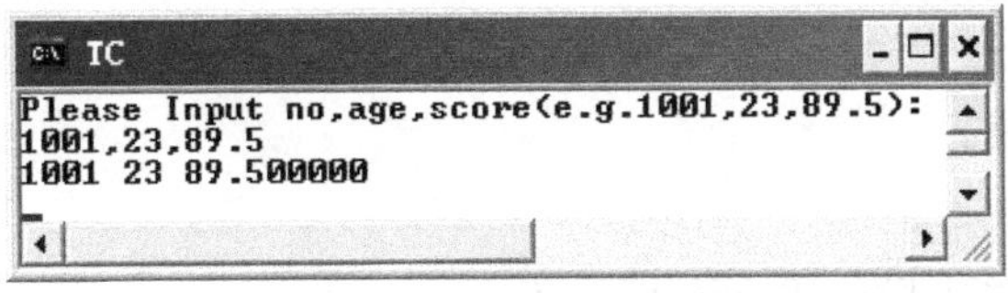

图 2-11　函数范例的运行结果

6. 函数解析

vscanf 函数的作用与 scanf 函数的类似，不同之处在于 vscanf 函数由变长参数列表指针接受输入的数据，而 scanf 函数则由地址列表接受输入的数据。

2.3 文件输入/输出函数

文件输入/输出函数指的是从文件中读取数据或向文件写入数据的函数。这些函数的操作对象都是文件。

2.3.1 fgetc 函数和 getc 函数——从文件中读取一个字符

1. 函数原型

```
int fgetc(FILE *stream);
int getc (FILE *stream);
```

2. 函数功能

fgetc 函数和 getc 函数都接受参数 stream 指向的文件中字符的当前位置，并将文件位置指示器移动到下一个位置。fgetc 函数与 getc 函数功能相同。

3. 函数参数

参数 stream：指向要读取数据的文件。

4. 函数的返回值

如果调用成功，则函数返回读取的字符；如果到达文件尾或有错误发生，则函数返回 EOF。

5. 函数范例

```
/******************************************
*范例编号：02_12
*范例说明：从文件中读取一个字符
******************************************/
01    #include <stdio.h>
02    #include <stdlib.h>
03    void main()
04    {
05         FILE *file;
06         char ch;
07         int n=0;
08         file=fopen("myfile.txt","r");
09         if (file==NULL)
10              printf("cannot open file!");
11         else
12         {
13              do
14              {
15                   ch=fgetc (file);
16                   putchar(ch);
17                   if (ch>='a'&&ch<='z'||ch>='A'&&ch<='Z')
18                        n++;
19              } while (ch!=EOF);
20              fclose (file);
21              printf ("\nThe file contains %d letters.\n",n);
22         }
23         system("pause");
24    }
```

该函数范例的运行结果如图 2-12 所示。

```
d:\函数与算法宝典\...
Computer Science.
The file contains 15 letters.
请按任意键继续. . .
```

图 2-12　函数范例的运行结果

6. 函数解析

（1）在对文件进行读/写之前，需要先打开文件并判断是否成功打开文件。成功打开文件后才能对文件进行读/写。

（2）在对文件进行读/写完毕之后，需要关闭文件。

2.3.2 fgets 函数——从文件中读取多个字符

1. 函数原型

```
char *fgets(char *str,int num,FILE *stream);
```

2. 函数功能

fgets 函数从 stream 指向的文件中最多读取 num−1 个字符，并存入 str 指向的字符数组中。在字符被读入数组后，自动在字符数组的最后添加一个空字符表示字符串的结束。

3. 函数参数

（1）参数 str：指向存放字符的数组。

（2）参数 num：从 stream 指向的文件中读取字符的最大个数是 num−1。

（3）参数 stream：文件指针，指向要读取字符的文件。

4. 函数的返回值

如果操作成功，则 fgets 函数返回 str；否则，返回一个空指针。如果读取过程中出错，则 str 指向的数组中的内容是不确定的。

5. 函数范例

```
/*********************************************
*范例编号：02_13
*范例说明：从指定的文件中读取多个字符
*********************************************/
01    #include <stdio.h>
02    #include <stdlib.h>
03    void main()
04    {
05         FILE *file;
06         char str[80];
07         int i,digits=0,alpha=0,others=0;
08         file=fopen ("myfile.txt" , "r");
09         if (file==NULL)
10              printf ("cannot open file!");
11         else
12         {
13              fgets (str , 80 , file);
14              printf("%s\n",str);
15              for(i=0;i<strlen(str);i++)
16              {
17                   if(str[i]>='0'&&str[i]<='9')
18                        digits++;
19                   else if(str[i]>='A'&&str[i]<='Z'|| str[i]>='a'&&str[i]<='z')
20                        alpha++;
21                   else
22                        others++;
23              }
24              printf("英文字母：%d，数字字符:%d,其他字符：%d\n",alpha,digits,others);
25              fclose (file);
26         }
27         system("pause");
28    }
```

该函数范例的运行结果如图 2-13 所示。

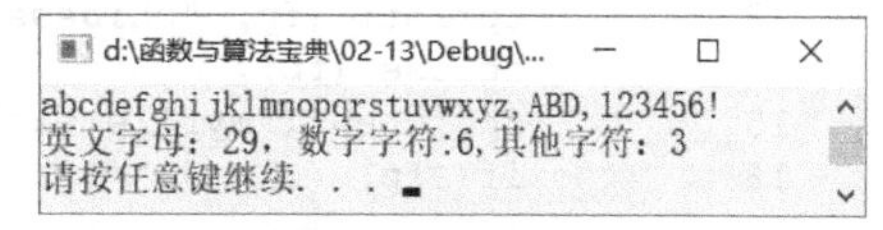

图 2-13　函数范例的运行结果

6. 函数解析

（1）fgets 函数一次能从指定的文件中读取多个字符。

（2）在读取文件时，使用 feof 函数或 ferror 函数检测是否有错误发生。

（3）如果 stream 的值是 stdin，则表示接受从键盘输入的数据。

2.3.3 fprintf 函数——格式化输出数据到指定的文件中

1. 函数原型

```
int fprintf(FILE *stream,char *format[,argument]…);
```

2. 函数功能

fprintf 函数将格式化数据写入 stream 指向的文件中。

3. 函数参数

（1）参数 stream：文件指针，指向要存放数据的文件。

（2）参数 format：要输出的文本，包括格式字符和普通字符。与 printf 函数的参数含义相同。

（3）参数 argument：文件指针，指向要读取字符的文件。

4. 函数的返回值

如果调用成功，则函数返回实际写入文件的字符个数；否则，返回一个负数。

5. 函数范例

```
/*********************************************
*范例编号：02_14
*范例说明：格式化输出数据到指定的文件中
*********************************************/
01    #include <stdio.h>
02    #include <stdlib.h>
03    void main()
04    {
05         FILE *fp;
06         char str1[30],str2[2],str3[30];
07         fp=fopen ("myfile.txt","w");
08         if(!fp)
09         {
10              printf("cannot open file in writting!");
11              exit(-1);
12         }
13         fprintf (fp, "chinese:%.2f math:%.2f english:%.2f.\n",80.5,89.5,83.5);
14         fclose (fp);
15         fp=fopen ("myfile.txt","r");
16         if(!fp)
17         {
18              printf("cannot open file in reading!");
19              exit(-1);
```

```
20          }
21          fscanf (fp, "%s %s %s",str1,str2,str3);
22          printf ("%s\n",str1);
23          printf ("%s\n",str2);
24          printf ("%s\n",str3);
25          fclose (fp);
26          system("pause");
27      }
```

该函数范例的运行结果如图 2-14 所示。

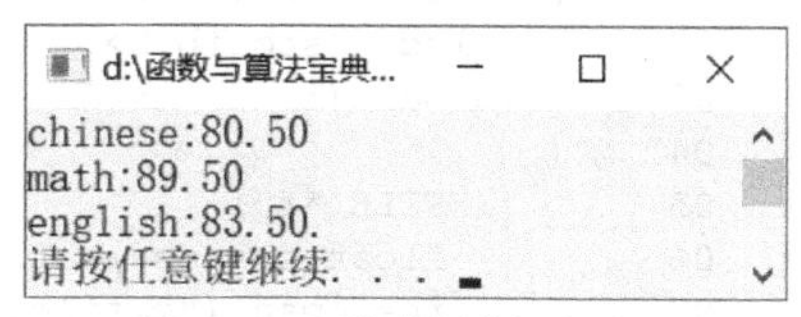

图 2-14　函数范例的运行结果

6. 函数解析

（1）fprintf 函数的作用与 printf 函数的类似，区别在于 fprintf 函数输出数据到指定的文件中，而 printf 函数则输出数据到屏幕上。

（2）在向文件中写数据时，以写的方式打开文件。从文件中读取数据时，以读的方式打开文件。

（3）范例 02_14 运行后，myfile.txt 文件中存放的内容如下。

```
chinese:80.50 math:89.50 english:83.50.
```

若想查看写入的文件内容，可用 fscanf 函数从文件中读取数据并打印输出。

2.3.4　fscanf 函数——从文件中读取格式化数据

1. 函数原型

```
int fscanf(FILE *stream,const char *format[,argument]);
```

2. 函数功能

fscanf 函数从 stream 指向的文件中读取由 format 格式化的数据，并存入参数 argument 列表中。

3. 函数参数

（1）参数 stream：文件指针，指向读取的文件对象。

（2）参数 format：格式说明，与 scanf 函数的参数 format 含义相同。

（3）参数 argument：变量地址列表，用来存放读取的数据，与 format 指向的格式字符对应。

4. 函数的返回值

如果调用成功，则函数返回实际读取的字符个数（不包括空白符）；如果读取操作失败，则返回 EOF。

5. 函数范例

```
/********************************************
*范例编号：02_15
*范例说明：从指定的文件中读取格式化数据
********************************************/
01    #include <stdio.h>
02    #include <stdlib.h>
03    void main()
04    {
05         FILE *fp;
06         float chinese,math,english;
07         fp=fopen ("myfile.txt","w+");
08         if(!fp)
09         {
10              printf("cannot open file!");
11              exit(-1);
12         }
13         fprintf (fp, "%.2f\n",80.5);
14         fprintf(fp,"%.2f\n",89.5);
15         fprintf(fp,"%.2f\n",83.5);
16         rewind(fp);
17         fscanf(fp,"%f",&chinese);
18         fscanf(fp,"%f",&math);
19         fscanf(fp,"%f",&english);
20         printf("%f,%f,%f\n",chinese,math,english);
21         fclose (fp);
22         system("pause");
23    }
```

该函数范例的运行结果如图 2-15 所示。

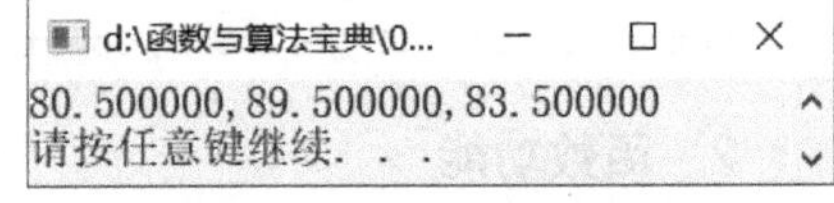

图 2-15　函数范例的运行结果

6. 函数解析

（1）fscanf 函数的作用与 scanf 函数的类似，区别在于 fscanf 函数从指定的文件中读取格式化数据，而 scanf 函数则通过键盘读取格式化数据。

（2）fscanf 函数与 fprintf 函数经常配合使用。使用 fscanf 函数读取文件中的数据时，必须保证写入文件的格式与读取文件的格式一致，否则会发生读取数据错误。

2.3.5 fputc 函数和 putc 函数——输出一个字符到指定的文件中

1. 函数原型

```
int fputc(int ch,FILE *stream);
```

2. 函数功能

fputc 函数和 putc 函数的功能都是输出一个字符到指定的文件中。

3. 函数参数

（1）参数 ch：要写入文件的字符。

（2）参数 stream：文件指针，指向字符写入的文件。

4. 函数的返回值

如果调用成功，则函数返回写入文件的字符；否则，返回 EOF。

5. 函数范例

```
/*******************************************
*范例编号：02_16
*范例说明：输出一个字符到指定的文件中
*******************************************/
01    #include <stdio.h>
02    #include <stdlib.h>
03    void main ()
04    {
05         FILE *fp;
06         char *str="This is a test!",*str0;
07         fp=fopen ("file.txt","w");
08         if (!fp)
09         {
10              printf("cannot open file!");
11              exit(-1);
12         }
13         str0=str;
14         while(*str)
15         {
16              fputc(*str,fp);
17              putchar(*str);
18              str++;
19         }
20         printf("\n 共%d 个字符!\n",str-str0);
21         fclose (fp);
22         system("pause");
23    }
```

该函数范例的运行结果如图 2-16 所示。

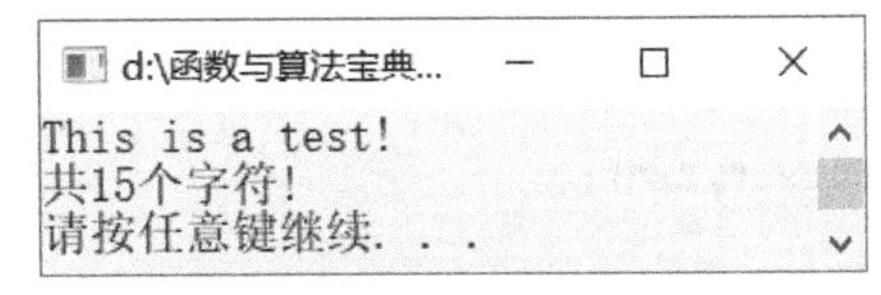

图 2-16　函数范例的运行结果

6. 函数解析

fputc 函数的作用与 putc 函数的相同，经常与 fgetc 函数或 getc 函数配合使用。

2.3.6 fputs 函数——输出一个字符串到指定的文件中

1. 函数原型

```
int fputs(const char *str,FILE *stream);
```

2. 函数功能

fputs 函数的功能是将 str 指向的字符串输出到 stream 指向的文件中。

3. 函数参数

（1）参数 str：一个包含'\0'的字符串，作为输入文件的数据。
（2）参数 stream：文件指针，指向字符串写入的文件对象。

4. 函数的返回值

如果调用成功，则返回一个非负数；否则，返回 EOF。

5. 函数范例

```
/*********************************************
*范例编号：02_17
*范例说明：输出一个字符串到指定的文件中
*********************************************/
01    #include <stdio.h>
02    #include <stdlib.h>
03    void main ()
04    {
05         FILE *fp;
06         char str[256],str2[256];
07         printf("Please input a sentence to file:\n");
08         fgets(str,255,stdin);
09         fp=fopen("f.txt","w");
10         if(!fp)
11         {
12              printf("Cannot open the file.\n");
13              exit(-1);
14         }
15         fputs(str,fp);
16         fclose(fp);
17         fp = fopen ("f.txt","r");
18         if (fp)
19         {
20              if (fgets (str2,100,fp) != NULL )
21                   puts (str2);
22              fclose (fp);
23         }
24         system("pause");
25    }
```

该函数范例的运行结果如图 2-17 所示。

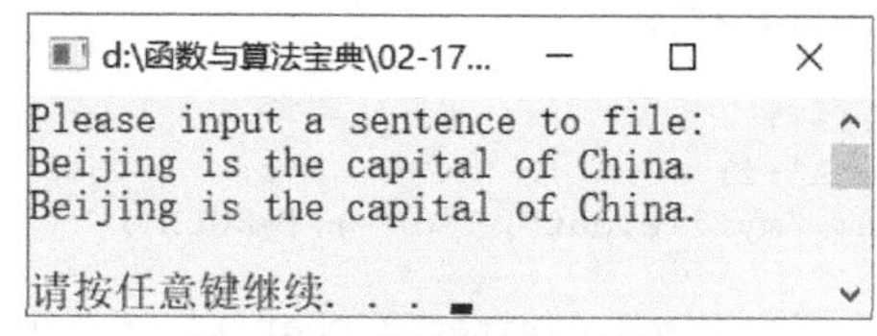

图 2-17　函数范例的运行结果

6. 函数解析

fputs 函数与 fgets 函数配合使用。fputs 函数将字符串写入指定的文件，但不写入字符串的结束标志'\0'。

2.3.7　fread 函数——从文件中读取一个数据块

1. 函数原型

```
int fread(void *buffer,int size,int count,FILE *stream);
```

2. 函数功能

fread 函数从 stream 指向的文件中读取 count 个字段，每个字段的大小均为 size 个字节，将其存放到 buffer 指向的字符数组中。

3. 函数参数

（1）参数 buffer：字符数组或指针，存放从文件中读取的数据。
（2）参数 size：每个字段的大小，单位为字节。
（3）参数 count：字段的个数，每个字段的大小均为 size 个字节。
（4）参数 stream：文件指针，指向读取数据的文件对象。

4. 函数的返回值

函数返回实际读取的字段个数。如果读取的字段个数小于函数指定的字段大小，则可能发生了错误，或者是文件位置指针到了文件末尾。

5. 函数范例

```
/*********************************************
*范例编号：02_18
*范例说明：从指定的文件中读取一个数据块
*********************************************/
01    #include <stdio.h>
02    #include <stdlib.h>
03    void main()
```

```
04    {
      FILE *fp,
05         char str[30],word[27];
06         int  i,n;
07         for(i=0;i<26;i++)
08              word[i]='A'+i;
09         if( (fp=fopen( "myfile.dat", "wb" ))!=NULL )
10         {
11                   n=fwrite( word, sizeof( char ), 26, fp );
12                   printf( "Write %d items successfully!\n", n );
13                   fclose( fp );
14         }
15         else
16                   printf( "Cannot open the file to write.\n" );
17         if( (fp=fopen( "myfile.dat", "rb" ))!=NULL )
18         {
19              n=fread( str, sizeof( char ), 26, fp );
20              printf( "Number of items:%d\n", n );
21              printf( "Contents of buffer:%.26s\n", str );
22              fclose( fp );
23         }
24         else
25              printf( "Cannot open the file to read.\n" );
26         system("pause");
27    }
```

该函数范例的运行结果如图2-18所示。

```
d:\函数与算法宝典\02-18\Debug\02-1...
Write 26 items successfully!
Number of items:26
Contents of buffer:ABCDEFGHIJKLMNOPQRSTUVWXYZ
请按任意键继续. . .
```

图2-18　函数范例的运行结果

6. 函数解析

（1）fread函数既可以读取文本文件中的数据，也可以读取二进制文件中的数据。而fgetc函数、fgets函数都是从文本文件中读取数据。

（2）fread函数与fwrite函数配合使用。

（3）实际上，fread 函数以二进制的方式读取文件中的数据，因此，不能读取手工录入文本文件中的数据。要读取文件中的数据，必须用fwrite函数写入。

2.3.8 fwrite函数——向文件中写入数据块

1. 函数原型

```
int fwrite(void *buffer,int size,int count,FILE *stream);
```

2. 函数功能

fwrite函数将buffer指向的数组中的字符写入stream指定的文件中。写入数据的长度是count×size。

3. 函数参数

（1）参数buffer：字符数组或字符指针，指向要写入文件的字符数组。

（2）参数 size：字段的大小，单位是字节。

（3）参数 count：字段的个数，每个字段的大小均为 size 个字节。

（4）参数 stream：文件指针，指向写入文件的对象。

4. 函数的返回值

如果调用成功，则函数返回实际写入文件的字段个数。如果函数中指定的字段个数与实际写入的字段个数不同，则说明有错误发生。

5. 函数范例

```
/**********************************************
*范例编号：02_19
*范例说明：向文件中写入数据块
**********************************************/
01    #include <stdio.h>
02    #include <stdlib.h>
03    #include <string.h>
04    #define MAXSIZE 100
05    void main()
06    {
07         FILE *fp;
08         char str1[]="I am a C Programmer, Now work in Beijing!",str2[MAXSIZE];
09         int  numread, numwritten;
10         if( (fp=fopen( "myfile.dat", "wb" ))!=NULL )
11         {
12              numwritten=fwrite( str1, sizeof( char ), strlen(str1), fp );
13              printf( "Write %d items successfully!\n", numwritten );
14              fclose( fp );
15         }
16         else
17              printf( "Cannot open the file to write.\n" );
18         if( (fp=fopen( "myfile.dat", "rb" ))!=NULL )
19         {
20              numread=fread( str2, sizeof( char ), numwritten, fp );
21              str2[numwritten]='\0';
22              printf( "Amount:%d\n", numread );
23              printf( "Contents:%s\n",str2);
24              fclose( fp );
25         }
26         else
27              printf( "Cannot open the file to read.\n" );
28         system("pause");
29    }
```

该函数范例的运行结果如图 2-19 所示。

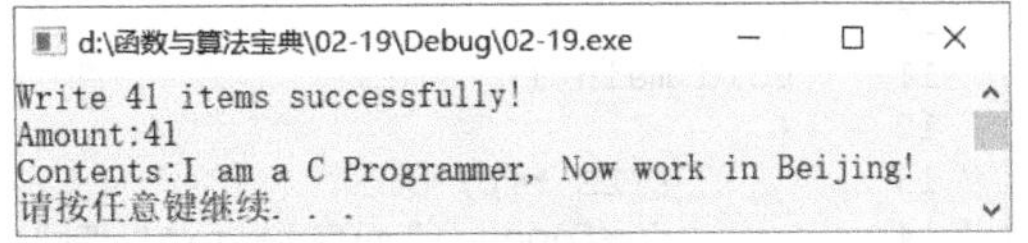

图 2-19　函数范例的运行结果

6. 函数解析

（1）fread 函数既可以读取文本文件中的数据，也可以读取二进制文件中的数据。而 fgetc 函数、fgets 函数都是从文本类型的文件中读取数据。

（2）fread 函数与 fwrite 函数经常配合使用。

（3）fread 函数实际上以二进制的方式读取文件中的数据，因此，不能读取手工写入的数据。要读取文件中的数据，必须用 fwrite 函数写入。

2.3.9 vfprintf 函数——输出格式化数据到指定的文件

1. 函数原型

```
int vfprintf(FILE *stream,const char *format,va_list arg);
```

2. 函数功能

vfprintf 函数根据 format 字符串格式化数据，并将该数据输出到 stream 指向的文件中。

3. 函数参数

（1）参数 stream：文件指针，指向输出的文件对象。

（2）参数 format：格式说明，要写入 stream 中的文本，包括参数列表中经过格式化的数据。参数 format 的含义与 printf 函数的参数含义相同。

（3）参数 arg：可变参数列表，指向要格式化的参数。

4. 函数的返回值

如果调用成功，则函数返回实际输出的字符个数；否则，返回一个负数。

5. 函数范例

```
/********************************************
*范例编号：02_20
*范例说明：输出格式化数据到指定的文件
********************************************/
01    #include <stdio.h>
02    #include <stdlib.h>
03    #include <stdarg.h>
04    void PrintFormatted (FILE *stream, char *format, ...)
05    {
06         va_list args;
07         va_start (args, format);
08         vfprintf (stream, format, args);
09         va_end (args);
10    }
11    void main ()
12    {
13         FILE *fp;
14         fp=fopen ("myfile.txt","w");
15         if(!fp)
16         {
17              printf("cannot open the file.\n");
```

```
18            exit(-1);
19        }
20        PrintFormatted (fp,"name:%s.\n","周杰");
21        PrintFormatted (fp,"chinese:%d.\n",87);
22        PrintFormatted (fp,"math:%f.\n",91.5);
23        fclose (fp);
24        system("pause");
25    }
```

该函数范例生成的文件 myfile.txt 中的内容如下。

```
name:周杰.
chinese:87.
math:91.500000.
```

6. 函数解析

vfprintf 函数与 fprintf 函数功能相同，都是将变参数列表 arg 中的数据格式化并输出到指定的文件中。

2.3.10 vfscanf 函数——从文件中读取格式化数据

1. 函数原型

```
int vfscanf(FILE *stream,const char *format,va_list arg_list);
```

2. 函数功能

vfscanf 函数从 stream 指定的文件中读取格式化数据到可变参数列表 arg_list 中。

3. 函数参数

（1）参数 stream：文件指针，指向输出的文件对象。

（2）参数 format：格式说明，要写入 stream 中的文本，包括格式化参数列表中的数据。参数 format 的含义与 printf 函数的参数含义相同。

（3）参数 arg_list：可变参数列表，接受格式化的数据。

4. 函数的返回值

如果调用成功，则函数返回实际读入数据的参数个数；否则，返回 EOF。

5. 函数范例

```
/*********************************************
*范例编号：02_21
*范例说明：从文件中读取格式化数据
*********************************************/
01    #include <stdio.h>
02    #include <stdlib.h>
```

```
03    #include <stdarg.h>
04    int ReadFormatted(FILE *stream,char *format, ...)
05    {
06         va_list args;
07         int cnt;
08         va_start(args, format);
09         cnt=vfscanf(stream, format, args);
10         va_end(args);
11         return(cnt);
12    }
13    void main()
14    {
15         FILE *fp;
16         int i=20;
17         float f=115.5;
18         char s[]="nwu";
19         fp =fopen("myfile.txt","w");;
20         if (fp==NULL)
21         {
22              printf("cannot open file.");
23              exit(-1);
24         }
25         fprintf(fp,"%d %f %s\n",i,f,s);
26         rewind(fp);
27         ReadFormatted("%d %f %s",&i,&f,s);
28         printf("%d %f %s\n",i,f,s);
29         fclose(fp);
30    }
```

该函数范例的运行结果如图 2-20 所示。

图 2-20　函数范例的运行结果

6. 函数解析

vfscanf 函数结合了 scanf 函数与 vscanf 函数的特点。

vfscanf 函数与 scanf 函数的区别：vfscanf 函数用可变参数表指针接受读入的数据，而 scanf 函数用变量接受读入的数据。

vfscanf 函数与 vscanf 函数的区别：vfscanf 函数从指定的文件中读取数据，而 vscanf 函数从键盘读取数据。当 vfscanf 函数中的 stream 参数为 stdin 时，两者作用相同，即 vfscanf(stdin,char* format,va_list arg_list)与 vscanf 函数等价。

2.4 文件定位函数

文件中有一个文件位置指针，指向当前读/写字符所在位置。每对文件进行一次读/写后，位置指针就向后移动一个位置，指向下一个字符。为了读/写文件中的某一个字符，需要使用文件定位函数移动位置指针到相应的位置，然后才能读/写该字符。

2.4.1 fseek 函数——移动文件位置指针到指定位置

1. 函数原型

```
int fseek(FILE *stream,long int offset,int origin);
```

2. 函数功能

fseek 函数的功能是根据 offset 和 origin 设置 stream 指向的文件位置指针的位置。

3. 函数参数

（1）参数 stream：文件指针，指向文件对象。

（2）参数 offset：偏移量，从 origin 到确定新位置之间的字节数目。

（3）参数 origin：文件指针的当前位置。origin 的取值可以是 0、1 和 2，它的取值及含义如表 2-8 所示。

表 2-8 origin 的取值及含义

origin	取值	含义
SEEK_SET	0	文件开头
SEEK_CUR	1	当前位置
SEEK_END	2	文件末尾

4. 函数的返回值

如果调用成功，则函数返回 0；否则，函数返回非 0 值。

5. 函数范例

```
/*********************************************
*范例编号: 02_22
*范例说明: 移动文件位置指针到指定位置
*********************************************/
01    #include <stdio.h>
02    #include <stdlib.h>
03    void main()
04    {
05        FILE *fp;
06        char str[81];
07        int  result;
08        fp=fopen( "fseek.dat", "w+" );
09        if( fp==NULL )
10            printf( "Cannot open the file.\n" );
11        else
12        {
```

```
13              fputs("张艳,女,中学教师,河南大学附属中学\n",fp);
14              fputs("孙玉胜,男,大学教师,河南大学\n",fp);
15              fputs("张志锋,男,大学教师,郑州大学\n",fp);
16              result = fseek( fp, 0, SEEK_SET);
17              if( result )
18                  printf( "Fseek failed!" );
19              else
20              {
21                  while(fgets(str,80,fp)!=NULL)
22                  {
23                      printf( "%s", str );
24                  }
25              }
26              fclose( fp );
27          }
28          system("pause");
29      }
```

该函数范例的运行结果如图 2-21 所示。

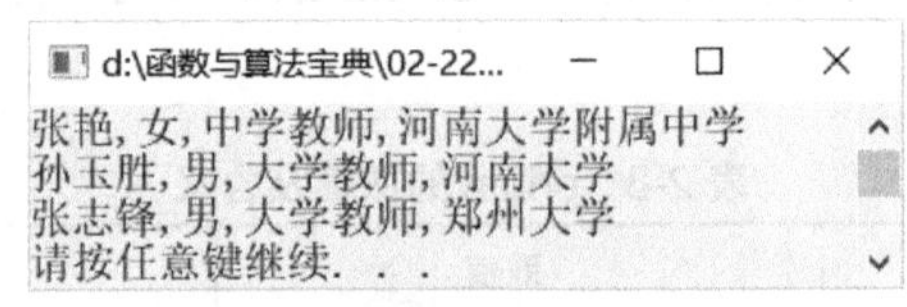

图 2-21 函数范例的运行结果

6. 函数解析

fseek 函数定位文件中的位置指针，类似于字符串中的指针。fseek 函数常用于二进制文件，因为文本文件要进行字符转换，在计算时容易产生错误。

2.4.2 ftell 函数——得到文件位置指针的当前值

1. 函数原型

```
long int ftell(FILE *stream);
```

2. 函数功能

ftell 函数的功能是得到文件位置指针的当前值。这个值是从文件开头算起的字节数。

3. 函数参数

参数 stream：文件指针，指向文件对象。

4. 函数的返回值

如果调用成功，则函数返回相对于文件开头的偏移量；否则，函数返回-1L。

5. 函数范例

```
/*********************************************
*范例编号：02_23
*范例说明：得到文件位置指针的当前值
*********************************************/
01    #include <stdio.h>
02    #include <stdlib.h>
03    void main ()
04    {
05         FILE *fp;
06         long len;
07         char buf[81];
08         fp=fopen ("mytest.txt","rb");
09         if (!fp)
10         {
11              printf("Cannot open the file!");
12              exit(-1);
13         }
14         else
15         {
16              while(fgets(buf,80,fp)!=NULL)
17              {
18                   printf("Contents of buf:%s",buf);
19              }
20              fseek (fp, 0L, SEEK_END);
21              len=ftell(fp);
22              fclose (fp);
23              printf ("Length of mytest.txt is %d bytes.\n",len);
24         }
25         system("pause");
26    }
```

该函数范例的运行结果如图 2-22 所示。

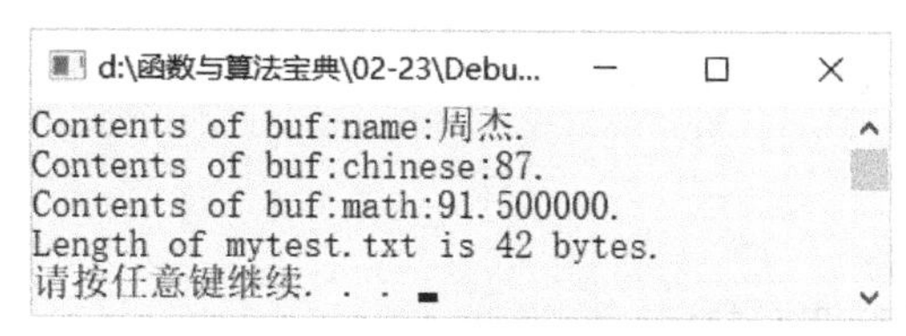

图 2-22　函数范例的运行结果

6. 函数解析

将 fseek 函数与 ftell 函数结合可以巧妙地计算文件的长度。

2.4.3 rewind 函数——将文件位置指针移动到文件的开头

1. 函数原型

```
void rewind(FILE *stream);
```

2. 函数功能

rewind 函数的功能是将文件位置指针移动到文件的开始位置。另外，rewind 函数还有清除错误标志和清除文件结束符的功能。

3. 函数参数

参数 stream：文件指针，指向文件对象。

4. 函数的返回值

rewind 函数没有返回值。

5. 函数范例

```
/*********************************************
*范例编号：02_24
*范例说明：利用 rewind 函数将文件位置指针移动到文件开头读取文件数据
*********************************************/
01    #include <stdio.h>
02    #include <stdlib.h>
03    #define MAXSIZE 50
04    void main ()
05    {
06         FILE *fp;
07         int a[]={1,2,3,4,5,6,7,8,9,10},b[MAXSIZE],i,count=0;
08         fp = fopen ("myfile.dat","wb+");
09         for(i=0;i<sizeof(a)/sizeof(a[0]);i++)
10              fprintf(fp,"%4d",a[i]);
11         rewind (fp);
12         i=0;
13         while(!feof(fp))
14         {
15              fscanf(fp,"%4d",&b[i]);
16              count++;
17              i++;
18         }
19         fclose (fp);
20         for(i=0;i<count;i++)
21              printf("%4d",b[i]);
22         printf("\n");
23         system("pause");
24    }
```

该函数范例的运行结果如图 2-23 所示。

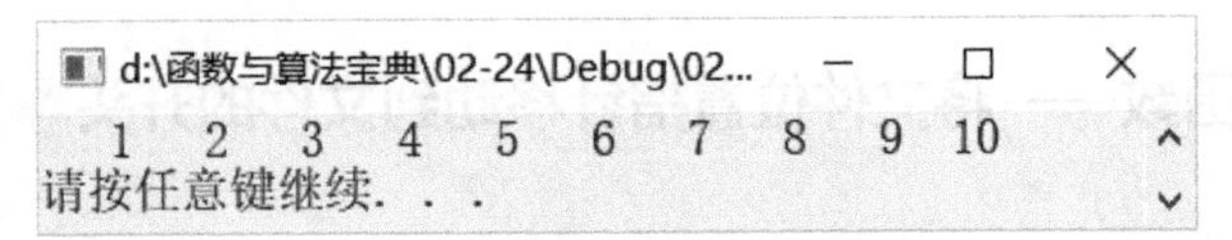

图 2-23　函数范例的运行结果

6. 函数解析

rewind 函数的作用与下面的函数调用等价。

```
fseek(stream,0L,SEEK_SET);
```

2.5 文件存取操作函数

除了文件的读取和定位操作外，C 语言还提供了文件的存取操作，比如，关闭文件、将缓冲区的内容写入文件、打开文件、删除文件、重命名文件等。

2.5.1 fclose 函数——关闭文件

1. 函数原型

```
int fclose(FILE *stream);
```

2. 函数功能

fclose 函数的功能是关闭 stream 指定的文件，并将缓冲区的内容全部写入该文件。

3. 函数参数

参数 stream：文件指针，指向文件对象。

4. 函数的返回值

如果调用成功，则函数返回 0；否则，函数返回一个非 0 值。

5. 函数范例

```
/*******************************************
*范例编号：02_25
*范例说明：使用 fclose 函数关闭指定的文件
*******************************************/
01     #include <stdio.h>
02     #include <stdlib.h>
03     void main()
04     {
05          FILE *fp;
06          if((fp=fopen("mytest.dat","rb"))==NULL)
07          {
08               printf("无法打开文件.\n.");
09               exit(-1);
10          }
11          if(fclose(fp))
12          {
```

```
13          printf("打开文件失败.\n");
14              exit(-1);
15          }
16          else
17              printf("打开文件成功.\n");
18          system("pause");
19      }
```

该函数范例的运行结果如图 2-24 所示。

图 2-24　函数范例的运行结果

6. 函数解析

在使用完文件后，需要使用 fclose 函数将文件关闭，这样可以将缓冲区的数据写入文件，避免数据丢失。

2.5.2 fflush 函数——将缓冲区的内容写入文件

1. 函数原型

```
int fflush(FILE *stream);
```

2. 函数功能

fflush 函数的功能是将缓冲区的内容写入 stream 指定的文件中。如果 stream 指向输入文件，则缓冲区的内容被清除。

3. 函数参数

参数 stream：文件指针，指向文件对象。

4. 函数的返回值

如果调用成功，则函数返回 0；否则，函数返回一个非 0 值。

5. 函数范例

```
/*********************************************
*范例编号：02_26
*范例说明：将缓冲区的数据写入指定文件中
*********************************************/
01      #include <stdio.h>
02      #include <stdlib.h>
03      void main()
04      {
05          FILE * fp;
06          char readbuf[81],writebuf[]="Computer Science.";
07          fp = fopen ("mytest.txt","w+");
08          if (!fp)
09              printf ("打开文件失败!");
10          else
```

```
11          {
12              fputs (writebuf,fp);
13              fflush (fp);
14              rewind(fp);
15              fgets (readbuf,80,fp);
16              printf("从文件中读取的内容:%s\n",readbuf);
17              fclose (fp);
18          }
19          system("pause");
20      }
```

该函数范例的运行结果如图 2-25 所示。

```
d:\函数与算法宝典\02-26\D...
从文件中读取的内容:Computer Science.
请按任意键继续. . .
```

图 2-25 函数范例的运行结果

6. 函数解析

（1）在一个文件中使用 fflush 函数时，如果该文件是输入文件，则在关闭之前将缓冲区的数据清空。如果是输出文件，则将缓冲区的数据写入该文件。

（2）在对文件执行了写入操作后，如 fputs (writebuf, fp)，实际上是先将要写入的数据暂存在缓冲区，在关闭文件或缓冲区满时才会将数据写入文件，使用 fflush 函数就会将数据立即写入文件。在读取数据之前，要注意文件位置指针的位置。

（3）如果使用了关闭文件操作，就不需要使用 fflush 函数。

2.5.3 fopen 函数——打开文件

1. 函数原型

```
FILE *fopen(const char *filename,const char *mode);
```

2. 函数功能

fopen 函数的功能是打开由 filename 指向的文件，具体的操作类型由 mode 定义。

3. 函数参数

（1）参数 filename：一个字符串，由有效的文件名构成，可以是一个完整的路径。

（2）参数 mode：文件的打开模式，如以读取还是以写的方式打开。参数 mode 的取值及含义如表 2-9 所示。

表 2-9 mode 的取值及含义

mode 的取值	含义
"r"	以只读方式打开文本文件（该文件必须已经存在）
"w"	以写的方式打开文本文件
"a"	以追加的方式打开一个文本文件

续表

mode 的取值	含义
"rb"	以读取的方式打开一个二进制文件（该文件必须已经存在）
"wb"	以写的方式打开一个二进制文件
"ab"	以追加的方式打开一个二进制文件
"r+"	以读或写的方式打开一个文本文件（该文件必须已经存在）
"w+"	以读或写的方式创建一个新的文本文件
"a+"	以读或写的方式打开一个文本文件
"rb+"	以读或写的方式打开一个二进制文件（该文件必须已经存在）
"wb+"	以读或写的方式创建一个二进制文件
"ab+"	以读或写的方式打开一个二进制文件

以"r"的方式打开文件时，表示只能从该文件中读取数据，并且保证要打开的文件已经存在，否则将产生错误。

以"w"的方式打开文件时，表示只能向文件中写数据。如果原来不存在该文件，则以指定的文件名创建新文件。如果该文件已经存在，则打开文件时原来的数据将被删除。

以"a"的方式打开文件时，表示在原文件末尾追加数据。如果打开的文件不存在，则创建该文件。

以"r+""w+""a+"的方式打开文件时，既可以从该文件中读取数据，也可以向文件中写入数据。以"r+"的方式打开文件时，必须保证该文件是存在的。以"w+"的方式打开文件时，先创建文件然后写入数据。以"r+"的方式打开文件时，原来的文件不被删除，在原来的文件末尾追加数据。

以"rb""wb""ab""rb+""wb+""ab+"的方式打开的文件是二进制文件，以"r""w""a""r+""w+""a+"的方式打开的文件是文本文件。

4. 函数的返回值

如果调用成功，则打开文件关联的文件类型指针；否则，函数返回一个NULL。

5. 函数范例

```
/**********************************************
*范例编号：02_27
*范例说明：打开文件
**********************************************/
01    #include <stdio.h>
02    #include <stdlib.h>
03    void main()
04    {
05          FILE *fp;
```

```
06          char buf[81]="C programmer";
07          fp=fopen ("file.txt","w");
08          if (fp==NULL)
09               printf("Open file error!");
10          else
11          {
12               fwrite (buf,1,80,fp);
13               fclose (fp);
14          }
15          system("pause");
16     }
```

该函数范例生成的文件 file.txt 中的内容如下。

```
C programmer
```

6. 函数解析

（1）在对文件进行读/写操作之前，必须使用 fopen 函数打开要操作的文件。

（2）在打开文件之后，要判断文件是否被成功打开，可以对 fopen 函数的返回值进行判断。

2.5.4 remove 函数——删除文件

1. 函数原型

```
int remove(const char *filename);
```

2. 函数功能

remove 函数的功能是删除由 filename 指向的文件。

3. 函数参数

参数 filename：一个字符串，由有效的文件名构成，可以是一个完整的路径。

4. 函数的返回值

如果该文件被成功删除，则函数返回 0；否则，返回非 0 值。

5. 函数范例

```
/*********************************************
*范例编号：02_28
*范例说明：删除文件
*********************************************/
01     #include <stdio.h>
02     #include <stdlib.h>
03     void main()
04     {
05          FILE *fp;
06          char str1[]="C programmer",str2[]="Java Programmer",str3[81];
```

```
07          fp=fopen ("file.txt","w+");
08          if (fp==NULL)
09               printf("打开文件失败!");
10          else
11          {
12               printf("打开文件成功!");
13               fwrite (str1,1,80,fp);
14               fwrite(str2,1,80,fp);
15          }
16          rewind(fp);
17          printf("文件中的内容:\n");
18          while(fread(str3,1,80,fp)!=0)
19               puts(str3);
20          fclose (fp);
21          if(remove("file.txt")!=0)
22               printf("remove file error.\n");
23          else
24               printf("file.txt 被成功删除.\n");
25          system("pause");
26     }
```

该函数范例的运行结果如图 2-26 所示。

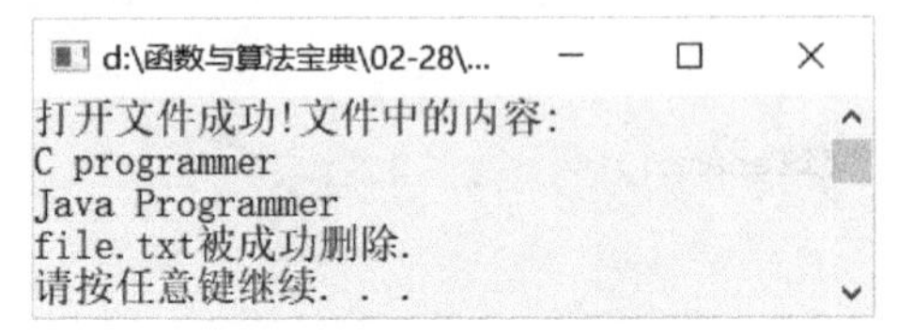

图 2-26　函数范例的运行结果

2.5.5　rename 函数——重命名文件

1. 函数原型

```
int rename(const char *oldname,const char *newname);
```

2. 函数功能

rename 函数的功能是将旧文件名 oldname 改为新文件名 newname。

3. 函数参数

（1）参数 oldname：旧文件名（该文件必须存在）。

（2）参数 newname：新文件名（该文件不存在）。

4. 函数的返回值

如果文件被重命名，则函数返回 0；否则，函数返回非 0 值。

5. 函数范例

```
/*******************************************
*范例编号：02_29
*范例说明：重命名文件
*******************************************/
01    #include <stdio.h>
02    #include <stdlib.h>
03    void main ()
04    {
05        int flag;
06        FILE *fp;
07        char oldname[]="beijing.txt";
08        char newname[]="shanghai.txt";
09        char str[]="零基础学数据结构",strRead[81];
10        fp=fopen(oldname,"w+");
11        if(!fp)
12        {
13            printf("文件创建失败!");
14            exit(-1);
15        }
16        fwrite(str,2,sizeof(str)/sizeof(str[0]),fp);
17        fclose(fp);
18        flag=rename( oldname , newname );
19        if ( flag==0 )
20        {
21            printf( "文件重命名成功!\n" );
22            printf( "读取新文件中的内容：\n" );
23            fp=fopen(newname,"r+");
24            if(fp)
25            {
26                fread(strRead,2,80,fp);
27                puts(strRead);
28                fclose(fp);
29            }
30        }
31        system("pause");
32    }
```

该函数范例的运行结果如图 2-27 所示。

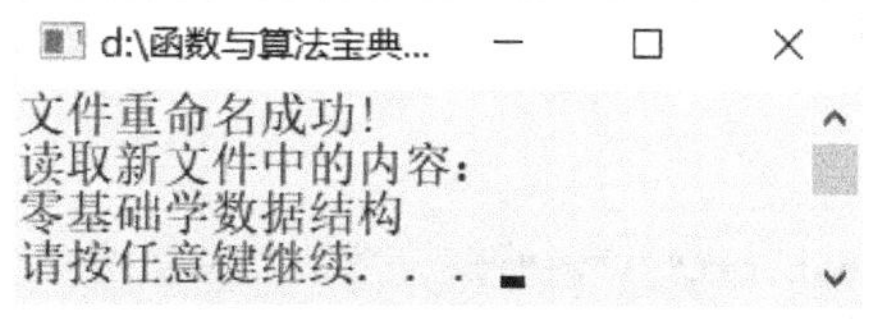

图 2-27　函数范例的运行结果

6. 注意事项

如果 newname 已经存在，则将被删除或被覆盖。

2.6 文件错误控制函数

在打开文件或对文件进行读取操作时，常常需要检查是否出现打开的文件不存在、磁盘I/O错误等错误，这时就需要使用文件错误控制函数进行判断。

2.6.1 clearerr 函数——清除文件中的错误标志

1. 函数原型

```
int clearerr(FILE *stream);
```

2. 函数功能

clearerr 函数的功能是将 stream 指向的文件的错误标志重新设置为 0（即关掉错误标志），文件结束指示器也将被重置。

3. 函数参数

参数 stream：文件指针，指向文件对象。

4. 函数的返回值

如果读取或写入文件出现错误，则函数返回 0；否则，返回非 0 值。

5. 函数范例

```
/**********************************************
*范例编号：02_30
*范例说明：清除文件中的错误标志
**********************************************/
01    #include <stdio.h>
02    #include <stdlib.h>
03    void main()
04    {
05         FILE *fp;
06         char ch;
07         int i;
08         fp=fopen("mytest.txt", "w+");
09         for(i=0;i<26;i++)
10              fputc('a'+i,fp);
11         rewind(fp);
12         while((ch=fgetc(fp))!=EOF)
13              printf("%c",ch);
14         printf("\n");
15         if (ferror(fp))
16         {
```

```
17              printf("文件读取错误!\n");
18              clearerr(fp);
19          }
20          fclose(fp);
21          system("pause");
22      }
```

该函数范例的运行结果如图 2-28 所示。

d:\函数与算法宝典\02-30\Deb...
abcdefghijklmnopqrstuvwxyz
请按任意键继续. . .

图 2-28　函数范例的运行结果

6. 函数解析

（1）在以写的方式打开文件时，不能对文件进行读操作，否则将产生错误。在错误发生后，需要调用 clearerr 函数清除错误标志，使文件操作可以继续执行。如果文件操作没有发生错误，则会设置与流关联的错误指示符，返回非 0 值；否则，返回 0。

（2）若将第 8 行代码

```
fp=fopen("mytest.txt", "w+");
```

修改为

```
fp=fopen("mytest.txt", "w");
```

则会在文件读取时出现错误。程序运行结果如图 2-29 所示。

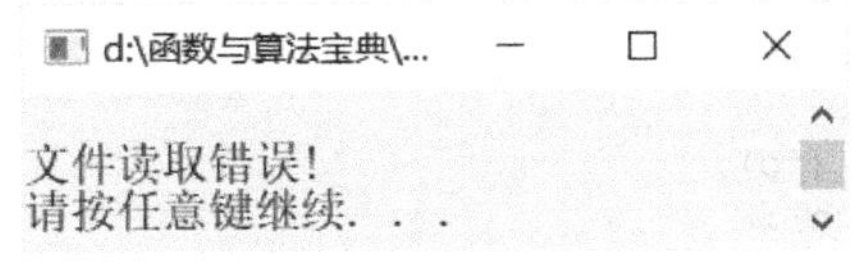

图 2-29　程序运行结果

2.6.2　feof 函数——是否到了文件末尾

1. 函数原型

```
int feof(FILE *stream);
```

2. 函数功能

feof 函数的功能是检查文件位置指针是否到了文件末尾。如果指针到了文件末尾，则返回非 0 值；否则，返回 0。

3. 函数参数

参数 stream：文件指针，指向文件对象。

4. 函数的返回值

如果文件位置指针到了文件末尾，则函数返回非 0 值；否则，返回 0。

5. 函数范例

```
/**********************************************
*范例编号：02_31
*范例说明：使用 feof 函数判断是否到了文件末尾
**********************************************/
01    #include <stdio.h>
02    #include <stdlib.h>
03    void main ()
04    {
05        FILE * fp;
06        int n=0,i;
07        char ch,str[80];
08        printf("请输入一行字符:\n");
09        gets(str);
10        fp=fopen ("mytest.txt","w+");
11        if (fp==NULL)
12            printf("打开文件错误!");
13        else
14        {
15            for(i=0;i<strlen(str);i++)
16                fputc(str[i],fp);
17        }
18        rewind(fp);
19        while (!feof(fp))
20        {
21            ch=fgetc (fp);
22            putchar(ch);
23            n++;
24        }
25        fclose (fp);
26        printf ("\n 读取的字符数：%d.\n", n-1);
27        system("pause");
28    }
```

该函数范例的运行结果如图 2-30 所示。

图 2-30　函数范例的运行结果

6. 函数解析

在读取二进制文件时，文件中的数据有可能是-1，而 EOF 的值也可能是-1。如果用 EOF 作为文件结束的判断条件，这样就可能造成文件中的数据没有读取结束，因而被中断读入。为了避免这种错误的发生，可以采用 feof 函数判断是否真正到了文件末尾。

2.6.3 ferror 函数——检查文件操作是否出现了错误

1. 函数原型

```
int ferror(FILE *stream);
```

2. 函数功能

ferror 函数的功能是检查 stream 指向的文件在操作过程中是否出现了错误。

3. 函数参数

参数 stream：文件指针，指向文件对象。

4. 函数的返回值

在操作过程中，如果没有出现错误，则函数返回 0；否则，返回非 0 值。

5. 函数范例

```
/********************************************
*范例编号：02_32
*范例说明：检查文件操作过程中是否出现了错误
********************************************/
01    #include <stdio.h>
02    #include <stdlib.h>
03    void main ()
04    {
05        FILE *fp;
06        char str[81],ch;
07        fp=fopen("mytest.txt","r");
08        if(!fp)
09        {
10            printf("文件打开错误.\n");
11            exit(-1);
12        }
13        while(!feof(fp))
14        {
15            fread(str,1,27,fp);
16            if(ferror(fp))
17            {
18                printf("文件读取错误!\n");
19                exit(-1);
20            }
21            puts(str);
22        }
23        printf ("无错误.\n");
24        fclose (fp);
25        system("pause");
26    }
```

该函数范例的运行结果如图 2-31 所示。

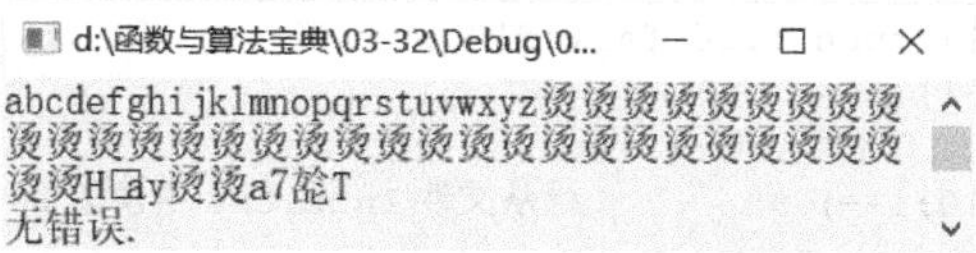

图 2-31　函数范例的运行结果

6. 函数解析

（1）若将第 15 行代码

```
fread(str,1,27,fp);
```

修改为

```
fputc('a',fp);
```

则将产生文件读写错误。这是因为文件是以"r"的方式打开的。

为了使读取的字符不出现乱码，可使用 fgetc 函数逐个字符读取文件，再将其显示出来。将第 15 行代码修改为

```
ch=fgetc(fp);
```

将第 21 行代码修改为

```
putchar(ch);
```

则运行结果如图 2-32 所示。

```
d:\函数与算法宝典\03-32\D...
abcdefghijklmnopqrstuvwxyz   无错误.
请按任意键继续. . .
```

图 2-32　运行结果

（2）在读/写文件之前，需要先判断是否成功打开了文件，否则，将产生异常。在文件操作过程中，最好检查每一步操作，养成一个良好的编程习惯。

2.7 文件输入/输出函数综合应用范例

【例 02_01】从文件中读取 10 个整数，排序后将其存入另一个文件中。

```
/*********************************************
*范例编号：例 02_01
*范例说明：从文件中读取 10 个整数，排序后将其存入另一个文件中
*********************************************/
01    #include <stdio.h>
02    #include <stdlib.h>
03    #define N 10
04    void ReadData(int b[N])          /*从文件 Init.txt 中读取待排序数据*/
05    {
06         FILE *fp;
07         int i;
08         fp=fopen("Init.txt","r");   /*以只读的方式打开文件 Init.txt*/
09         if(!fp)                     /*如果打开文件失败*/
10         {
11              printf("open file failed!");
12              exit(-1);
13         }
14         for(i=0;i<10;i++)          /*从文件 Init.txt 中读取 10 个数据并存入数组 b 中*/
15         {
16              fscanf(fp,"%d",&b[i]);
```

```
17              printf("%4d",b[i]);
18          }
19          printf("\n");
20          fclose(fp);                     /*关闭文件*/
21      }
22      void WriteData(int b[N])            /*向文件 result.txt 中写入数据*/
23      {
24          FILE *fp;
25          int i;
26          fp=fopen("result.txt","w"); /*以只写的方式打开文件*/
27          if(!fp)                         /*如果打开文件失败*/
28          {
29              printf("open file failed!");
30              exit(-1);
31          }
32          for(i=0;i<10;i++)               /*将数据写入文件 result.txt 中*/
33              fprintf(fp,"%d",b[i]);
34          fclose(fp);
35      }
36      void SortData(int b[N])             /*对数组 b 中的元素进行排序*/
37      {
38          int i,j,t;
39          for(i=0;i<9;i++)
40          {
41              for(j=0;j<9-i;j++)
42              {
43                  if(b[j]>b[j+1])
44                  {
45                      t=b[j];
46                      b[j]=b[j+1];
47                      b[j+1]=t;
48                  }
49              }
50          }
51      }
52      void main()
53      {
54          int i,a[N];
55          printf("排序前的元素序列:\n");
56          ReadData(a);
57          SortData(a);
58          printf("排序后的元素序列:\n");
59          for(i=0;i<N;i++)
60              printf("%4d",a[i]);
61          printf("\n");
62          WriteData(a);
63          system("pause");
64      }
```

该范例的运行结果如图 2-33 所示。

例题解析

第 4～21 行：ReadData 函数实现从文件 Init.txt 中读取 10 个整数并存入数组 *b* 中。

第 8 行：以只读的方式打开文件 Init.txt。

第 9～13 行：如果打开文件失败，则输出失败信息并返回。

第 14 行：读取 10 个数据到数组 b 中。

第 20 行：关闭文件。

第 22～35 行：WriteData 函数实现将排序好的数据存入 result.txt 中。

```
d:\函数与算法宝典\例02-01\Debug\...
排序前的元素序列:
  52  36  19  56  33  90  99  32  23  68
排序后的元素序列:
  19  23  32  33  36  52  56  68  90  99
请按任意键继续. . .
```

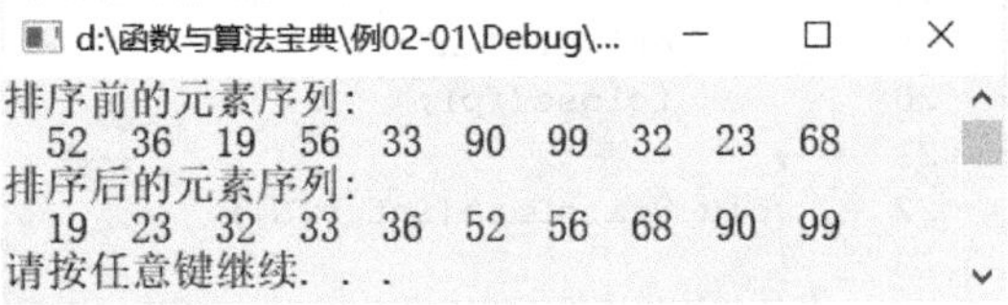

图 2-33　范例的运行结果

第 26 行：以只写的方式打开文件 result.txt。

第 27～31 行：如果打开文件失败，则输出失败信息并返回。

第 32～33 行：将数组中的元素写入文件 result.txt 中。

第 34 行：关闭文件。

第 36～51 行：SortData 函数实现对数组 b 中的元素进行排序。

第 52～64 行：主函数，分别调用 ReadData 函数、SortData 函数、WriteData 函数读取文件中的数据、对数据进行排序、将数据写入文件中。

【例 02_02】从文件 student.dat 中读取出学生信息（学生信息包括学号、姓名、语文成绩、数学成绩、英语成绩），根据平均成绩对记录进行排序，将排序结果输出到文件 result.dat 中。

```
/********************************************
*范例编号：例 02_02
*范例说明：根据学生的平均成绩进行排序并将结果存入 result.dat 中
********************************************/
01    #include <stdio.h>
02    #include <stdlib.h>
03    #define N 6
04    /*学生类型定义*/
05    struct student
06    {
07         long no;
08         char name[20];
09         int score[3];
10         float aver;
11    }stu[N];
12    void ReadData()
13    /*从文件中读取数据到数组 stu 中*/
14    {
15         FILE *fp;
16         int i;
17         fp=fopen("student.dat","rb");
18         if(!fp)
19         {
20              printf("open file failed!");
21              exit(-1);
22         }
23         for(i=0;i<N;i++)
24         {
25              if(fread(&stu[i],sizeof(struct student),1,fp)!=1)
```

```
26              {
27                   if(feof(fp))
28                   {
29                        printf("file read error!");
30                        exit(-1);
31                   }
32              }
33         }
34         fclose(fp);
35    }
36    void WriteData()
37    /*向文件中写入数据*/
38    {
39         FILE *fp;
40         int i;
41         fp=fopen("result.dat","wb");
42         if(!fp)
43         {
44              printf("open file failed!");
45              exit(-1);
46         }
47         for(i=0;i<N;i++)
48         {
49              if(fwrite(&stu[i],sizeof(struct student),1,fp)!=1)
50              {
51                        printf("file write error!");
52                        exit(-1);
53              }
54         }
55         fclose(fp);
56    }
57    void SortData()
58    /*对成绩进行排序*/
59    {
60         int i,j;
61         struct student t;
62         float s=0.0;
63         /*求每个学生的平均成绩*/
64         for(i=0;i<N;i++)
65         {
66              for(j=0;j<3;j++)
67                   s+=stu[i].score[j];
68              s/=3;
69              stu[i].aver=s;
70              s=0.0;
71         }
72         /*根据平均成绩进行排序*/
73         for(i=0;i<N-1;i++)
74         {
75              for(j=0;j<N-1-i;j++)
76              {
77                   if(stu[j].aver>stu[j+1].aver)
78                   {
79                        t=stu[j];
80                        stu[j]=stu[j+1];
```

```
81                     stu[j+1]=t;
82                 }
83             }
84         }
85     }
86     void InputData()
87     /*将数据输入文件*/
88     {
89         int i;
90         printf("请输入学号、姓名及各科成绩:\n");
91         for(i=0;i<N;i++)
92         {
93             printf("学号:");
94             scanf("%ld",&stu[i].no);
95             printf("姓名:");
96             scanf("%s",stu[i].name);
97             printf("语文成绩:");
98             scanf("%d",&(stu[i].score[0]));
99             printf("数学成绩:");
100            scanf("%d",&(stu[i].score[1]));
101            printf("英文成绩:");
102            scanf("%d",&(stu[i].score[2]));
103        }
104        WriteData();    /*将数据写入文件中*/
105    }
106    void main()
107    {
108        int i;
109        InputData();
110        ReadData();
111        printf("排序前:\n");
112        printf("学号   姓名   语文   数学   英语   平均成绩\n");
113        for(i=0;i<N;i++)
114            printf("%ld %s %d %d %d %.2f\n",stu[i].no,stu[i].name,
115                stu[i].score[0],stu[i].score[1],stu[i].score[2],stu[i].aver);
116        SortData();
117        printf("排序后:\n");
118        printf("学号   姓名   语文   数学   英语   平均成绩\n");
119        for(i=0;i<N;i++)
120            printf("%ld %s %d %d %d %.2f\n",stu[i].no,stu[i].name,
121                stu[i].score[0],stu[i].score[1],stu[i].score[2],stu[i].aver);
122        WriteData();
123        system("pause");
124    }
```

例题解析

第 4～11 行：定义了学生信息，包括学号、姓名、各科成绩、平均成绩。

第 12～35 行：定义了读文件的实现函数 ReadData。

第 25～32 行：判断从文件 student.dat 中读取数据是否成功。

第 57～85 行：排序函数 SortData 的实现。

第 64～71 行：求出每个学生的平均成绩并存入数组 stu 的 aver 域中。

第 73～84 行：根据平均成绩对记录进行排序。

第 86～105 行：利用键盘输入每个学生的记录，并调用 WriteData 函数将数据存入文件 student.dat 中。

第 112～115 行：输出排序前的学生记录。

第 118～121 行：输出排序后的学生记录。

该范例的运行结果如图 2-34 所示。

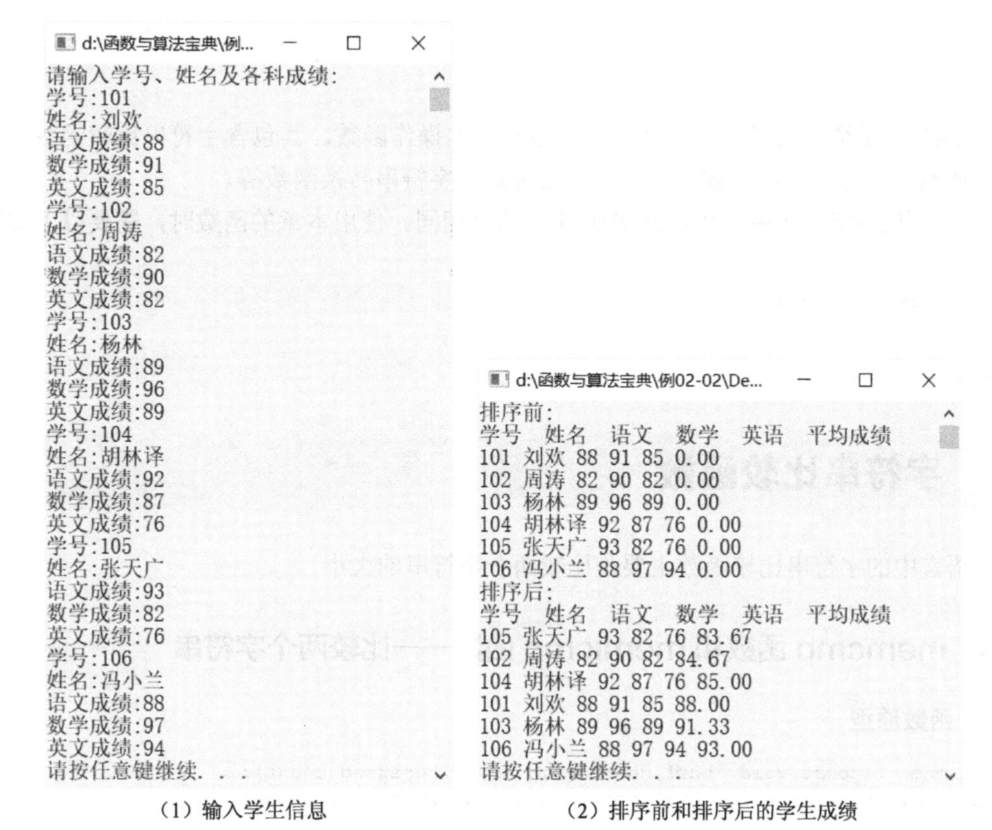

（1）输入学生信息　　　　（2）排序前和排序后的学生成绩

图 2-34　范例的运行结果

第3章　string.h 库函数

string.h 库函数定义了字符串和字符数组相关的操作函数，其包含字符串比较函数、字符串拷贝函数、字符串连接函数、字符串查找函数、字符串转换函数等。

C++兼容了 string.h 库函数，其用法与 C 语言相同。使用本章的函数时，需要以下文件包含命令。

```
#include <string.h>
```

或

```
#include <cstring>
```

3.1 字符串比较函数

C 语言中的字符串比较函数主要是比较两个字符串的大小。

3.1.1 memcmp 函数和 memicmp 函数——比较两个字符串

1. 函数原型

```
int memcmp(const void *buf1,const void *buf2,unsigned count);
int memicmp(const void *buf1,const void *buf2,unsigned count);
```

2. 函数功能

memcmp 函数和 memicmp 函数的功能是比较 buf1 指向的前 count 个字符和 buf2 指向的前 count 个字符的大小。这两个函数还可以比较其他类型的数据。

3. 函数参数

（1）参数 buf1：字符指针或数组名，指向第 1 个字符串。

（2）参数 buf2：字符指针或数组名，指向第 2 个字符串。

（3）参数 count：要比较的字符个数。

4. 函数返回值

memcmp 函数和 memicmp 函数的返回值及含义如表 3-1 所示。

表 3-1　函数返回值及含义

返回值	含义
小于 0	buf1 小于 buf2
等于 0	buf1 等于 buf2
大于 0	buf1 大于 buf2

5. 函数范例

```
/*********************************************
*范例编号：03_01
*范例说明：利用 memcmp 函数判断两个字符串的大小
*********************************************/
01    #include <stdio.h>
02    #include <stdlib.h>
03    #include <string.h>
04    int MyMemcmp(char *str1, char *str2, int count );
05    void main ()
06    {
07        char buf1[256];
08        char buf2[256];
09        int n,len1, len2;
10        printf ("请输入第一个字符串: ");
11        gets(buf1);
12        printf ("请输入第二个字符串: ");
13        gets(buf2);
14        len1=strlen(buf1);
15        len2=strlen(buf2);
16        printf ("比较两个字符串（memcmp 函数）:\n ");
17        n=memcmp ( buf1, buf2, len1>len2?len1:len2 );
18        if (n>0)
19            printf ("'%s' 大于 '%s'.\n",buf1,buf2);
20        else if (n<0)
21            printf ("'%s' 小于 '%s'.\n",buf1,buf2);
22        else
23            printf ("'%s' 与 '%s'相等.\n",buf1,buf2);
24        printf ("比较两个字符串（自定义函数）:\n ");
25        n=MyMemcmp ( buf1, buf2, len1>len2?len1:len2 );
26        if (n>0)
27            printf ("'%s' 大于 '%s'.\n",buf1,buf2);
28        else if (n<0)
29            printf ("'%s' 小于 '%s'.\n",buf1,buf2);
30        else
31            printf ("'%s' 与 '%s'相等.\n",buf1,buf2);
32        system("pause");
33    }
```

```
34      int MyMemcmp(char *str1, char *str2, int count )
35      {
36          if (!count )
37              return 0;
38          while (count--)
39          {
40              while(*str1==*str2)
41              {
42                  if(*str1=='\0')
43                      return 0;
44                  str1++;
45                  str2++;
46              }
47          }
48          if(*str1 > *str2)
49              return 1;
50          else if(*str1<*str2)
51              return -1;
52      }
```

该函数范例的运行结果如图 3-1 所示。

```
D:\函数与算法宝典\03-01\Debug\03-01.exe
请输入第一个字符串: This is my girlfriend.
请输入第二个字符串: This is my sister.
比较两个字符串（memcmp函数）:
'This is my girlfriend.' 小于 'This is my sister.'.
比较两个字符串（自定义函数）:
'This is my girlfriend.' 小于 'This is my sister.'.
请按任意键继续. . .
```

图 3-1　函数范例的运行结果

6. 函数解析

memcmp 函数和 memicmp 函数是逐字节对两个内存区域中的内容进行比较，查看两个内存区域中的内容是否相等。因此，这两个函数不仅可以比较两个字符串的大小，还可以比较其他类型的数据的大小。memicmp 函数在比较时忽略字母的大小写。

3.1.2　strcmp 函数和 stricmp 函数——比较两个字符串

1. 函数原型

```
int strcmp(const char *str1,const char *str2);
int stricmp(const char *str1,const char *str2);
```

2.函数功能

strcmp 函数和 stricmp 函数的功能都是比较 str1 和 str2 两个字符串。从第 1 个字符开始比较，直到字符不相等或到达字符串末尾为止。

3. 函数参数

（1）参数 str1：字符指针，指向第 1 个字符串。

（2）参数 str2：字符指针，指向第 2 个字符串。

4. 函数的返回值

函数返回一个整型值。如果 str1==str2，则返回 0；如果 str1>str2，则返回大于 0 的值；如果 str1<str2，则返回小于 0 的值。

5. 函数范例

```
/*******************************************
*范例编号：03_02
*范例说明：利用 strcmp 函数和 stricmp 函数测试输入的密码是否正确
*******************************************/
01    #include <string.h>
02    #include <stdio.h>
03    #include <stdlib.h>
04    void main()
05    {
06         char username[60],password[60];
07         printf( "Enter username:" );
08         gets(username);
09         while(stricmp(username,"Tsinghua"))
10         {
11              printf("Invalid username!\n");
12              printf("Enter username.");
13              gets(username);
14         }
15         printf( "Enter password:" );
16         gets(password);
17         while(strcmp(password,"ABC"))
18         {
19              printf("Invalid password!\n");
20              printf("Enter password.");
21              gets(password);
22         }
23         printf("Congratulate!you are right!\n");
24         system("pause");
25    }
```

该函数范例的运行结果如图 3-2 所示。

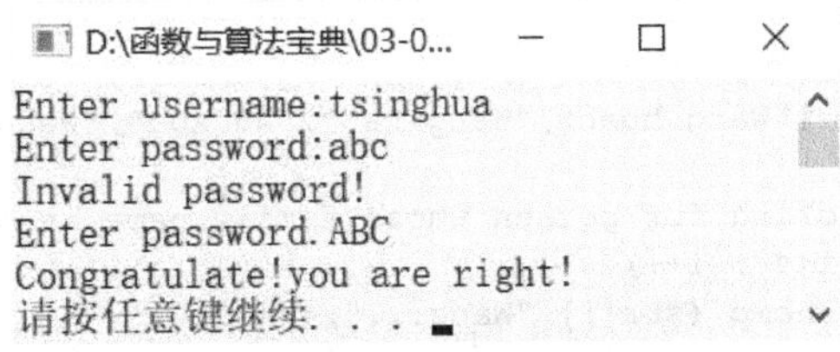

图 3-2　函数范例的运行结果

6. 函数解析

strcmp 函数和 stricmp 函数都可以比较两个字符串的大小，它们的区别在于 strcmp 函数区分大小写，而 stricmp 函数不区分大小写。

3.1.3 strncmp 函数和 strnicmp 函数——比较两个字符串

1. 函数原型

```
int strncmp(const char *str1,const char *str2,int count);
int strnicmp(const char *str1,const char *str2,int count);
```

2. 函数功能

strncmp 函数和 strnicmp 函数都是比较长度不超过 count 的两个字符串的大小。如果两个字符相等，则继续比较下面的字符，直到两个字符不相等、到达字符串末尾或将 count 个字符比较完毕。

3. 函数参数

（1）参数 str1：指向第 1 个字符串。
（2）参数 str2：指向第 2 个字符串。
（3）参数 count：待比较字符串的最大字符个数。

4. 函数的返回值

函数返回一个整数值。如果 str1==str2，则返回 0；如果 str1>str2，则返回大于 0 的值；如果 str1<str2，则返回小于 0 的值。

5. 函数范例

```
/*********************************************
*范例编号：03_03
*范例说明：利用 strncmp 函数查找姓 Wang 的人
*********************************************/
01    #include <stdio.h>
02    #include <string.h>
03    void main ()
04    {
05         char *str[]={"Wang huan","Wang tao","wu xue","wang chong"};
06         int i;
07         printf ("Looking for person whose family name is Wang...\n");
08         for (i=0 ; i<4 ; i++)
09              if (strncmp (str[i],"Wang...",4)==0)
10              {
11                   printf ("%s\n",str[i]);
12              }
13         system("pause");
14    }
```

该函数范例的运行结果如图 3-3 所示。

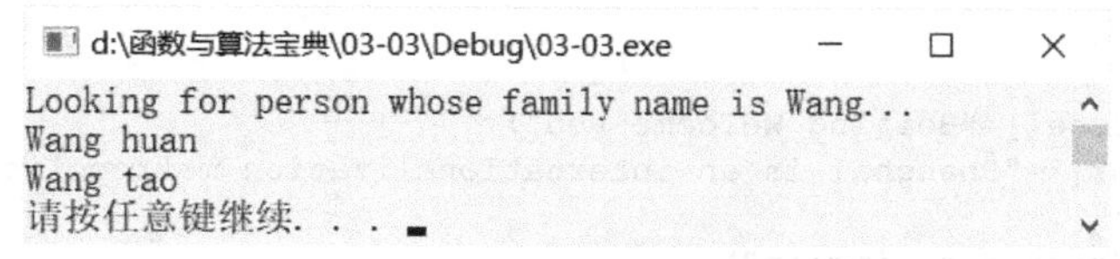

图 3-3　函数范例的运行结果

6. 函数解析

strncmp 函数与 strnicmp 函数的区别在于 strncmp 函数区分大小写，而 strnicmp 函数不区分大小写。

3.2 字符串拷贝函数

字符串拷贝函数是将字符从一个字符数组复制到另一个字符数组。

3.2.1 memcpy 函数——拷贝 *n* 个字节到另一个数组

1. 函数原型

```
void *memcpy(void *dest,const void *source,unsigned count);
```

2. 函数功能

memcpy 函数的功能是从 source 指向的数组中拷贝 count 个字节到 dest 指向的数组中。

3. 函数参数

（1）参数 source：指向源数组。
（2）参数 dest：指向目的数组。
（3）参数 count：拷贝的字节数。

4. 函数的返回值

函数返回目标数组的首地址。

5. 函数范例

```
/********************************************
*范例编号：03_04
*范例说明：将字符串从源数组拷贝到目标数组
********************************************/
01    #include <stdio.h>
02    #include <string.h>
03    #include <stdlib.h>
```

```
04    void main ()
05    {
        char source[]="Beijing Welcome you";
07      char dest[]="Shanghai is an internationalization metropolis";
08      char *p;
09      printf("source string:\n");
10      puts(source);
11      printf("Destination string before copying:\n");
12      puts(dest);
13      p=memcpy (dest,source,strlen(source)+1);
14      if(p)
15      {
16          printf("Destination string after copying is:\n");
17          puts(dest);
18          puts(p);
19      }
20      else
21          printf("copy failed!\n");
22      system("pause");
23    }
```

该函数范例的运行结果如图 3-4 所示。

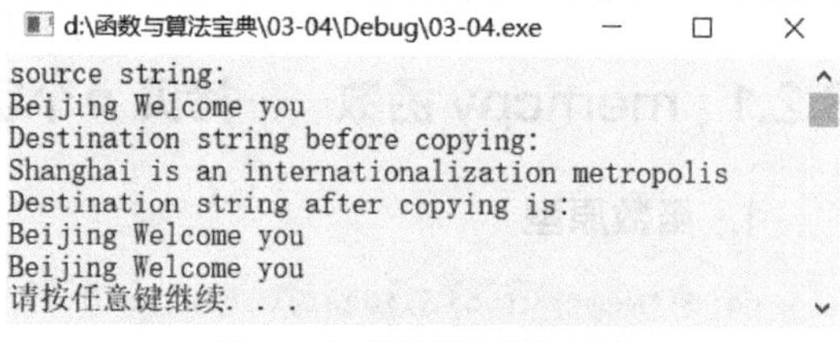

图 3-4　函数范例的运行结果

6. 函数解析

（1）源字符串与目标字符串所在区域不可重叠，目标字符串须有足够的空间容纳源字符串的内容。

（2）memcpy 函数不仅可用于字符的拷贝，还可用于其他类型的数据的拷贝。

（3）memcpy 函数将源字符串拷贝给目标字符串时，包括最后的空字符 NULL。参数 count 应指定包含最后空字符的字符个数。

（4）返回目标字符串的目的是可以支持链式表达式，可以作为另一个函数的参数或参与算术运算等。例如，链式表达式的形式如下。

```
iLength=strlen(strcpy(str1,str2));
```

3.2.2　memmove 函数——拷贝 *n* 个字节到数组中（可重叠）

1. 函数原型

```
void *memmove(void *dest,const void *source,unsigned count);
```

2. 函数功能

memmove 函数的功能是从 source 指向的数组中拷贝 count 个字节到 dest 指向的数组中。

3. 函数参数

（1）参数 source：源数组名或源数组的首地址。

（2）参数 dest：目的数组名或目的数组的首地址。

（3）参数 count：拷贝的数据字节个数。

4. 函数的返回值

函数返回目的数组的首地址。

5. 函数范例

```
/*********************************************
*范例编号：03_05
*范例说明：将源字符串拷贝到目的数组中
*********************************************/
01    #include<stdio.h>
02    #include<stdlib.h>
03    #include<string.h>
04    void main()
05    {
06          char str1[80],str2[80];
07          strcpy(str1,"Visual Studio 2010");
08          puts("源字符串:");
09          puts(str1);
10          memmove(str2,str1,80);
11          puts("目标字符串:");
12          puts(str2);
13          system("pause");
14    }
```

该函数范例的运行结果如图 3-5 所示。

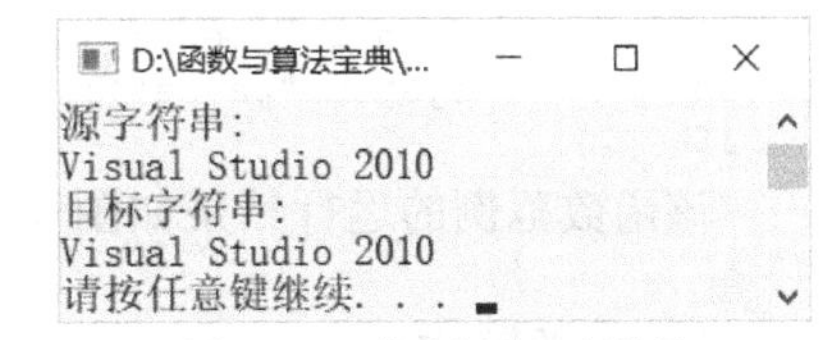

图 3-5　函数范例的运行结果

6. 函数解析

（1）memmove 函数可以用于各种基本类型的数据的拷贝。该函数不会检查源数组终结符，它按照字节进行拷贝。

（2）memmove 函数允许源字符串和目的字符串所在内存区域重叠。如果数组 source 和数组 dest 重叠，source 中的内容仍然可以正确地拷贝到 dest 中，但是 source 的内容将被更改。

3.2.3　strcpy 函数——字符串拷贝

1. 函数原型

```
char *strcpy(char *dest,const char *source);
```

2. 函数功能

strcpy 函数的功能是将 source 指向的字符串拷贝到 dest 指向的数组中，包括字符串的终结符。

3. 函数参数

（1）参数 source：源字符串指针或源字符数组名。

（2）参数 dest：目的字符串指针或目的字符数组名。

4. 函数的返回值

函数返回目的字符串的首地址。

5. 函数范例

```
/*********************************************
*范例编号：03_06
*范例说明：字符串拷贝
*********************************************/
01    #include <stdio.h>
02    #include <string.h>
03    #include <stdlib.h>
04    void main()
05    {
06         char s1[60];
07         char *s2,*pDesc;
08         puts("请输入字符串:");
09         gets(s1);
10         s2=(char*)malloc(sizeof(char)*60);
11         pDesc=strcpy (s2,s1);
12         printf ("s1: %s\n",s1);
13         printf("pDesc: %s\ns2: %s\n",pDesc,s2);
14         system("pause");
15    }
```

该函数范例的运行结果如图 3-6 所示。

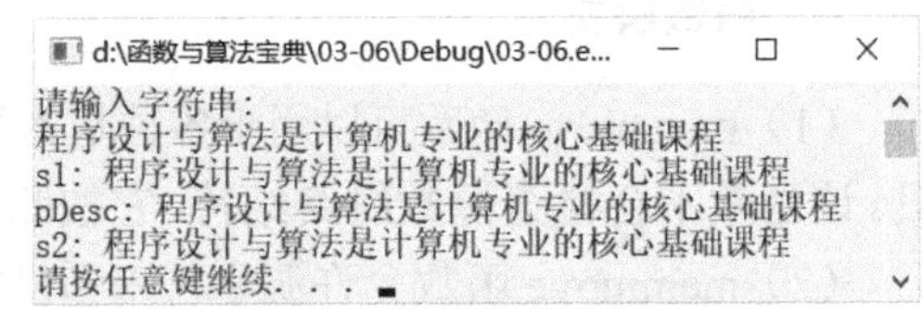

图 3-6　函数范例的运行结果

6. 函数解析

（1）strcpy 函数要求目的数组的长度至少与源数组中字符串的长度相等（包括最后的空字符）。

（2）源字符串与目的字符串的存储区域不能重叠。

3.2.4　strncpy 函数——拷贝 *n* 个字符到目的字符数组

1. 函数原型

```
char *strncpy(char *dest,const char *source,unsigned count);
```

2. 函数功能

strncpy 函数的功能是将 source 指向的前 count 个字符拷贝到 dest 字符数组中。如果 count 小于或等于 source 的长度，则空字符被自动添加到 dest 字符数组的末尾；如果 count 大于 source

的长度，则空字符被添加到 dest 的第 count 个位置。

3. 函数参数

（1）参数 source：源字符数组名。

（2）参数 dest：目的字符数组名。

（3）参数 count：要拷贝的字符个数。

4. 函数的返回值

函数返回目的字符数组的首地址。

5. 函数范例

```
/*********************************************
*范例编号：03_07
*范例说明：拷贝 n 个字符到目的字符数组
*********************************************/
01    #include <stdio.h>
02    #include <string.h>
03    #include <stdlib.h>
04    void main ()
05    {
06         char s1[]= "tsinghua",s2[]="peking";
07         char d1[30],d2[30],d3[30];
08         /*因为 8<=s1 的长度，所以 strncpy 函数不添加最后的结束标志*/
09         strncpy (d1,s1,8);
10         printf("d1:%s\n",d1);          /*不添加结束标志的输出结果*/
11         strncpy (d2,s1,8);
12         d2[8]='\0';                    /*添加结束标志*/
13         printf("d2:%s\n",d2);          /*添加结束标志后的输出结果*/
14         /*因为 10 大于 s2 的长度，所以不需要添加结束标志*/
15         strncpy(d3,s2,10);
16         printf("d3:%s\n",d3);
17         system("pause");
18    }
```

该函数范例的运行结果如图 3-7 所示。

```
D:\函数与算法宝典\03-07\Debug\03-07.exe
d1:tsinghua烫烫烫烫烫烫烫烫烫烫烫烫烫烫烫peking
d2:tsinghua
d3:peking
请按任意键继续. . .
```

图 3-7　函数范例的运行结果

6. 函数解析

strncpy 函数允许目的字符数组的长度小于源字符串的长度。但是在使用 strncpy 函数时，如果源字符串的长度小于或等于 count，则需要手动添加结束标志'\0'。在这种情况下，若执行完 strncpy 函数后没有添加’\0’，在输出目的字符串时会出现一些不可预知的内容。

3.3 字符串连接函数

字符串连接是指将一个字符串连接到另一个字符串的末尾使其成为一个字符串。

3.3.1 strcat 函数——连接两个字符串

1. 函数原型

```
char *strcat(char *dest,const char *source);
```

2. 函数功能

strcat 函数的功能是将 source 指向的字符串连接到 dest 指向的字符串的末尾，并以空字符结束。dest 指向的字符串最后的空字符被 source 的第 1 个字符覆盖掉。

3. 函数参数

（1）参数 source：源字符数组名。
（2）参数 dest：目的字符数组名。

4. 函数的返回值

函数返回目的字符数组的首地址。

5. 函数范例

```
/**********************************************
*范例编号：03_08
*范例说明：连接两个字符串
**********************************************/
01    #include <stdio.h>
02    #include <stdlib.h>
03    #include <string.h>
04    void main()
05    {
06          char str[80],str1[80];
07          puts("请输入第一个字符串:");
08          gets(str1);
09          strcpy (str,str1);
10          puts("请输入第二个字符串:");
11          gets(str1);
12          strcat (str,str1);
13          puts("请输入第三个字符串:");
14          gets(str1);
15          strcat (str,str1);
```

```
16          puts (str);
17          system("pause");
18      }
```

该函数范例的运行结果如图 3-8 所示。

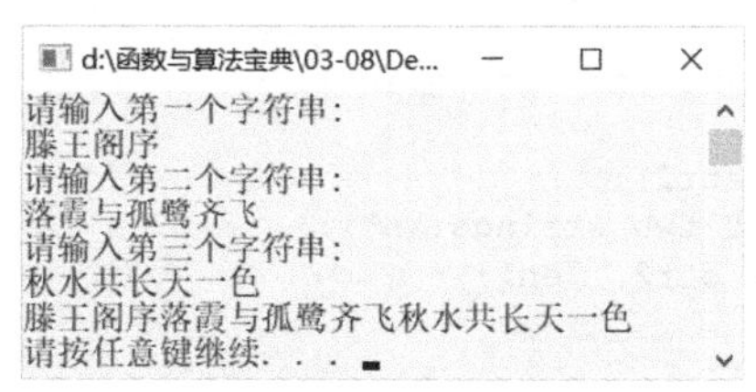

图 3-8 函数范例的运行结果

6. 函数解析

使用 strcat 函数时，要保证目的数组足够大以便存放源字符串和目的字符串。

3.3.2 strncat 函数——将字符串 1 的前 *n* 个字符连接到字符串 2

1. 函数原型

```
char *strncat(char *dest,char *source,unsigned count);
```

2. 函数功能

strncat 函数的功能是将 source 指向的前 count 个字符连接到 dest 数组中（包括空字符）。如果 source 指向的字符串长度小于 count，则将 source 的字符串连接到 dest 数组的末尾。

3. 函数参数

（1）参数 source：源字符数组名。
（2）参数 dest：目的字符数组名。
（3）参数 count：要连接的字符个数。

4. 函数的返回值

函数返回目的字符串的首地址。

5. 函数范例

```
/*********************************************
*范例编号: 03_09
*范例说明: 将一个字符串的前 n 个字符连接到另一个字符串末尾
*********************************************/
01      #include <stdio.h>
02      #include <stdlib.h>
03      #include <string.h>
```

```
04    void main ()
05    {
06         char str1[40],str2[40];
07         int len;
08         printf("Input a string:\n");
09         gets(str1);
10         printf("Input another string:\n");
11         gets(str2);
12         len=39-strlen(str2);
13         printf("connect two strings:\n");
14         strncat (str1, str2, len);
15         puts (str1);
16         system("pause");
17    }
```

该函数范例的运行结果如图 3-9 所示。

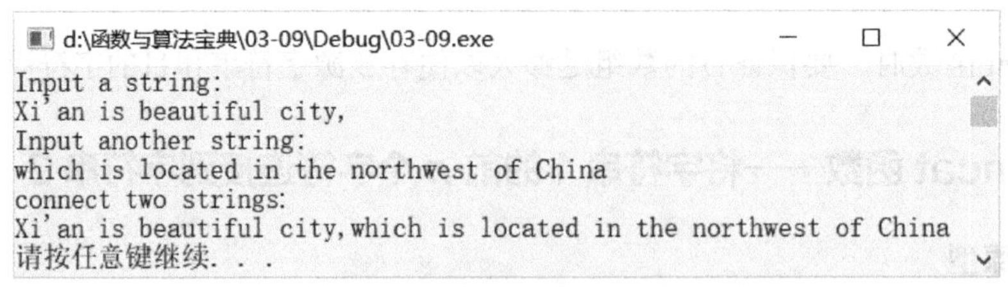

图 3-9　函数范例的运行结果

6. 函数解析

使用 strncat 函数需要目标字符数组足够大，以便容纳源字符串的前 *n* 个字符和目标字符串原来字符的长度。若将两个字符串连接后，其长度超过目标字符数组所能容纳的长度，则会出现运行时错误，如图 3-10 所示。

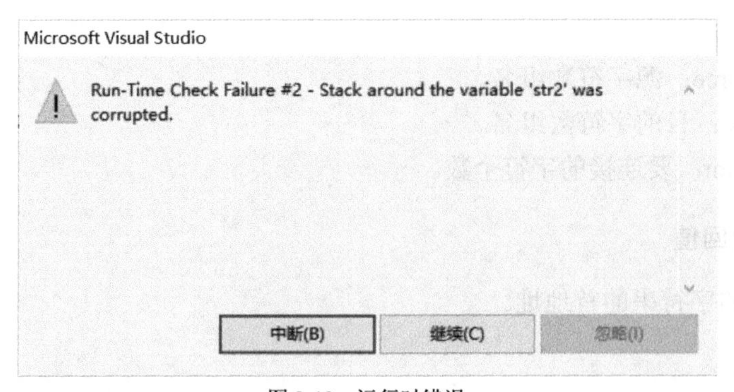

图 3-10　运行时错误

3.4 字符串查找函数

字符串查找指的是在指定的字符串中查找字符或字符串。

3.4.1 memchr 函数——在内存块中查找字符

1. 函数原型

```
void *memchr(const void *buffer,int c,unsigned count);
```

2. 函数功能

memchr 函数的功能是在由 buffer 指向的前 count 个字节中查找第 1 次遇到的值为 c 的字符或数据。如果找到 c 或前 count 个字节扫描完毕，则查找结束。

3. 函数参数

（1）参数 buffer：指向要查找的缓冲区。
（2）参数 c：待查找的字符或数据。
（3）参数 count：查找的范围，即在 buffer 的前 count 个字节中查找。

4. 函数的返回值

如果找到 c，则函数返回指向 c 的指针；否则，返回空指针。

5. 函数范例

```
/*********************************************
*范例编号：03_10
*范例说明：在字符串中查找第 1 次出现的字符
*********************************************/
01    #include <string.h>
02    #include <stdio.h>
03    #include <stdlib.h>
04    const void *MyMemchr (char *str, int value, int num)
05    {
06         char *p=str;
07         if (str == NULL)
08              return NULL;
09         while (num--)
10         {
11              if (*p != (char)value)
12                   p++;
13              else
14                   return p;
15         }
16         return NULL;
17    }
18    void main()
19    {
20         char buffer[]="Beijing is a beautiful city.";
21         char fmt1[]=  "         1         2         3";
22         char fmt2[]=  "123456789012345678901234567890";
23         char *p;
24         int c='c',r;
```

```
25          printf( "Searching character in string:\n%s\n", buffer );
26          printf( "%s\n%s\n", fmt1, fmt2 );
27          printf( "Search char: %c\n", c);
28          printf( "利用系统的 memchr 函数查找字符: \n");
29          p=(char*)memchr( buffer, c, strlen(buffer));
30          r=p - buffer + 1;
31          if( p!=NULL )
32               printf( "Result: %c found at position %d.\n", c, r);
33          else
34               printf( "Result: %c not found.\n" );
35          printf( "利用自定义函数查找字符: \n");
36          p=(char*)MyMemchr( buffer, c, strlen(buffer));
37          r=p - buffer + 1;
38          if( p!=NULL )
39               printf( "Result: %c found at position %d.\n", c, r);
40          else
41               printf( "Result: %c not found.\n" );
42          system("pause");
43      }
```

该函数范例的运行结果如图 3-11 所示。

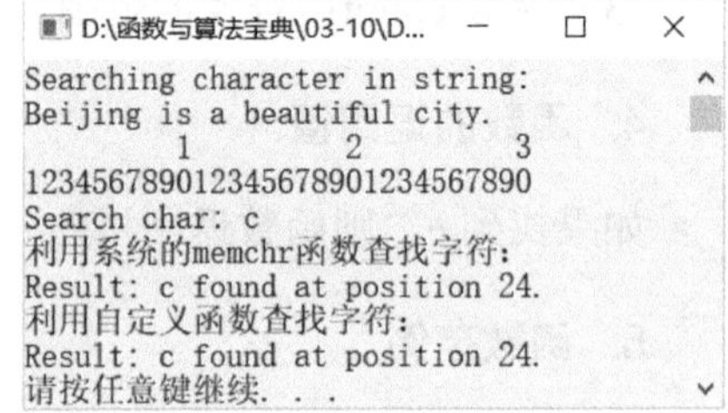

图 3-11　函数范例的运行结果

6. 函数解析

（1）使用 memchr 函数既可以在字符串中查找指定的字符，也可以查找其他类型的数据。

（2）memchr 函数的返回值是字符或数据在内存的地址，我们往往希望得到的不是绝对地址，而是该字符或数据在整个字符串中的相对地址，这就需要将函数的返回值减去字符串的首地址。

3.4.2 strchr 函数——在字符串中查找字符

1. 函数原型

```
char *strchr(const char *str,int ch);
```

2. 函数功能

strchr 函数的功能是在由 str 指向的字符串中查找第一次出现的字符 ch。

3. 函数参数

（1）参数 str：指向要查找的字符串。

（2）参数 ch：待查找的字符。

4. 函数的返回值

如果找到 ch，则函数返回第 1 次出现 ch 的地址；否则，返回 NULL。

5. 函数范例

```
/*******************************************
*范例编号：03_11
*范例说明：在字符串中查找出现的字符
*******************************************/
01    #include <stdio.h>
02    #include <string.h>
03    #include <stdlib.h>
04    void main ()
05    {
06         char str[]="Beijing is the politics,economy and cultural center of China!";
07         char *p,ch;
08         printf("The string:\n%s\n",str);
09         printf("1234567890123456789012345678901234567890123456789012345678901234567890:\n");
10         printf("Please input a character you are looking for :\n");
11         ch=getchar();
12         printf ("Looking for the '%c' in string as follows:\n\"%s\"\n",ch,str);
13         p=strchr(str,ch);
14         while (p!=NULL)
15         {
16              printf ("the character %c is found at %d of the string.\n",ch,p-str+1);
17              p=strchr(p+1,ch);
18         }
19         system("pause");
20    }
```

该函数范例的运行结果如图 3-12 所示。

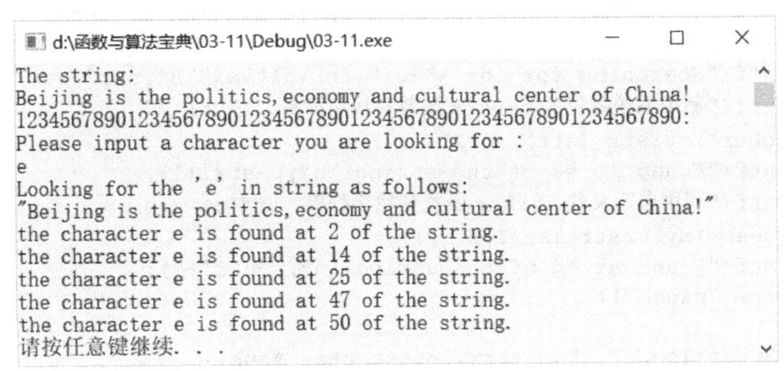
```
The string:
Beijing is the politics,economy and cultural center of China!
1234567890123456789012345678901234567890123456789012345678901234567890:
Please input a character you are looking for :
e
Looking for the 'e' in string as follows:
"Beijing is the politics,economy and cultural center of China!"
the character e is found at 2 of the string.
the character e is found at 14 of the string.
the character e is found at 25 of the string.
the character e is found at 47 of the string.
the character e is found at 50 of the string.
请按任意键继续. . .
```

图 3-12 函数范例的运行结果

6. 函数解析

（1）strchr 函数用于在字符串中查找指定的字符，不能用于查找其他类型的数据。

（2）在字符串中包含空字符 NULL，因此该函数也可以查找空字符。

3.4.3 strstr 函数——查找字符串

1. 函数原型

```
char *strstr(const char *str1,const char *str2);
```

2. 函数功能

strstr 函数的功能是在由 str1 指向的字符串中查找第 1 次出现的字符串 str2。

3. 函数参数

（1）参数 str1：被查找的字符串。
（2）参数 str2：待查找的字符串。

4. 函数的返回值

如果在 str1 中找到 str2，则函数返回 str2 在 str1 中第 1 次出现的位置；否则，返回 NULL。

5. 函数范例

```
/*********************************************
*范例编号：03_12
*范例说明：在一个字符串中查找另一个字符串
*********************************************/
01    #include <stdio.h>
02    #include <string.h>
03    #include <stdlib.h>
04    char *MyStrstr(const char *str, const char *sub);
05    void main ()
06    {
07         char str1[] ="Beijing Shanghai Tianjin Nanjing Xi'an";
08         char *p,str2[]="Tianjin";
09         printf("Searching for the \"%s\" in \n\"%s\"\n",str2,str1);
10         printf("利用系统提供的 strstr 函数查找字符串：\n");
11         p=(char*)strstr (str1,str2);
12         printf("Found at %d of the string.\n",p-str1+1);
13         printf("利用自定义的 strstr 函数查找字符串：\n");
14         p=(char*)MyStrstr (str1,str2);
15         printf("Found at %d of the string.\n",p-str1+1);
16         system("pause");
17    }
18    char *MyStrstr(const char *str, const char *sub)
19    {
20         char *pBegin=(char*)str;
21         while (*str != '\0'&&*sub != '\0')
22         {
23
24              if (*str == *sub)
25              {
26                   str++;
27                   sub++;
28              }
29              else
30              {
31                   str++;
32                   pBegin=(char*)str;
33              }
```

```
34          }
35          if (*sub == '\0')
36          {
37               return pBegin;
38          }
39          return NULL;
40     }
```

该函数范例的运行结果如图 3-13 所示。

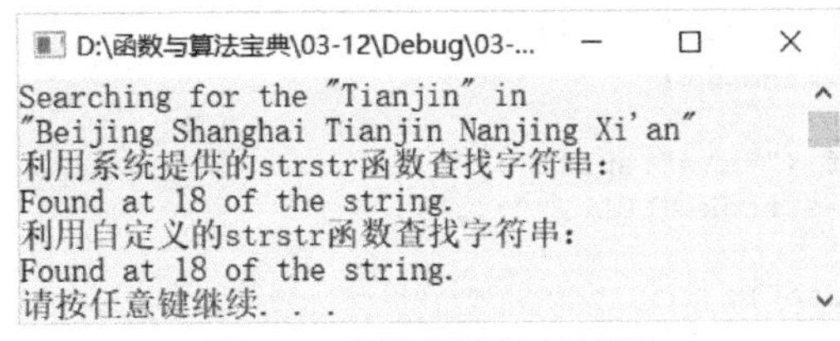

图 3-13　函数范例的运行结果

6. 函数解析

如果待查找的字符串中只包含一个字符，则 strstr 函数用于在指定的字符串中查找单个字符，此时与 strchr 函数等价。

3.4.4 strtok 函数——分解字符串

1. 函数原型

```
char *strtok(char *str,const char *delimiters);
```

2. 函数功能

strtok 函数的功能是利用 delimiters 字符串中的字符分解字符串 str。

3. 函数参数

（1）参数 str：要分解的字符串。

（2）参数 delimiters：分隔符字符串。

4. 函数的返回值

函数返回分隔符之前的字符串。如果没有可分解的字符串，则返回 NULL。

5. 函数范例

```
/*********************************************
*范例编号：03_13
*范例说明：分解字符串
*********************************************/
01     #include <stdio.h>
```

```
02    #include <stdlib.h>
03    #include <string.h>
04    void main ()
05    {
06        char str[]="Data Structure,Software Engineering;Python, Java,C++; Machine Learning.";
07        char *split;
08        printf ("分解字符串\n");
09        printf("%s\n",str);
10        printf ("分解后\n");
11        split=strtok (str,";,.");
12        while (split!=NULL)
13        {
14            printf ("%s\n",split);
15            split=strtok (NULL, ";,.");
16        }
17        system("pause");
18    }
```

该函数范例的运行结果如图 3-14 所示。

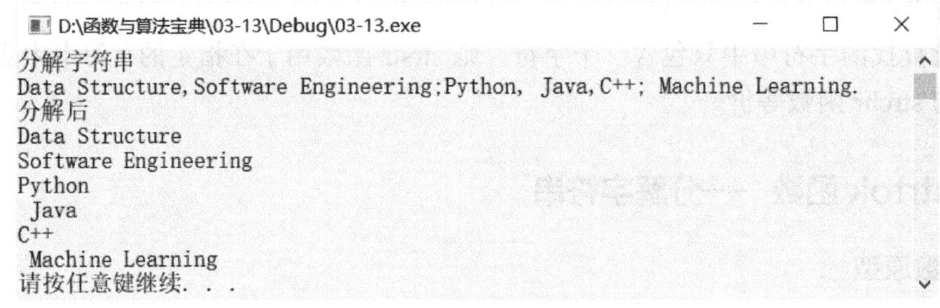

图 3-14　函数范例的运行结果

6. 函数解析

（1）第 1 次调用 strtok 函数时，str 指向要分解的字符串。在以后的调用过程中，str 为 NULL。

（2）实际上，strtok 函数修改了 str 指向的字符串。每找到一个分隔符后，一个空字符就会被放置在分隔符处。strtok 函数返回该字符串的指针，就可以根据该指针输出分解后的字符串。

3.5 字符串转换函数

字符串转换包括将大写字母转换为小写字母、将字符串逆置、将小写字母转换为大写字母。

3.5.1 strlwr 函数——将大写字母转换为小写字母

1. 函数原型

```
char *strlwr(char *str);
```

2. 函数功能

strlwr 函数的功能是将 str 指向的字符串中的大写字母转换为小写字母。

3. 函数参数

参数 str：要转换的字符串。

4. 函数的返回值

函数返回转换后的字符串地址。

5. 函数范例

```
/*********************************************
*范例编号：03_14
*范例说明：将字符串中的大写字母转换为小写字母并统计英文字母、数字和其他字符个数
*********************************************/
01    #include <string.h>
02    #include <stdio.h>
03    #include <stdlib.h>
04    void main()
05    {
06         char str[]="Nanjing University, Zhengzhou University! 1234567890";
07         int i,alpha=0,digit=0,other=0;
08         printf("before convering: \n");
09         puts(str);
10         strlwr(str);
11         printf("after convering: \n");
12         puts(str);
13         for(i=0;i<strlen(str);i++)
14         {
15              if(str[i]>='a' && str[i]<='z')
16                   alpha++;
17              else if(str[i]>='0' && str[i]<='9')
18                   digit++;
19              else
20                   other++;
21         }
22         printf("Alphabet:%4d,Digit:%4d,other characters:%4d\n",alpha,digit,other);
23         system("pause");
24    }
```

该函数范例的运行结果如图 3-15 所示。

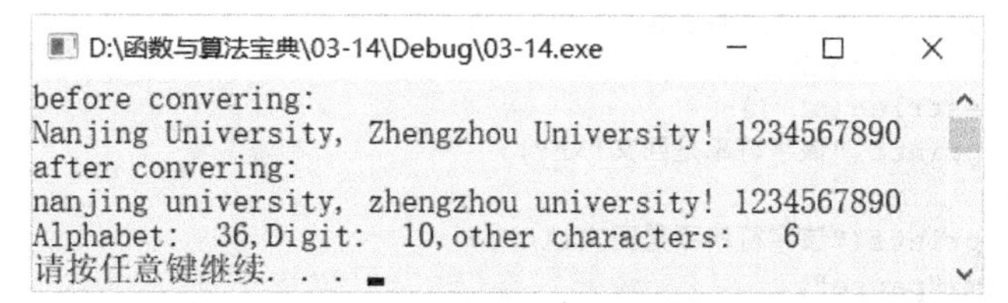

图 3-15 函数范例的运行结果

6. 函数解析

strlwr 函数的转换过程在原字符串中进行，因此转换后的地址仍然与原来的地址相同。

3.5.2 strrev 函数——将字符串逆置

1. 函数原型

```
char *strrev(char *str);
```

2. 函数功能

strrev 函数的功能是将 str 指向的字符串中的字符颠倒过来。

3. 函数参数

参数 str：要颠倒顺序的字符串。

4. 函数的返回值

函数返回颠倒顺序后的字符串地址。

5. 函数范例

```
/*********************************************
*范例编号：03_15
*范例说明：将字符串中的字符颠倒过来并判断是否为回文
*********************************************/
01    #include <string.h>
02    #include <stdio.h>
03    #include <stdlib.h>
04    void main()
05    {
06         char str[80],origStr[80],*pDest;
07         int len,i,j;
08         printf("Input a string: \n");
09         gets(str);
10         strcpy(origStr,str);
11         pDest=strrev(str);
12         printf("after reversing: \n");
13         puts(pDest);
14         for(i=0,j=0;i<strlen(str);i++,j++)
15              if(origStr[i]!=pDest[j])
16                   break;
17         if(i>=strlen(str))
18              printf("该字符串是回文!\n");
19         else
20              printf("该字符串不是回文!\n");
21         system("pause");
22    }
```

该函数范例的运行结果如图 3-16 所示。

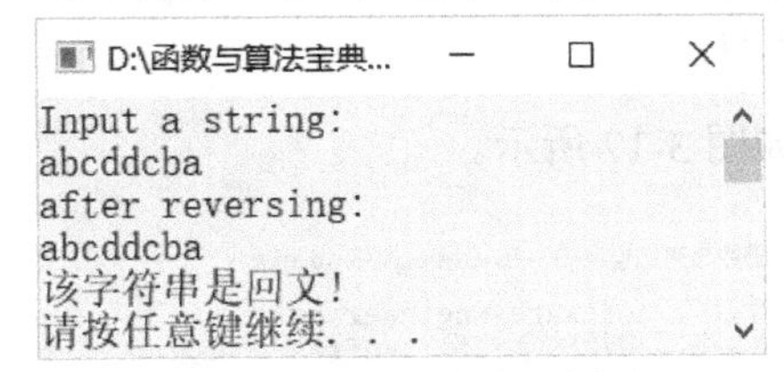

图 3-16 函数范例的运行结果

6. 函数解析

strrev 函数与 strlwr 函数一样，返回字符串的地址与原字符串地址相同。

3.5.3 strupr 函数——将小写字母转换为大写字母

1. 函数原型

```
char *strupr(char *str);
```

2. 函数功能

strupr 函数的功能是将 str 指向的字符串中的小写字母转换为大写字母。

3. 函数参数

参数 str：要转换的字符串。

4. 函数的返回值

函数返回转换后的字符串地址。

5. 函数范例

```
/*********************************************
*范例编号：03_16
*范例说明：将小写字母转换为大写字母
*********************************************/
01    #include <string.h>
02    #include <stdio.h>
03    #include <stdlib.h>
04    void main( void )
05    {
06         char str[]="Software Engineering!";
07         char *copyStr1, *copyStr2;
08         copyStr1=strlwr(_strdup(str));
09         copyStr2=strupr(_strdup(str));
10         printf( "初始字符串: %s\n", str );
```

```
11          printf( "转换后的小写字母的字符串: %s\n", copyStr1 );
12          printf( "转换后的大写字母的字符串: %s\n", copyStr2 );
13          system("pause");
14     }
```

该函数范例的运行结果如图 3-17 所示。

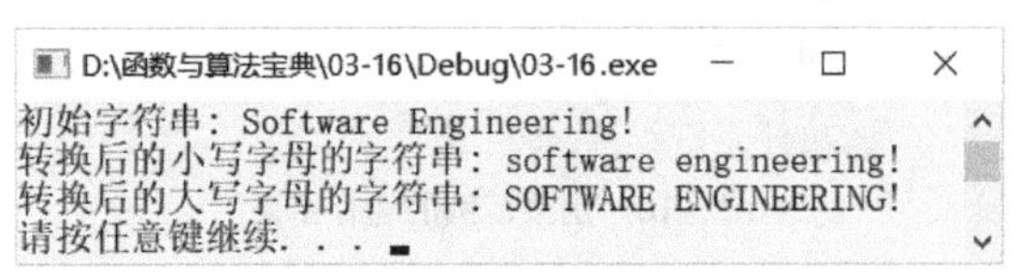

图 3-17　函数范例的运行结果

6. 函数解析

（1）strupr 函数返回字符串的地址与原字符串地址相同。

（2）strdup 函数的作用是调用 malloc 函数为字符串 str 分配一块内存单元，程序中的 copyStr1 和 copyStr2 指向两个不同的字符串。

3.6 其他函数

C 语言还提供了其他函数，比如，用指定的字符填充字符串、求字符串的长度。

3.6.1 memset 函数——用指定的字符填充字符串

1. 函数原型

```
void *memset(void *buf,int value,unsigned count);
```

2. 函数功能

memset 函数的功能是将 buf 指向的字符串中的前 count 个字节都设置为 value。另外，buf 也可以指向其他类型的数据。

3. 函数参数

（1）参数 buf：指向需要填充的内存区域，可以是字符数组，也可以是其他类型的数据。
（2）参数 value：填充的数值，可以是字符，也可以是其他类型的数据。
（3）参数 count：要填充的字节个数。

4. 函数的返回值

函数返回填充后的字符串。

5. 函数范例

```
/*********************************************
*范例编号：03_17
*范例说明：使用指定的字符填充字符串
*********************************************
01      #include <stdio.h>
02      #include <stdlib.h>
03      #include <string.h>
04      void main ()
05      {
06           char strBuf[]="Do you know the Tsinghua University is a famous university!";
07           printf("源字符串:\n");
08           puts(strBuf);
09           memset (strBuf,' ',sizeof(char)*12);
10           printf("目的字符串:\n");
11           puts (strBuf);
12           system("pause");
13      }
```

该函数范例的运行结果如图 3-18 所示。

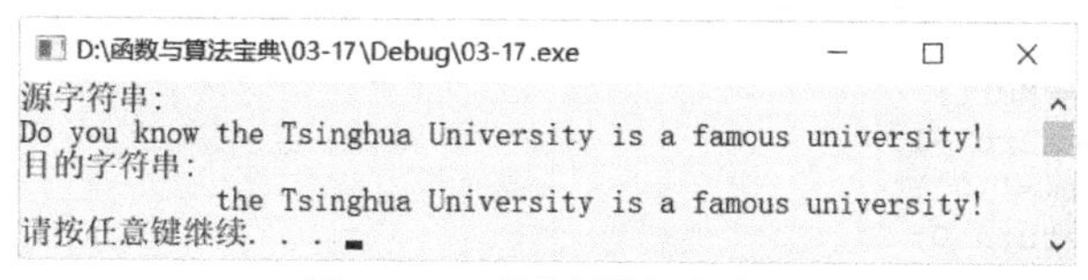

图 3-18　函数范例的运行结果

6. 函数解析

memset 函数不仅可以用于填充字符，也可以用于填充其他类型的数据。buf 可以是其他类型的数组，value 可以是其他类型的数据。

3.6.2　strlen 函数——求字符串的长度

1. 函数原型

```
unsigned strlen(const char *str);
```

2. 函数功能

strlen 函数的功能是求以空字符结尾的字符串 str 的长度。

3. 函数参数

参数 str：指向字符串。

4. 函数的返回值

函数返回字符串的长度（不包括最后的结束符）。

5. 函数范例

```
/****************************************
*范例编号：03_18
*范例说明：求字符串的长度和容量
****************************************
01    #include <stdio.h>
02    #include <stdlib.h>
03    #include <string.h>
04    int MyStrLen(const char str[]);
05    void main ()
06    {
07         char inputStr[256];
08         printf ("请输入字符串：\n");
09         gets (inputStr);
10         printf ("字符串中字符个数（系统提供）：%d.\n",strlen(inputStr));
11         printf ("字符数组空间大小：%d.\n",sizeof(inputStr));
12         printf ("字符串中字符串个数（自定义）：%d.\n",MyStrLen(inputStr));
13         system("pause");
14    }
15    int MyStrLen(const char str[])
16    {
17         if(str==NULL)
18              return -1;
19         if(*str=='\0')
20              return 0;
21         else
22              return MyStrLen(str+1)+1;
23    }
```

该函数范例的运行结果如图 3-19 所示。

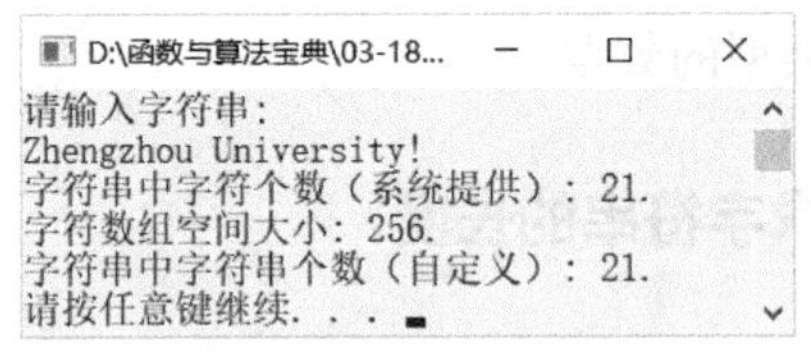

图 3-19　函数范例的运行结果

6. 函数解析

strlen 函数是求字符串中字符的实际个数（不包括最后的结束符'\0'），sizeof 运算符是求数组的最大容量，不要将两者混淆。例如，在下面的字符串的定义中，strlen(str)的值是 12，而 sizeof(str)的值是 80。

```
char str[80]="Hello world!";
```

3.7 字符串函数综合应用范例

【例 03_01】已知一篇英文文章存放在数组 xx 中，请将长度为 5 的单词全部用大写字母表示，将其他字符删除。处理后的字符串以行为单位重新存入数组 xx 中，要求得到的新单词以空格分隔来表示。

```
/********************************************
*范例编号：例 03_01
*范例说明：将长度为 5 的单词用大写字母表示，将其他字符删除
********************************************/
01    #include <stdio.h>
02    #include <string.h>
03    #include <ctype.h>
04    #include <stdlib.h>
05    int MaxLine=3;
06    char xx[][80]={
07    {"Confidence is power-the power to attract,\
08    persuade,influence, and succeed."},
09    {"Confidence isn't an inherited trait, \
10    it' s a learned one."},
11    {"That promise is a cleaner and healthier world."},
12    {"Friendship is a kind of human relations."}};
13    void Dispose()
14    {
15         int i,j;
16         char word[21],yy[80],*p;
17         for(i=0;i<MaxLine;i++)
18         {
19              p=xx[i];                          /*p 指向第 i 行字符串*/
20              j=0;
21              memset(word,'\0',21);             /*将 word 的内存单元置为空*/
22              memset(yy,'\0',80);               /*将 yy 的内存单元置为空*/
23              while(*p)                         /*如果当前字符不为空*/
24              {
25                   if(isalpha(*p))              /*如果当前字符是英文字母*/
26                   {
27                        word[j++]=*p++;         /*将英文字母存入 word 中*/
28                        if(*p)
29                             continue;
30                   }
31                   if(strlen(word)==5)          /*如果单词的长度是 5*/
32                   {
33                        for(j=0;j<5;j++)
34                             if(word[j]>='a'&&word[j]<='z')
35                                  word[j]=word[j]-32;
36                             strcat(yy,word); /*将单词存储到 yy 中*/
37                             strcat(yy," ");  /*在单词后加一个空格*/
38                   }
39                   memset(word,'\0',21);        /*将 word 的内容置为空*/
40                   while(*p&&(!isalpha(*p)))    /*如果不是英文字母*/
41                        p++;
42                   j=0;
43              }
44              strcpy(xx[i],yy);                 /*将处理后的字母存入 xx 中*/
45         }
46    }
```

```
47    void main()
48    {
49         int i;
50         printf("原文如下：\n");
51         for(i=0;i<MaxLine;i++)
52              printf("%s\n",xx[i]);
53         Dispose();
54         printf("修改后的内容如下：\n");
55         for(i=0;i<MaxLine;i++)
56              printf("%s\n",xx[i]);
57    }
```

例题解析

第 6～12 行：将英文文章存放到字符数组 xx 中。

第 17 行：控制行号，表示处理每一行字符。

第 19 行：用指针 p 指向当前要处理的字符串，即指向当前行的英文单词。

第 21 行：将英文单词 word 的存储单元置为空。

第 22 行：将字符数组 yy 的存储单元置为空。

第 23～43 行：处理当前行中的每一个字符。

第 25～30 行：将英文字母存入 word 数组中。

第 31～38 行：如果单词的长度为 5，则存放到数组 yy 中。

第 39 行：重新将 word 数组置为空。

第 40～41 行：继续处理剩下的字符。

第 44 行：将当前行长度为 5 的单词存放到数组 xx 的第 *i* 行中。

第 51～52 行：输出处理前的文本内容。

第 55～56 行：输出处理后的文本内容。

该范例的运行结果如图 3-20 所示。

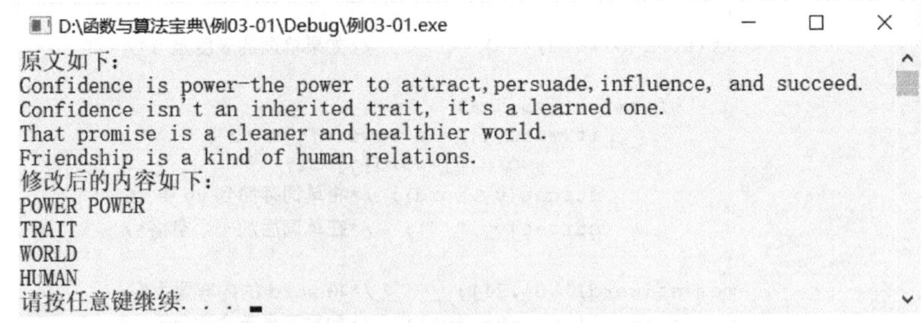

图 3-20　范例的运行结果

【例 03_02】已知一篇英文文章存放在数组 xx 中，请编写一个程序，要求以行为单位将字符串中所有小写字母'a'左边的字符串均移动到字符串的右边来存放，然后将小写字母'a'删除，将余下的字符串移动到字符串的左边来存放。最后将处理后的字符串重新存入数组 xx 中。

假设字符串如下所示。

```
In the open times, if you want to do business with foreigners.
Today, most of valuable books are written in English,
```

则经过处理后的结果如下。

```
nt to do business with foreigners. In the open times, if you w
re written in English,Today, most of valuable books
```

```
/*******************************************
*范例编号：例 03_02
*范例说明：将字母'a'左边的字符串移动到右边，将右边的移动到左边
*******************************************/
01      #include <stdio.h>
02      #include <string.h>
03      char xx[][80]={{"In the open times, if you want to do business
04       with foreigners."},
05      {"Today, most of valuable books are written in English,"},
06      {"If you know mush English, you will read newspapers
07      and magazines."},
08      {"English is very important to us, but many students
09      don't know why."}};
10      int MaxLine=4;
11      void Dispose()
12      {
13           int i;
14           char yy[80],*p;
15           for(i=0;i<MaxLine;i++)
16           {
17                p=strchr(xx[i],'a');                    /*查找字符'a'，并返回地址*/
18                while(p!=NULL)
19                {
20                     memset(yy,'\0',80);                /*将数组 yy 的内容置为空*/
21                     memcpy(yy,xx[i],p-xx[i]);          /*将左边的字符串存入 yy 中*/
22                     strcpy(xx[i],xx[i]+(p-xx[i])+1);   /*将右边的字符串存入 xx 中*/
23                     strcat(xx[i],yy);                  /*将右边的字符串存入 xx 的最后*/
24                     p=strchr(xx[i],'a');               /*继续查找字符'a'*/
25                }
26           }
27      }
28      void main()
29      {
30           int i;
31           printf("处理前:\n");
32           for(i=0;i<MaxLine;i++)
33                puts(xx[i]);
34           Dispose();
35           printf("处理后:\n");
36           for(i=0;i<MaxLine;i++)
37                puts(xx[i]);
38      }
```

例题解析

第 17 行：在字符数组 xx 中查找第 *i* 行中的字符'a'，并返回'a'所在的地址。

第 20 行：将字符数组 yy 的内存单元置为空。

第 21 行：将字符'a'左边的字符串存入数组 yy 中。

第 22 行：将字符'a'右边的字符串存入数组 xx 中，即 xx 存放将要处理的字符串。

注意：第 22 行代码的参数 xx[*i*]+(p−xx[*i*])+1 中的圆括号不可以省略，即不可以写成以下形式。

```
strcpy(xx[i],xx[i]+p-xx[i]+1);
```

第 23 行：将 yy 数组中的字符串连接到 xx 的末尾，即把'a'右边的字符串存放在'a'的左边，把'a'左边的字符串存放在'a'的右边。

第 24 行：继续在 xx 中查找字符'a'。

该范例的运行结果如图 3-21 所示。

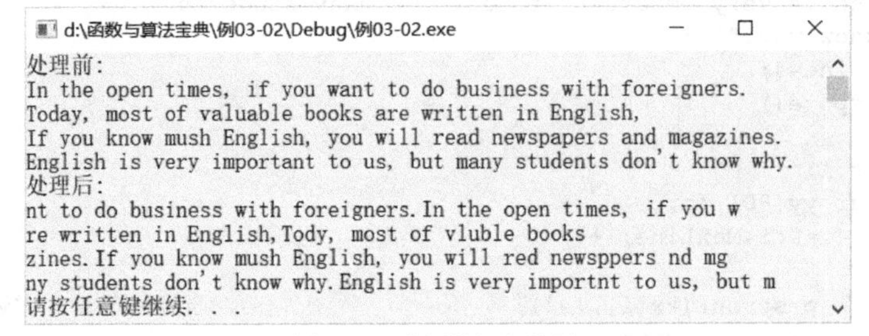

图 3-21　范例的运行结果

第4章　stdlib.h 库函数

stdlib.h 库函数包含字符串转换函数、动态内存管理函数、随机数生成函数、查找函数和排序函数、过程控制函数等。

字符串转换函数可以将字符串转换为各种类型的数值，也可以将各种类型的数值转换为字符串。动态内存管理函数主要用来动态分配内存单元和释放内存单元。随机数生成函数主要用来生成随机数。查找函数和排序函数主要用来查找指定的元素、对元素序列进行排序。过程控制函数用来控制当前执行的进程。

C++兼容了 stdlib.h 库函数，其用法与 C 语言相同。使用本章的函数时，需要文件包含以下命令。

```
#include<stdlib.h>
```

或

```
#include<cstdlib>
```

4.1 字符串转换函数

C 语言中的字符串转换函数主要有 atof 函数、atoi 函数、atol 函数、strtod 函数和 strtol 函数，分别用来将字符串转换为双精度浮点数、将字符串转换为整型、将字符串转换为长整型、将字符串转换为双精度数、将字符串转换为长整型数。

4.1.1 atof 函数——将字符串转换为双精度浮点数

1. 函数原型

```
double atof(const char *str);
```

2. 函数功能

atof 函数的功能是将 str 指向的字符串转换为双精度浮点数。

3. 函数参数

参数 str：指向由浮点数构成的字符串。

4. 函数的返回值

如果转换成功，则返回相应的浮点数；如果字符串 str 无效，则返回 0。

5. 函数范例

```
/*******************************************
*范例编号：04_01
*范例说明：利用 atof 函数将字符串转换为双精度浮点数并求梯形的面积
*******************************************/
01    #include <stdio.h>
02    #include <stdlib.h>
03    void main()
04    {
05          double top,bottom,high,area;
06          char sTop[256],sBottom[256],sHigh[256];
07          printf("请分别输入一个梯形的上底、下底和高:\n");
08          gets(sTop);
09          gets(sBottom);
10          gets(sHigh);
11          top=atof ( sTop );
12          bottom=atof ( sBottom );
13          high=atof ( sHigh );
14          area=(top+bottom)*high/2;
15          printf("上底为%.2f 下底为%.2f 高为%.2f 的梯形面积为%.2f\n",top,bottom,high,area);
16          system("pause");
17    }
```

该函数范例的运行结果如图 4-1 所示。

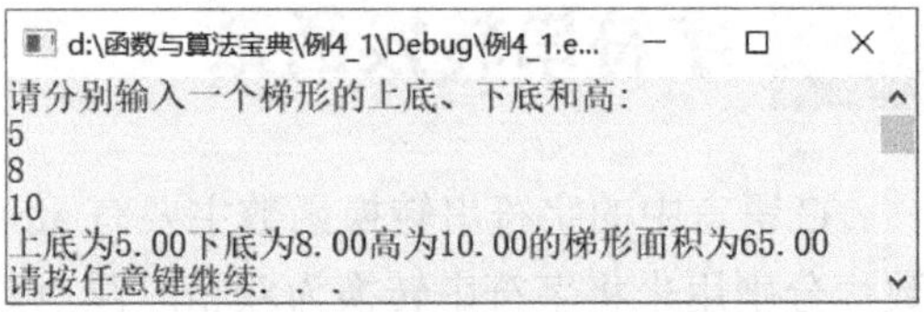

```
d:\函数与算法宝典\例4_1\Debug\例4_1.e...
请分别输入一个梯形的上底、下底和高:
5
8
10
上底为5.00下底为8.00高为10.00的梯形面积为65.00
请按任意键继续. . .
```

图 4-1　函数范例的运行结果

6. 函数解析

（1）参数 str 必须以数字开头，可以包含字母 e 或 E，如"723.87""456.21""3.23e5"等。

（2）如果参数 str 全部是数字（包括小数点），则可以成功转换为对应的浮点数。例如，"34.21""56.78"分别可以成功转换为浮点数 34.21、56.78。

（3）如果参数 str 中间有非数字字符，则仅转换非数字字符之前的字符串。例如，在该范例中输入"42j.2"，则转换后的浮点数为 42。

（4）如果参数 str 以非数字开头，则 atof 函数返回 0。例如，如果 str 为"s34.23"，则返回值为 0。

（5）如果字符串前面是空格符，则 atof 函数将丢弃前面的空格符，从第 1 个非空格符字符开始转换。

4.1.2 atoi 函数——将字符串转换为整数

1. 函数原型

```
int atoi(const char *str);
```

2. 函数功能

atoi 函数的功能是将字符串 str 转换为整数数值。

3. 函数参数

参数 str：一个表示整数的字符串。

4. 函数的返回值

如果转换成功，则返回相应的整数；如果字符串 str 无效，则返回 0。

5. 函数范例

```
/*********************************************
*范例编号：04_02
*范例说明：利用 atoi 函数将输入的字符串转换为整数并求和
*********************************************/
01    #include <stdio.h>
02    #include <stdlib.h>
03    void main ()
04    {
05         int a,b;
06         char str1[80],str2[80];
07         printf ("请输入第一个数：");
08         gets ( str1);
09         a=atoi (str1);
10         printf ("请输入第二个数：");
11         gets ( str2);
12         b=atoi (str2);
13         printf ("The sum is %d.\n",a+b);
14         system("pause");
15    }
```

该函数范例的运行结果如图 4-2 所示。

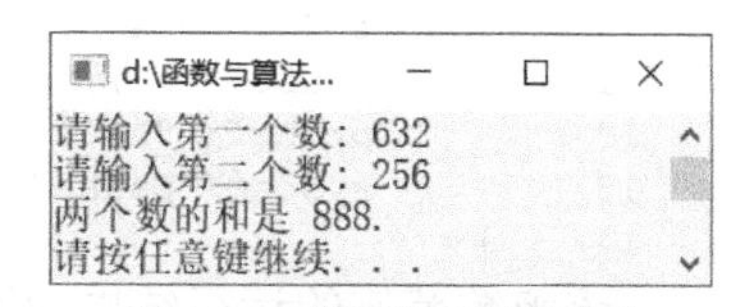

图 4-2　函数范例的运行结果

6. 函数解析

（1）atoi 函数会忽略字符串前面的空格符，从第 1 个非空格符字符开始转换。

（2）gets(str1)和 fgets(str1,256,stdin)功能是一样的，都是接受从键盘输入的字符串并存放到 str1 中。

（3）字符串可能包含其他字符，但在转换的过程中将被忽略。例如，"3a5"将被转换为 3，"4b"将被转换为 4。

（4）如果 str 的第 1 个字符不是有效的数字字符，则 atoi 函数将不进行转换。例如，"a3"将被转换为 0，"b4"也将被转换为 0。

4.1.3 atol 函数——将字符串转换为长整型数

1. 函数原型

```
long int atol(const char *str);
```

2. 函数功能

atol 函数的功能是将字符串 str 转换为对应的长整型数。

3. 函数参数

参数 str：包含有效整数的字符串。

4. 函数的返回值

如果函数调用成功，则返回一个有效的整数；否则，返回 0。

5. 函数范例

```
/********************************************
*范例编号：04_03
*范例说明：利用 atol 函数将字符串转换为长整型数
********************************************/
01    #include <stdlib.h>
02    #include <stdio.h>
03    void main( )
04    {
05         char *s;
06         long l;
07         s="123E67 yuan";
08         l=atol( s );
09         printf( "ASCII string: \"%s\" \tcovert to long: %ld\n", s, l);
10         s="567 yuan";
11         l=atol( s );
12         printf( "ASCII string: \"%s\" \tcovert to long: %ld\n", s, l);
13         system("pause");
14    }
```

该函数范例的运行结果如图 4-3 所示。

6. 函数解析

（1）在 atol 函数中，str 是以数字字符开头或以空格字符开头的，否则，该函数将返回 0。

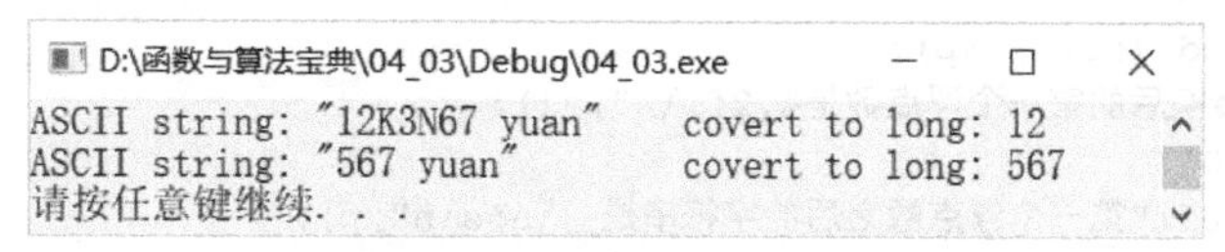

图 4-3　函数范例的运行结果

（2）str 可以包含其他类型的字符，如空格符、标点符号等。

（3）只有数字部分有效，非数字部分将被直接忽略。例如，"123.45"会被转换为 123，后面的".45"将被忽略。

4.1.4　strtod 函数——将字符串转换为双精度浮点数

1. 函数原型

```
double strtod (const char* str, char** endptr);
```

2. 函数功能

strtod 函数的功能是跳过 str 指向的字符串中的空白字符，把后续字符都转换为 double 型。如果 endptr 不是空指针，则使 endptr 指向第一个剩余字符。如果没有发现 double 型的值，或者有错误的格式，则停止转换，并返回 0.0。

3. 函数参数

（1）参数 str：指向待转换的字符串。

（2）参数 endptr：指向下一个待转换字符串的第一个字符。

4. 函数的返回值

如果函数调用成功，则返回一个转换后的双精度浮点数；如果转换失败，则返回 0.0；如果转换的数超出可表示的范围，则返回正的或负的 HUGE_VAL。

5. 函数范例

```
/**********************************************
*范例编号: 04_04
*范例说明: 利用 strtod 函数将字符串中的数字转换为双精度浮点数
**********************************************/
01     #include <stdio.h>
02     #include <stdlib.h>
03     void main ()
04     {
05      char strA[]="-25.63fgh";
06      char strB[]="36.835";
07      char strC[] = "-83.59 563.68 63.32 215.67";
08      char *p;
09      double a1,a2,a3, a4,a5,a6;
```

```
10      a1 = strtod (strA, &p);
11      printf("转换后的第一个浮点数是%.2f.\n",a1);
12      if(*p!='\0')
13           printf("第一个浮点数之后的字符串是：\n%s\n",p);
14      a2 = strtod (strB, &p);
15      if(*p!='\0')
16           puts(p);
17      printf("转换后的第二个浮点数是%.2f.\n",a2);
18      a3 = strtod (strC, &p);
19      printf ("转换后的第三个浮点数：%.2f.\n", a3);
20      if(p!=NULL)
21          printf("第三个浮点数之后的字符串是：\n%s\n",p);
22      a4 = strtod (p, &p);
23      printf ("转换后的第四个浮点数%.2f.\n",a4);
24      a5 = strtod (p, &p);
25      printf ("转换后的第五个浮点数%.2f.\n",a5);
26      a6 = strtod (p, NULL);
27      printf ("转换后的第六个浮点数%.2f.\n",a6);
28      system("pause");
29    }
```

该函数范例的运行结果如图4-4所示。

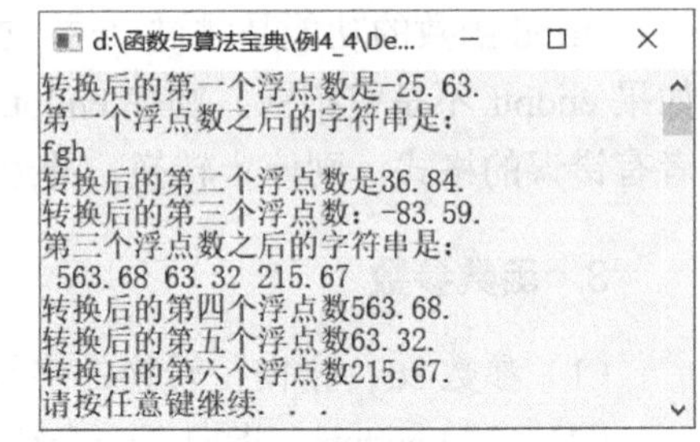

图4-4　函数范例的运行结果

6. 函数解析

（1）将strA指向的第一个空格之前的字符串，并将其转换为双精度浮点型字符串后，返回给*a*1，指针p指向在数字字符之后剩下的字符串，输出"fgh"。

（2）将strB指向的字符串转换为双精度浮点型后，返回给*a*1，由于strB中只有数字字符，没有其他字符，因此p指向的是该字符串的末尾，*p的值为'\0'。

（3）再将strC中的数字字符串依次提取出来并输出。首先，调用*a*3 = strtod (strC, &p)返回strC中的第一个数字字符串，输出"-83.59"，p指向其后的非数字字符，因此会输出"563.68 63.32 215.67"。然后从p指向的字符串中继续提取数字字符串，将转换后的双精度浮点数赋给*a*4，p指向空格后剩下的字符串。依次类推，直到最后调用执行strtod (p, NULL)，参数endptr为NULL，表示不传回数字字符后面的返回值。

（4）str表示的有效数字可以包含数字、小数点(.)、e（或E）、0x（或0X）、INF（或INFINITY）等。

4.1.5　strtol函数——将字符串转换为长整型数

1. 函数原型

```
long int strtol (const char* str, char** endptr, int base);
```

2. 函数功能

strtol 函数的功能是跳过 str 指向的字符串中的空白字符，把后续字符都转换为长整型。base 为基数，取值范围为 2～36 的整数。如果 base 为 0，除非基数是以 0（八进制）或者 0x/0X（十六进制）开头的，否则就把基数设定为十进制。如果 endptr 不为空，那么 strtol 函数就会修改 endptr 指向的对象，以便 endptr 可以指向第一个剩余字符。

如果没有发现长整型的值，或者有错误的格式，则将转换后的最后一个字符指针存储到 endptr 指向的对象中。

3. 函数参数

（1）参数 str：指向待转换的字符串。

（2）参数 endptr：指向下一个待转换字符串的第一个字符。

（3）参数 base：基数，指定 str 中的字符是几进制的。

4. 函数的返回值

如果函数调用成功，则返回一个转换后的长整型数；如果转换失败，则返回 0；如果转换的数超出可表示的范围，则返回 long_max 或 long_min。

5. 函数范例

```
/*********************************************
*范例编号：04_05
*范例说明：利用 strtol 函数将字符串中的数字转换为长整型数
*********************************************/
01    #include <stdio.h>
02    #include <stdlib.h>
03    void main ()
04    {
05        char strNum[] = "6012 31E2DF  0x9EFBD  077776  -10101110101000010";
06        char *pEnd;
07        long int a1, a2, a3, a4 ,a5;
08        printf ("转换前的字符串: %s.\n", strNum);
09        a1 = strtol (strNum,&pEnd,10);
10        a2 = strtol (pEnd,&pEnd,16);
11        a3 = strtol (pEnd,&pEnd,0);
12        a4 = strtol (pEnd,&pEnd,8);
13        a5 = strtol (pEnd,NULL,2);
14        printf ("转换后的整型数: %ld, %ld, %ld ,%ld, %ld.\n", a1, a2, a3, a4 ,a5);
15        system("pause");
16    }
```

该函数范例的运行结果如图 4-5 所示。

```
d:\函数与算法宝典\例4_5\Debug\例4_5.exe
转换前的字符串: 6012 31E2DF  0x9EFBD  077776  -10101110101000010.
转换后的整型数: 6012, 3269343, 651197 ,32766, -89410.
请按任意键继续. . .
```

图 4-5　函数范例的运行结果

6. 函数解析

（1）str 除了指向数字外，还可以指向符号（+或-）、0x（或 0X）等。

（2）base 是基数，取值范围为 2～36 的整数。

（3）相关函数还有 strtoul，strtoul 将字符串转换为无符号长整型数。

4.2 动态内存管理函数

动态内存管理函数包括 malloc 函数、calloc 函数、free 函数和 realloc 函数。

4.2.1 malloc 函数——分配内存空间

1. 函数原型

```
void *malloc(unsigned size);
```

2. 函数功能

malloc 函数的功能是动态分配一块大小为 size 字节的内存空间。

3. 函数参数

参数 size：内存空间的字节数。

4. 函数的返回值

如果调用成功，则函数返回指向内存空间的指针；否则，返回 NULL。

5. 函数范例

```
/**********************************************
*范例编号：04_06
*范例说明：使用 malloc 函数动态申请内存空间
**********************************************/
01    #include <stdlib.h>
02    #include <stdio.h>
03    void main()
04    {
05         char *str;
06         str=(char*)malloc(40*sizeof(char));
07         if( str==NULL )
08         {
09              printf("内存空间分配失败!\n");
10              exit(-1);
11         }
12         printf("未输入字符串时，str 中的值:\n");
```

```
13          puts(str);
14          printf("请输入一个字符串:\n");
15          gets(str);
16          printf("输入一个字符串后，str 中的值:\n");
17          puts(str);
18          free(str);
19          system("pause");
20      }
```

该函数范例的运行结果如图 4-6 所示。

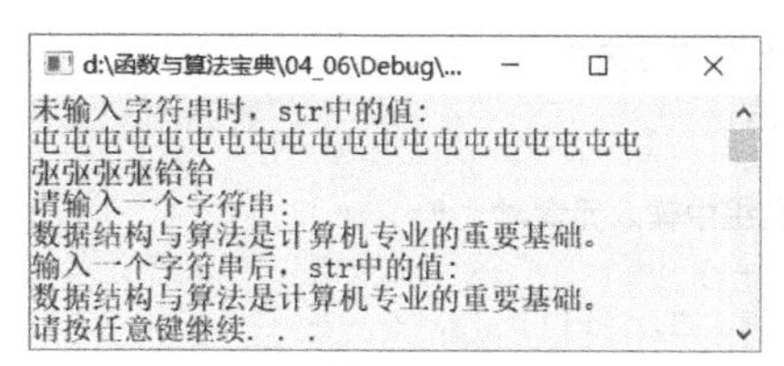

图 4-6　函数范例的运行结果

6. 函数解析

使用 malloc 函数申请的内存空间中的内容不会被初始化，其内存空间存储的数据是随机的。

4.2.2 calloc 函数——分配内存空间并初始化

1. 函数原型

```
void *calloc(unsigned num,unsigned size);
```

2. 函数功能

calloc 函数的功能是分配一块内存空间，内存空间的大小是 num×size。其中，num 表示每个元素的个数，size 表示每个元素所占用的字节数。

3. 函数参数

（1）参数 num：元素的个数。

（2）参数 size：每个元素所占内存的字节数。

4. 函数的返回值

如果分配成功，则函数返回所分配内存空间的第 1 个字节的指针；否则，返回 NULL。

5. 函数范例

```
/*******************************************
*范例编号：04_07
*范例说明：为 n 个整数动态分配一块内存单元
*******************************************/
01    #include <stdio.h>
```

```
02    #include <stdlib.h>
03    void main ()
04    {
05         int i,n;
06         int *p;
07         printf ("请输入元素个数: ");
08         scanf ("%d",&n);
09         p=(int*) calloc (n,sizeof(int));
10         if (p==NULL)
11         {
12              printf("分配内存失败.\n");
13              exit (-1);
14         }
15         printf ("未向数组中输入元素时: ");
16         for (i=0;i<n;i++)
17              printf ("%d ",p[i]);
18         printf("\n");
19         for (i=0;i<n;i++)
20         {
21              printf ("请输入第%d 个数: ",i+1);
22              scanf ("%d",&p[i]);
23         }
24         printf ("向数组中输入元素后: ");
25         for (i=0;i<n;i++)
26              printf ("%d ",p[i]);
27         printf("\n");
28         free (p);
29         system("pause");
30    }
```

该函数范例的运行结果如图 4-7 所示。

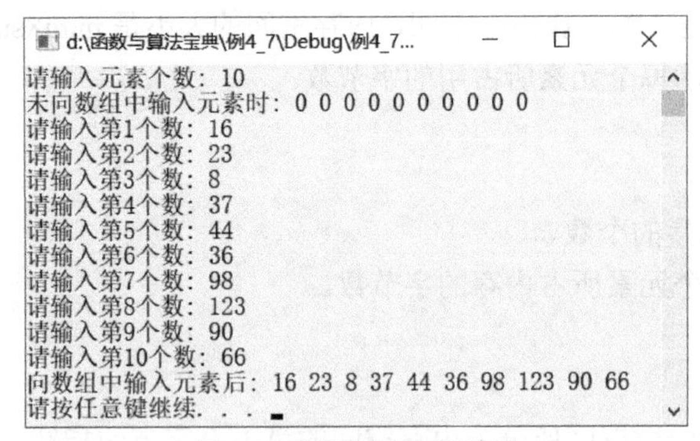

图 4-7　函数范例的运行结果

6. 函数解析

（1）calloc 函数是动态分配内存单元，在程序运行期间才会被执行。它可以根据程序的需要分配合适的内存单元。

（2）使用 calloc 函数分配内存单元后，需要通过判断函数返回值来查看内存的分配是否成功。

4.2.3 free 函数——释放内存空间

1. 函数原型

```
void free(void *ptr);
```

2. 函数功能

free 函数的功能是释放 ptr 指向的内存空间，以使这些内存成为可用空间被再次分配。

3. 函数参数

参数 ptr：指向由 malloc 函数、calloc 函数、realloc 函数分配的内存单元。

4. 函数的返回值

该函数没有返回值。

5. 函数范例

```
/******************************************
*范例编号: 04_08
*范例说明: 释放 malloc、calloc 函数分配的内存空间
******************************************/
01    #include <stdlib.h>
02    #include <stdio.h>
03    #include <malloc.h>
04    void main()
05    {
06          char *str1,*str2,*str3;
07          str1=(char*)malloc(25);
08          str2=(char*)calloc(25,sizeof(char));
09          if( str1==NULL )
10          {
11                printf( "内存分配失败!\n" );
12                exit(-1);
13          }
14          else
15          {
16                printf( "请输入一个字符串:\n" );
17                gets(str1);
18          }
19          if( str2==NULL )
20          {
21                printf( "内存分配失败!\n" );
22                exit(-1);
23          }
24          else
25          {
26                printf( "请输入一个字符串:\n" );
```

```
27              gets(str2);
28         }
29         printf( "输入的第 1 个字符串是:\n" );
30         puts(str1);
31         printf( "输入的第 2 个字符串是:\n" );
32         puts(str2);
33         str3=(char*)realloc(str1,(25+10)*sizeof(char));
34         if( str3==NULL )
35         {
36              printf( "内存分配失败!\n" );
37              exit(-1);
38         }
39         else
40         {
41              printf( "请输入一个字符串:\n" );
42              gets(str3);
43         }
44         printf( "输入的第 3 个字符串是:\n" );
45         puts(str3);
46         printf("释放内存单元...\n");
47         //free(str1);  //此时不能再释放 str1 指向的内存空间
48         free(str2);
49         free(str3);
50         printf("释放内存单元后: \n");
51         puts(str2);
52         puts(str3);
53         system("pause");
54    }
```

该函数范例的运行结果如图 4-8 所示。

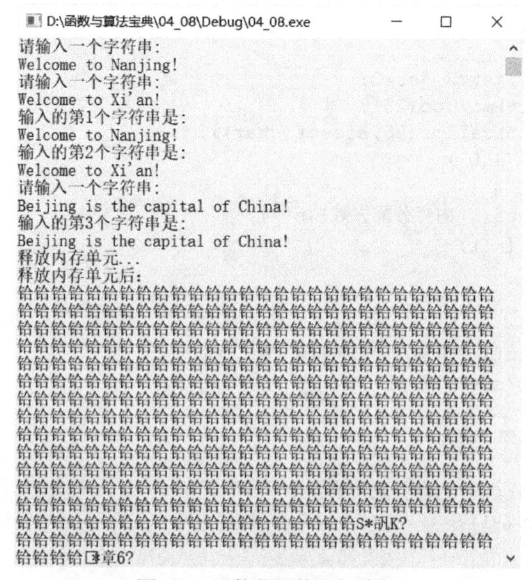

图 4-8　函数范例的运行结果

6. 函数解析

（1）参数 ptr 指向由 malloc 函数、calloc 函数、realloc 函数分配的内存空间。

（2）使用 free 函数将内存空间释放后，ptr 仍然指向原来的内存空间，只是该内存空间中的内容变得无效。

（3）在使用完由 malloc 函数、calloc 函数和 realloc 函数申请的空间后，需要调用 free 函数将该空间释放掉。

4.2.4　realloc 函数——重新分配内存空间

1. 函数原型

```
void *realloc(void *ptr,unsigned newsize);
```

2. 函数功能

realloc 函数的功能是将 ptr 指向的已分配内存空间的大小变为 newsize 字节。newsize 可以大于，也可以小于原来的内存大小。

3. 函数参数

（1）参数 ptr：指向由 malloc 函数、calloc 函数或 realloc 函数分配的内存空间。

（2）参数 newsize：新内存空间的字节数。

4. 函数的返回值

函数返回指向重新分配的内存空间的指针。如果内存分配失败，则返回 NULL。

5. 函数范例

```
/*********************************************
*范例编号：04_09
*范例说明：依次为输入的整数分配内存空间
*********************************************/
01    #include <stdio.h>
02    #include <stdlib.h>
03    void main ()
04    {
05         int ch,i,newsize=0;
06         char *pValue=NULL;
07         printf ("请输入若干字符：");
08         for(;(ch=getchar())!='\n';)
09         {
10              newsize++;
11              pValue=(char*) realloc(pValue, newsize*sizeof(int));
12              if (pValue==NULL)
13              {
```

```
14                  puts ("分配内存失败!\n");
15                  exit (-1);
16             }
17             pValue[newsize-1]=ch;
18        }
19        pValue[newsize]='\0';
20        printf ("输入的字符依次是:\n ");
21        puts(pValue);
22        free (pValue);
23        system("pause");
24   }
```

该函数范例的运行结果如图 4-9 所示。

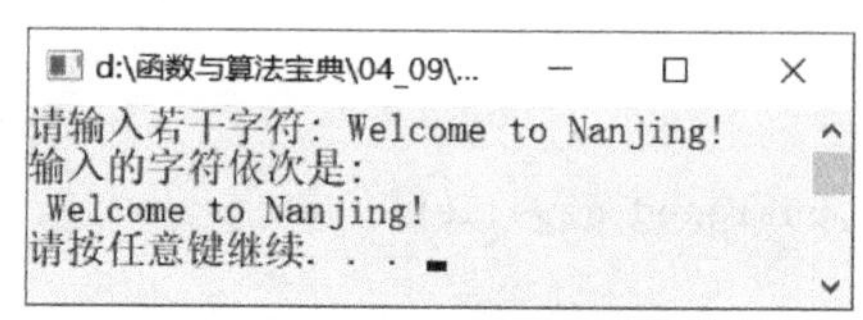

图 4-9　函数范例的运行结果

6. 函数解析

（1）如果 realloc 函数为了增加内存空间的大小而改变了内存空间的位置，则原来的内存空间内容将被复制到新内存空间中，数据并不会丢失。

（2）如果 ptr 为 NULL，则 realloc 函数的作用与 malloc 函数的等价，系统将分配一块新的内存空间，并返回指向该内存空间开始位置的指针。

（3）如果 newsize 的值为 0，则内存空间将会被回收并返回一个空指针，相当于调用了 free 函数。

4.2.5　动态内存管理函数综合应用范例

【例 04_01】根据从小到大输入的整数使用动态内存管理函数创建链表，然后根据输入的整数对链表中的元素进行插入和删除操作（删除元素后剩下的链表中元素仍然有序）。

```
/**********************************************
*范例编号：例 04_01
*范例说明：使用动态内存管理函数创建链表，并进行插入和删除操作
**********************************************/
01    #include <stdlib.h>
02    #include <stdio.h>
03    typedef struct Node
04    {
05         int num;
06         struct Node *next;
07    }ListNode;
08    ListNode *CreateList(ListNode *h)
09    /*创建链表*/
10    {
11         ListNode *p,*q;
```

```
12          int i,n;
13          printf("请输入元素个数:");
14          scanf("%d",&n);
15          for(i=0;i<n;i++)
16          {
17              p=(ListNode*)malloc(sizeof(ListNode));
18              printf("元素值:");
19              scanf("%d",&p->num);
20              if(i==0)    /*如果是第 1 个元素*/
21                  h=p;
22              else        /*如果不是第 1 个元素*/
23                  q->next=p;
24              q=p;
25          }
26          q->next=NULL;
27          return h;
28      }
29      void DispList(ListNode *h)
30      /*输出链表中的元素*/
31      {
32          ListNode *p=h;
33          while(p!=NULL)
34          {
35              printf("%4d",p->num);
36              p=p->next;
37          }
38          printf("\n");
39      }
40      ListNode *InsertList(ListNode *h,int e)
41      {
42          ListNode *p,*q,*s;
43          p=h;
44          s=(ListNode*)malloc(sizeof(ListNode));
45          s->num=e;
46          if(h==NULL)                                 /*如果链表为空*/
47          {
48              h=s;
49              s->next=NULL;
50          }
51          else                                        /*如果链表不为空*/
52          {
53              while((e>p->num)&&(p->next!=NULL))  /*寻找插入位置*/
54              {
55                  q=p;
56                  p=p->next;
57              }
58              if(e<=p->num)
59              {
60                  if(h==p)                        /*若插入位置为第 1 个元素之前*/
61                  {
62                      h=s;
63                      s->next=p;
64                  }
65                  else                            /*若插入位置为其他位置*/
```

```
66                    {
67                        q->next=s;
68                        s->next=p;
69                     }
70                }
71                else                                    /*若插入位置为最后一个元素之后*/
72                {
73                    p->next=s;
74                    s->next=NULL;
75                }
76            }
77            return h;
78        }
79        ListNode *DeleteList(ListNode *h,int e)
80        /*删除某个结点*/
81        {
82            ListNode *p,*q;
83            if(h==NULL)
84            {
85                 printf("链表为空,不能删除元素.");
86                 return h;
87            }
88            p=h;
89            while(p->num!=e && p->next!=NULL)        /*寻找删除的元素*/
90            {
91                q=p;
92                p=p->next;
93            }
94            if(p->num==e)                            /*如果找到要删除的元素*/
95            {
96                if(p==h)                             /*如果要删除第 1 个元素*/
97                {
98                      h=p->next;
99                      free(p);                       /*释放该结点所占用的空间*/
100               }
101               else                                 /*如果删除的不是第 1 个元素*/
102               {
103                      q->next=p->next;
104                      free(p);                      /*释放该结点所占用的空间*/
105               }
106           }
107           else
108               printf("没有找到该元素.\n");
109           return h;
110       }
111       void main()
112       {
113           ListNode *head;
114           int e;
115           head=CreateList(head);
116           printf("输出链表中的元素:");
117           DispList(head);
118           printf("请输入要删除的元素:");
119           scanf("%d",&e);
```

```
120         head=DeleteList(head,e);
121         printf("删除后链表中的元素:");
122         DispList(head);
123         printf("请输入要插入的元素:");
124         scanf("%d",&e);
125         head=InsertList(head,e);
126         printf("插入后链表中的元素:");
127         DispList(head);
128         system("pause");
129     }
```

该范例的运行结果如图 4-10 所示。

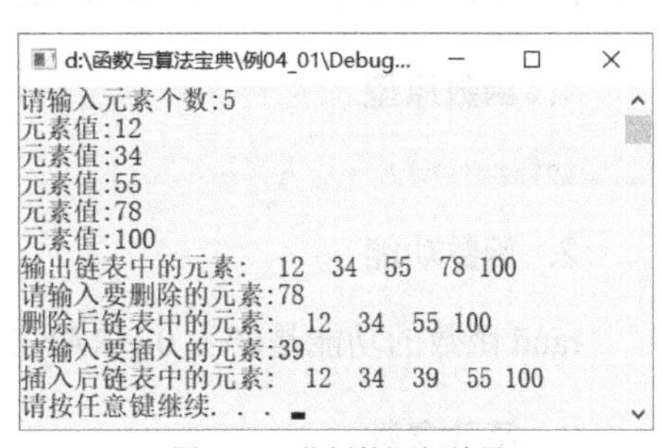

图 4-10 范例的运行结果

例题解析

第 3～7 行：定义了链表结点类型。

第 17～19 行：动态生成一个新结点，然后将元素值存入该结点中。

第 20～24 行：若是第 1 个元素，则将其作为头结点，用头指针 h 指向该结点。若不是第 1 个元素，则将新元素结点插入原来链表的末尾。

第 26 行：将链表最后一个结点的指针域置为空。

第 33～37 行：输出链表中每个结点的元素值。

第 44～45 行：动态申请一个新结点，将待插入的元素 *e* 存入其中。

第 46～50 行：如果链表为空，则将新结点作为第一个结点。

第 53～57 行：若链表不为空，则寻找合适的插入位置。

第 60～64 行：如果插入位置为第 1 个结点之前，则需要修改头指针 h，使 h 指向该结点。

第 65～69 行：如果插入位置不是第 1 个结点之前，也不是最后一个结点之后，则将新结点插入 q 和 p 指向的结点之间。

第 71～75 行：如果插入位置是最后一个结点之后，即 p 指向的结点之后，则需要将 s 的指针域置为空。

第 83～87 行：如果链表为空，则不能进行删除操作。

第 88～93 行：寻找删除结点的位置。

第 96～100 行：如果要删除的结点是第 1 个结点，则需要修改头指针 h 的指向。在将第 1 个结点脱链之后，还需要释放该结点的空间。

第 101～105 行：如果删除的结点不是第 1 个结点，则需要将 p 指向的结点脱链，然后释放该结点的空间。

注意：在输出链表的函数中，不要忘记为指针 p 赋初值，否则将产生内存错误；在对函数进行插入和删除操作时，需要返回头指针，因为在这些操作中有可能改变了头指针的指向。在调用 DeleteList 函数和 InsertList 函数时，需要接受返回的头指针。

4.3 随机数生成函数

C 语言提供的随机数生成函数主要有 rand 函数和 srand 函数等。

4.3.1 rand 函数——产生伪随机数

1. 函数原型

```
int rand();
```

2. 函数功能

rand 函数的功能是产生 0～RAND_MAX 的整数。

3. 函数参数

该函数没有参数。

4. 函数的返回值

函数返回 0～RAND_MAX 的整数。

5. 函数范例

```
/*********************************************
*范例编号：04_10
*范例说明：产生的随机数
*********************************************/
01     #include <stdlib.h>
02     #include <stdio.h>
03     void main()
04     {
05       int i;
06       for( i=0;i<6;i++ )
07            printf("%6d\n",rand());
08       system("pause");
09     }
```

该函数范例的运行结果如图 4-11 所示。

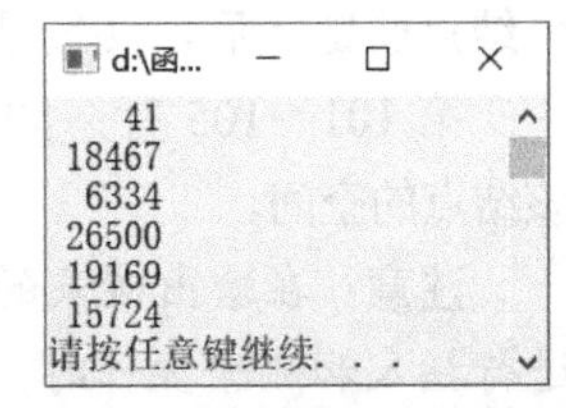

图 4-11　函数范例的运行结果

6. 函数解析

（1）RAND_MAX 是 C 语言 stdlib.h 库函数中定义的宏，它的值是 32767。

（2）为了让每次产生不同的随机数，需要调用 srand 函数。

4.3.2 srand 函数——初始化随机数发生器

1. 函数原型

```
void srand(unsigned seed);
```

2. 函数功能

函数 srand 的功能是利用参数 seed 初始化随机数发生器。srand 函数经常与 rand 函数配合使用。

3. 函数参数

参数 seed：产生随机数的初始值，也称为种子值。

4. 函数的返回值

该函数没有返回值。

5. 函数范例

```
/*********************************************
*范例编号：04_11
*范例说明：调用 srand 函数和 rand 函数产生随机数
*********************************************/
01    #include <stdio.h>
02    #include <stdlib.h>
03    #include <time.h>
04    void main()
05    {
06        int a[5][5];
07        int i,j;
08        srand(time(NULL));/*获得当前的时间作为随机数的种子*/
09          for(i=0;i<5;i++)
10               for(j=0;j<5;j++)
11                    a[i][j]=rand()%25+1;
12          for(i=0;i<5;i++)
13          {
14               for(j=0;j<5;j++)
15                    printf("%2d  ",a[i][j]);
16               printf("\n");
17          }
18          system("pause");
19    }
```

该函数范例的运行结果如图 4-12 所示。

6. 函数解析

srand 函数的参数 seed 不同，rand 函数产生的随机数序列也会不同。为了得到不同的随机数，可以用时间函数 time 作为 srand 函数的参数。在调用 time 函数时，需要包含头文件 time.h。

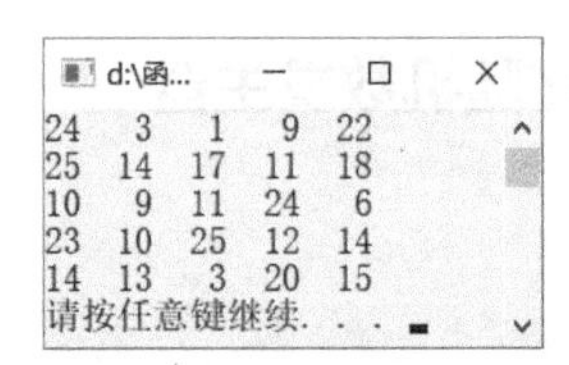

图 4-12 函数范例的运行结果

4.4 查找函数和排序函数

为了高效地进行程序设计，ANSI C 还提供了查找函数和排序函数。这样在程序设计过程中，就不需要自己编写查找函数和排序函数，直接调用 C 语言提供的这些函数即可。

4.4.1 bsearch 函数——折半查找

1. 函数原型

```
void *bsearch(const void *key,const void *base,unsigned num,unsigned size,int (*compare)
(const void *,const void *));
```

2. 函数功能

bsearch 函数的功能是在由 base 指向的数组中进行折半查找，返回找到的关键字为 key 的元素的指针。

3. 函数参数

（1）参数 key：指向要查找的元素关键字。

（2）参数 base：指向数组的第一个元素。

（3）参数 num：数组中元素的个数。

（4）参数 size：每个元素的字节数。

（5）参数 compare：函数指针，该函数用来比较两个元素关键字的大小。compare 函数的原型如下。

```
int compare(const void *elem1,const void *elem2);
```

该函数的返回值由*elem1 和*elem2 的大小决定。

如果*elem1<*elem2，则返回值为负数。

如果*elem1=*elem2，则返回值为 0。

如果*elem1>*elem2，则返回值为正数。

4. 函数的返回值

如果数组中包含关键字为 key 的元素，则函数返回指向该元素的指针；否则，返回空指针。

5. 函数范例

```
/*********************************************
*范例编号：04_12
*范例说明：调用 bsearch 函数查找数组中的元素
*********************************************/
01    #include <stdio.h>
02    #include <stdlib.h>
03    int compare(const void * a, const void * b)
04    {
05         return ( *(int*)a - *(int*)b );
06    }
07    void main()
08    {
09         int key,*p,n,i;
10         int a[]={ 15, 25, 35, 50, 60, 90, 95, 100 };
11         n=sizeof(a)/sizeof(a[0]);
12         printf("数组 a 中的元素:");
13         for(i=0;i<n;i++)
14              printf("%d ",a[i]);
15         printf("\n");
16         printf("请输入要查找的元素:");
17         scanf("%d",&key);
18         p=(int*) bsearch (&key, a, 8, sizeof (int), compare);
19         if (p!=NULL)
20              printf ("%d 是数组 a 中的第%d 个元素.\n",*p,p-a+1);
21         else
22              printf ("数组中不存在%d.\n",key);
23         system("pause");
24    }
```

该函数范例的运行结果如图 4-13 所示。

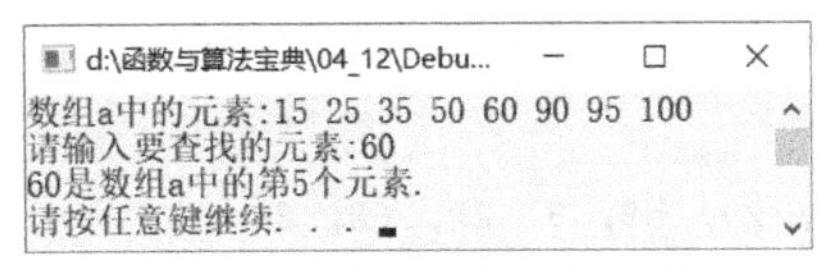

图 4-13　函数范例的运行结果

6. 函数解析

使用 bsearch 函数查找数组中的元素时，数组中的元素必须是按照升序排列的。

4.4.2　qsort 函数——快速排序

1. 函数原型

```
void qsort(void *base,unsigned num,unsigned size,int(*compare)(const void *,const void *));
```

2. 函数功能

qsort 函数的功能是使用快速排序算法对 base 指向的数组进行排序。

3. 函数参数

（1）参数 base：指向待排序数组中的第一个元素。

（2）参数 num：数组中的元素个数。

（3）参数 size：每个元素的字节数。

（4）参数 compare：函数指针，该函数主要对待比较的两个元素进行比较。compare 函数的原型如下。

```
int compare(const void *elem1,const void *elem2);
```

该函数的返回值有负数、0 和正数：

如果*elem1<*elem2，则返回负数。

如果*elem1=*elem2，则返回 0。

如果*elem1>*elem2，则返回正数。

4. 函数的返回值

该函数没有返回值。

5. 函数范例

```
/*********************************************
*范例编号：04_13
*范例说明：调用 qsort 函数对数组中的元素进行排序
*********************************************/
01    #include <stdio.h>
02    #include <stdlib.h>
03    int compare (const void * a, const void * b);
04    void main ()
05    {
06         int i,a[]={ 31, 29, 59, 8, 22, 68, 89, 77 },n;
07         n=sizeof(a)/sizeof(a[0]);
08         printf("排序前:\n");
09         for (i=0; i<n; i++)
10              printf ("%d ",a[i]);
11         printf("\n");
12         qsort (a, n, sizeof(int), compare);
13         printf("排序后:\n");
14         for (i=0; i<n; i++)
15              printf ("%d ",a[i]);
16         printf("\n");
17         system("pause");}
18    int compare (const void * a, const void * b)
19    {
20         return ( *(int*)a - *(int*)b );
21    }
```

该函数范例的运行结果如图 4-14 所示。

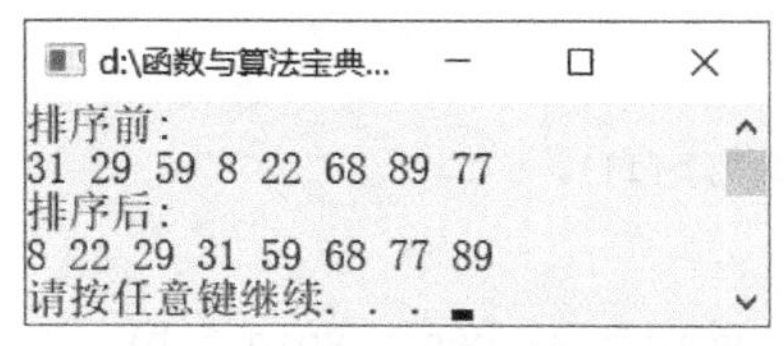

图 4-14　函数范例的运行结果

6. 函数解析

如果要排序的元素是整型，则在调用 compare 函数时，需要将 compare 函数中的两个参数转换为整型后，再进行计算。

4.4.3　排序函数和查找函数综合应用范例

【例 04_02】利用 rand 函数初始化数组，并利用 qsort 函数对数组中的元素分别进行升序排列和降序排列，最后利用 bsearch 函数查找数组中的元素。

```
/*******************************************
*范例编号：例 04_02
*范例说明：使用 rand 函数初始化数组，并利用 qsort 函数和 bsearch 函数对数组中的元素进行排序并查找指定元素
*******************************************/
01     #include <stdio.h>
02     #include <stdlib.h>
03     #include <time.h>
04     #define N 10
05     void InitArray(int b[],int n,int start,int end)
06     /*随机产生范围为[start,end]的元素序列*/
07     {
08          int i,j,flag;
09          srand(time(NULL));/*利用当前时间作为随机数的种子*/
10          for(i=0;i<n;i++) /*初始化数组中的每个元素，使数组中的每个数都不重复出现*/
11          {
12               do
13               {
14               b[i]=(int)(start+(end-start)*rand()/(RAND_MAX+1)); /*生成一个范围为[start,end]
的随机数并存入数组 b 中*/
15                    flag=0;
16                    for(j=0;j<i;j++)
17                    {
18                         if(b[i]==b[j])
19                              flag=1;
20                    }
21               }while(flag);
22          }
23     }
24     void DispArray(int b[],int n)
25     /*输出数组中的元素*/
26     {
```

```
27          int i;
28          for(i=0;i<n;i++)
29               printf("%d ",b[i]);
30          printf("\n");
31     }
32     int ascending (const void * a, const void * b)
33     /*比较两个元素的大小（升序）*/
34     {
35          return ( *(int*)a - *(int*)b );/*比较两个元素，使qsort函数将数组中的元素升序排列*/
36     }
37     int descending (const void * a, const void * b)
38     /*比较两个元素的大小（降序）*/
39     {
40          return ( *(int*)b - *(int*)a );/*比较两个元素，使qsort函数将数组中元素降序排列*/
41     }
42     void main()
43     {
44          int a[N],key;
45          int *p;
46          InitArray(a,N,100,200);
47          DispArray(a,N);
48          printf("升序序列:");
49          qsort(a,N,sizeof(int),ascending);/*将参数ascending传递给qsort函数，使数组中的
元素升序排列*/
50          DispArray(a,N);
51          printf("降序序列:");
52          qsort(a,N,sizeof(int),descending);/*将参数descending传递给qsort函数，使数组中
的元素降序排列*/
53          DispArray(a,N);
54          qsort(a,N,sizeof(int),ascending);
55          printf("请输入要查找的元素:");
56          scanf("%d",&key);
57          p=(int*)bsearch(&key,a,N,sizeof(int),ascending);/*调用bsearch函数查找数组中的
元素，在调用bsearch函数之前，需要使数组的元素都按照升序排列*/
58          if (p!=NULL)
59               printf ("数组a中存在%d.\n",*p);
60          else
61               printf ("数组中不存在%d.\n",key);
62          system("pause");
63     }
```

该范例的运行结果如图4-15所示。

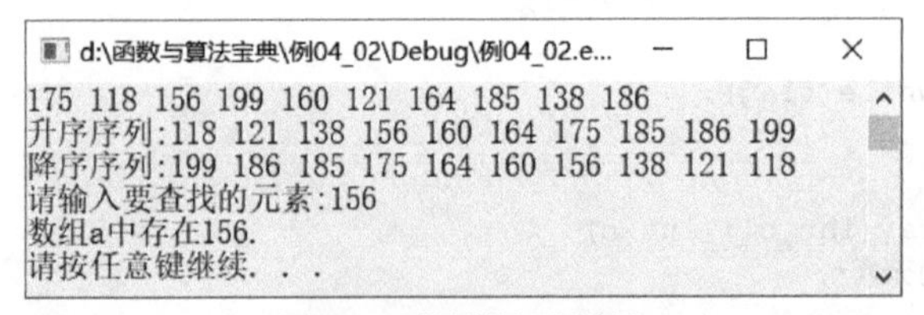

图4-15　范例的运行结果

4.5 过程控制函数

C 语言提供了一些用于控制程序执行的函数。例如，exit 函数用于终止正在执行的程序，system 函数用于执行系统命令。

在 C 语言中，这些函数的声明都包含在库函数 stdlib.h 和 process.h 中。在 C++中，这些函数则包含在库函数 stdlib.h 中。

使用 bsearch 函数查找数组中的元素时，数组中的元素须按照升序排列。

4.5.1 abort 函数——终止当前进程

1. 函数原型

```
void abort();
```

2. 函数功能

abort 函数的功能是以非正常的方式终止当前的进程。

3. 函数参数

该函数没有参数。

4. 函数的返回值

该函数没有返回值。

5. 函数范例

```
/**********************************************
*范例编号：04_14
*范例说明：终止当前进程
**********************************************/
01    #include <stdio.h>
02    #include <stdlib.h>
03    #include <stdlib.h>
04    #include <malloc.h>
05    typedef struct node
06    {
07        int data;        /*数据域*/
08        struct node *next;
09    }ListNode, *LinkList;
10    LinkList CreateList();
11    ListNode *Reverse(LinkList h);
12    void OutPutList(LinkList h);
```

```
13    void OutPutList2(LinkList h);
14    void DestroyList(LinkList h);
15    void main()
16    {
17         LinkList L;
18         L=CreateList();
19         printf("链表中的元素从小到大依次是：");
20         OutPutList(L);
21         printf("\n");
22         printf("销毁链表中的结点...");
23         DestroyList(L);
24         printf("销毁链表后：");
25         OutPutList2(L);
26         printf("\n");
27         system("pause");
28    }
29    void OutPutList2(LinkList h)
30    /*输出链表中的结点元素*/
31    {
32         ListNode *p=h->next;
33         if(p==NULL)
34         {
35              printf("利用指针读取内存失败!\n");
36              abort();
37         }
38         while(p)
39         {
40              printf("%4d",p->data);
41              p=p->next;
42         }
43    }
44    void OutPutList(LinkList h)
45    /*输出链表中的结点元素*/
46    {
47         ListNode *p=h->next;
48         while(p)
49         {
50              printf("%4d",p->data);
51              p=p->next;
52         }
53    }
54    LinkList CreateList()
55    /*创建单链表*/
56    {
57         ListNode *p,*q,*s;
58         ListNode *h=NULL;
59         int e;
60         h=(LinkList)malloc(sizeof(ListNode));/*动态生成一个头结点*/
61         if(!h)
62              return NULL;
63         h->data=0;
64         h->next=NULL;
65         do
66         {
```

```
67              printf("输入一个正整数，若输入-1 时，表示输入结束)");
68              scanf("%d",&e);
69              if(e==-1)
70                  break;
71              s=(ListNode*)malloc(sizeof(ListNode));
72              if(!s)
73                  return NULL;
74              s->data=e;
75              q=h->next;              /*q 指向链表的第一个结点，即表尾*/
76              p=h;                    /*p 指向 q 的前驱结点*/
77              while(q&&e>q->data)     /*将新输入的指数与 q 指向的结点元素进行比较*/
78              {
79                  p=q;
80                  q=q->next;
81              }
82              p->next=s;             /*将 s 结点插入链表中*/
83              s->next=q;
84          } while(1);
85          return h;
86      }
87      void DestroyList(LinkList h)
88      /*销毁链表*/
89      {
90          ListNode *p,*q;
91          p=h;
92          while(p!=NULL)
93      {
94          q=p;
95              p=p->next;
96              free(q);
97          }
98      }
```

该函数范例的运行结果如图 4-16 所示。

在开始销毁链表时，产生图 4-17 所示的运行错误。

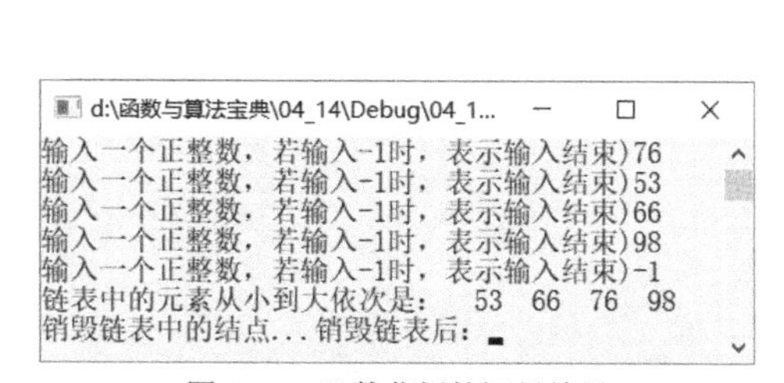

图 4-16　函数范例的运行结果

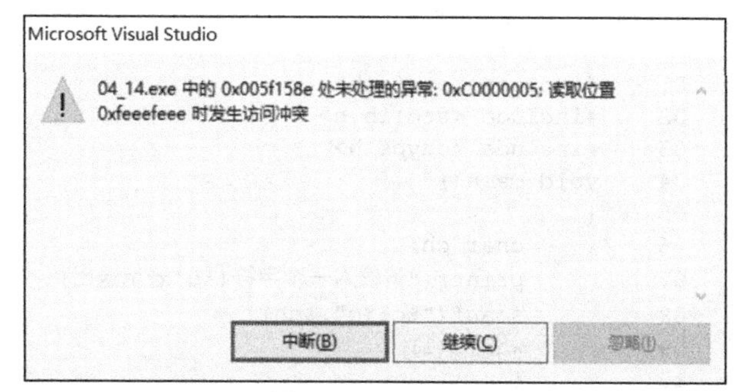

图 4-17　运行时错误

6. 函数解析

（1）abort 函数并不会将控制权交给调用过程。在默认情况下，该函数终止当前的进程并返回一个错误码 3。

（2）abort 函数并不会进行常规的清理工作，如释放内存。

（3）在 Visual C++或 Visual Studio 开发环境中，abort 函数会产生一个包含 3 个按钮的消息对话框：【终止】【重试】和【忽略】。如果单击【终止】按钮，该程序将立即终止；如果单击【继续】按钮，调试器将被调用；如果单击【忽略】按钮，将输出异常结束提示信息。

使用 bsearch 函数查找数组中的元素时，数组中的元素须按照升序排列。

4.5.2 exit 函数——退出当前程序

1. 函数原型

```
void exit(int status);
```

2. 函数功能

exit 函数的功能是使程序正常终止。

3. 函数参数

status 参数：传递给父进程的状态值。通常情况下，如果 status 为 0，则说明程序正常终止；否则，说明程序存在错误。

4. 函数的返回值

该函数没有返回值。

5. 函数范例

```
/**********************************************
*范例编号：04_15
*范例说明：使程序正常终止
**********************************************/
01    #include <stdio.h>
02    #include <stdlib.h>
03    #include <ctype.h>
04    void main()
05    {
06         char ch;
07         printf("请输入一个字符('q'表示退出):");
08         scanf("%c%*c",&ch);
09         while(1)
10         {
11              if( toupper( ch )=='Q' )
12              {
13                   printf("程序退出.\n");
14                   exit(0);
15              }
16              printf("你输入的字符是%c\n",ch);
```

```
17              printf("请输入一个字符('q'表示退出):");
18              scanf("%c%*c",&ch);
19          }
20          system("pause");
21      }
```

该函数范例的运行结果如图 4-18 所示。

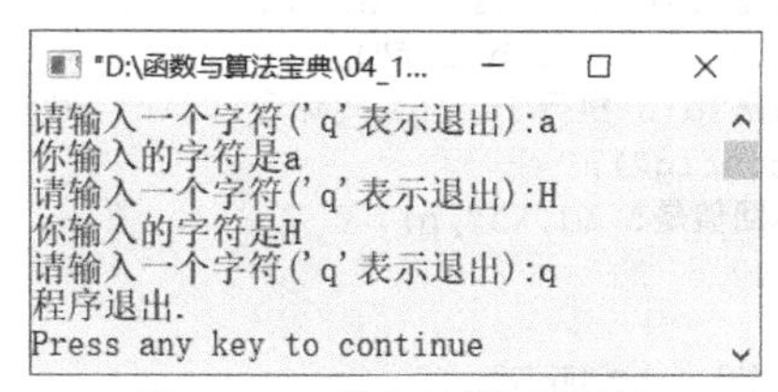

图 4-18　函数范例的运行结果

6. 函数解析

exit 函数将使所有已经注册的程序逆序终止。exit 函数关闭所有已打开的文件，并删除临时文件，最后将控制权交给主程序。

4.5.3　system 函数——执行系统命令

1. 函数原型

```
int system(const char *command);
```

2. 函数功能

system 函数的功能是在 DOS 或 cmd.exe 中执行 commad 命令。

3. 函数参数

参数 command：要执行的系统命令。

4. 函数的返回值

如果函数调用成功，则返回 0；否则，返回非 0 值。如果参数为 NULL，则函数返回 0 表示处理器可用；否则，表示处理器不可用。

5. 函数范例

```
/*********************************************
*范例编号：04_16
*范例说明：执行系统命令查看目录文件
*********************************************/
01      #include <stdio.h>
02      #include <stdlib.h>
03      void main()
```

```
04    {
05        int n;
06        printf ("处理器信息: \n");
07        n=system("wmic cpu list brief");
08        printf ("返回值是%d\n 内存信息: \n",n);
09        n=system("wmic memorychip list brief");
10        printf ("返回值是%d\n BIOS 信息: \n",n);
11        n=system("wmic bios list brief");
12        printf ("返回值是%d\n 执行 ipconfig 命令...\n",n);
13        n=system ("ipconfig");
14        printf ("函数返回值是: %d.\n",n);
15        system("pause");
16    }
```

该函数范例的运行结果如图 4-19 所示。

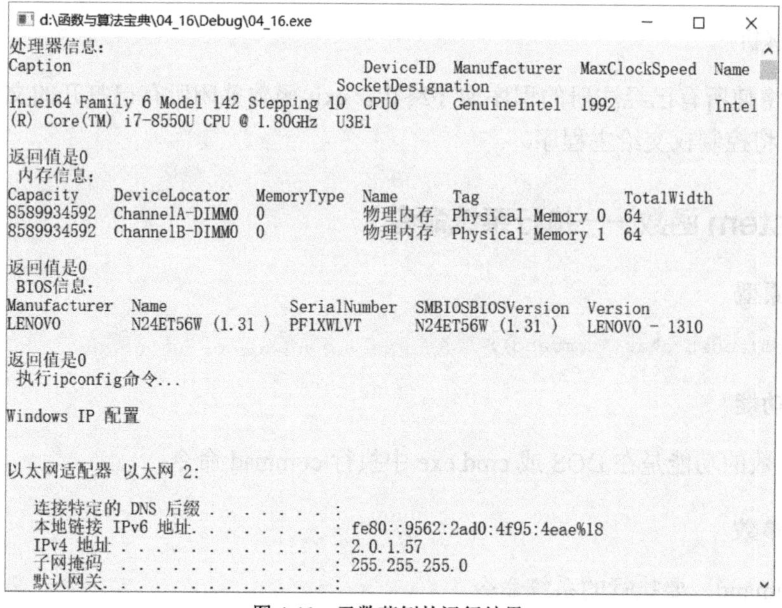

图 4-19　函数范例的运行结果

6. 函数解析

（1）system 函数可以查看 CPU、内存、硬盘、网卡、BIOS 等设备的信息。system("wmic cpu list brief")的作用就是查看 CPU 的简略信息。

（2）system 函数可以修改文件的属性，比如，将文件 myfile.txt 修改为只读属性，代码如下。

```
system("attrib +r d:\myfile.txt");
```

（3）system 函数可以查看某个驱动器下的文件及目录，比如，要查看 C 盘根目录下的文件及文件夹，代码如下。

```
system("dir c:\");
```

第5章 math.h库函数

math.h库函数包含三角函数、指数和对数函数、幂指数和开方函数、绝对值函数，以及其他函数。

C++兼容了math.h库函数，其用法与C语言相同。使用本章的函数时，需要以下文件包含命令。

```
#include<math.h>
```

或

```
#include<cmath>
```

5.1 三角函数

C语言中的三角函数主要有cos函数、sin函数、tan函数、acos函数、asin函数和atan函数，分别用来求角度的余弦值、正弦值、正切值、反余弦值、反正弦值和反正切值。

5.1.1 cos函数——求角度的余弦值

1. 函数原型

```
double cos(double x);
```

2. 函数功能

cos函数的功能是求x的余弦值。

3. 函数参数

参数x：用弧度表示的角度值。

4. 函数返回值

函数返回角度x的余弦值。

5. 函数范例

```
/*******************************************
*范例编号：05_01
*范例说明：求角度的余弦值
*******************************************/
01    #include <stdio.h>
02    #include <stdlib.h>
03    #include <math.h>
04    #define PI 3.14159265
05    void main ()
06    {
07         double angle, v;
08         angle=0.0;
09         v=cos (angle*PI/180);
10         printf ("度数为%.01f 的余弦值为：%.2lf.\n", angle, v );
11         angle=90.0;
12         v=cos (angle*PI/180);
13         printf ("度数为%.01f 的余弦值为：%.2lf.\n", angle, v );
14         angle=120;
15         v=cos (angle*PI/180);
16         printf ("度数为%.01f 的余弦值为：%.2lf.\n", angle, v );
17         system("pause");
18    }
```

该函数范例的运行结果如图 5-1 所示。

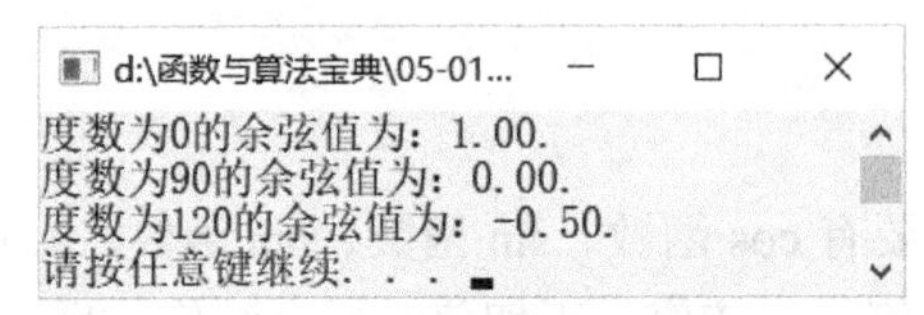

图 5-1　函数范例的运行结果

6. 函数解析

（1）参数 x 是角度对应的弧度值，角度与弧度的对应关系如下。

```
弧度=角度*PI/180
```

其中，PI 是圆周率。

（2）在 C++中，不仅包括了以上余弦函数的定义，还包括了以下的重载函数。

```
float cos(float x);
long double cos(long double x);
```

这些函数的参数类型与返回值的类型不同。

5.1.2　sin 函数——求角度的正弦值

1. 函数原型

```
double sin(double x);
```

2. 函数功能

sin 函数的功能是求 x 的正弦值。

3. 函数参数

参数 x：用弧度表示的角度值。

4. 函数的返回值

函数返回 x 的正弦值。

5. 函数范例

```
/*******************************************
*范例编号：05_02
*范例说明：求角度的正弦值
*******************************************/
01    #include <stdio.h>
02    #include <math.h>
03    #include <stdlib.h>
04    #define PI 3.14159265
05    void main ()
06    {
07         double angle, v;
08         angle=60.0;
09         v=sin (angle*PI/180);
10         printf ("度为%.01f 的正弦值是%.21f.\n", angle, v );
11         angle=90.0;
12         v=sin (angle*PI/180);
13         printf ("度为%.01f 的正弦值是%.21f.\n", angle, v );
14         system("pause");
15    }
```

该函数范例的结果如图 5-2 所示。

```
度为60的正弦值是0.87.
度为90的正弦值是1.00.
请按任意键继续. . .
```

图 5-2　函数范例的运行结果

6. 函数解析

（1）参数 x 为角度的弧度表示。

（2）在 C++中，还包括以下求正弦值的重载函数。

```
float sin(float x);
long double sin(long double x);
```

它们的区别仅在于参数 x 的类型与函数返回值的类型不同。

5.1.3　tan 函数——求角度的正切值

1. 函数原型

```
double tan(double x);
```

2. 函数功能

tan 函数的功能是求 *x* 的正切值。

3. 函数参数

参数 *x*：用弧度表示的角度值。

4. 函数的返回值

函数返回 *x* 的正切值。

5. 函数范例

```
/*********************************************
*范例编号：05_03
*范例说明：求角度的正切值
*********************************************/
01    #include <stdio.h>
02    #include <math.h>
03    #include <stdlib.h>
04    #define PI 3.14159265
05    void main ()
06    {
07         double angle;
08         angle=120;
09         while(angle<270)
10         {
11              printf("度为%.0lf 的正切值是%.2lf.\n",angle,tan(angle/180*PI));
12              angle+=30;
13         }
14         system("pause");
15    }
```

该函数范例的运行结果如图 5-3 所示。

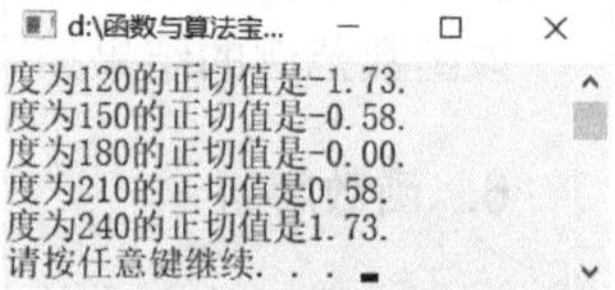

```
d:\函数与算法宝...
度为120的正切值是-1.73.
度为150的正切值是-0.58.
度为180的正切值是-0.00.
度为210的正切值是0.58.
度为240的正切值是1.73.
请按任意键继续. . .
```

图 5-3　函数范例的运行结果

6. 函数解析

（1）参数 *x* 应为角度对应的弧度。当 *x* 为 PI/2 或 3×PI/2 时，正切值为无穷大或无穷小。

（2）在 C++中，还包括以下求正切值的重载函数。

```
float tan(float x);
long double tan(long double x);
```

它们的区别仅在于参数的类型与函数返回值的类型不同。

5.1.4 acos 函数——求角度的反余弦值

1. 函数原型

```
double acos(double x);
```

2. 函数功能

acos 函数的功能是求 x 的反余弦值。

3. 函数参数

参数 x：范围为[−1，1]的浮点数。

4. 函数的返回值

函数返回弧度值。

5. 函数范例

```
/********************************************
*范例编号：05_04
*范例说明：求反余弦值
********************************************/
01    #include <math.h>
02    #include <stdio.h>
03    #include <stdlib.h>
04    void main()
05    {
06         double v=-1.0;
07         while(v<=1.0)
08         {
09              printf("acos(%-6.3f)=%.7f.\n",v,acos(v));
10              v+=0.3;
11         }
12         system("pause");
13    }
```

该函数范例的运行结果如图 5-4 所示。

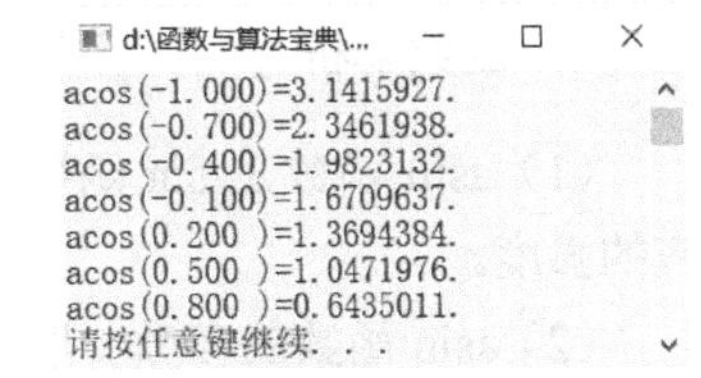

图 5-4 函数范例的运行结果

6. 函数解析

（1）acos 函数是 cos 函数的逆向操作，即根据余弦值求相应的弧度。

（2）acos 函数的返回值在 0 到 PI 之间。

（3）在 C++中，还包括以下求反余弦值的重载函数。

```
float acos(float x);
long double acos(long double x);
```

它们的区别在于参数的类型与函数返回值的类型不同。

5.1.5 asin 函数——求角度的反正弦值

1. 函数原型

```
double asin(double x);
```

2. 函数功能

asin 函数的功能是求 *x* 的反正弦值。

3. 函数参数

参数 *x*：范围为[−1，1]的浮点数。

4. 函数的返回值

函数返回范围为[−PI/2，PI/2]的弧度值。

5. 函数范例

```
/*********************************************
*范例编号：05_05
*范例说明：求反正弦值
*********************************************/
01	#include <math.h>
02	#include <stdio.h>
03	#include <stdlib.h>
04	void main()
05	{
06		double v=-1.0;
07		while(v<=1.0)
08		{
09			printf("asin(%-6.3f)=%.7f.\n",v,asin(v));
10			v+=0.3;
11		}
12		system("pause");
13	}
```

该函数范例的运行结果如图 5-5 所示。

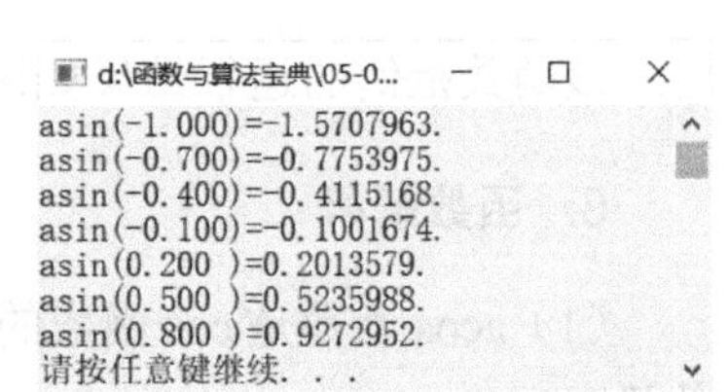

图 5-5　函数范例的运行结果

6. 函数解析

（1）asin 函数是 sin 函数的逆向操作，即根据正弦值求相应的弧度。

（2）asin 函数的参数 *x* 取值范围必须是[−1，1]。函数返回值的范围是[−PI/2，PI/2]。

（3）在 C++中，还包括以下求反正弦值的重载函数。

```
float asin(float x);
long double asin(long double x);
```

它们的区别在于参数的类型与函数返回值的类型不同。

5.1.6　atan 函数——求角度的反正切值

1. 函数原型

```
double atan(double x);
```

2. 函数功能

atan 函数的功能是求 *x* 的反正切值。

3. 函数参数

参数 *x*：任何浮点数。

4. 函数的返回值

函数返回范围为(−PI/2，PI/2)的弧度值。

5. 函数范例

```
/*********************************************
*范例编号：05_06
*范例说明：求反正切值
*********************************************/
01    #include <math.h>
02    #include <stdio.h>
03    #include <stdlib.h>
04    void main()
05    {
06         double v=-2.0;
07         while(v<=2.0)
08         {
09              printf("atan(%-6.3f)=%.7f.\n",v,atan(v));
10              v+=0.5;
11         }
12         system("pause");
13    }
```

该函数范例的运行结果如图 5-6 所示。

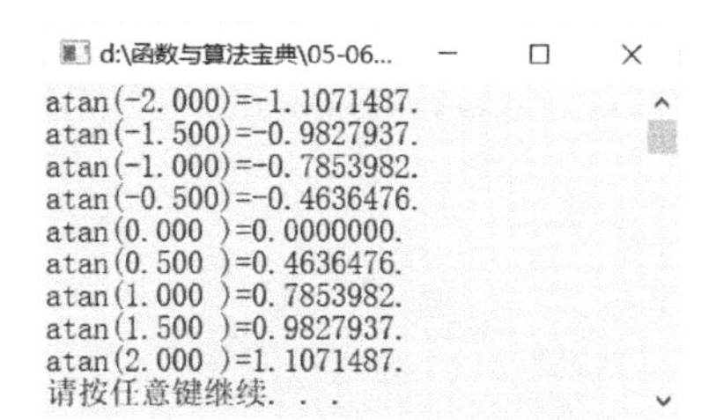

图 5-6　函数范例的运行结果

6. 函数解析

（1）atan 函数是 tan 函数的逆向操作，即根据正切值求相应的弧度。

（2）atan 函数的参数 *x* 的取值范围可以是任意的浮点数。

（3）在 C++中，还包括以下求反正切值的重载函数。

```
float atan(float x);
long double atan(long double x);
```

它们的区别在于参数的类型与函数返回值的类型不同。

5.2 指数和对数函数

指数和对数函数主要包括 exp 函数、log 函数、log10 函数。

5.2.1 exp 函数——求以自然数 e 为底的指数值

1. 函数原型

```
double exp(double x);
```

2. 函数功能

exp 函数的功能是求以自然数 e 为底的指数，即 e^x 的值。

3. 函数参数

参数 x：指数，是一个浮点数。

4. 函数的返回值

函数返回 x 的指数值。

5. 函数范例

```
/*********************************************
*范例编号：05_07
*范例说明：求以自然数 e 为底的指数值
*********************************************/
01    #include <stdio.h>
02    #include <math.h>
03    #include <stdlib.h>
04    void main ()
05    {
06         double i, r;
07         for(i=1;i<10;i++)
08         {
09              r=exp (i);
10              printf ("以 e 为底，%.2lf 为指数的值为%.2lf.\n", i, r );
11         }
12         system("pause");
13    }
```

该函数范例的运行结果如图 5-7 所示。

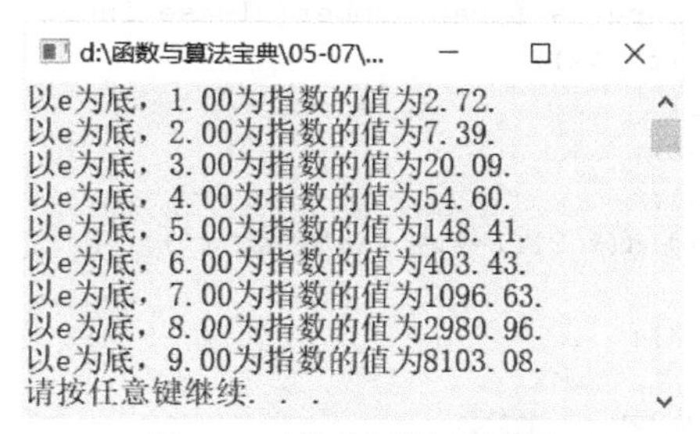

图 5-7　函数范例的运行结果

6. 函数解析

如果 exp 函数的返回值太大，超过了浮点数的取值范围，则函数将返回 HUGE_VAL（溢出的无穷大值）。

5.2.2 log 函数——求自然对数

1. 函数原型

```
double log(double x);
```

2. 函数功能

log 函数的功能是求 x 的自然对数。

3. 函数参数

参数 x：一个浮点数。

4. 函数的返回值

函数返回 x 的自然对数值。

5. 函数范例

```
/*********************************************
*范例编号：05_08
*范例说明：求自然对数
*********************************************/
01      #include <stdio.h>
02      #include <math.h>
03      #include <stdlib.h>
04      void main ()
05      {
06            double x, r;
07            while(1)
08            {
```

```
09                printf("Input a float number(please input -1 to exit):");
10                scanf("%lf",&x);
11                if(x==-1)
12                    break;
13                r=log (x);
14                printf ("ln(%.2lf)=%.4lf\n", x, r );
15            }
16            system("pause");
17    }
```

该函数范例的运行结果如图 5-8 所示。

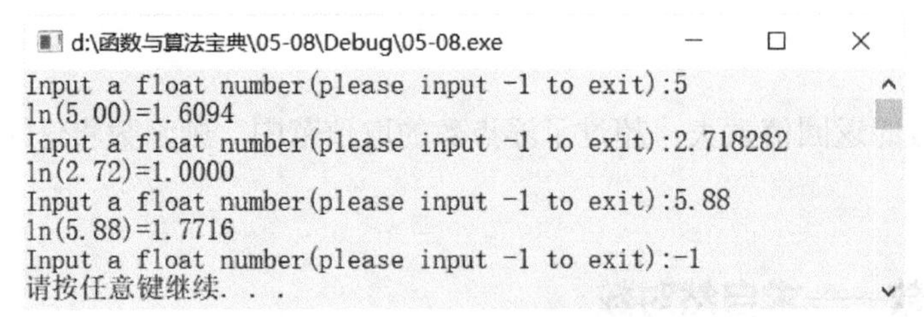

图 5-8　函数范例的运行结果

6. 函数解析

log 函数是 exp 函数的逆运算。

7. 注意事项

（1）参数 x 不能为负数。如果 x 为负数，则函数返回一个错误。

（2）参数 x 不能为 0。如果 x 为 0，则函数返回一个负的 HUGE_VAL。

5.2.3　log10 函数——求对数

1. 函数原型

```
double log10 (double x);
```

2. 函数功能

log10 函数的功能是返回 x 的对数值。

3. 函数参数

参数 x：一个浮点数。

4. 函数的返回值

函数返回 x 的对数值。

5. 函数范例

```
/*******************************************
*范例编号: 05_09
*范例说明: 求以 10 为底数的对数值
*******************************************/
01      #include <math.h>
02      #include <stdio.h>
03      #include <stdlib.h>
04      void main()
05      {
06           double x,y;
07           for(x=1;x<100000;x*=10)
08           {
09                y=log10(x);
10                printf( "log( %.2f )=%f\n", x, y );
11           }
12           system("pause");
13      }
```

该函数范例的运行结果如图 5-9 所示。

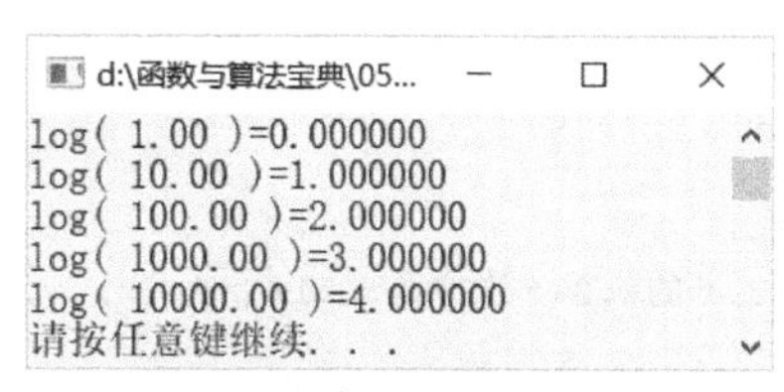

图 5-9　函数范例的运行结果

6. 函数解析

参数 x 的取值应为正数，不能为负数和 0。这与 log 函数的参数取值范围相同。

5.3 幂指数和开方函数

C 语言提供的幂指数函数是 pow 函数和 pow10 函数，提供的开方函数是 sqrt 函数。

5.3.1 pow 函数——求 $base^{exp}$ 的值

1. 函数原型

```
double pow(double base,double exp);
```

2. 函数功能

pow 函数的功能是求以 base 为底、exp 为指数的 $base^{exp}$ 的值。

3. 函数参数

（1）参数 base：底数，是一个浮点数。
（2）参数 exp：指数，是一个浮点数。

4. 函数的返回值

函数返回 $base^{exp}$ 的值。

5. 函数范例

```
/*********************************************
*范例编号：05_10
*范例说明：求 base^exp 的值
*********************************************/
01    #include <math.h>
02    #include <stdio.h>
03    #include <stdlib.h>
04    void main()
05    {
06         double x=2.0, y=3.0;
07         for(y=0;y<10;y++)
08         {
09              x=rand()%20;
10              printf("%.2lf 的%.2lf 次方是%.5lf\n", x, y, pow(x, y));
11         }
12         system("pause");
13    }
```

该函数范例的运行结果如图 5-10 所示。

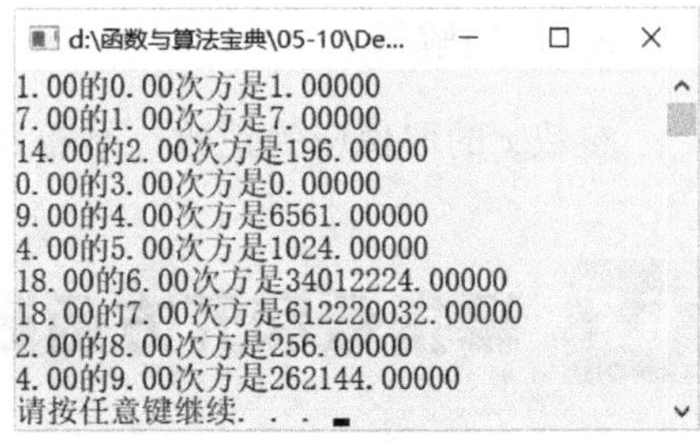

图 5-10　函数范例的运行结果

6. 函数解析

（1）如果函数的返回值太大，超出了浮点数的表示范围，则将返回 HUGE_VAL。

（2）如果 base 是负数且 exp 不是整数，或 base 是 0 且 exp 是负数，则将产生越界错误。

5.3.2 pow10 函数——求 10^{exp} 的值

1. 函数原型

```
double pow10(int exp);
```

2. 函数功能

pow10 函数的功能是计算 10^{exp} 的值。

3. 函数参数

参数 exp：指数，是一个整数。

4. 函数的返回值

函数返回 10^{exp} 的值。

5. 函数范例

```
/*********************************************
*范例编号：05_11
*范例说明：求 10^exp 的值
*********************************************/
01    #include <stdio.h>
02    #include <math.h>
03    void main()
04    {
05         int x=0;
06         while(x<10.0)
07         {
08              printf("10^%d is %.3f\n",x,pow10(x));
09              x+=1;
10         }
11    }
```

该函数范例的运行结果如图 5-11 所示。

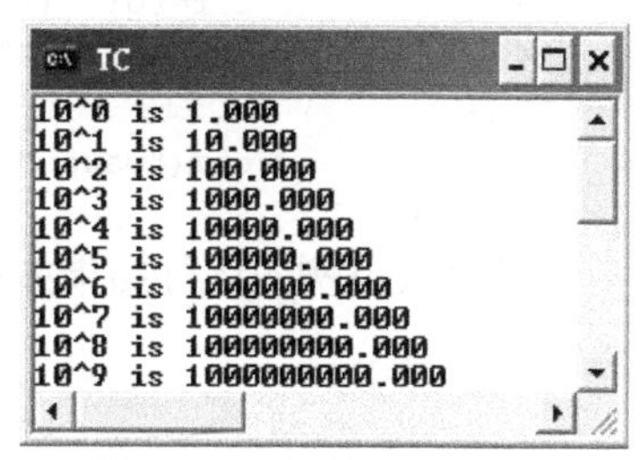

图 5-11　函数范例的运行结果

6. 函数解析

在 exp 函数中，参数 exp 是一个整数。

7. 注意事项

在 ANSI C++中，并没有包含 pow10 函数的定义，但 Turbo C 提供了该函数。

5.3.3 sqrt 函数——求平方根

1. 函数原型

```
double sqrt(double x);
```

2. 函数功能

sqrt 函数的功能是求 x 的平方根。

3. 函数参数

参数 x：一个浮点数。

4. 函数的返回值

函数返回 x 的平方根。

5. 函数范例

```
/*********************************************
*范例编号：05_12
*范例说明：求 x 的平方根
*********************************************/
01    #include <stdio.h>
02    #include <math.h>
03    #include <stdlib.h>
04    void main ()
05    {
06         double x, r;
07    while(1)
08         {
09              printf("请输入一个数(-1 表示输入结束):");
10              scanf("%lf",&x);
11              if(x==-1)
12                   break;
13              r=sqrt (x);
14              printf ("%.2lf 的平方根是%.5lf\n", x, r );
15         }
16         system("pause");
17    }
```

该函数范例的运行结果如图 5-12 所示。

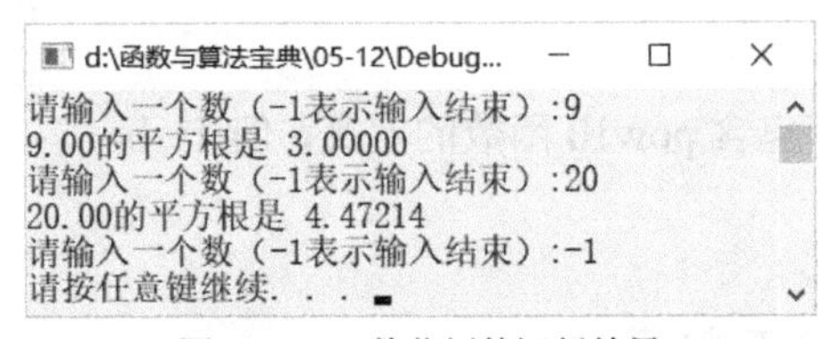

图 5-12　函数范例的运行结果

6. 函数解析

sqrt 函数的参数 x 不能是负数，否则将产生错误。

5.4 绝对值函数

C 语言专门提供了几个绝对值函数，如 abs 函数、fabs 函数和 labs 函数。

5.4.1　abs 函数——求整数的绝对值

1. 函数原型

```
int abs(int x);
```

2. 函数功能

abs 函数的功能是求 x 的绝对值。

3. 函数参数

参数 x：一个整数。

4. 函数的返回值

函数返回 x 的绝对值。

5. 函数范例

```
/*******************************************
*范例编号：05_13
*范例说明：求整数的绝对值
*******************************************/
01    #include <stdio.h>
02    #include <math.h>
03    #include <stdlib.h>
04    void main ()
05    {
06        int value1,value2;
07        printf("请输入一个整数：");
08        scanf("%d",&value1);
09        printf("%d 的绝对值是：%d\n",value1,abs(value1));
10        printf("请输入一个整数：");
11        scanf("%d",&value2);
12        printf("%d 的绝对值是：%d\n",value2,abs(value2));
13        system("pause");
14    }
```

该函数范例的运行结果如图 5-13 所示。

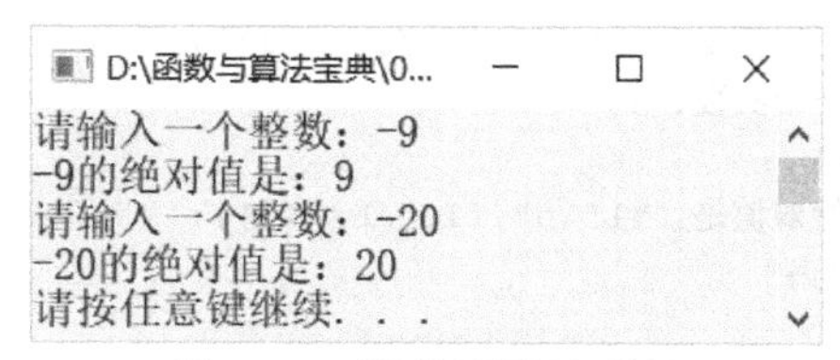

图 5-13　函数范例的运行结果

6. 注意事项

（1）abs 函数的参数 x 是整数，不能是浮点数或其他类型的数据。

（2）在 C++中，abs 函数的作用是求一个浮点数的绝对值，该函数原型如下。

```
double abs(double x);
```

5.4.2 fabs 函数——求浮点数的绝对值

1. 函数原型

```
double fabs(double x);
```

2. 函数功能

fabs 函数的功能是求浮点数 x 的绝对值。

3. 函数参数

参数 x：一个浮点数。

4. 函数的返回值

函数返回 x 的绝对值。

5. 函数范例

```
*********************************************
*范例编号：05_14
*范例说明：求浮点数的绝对值
*********************************************/
01    #include <stdio.h>
02    #include <math.h>
03    #include <stdlib.h>
04    void main()
05    {
06         double f1,f2;
07         printf("请输入一个实数:");
08         scanf("%lf",&f1);
09         printf("%lf 的绝对值是：%lf\n",f1,fabs(f1));
10         printf("请输入一个实数:");
11         scanf("%lf",&f1);
12         printf("%lf 的绝对值是：%lf\n",f1,fabs(f1));
13         system("pause");
14    }
```

该函数范例的运行结果如图 5-14 所示。

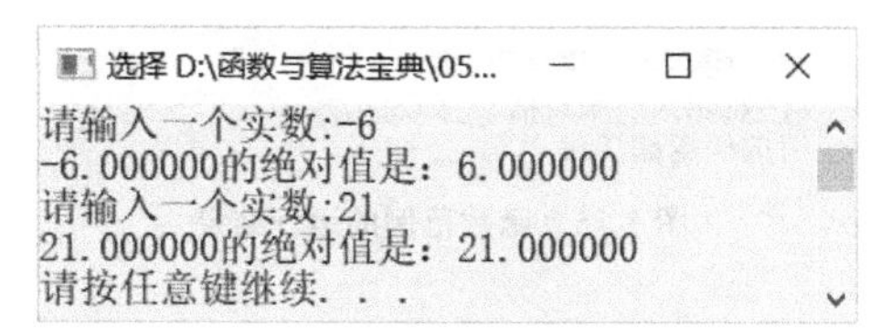

图 5-14　函数范例的运行结果

6. 函数解析

fabs 函数与 abs 函数的区别：fabs 函数对浮点数求绝对值，而 abs 函数则对整数求绝对值。

5.4.3　labs 函数——求长整型数据的绝对值

1. 函数原型

```
long labs(long x);
```

2. 函数功能

labs 函数的功能是求 x 的绝对值。

3. 函数参数

参数 x：一个长整型数据。

4. 函数的返回值

函数返回 x 的绝对值。

5. 函数范例

```
/*********************************************
*范例编号：05_15
*范例说明：求 x 的绝对值
*********************************************/
01    #include <stdio.h>
02    #include <stdlib.h>
03    #include <math.h>
04    void main()
05    {
06         long x=-12345678L, y;
07         y=labs( x );
08         printf( "%ld 的绝对值是:%ld\n", x, y);
09         system("pause");
10    }
```

该函数范例的运行结果如图 5-15 所示。

```
选择D:\函数与算法宝典\05-...
-12345678的绝对值是:12345678
请按任意键继续. . .
```

图 5-15　函数范例的运行结果

6. 函数解析

（1）labs 函数主要用来求长整型数据的绝对值。

（2）在 C++中，并没有包含 labs 函数的定义。

5.5 其他函数

除了以上函数外，C 语言还提供了 floor 函数、fmod 函数、frexp 函数、hypot 函数、modf 函数和 poly 函数等函数，这些函数分别用来求不大于 x 的最大整数、返回 x/y 的余数、将浮点数分解为尾数和指数、根据直角边求斜边、将浮点数分解为整数部分和小数部分、计算 x^n 的值。

5.5.1 floor 函数——求不大于 x 的最大整数

1. 函数原型

```
double floor(double x);
```

2. 函数功能

floor 函数的作用是求不大于 x 的最大整数。

3. 函数参数

参数 x：一个浮点数。

4. 函数的返回值

函数返回不大于 x 的最大整数。

5. 函数范例

```
/**********************************************
*范例编号：05_16
*范例说明：求不大于 x 的最大整数
**********************************************/
01      #include <stdio.h>
02      #include <stdlib.h>
03      #include <math.h>
04      void main ()
05      {
```

```
06          float f;
07          char ch;
08          while(1)
09          {
10               printf ("请输入一个浮点数(输入 0 结束输入):\n");
11               scanf("%f",&f);
12               if(f==0)
13                    break;
14               printf("不大于%f 的最大整数是: %.1lf\n", f,floor(f));
15          }
16          system("pause");
17     }
```

该函数范例的运行结果如图 5-16 所示。

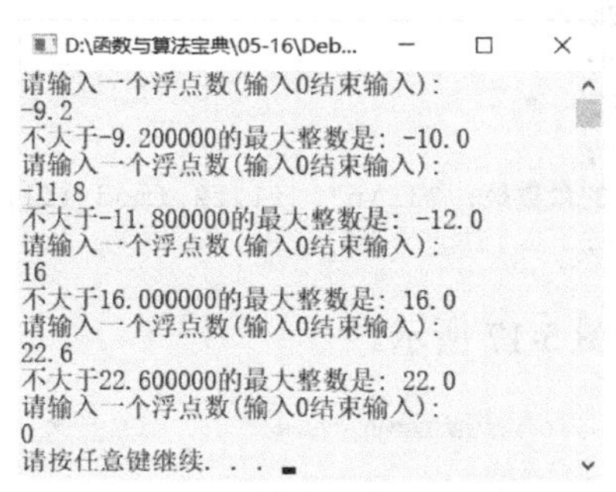

图 5-16　函数范例的运行结果

6. 函数解析

floor 函数的返回值是不大于 x 的最大整数。例如，如果 x 为 1.21，则函数的返回值是 1。如果 x 为−6.8，则函数的返回值是−7。

5.5.2　fmod 函数——返回 x/y 的余数

1. 函数原型

```
double fmod(double x,double y);
```

2. 函数功能

fmod 函数的功能是求 x/y 的余数。

3. 函数参数

参数 x：被除数，是一个浮点数。
参数 y：除数，是一个浮点数。

4. 函数的返回值

函数返回 x/y 的余数。

5. 函数范例

```
/*********************************************
*范例编号：05_17
*范例说明：求 x/y 的余数
*********************************************/
01    #include <stdio.h>
02    #include <stdlib.h>
03    #include <math.h>
04    void main()
05    {
06         float f1,f2;
07         printf("求余运算：\n");
08         printf("请输入被除数：");
09         scanf("%f",&f1);
10         printf("请输入除数：");
11         scanf("%f",&f2);
12         printf ("%f/%f 的余数是：%lf\n", f1,f2,fmod (f1,f2) );
13         system("pause");
14    }
```

该函数范例的运行结果如图 5-17 所示。

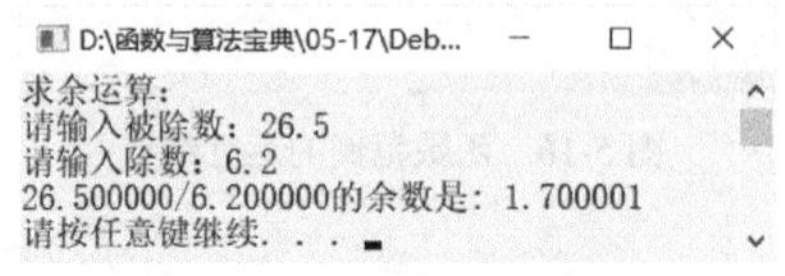
D:\函数与算法宝典\05-17\Deb...
求余运算：
请输入被除数：26.5
请输入除数：6.2
26.500000/6.200000的余数是：1.700001
请按任意键继续. . .

图 5-17　函数范例的运行结果

6. 函数解析

（1）fmod 函数的返回值是 *x/y* 的余数。它的计算方法如下。

```
函数返回值=x-商*y
```

（2）在 fmod 函数中，参数 *y* 的值不能是 0。

5.5.3　frexp 函数——将浮点数分解为尾数和指数

1. 函数原型

```
double frexp(double x,int *exp);
```

2. 函数功能

frexp 函数的功能是将 *x* 分解为一个从 0.5 到 1（不包括 1）之间的浮点数和一个整型数。其中，前者称为尾数，由函数返回；后者称为指数，存放在变量 exp 中。

3. 函数参数

参数 *x*：要分解的数。

参数 exp：指数，是一个整数。

4. 函数的返回值

函数返回尾数值。

5. 函数范例

```
/*********************************************
*范例编号：05_18
*范例说明：将一个浮点数分解为尾数和指数
*********************************************/
01    #include <stdio.h>
02    #include <stdlib.h>
03    #include <math.h>
04    void main()
05    {
06        double x, r;
07        int n;
08        printf("将一个数分解为底数和幂：\n");
09        printf("请输入一个实数：");
10        scanf("%lf",&x);
11        r=frexp(x,&n);
12        printf("%.2f=%.2lf * 2^%d.\n", x,r,n);
13        system("pause");
14    }
```

该函数范例的运行结果如图 5-18 所示。

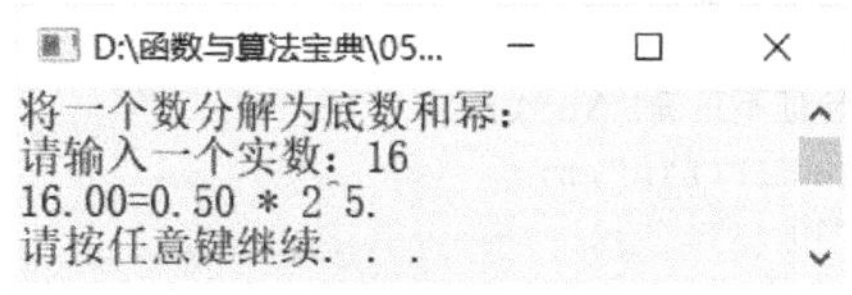

图 5-18　函数范例的运行结果

6. 函数解析

frexp 函数的返回值是尾数，其指数存放在 exp 中，它们的关系如下。

```
x=尾数*2^exp
```

5.5.4 hypot 函数——根据直角边求斜边

1. 函数原型

```
double hypot(double x,double y);
```

2. 函数功能

hypot 函数的功能是由直角边 x 和 y 得到斜边的长度。

3. 函数参数

参数 x：直角边，是一个浮点数。
参数 y：直角边，是一个浮点数。

4. 函数的返回值

函数返回斜边的长度。

5. 函数范例

```
/*********************************************
*范例编号：05_19
*范例说明：已知直角边的长度，求斜边的长度
*********************************************/
01    #include <math.h>
02    #include <stdio.h>
03    #include <stdlib.h>
04    double GetMyHypot(double x, double y);
05    void main()
06    {
07         double x,y,z,z2;
08         printf("请输入一个直角三角形的两条直角边:\n");
09         scanf("%lf,%lf",&x,&y);
10         z=hypot(x,y);
11         z2=GetMyHypot(x,y);
12         if(z==z2)
13              printf("验证正确! \n");
14         else
15              printf("验证不正确! \n");
16         printf( "斜边为:%2.1f\n",z);
17         system("pause");
18    }
19    double GetMyHypot(double x, double y)
20    {
21         return sqrt(x*x+y*y);
22    }
```

该函数范例的运行结果如图 5-19 所示。

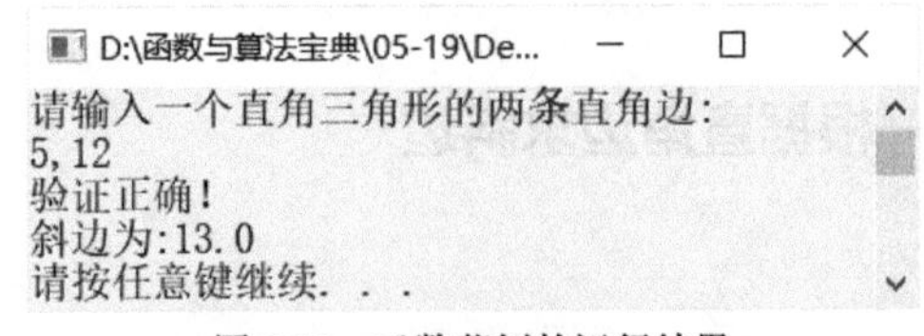

图 5-19　函数范例的运行结果

6. 函数解析

如果直角边的长度分别是 x 和 y，则斜边的长度与 x、y 之间的关系如下。

$$z^2=x^2+y^2$$

5.5.5　modf 函数——将浮点数分解为整数部分和小数部分

1. 函数原型

```
double modf(double x,double *intpart);
```

2. 函数功能

modf 函数的功能是将 *x* 分解为两个部分：整数部分和小数部分。其中，整数部分存入*intpart 中，小数部分通过函数返回。

3. 函数参数

参数 *x*：待分解的浮点数。
参数 intpart：*x* 的整数部分。

4. 函数的返回值

函数返回 *x* 的小数部分。

5. 函数范例

```
/*********************************************
*范例编号：05_20
*范例说明：将浮点数分解为整数部分和小数部分
*********************************************/
01    #include <stdio.h>
02    #include <stdlib.h>
03    #include <math.h>
04    #include <string.h>
05    void main ()
06    {
07         double f, fractpart, intpart;
08         char str[256];
09         int i,j;
10         printf("请输入一个浮点数:");
11         scanf("%lf",&f);
12         printf("自定义方法分离整数和小数:\n");
13         sprintf(str,"%.2lf",f);
14         printf("integer = %lf, string = %s\n", f, str);
15         for(i=0;i<strlen(str);i++)
16              if(str[i]=='.')
17                   break;
18         printf("整数部分:");
19         for(j=0;j<i;j++)
20              printf("%c",str[j]);
21         printf("\n 小数部分:");
22         for(j=i+1;j<strlen(str);j++)
23              printf("%c",str[j]);
```

```
24          printf("\n调用modf函数:\n");
25          fractpart=modf(f,&intpart);
26          printf ("%lf=%lf + %lf \n", f, intpart, fractpart);
27          system("pause");
28      }
```

该函数范例的运行结果如图 5-20 所示。

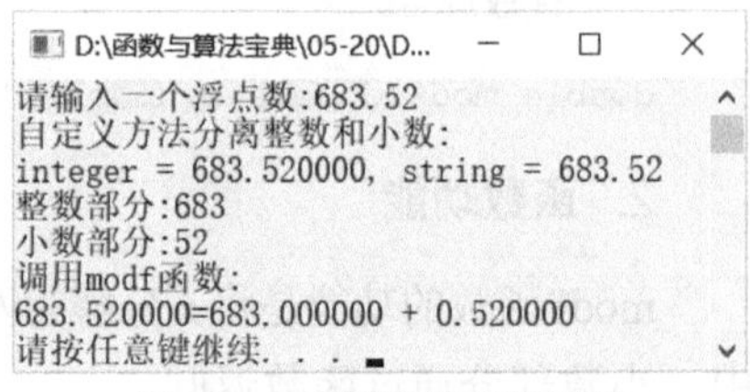

图 5-20　函数范例的运行结果

6. **函数解析**

如果参数 x 为负数，则被分解后的整数部分和小数部分都带上负号。例如，$x=-6.7$，则整数部分为−6.000000，小数部分为−0.700000。

第 12～23 行通过利用 sprintf 函数将输入的浮点数转换为字符串 str，然后分别输出整数部分和小数部分。另外，也可以使用 fcvt()函数将浮点数转换为字符串类型的数据。

5.5.6　poly 函数——计算 x^n的值

1. **函数原型**

```
double poly(double x,int n,double c[]);
```

2. **函数功能**

poly 函数的功能是根据数组 c 提供的多项式系数，求 x 的 n 次多项式的值。

3. **函数参数**

（1）参数 x：未知数。

（2）参数 n：多项式的最高次方。

（3）参数 c：一个数组，依次存放多项式从低到高的系数。

4. **函数的返回值**

函数返回 x 的小数部分。

5. **函数范例**

```
/*********************************************
*范例编号: 05_21
*范例说明: 求 x 的 n 次多项式的值
*********************************************/
01      #include <stdio.h>
02      #include <math.h>
03      void main()
04      {
05          double c[]={1.0,-4.0,4.0},x=3.0,r;
```

```
06          int n=2;
07          r=poly(x,n,c);
08          printf("4*%lf^2-4*%lf+1=%lf.\n",x,x,r);
09      }
```

该函数范例的运行结果如图 5-21 所示。

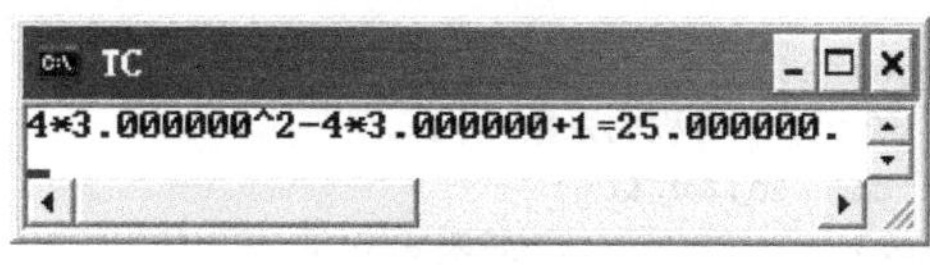

图 5-21　函数范例的运行结果

6. 函数解析

如果 n=3，则该多项式的值的计算方法如下。

```
c[3]x^3+c[2]x^2+c[1]x+c[0]
```

5.6 数学函数综合应用范例

在求解很多有关数学方面的问题时，经常需要使用求某个数的绝对值、平方根、对数函数值等的函数。下面通过计算方程的根、求整数序列中第 i 个元素、求 2^s+2^t 的第 10 项等具体范例来说明数学函数的应用。

5.6.1 计算方程的根

1. 问题

请输入方程 $ax^2+bx+c=0$ 的 3 个系数 a、b、c，并计算方程的根。

2. 分析

要计算方程 $ax^2+bx+c=0$ 的根，需要分为以下两种情况考虑。

（1）当 $a=0$ 时，方程退化为一元一次方程 $bx+c=0$。如果 $b\neq0$，则方程的根为 $x=-c/b$；如果 $b=0$，则方程无解。

（2）当 $a\neq0$ 时，方程为一元二次方程 $ax^2+bx+c=0$。根据判别式Δ的正负，可以分为两种情况。

a．当 $\Delta\geqslant0$ 时，方程有两个实根，分别是 $x_1=-b/(2a)+\sqrt{\Delta}/(2a)$ 和 $x_2=-b/(2a)-\sqrt{\Delta}/(2a)$。

b．当 $\Delta<0$ 时，方程有两个虚根，分别是 $x_1=-b/(2a)+i\sqrt{-\Delta}/(2a)$ 和 $x_2=-b/(2a)-i\sqrt{-\Delta}/(2a)$。

3. 范例

```
/********************************************
*范例编号：例 05_01
*范例说明：计算方程 ax^2+bx+c=0 的根
```

```
*********************************************/
01    #include <stdio.h>
02    #include <stdlib.h>
03    #include <math.h>
04    #define eps 1e-6
05    void main()
06    {
07        float a,b,c,delta,part1,part2,x1,x2;
08        printf("请输入一元二次方程的系数:");
09        scanf("%f,%f,%f",&a,&b,&c);
10        if(fabs(a)<eps)              /*如果 a=0*/
11        {
12            if(fabs(b)>eps)          /*如果 b≠0，则方程只有一个实根*/
13            {
14                x1=-c/b;
15                printf("方程只有一个实根:%.2f.\n",x1);
16            }
17            else                     /*如果 b=0，则方程无解*/
18                printf("该方程无解.\n");
19        }
20        else                         /*如果 a≠0*/
21        {
22            delta=b*b-4*a*c;
23            if(delta>=0)             /*如果Δ≥0，则方程有两个实根*/
24            {
25                part1=-b/(2*a);
26                part2=sqrt(delta)/(2*a);
27                x1=part1+part2;
28                x2=part1-part2;
29                printf("方程有两个实根:%.2f 和%.2f.\n",x1,x2);
30
31            }
32            else if(delta<0)         /*如果Δ<0，则方程有两个虚根*/
33            {
34                part1=-b/(2*a);
35                part2=sqrt(-delta)/(2*a);
36                printf("方程有两个虚根:%.2f+%.2fi 和%.2f-%.2fi.\n",
37                    part1,part2,part1,part2);
38            }
39        }
40        system("pause");
41    }
```

该范例的运行结果如图 5-22 所示。

```
D:\函数与算法宝典\例05-...
请输入一元二次方程的系数:2,5,3
方程有两个实根:-1.00和-1.50.
请按任意键继续. . .
```

图 5-22　范例的运行结果

4. 例题解析

第 10～19 行：如果 a=0，则方程变为一元一次方程 $bx+c$=0，根据 b 是否为 0 求解方程的根。

第 12～16 行：如果 a=0 且 b≠0，则方程的根为$-c/b$。

第 17～18 行：如果 a=0 且 b=0，则方程无解。

第 20～39 行：如果 $a \neq 0$，则方程为一元二次方程。

第 23～31 行：如果判别式 $\Delta \geqslant 0$，则方程有两个实根。

第 32～38 行：如果判别式 $\Delta < 0$，则方程有两个虚根。

注意：在程序设计过程中，常常将 1×10^{-6}（一个非常小的数）作为 0 来看待。

5.6.2　求整数序列的第 *i* 个元素

1. 问题

已知有一个整数序列 *A*：(1,1,3,7,17,41,99,139,577,…)，根据序列 *A* 可以得到序列 *B*：(1,1,3,7,1,7,4,1,9,9,1,3,9,5,7,7,…)。请输入序号 *i*，并输出序列 *B* 中的第 *i* 个元素。

2. 分析

要求序列 *B* 中的第 *i* 个元素，需要先求出序列中的所有元素，然后再求出第 *i* 个元素。

3. 范例

```
/*********************************************
*范例编号：例 05_02
*范例说明：输出序列 B 的第 i 个元素
*********************************************/
01    #include <stdio.h>
02    #include <stdlib.h>
03    #include <math.h>
04    int GetItem(int i)
05    {
06        int m,a,b=1,c=1,l=1,j,k,flag=1;
07        float v;
08        do
09        {
10            m=floor(log10(c*1.0))+1;     /*得到元素 c 的数位*/
11            l=l+m;                       /*l 为元素 c 在 B 中的位次*/
12            if(l<i)                      /*如果没有到达所求的位*/
13            {
14                a=b;
15                b=c;
16                c=a+2*b;
17            }
18            else
19            {
20                flag=0;                 /*标志位置为 0*/
21            }
22        } while(flag);
23        j=l-i+1;                        /*j 为所求元素位于当前元素的第几位*/
24        v=1.0*c/pow(10*1.0,j);
25        k=floor(10*(v-floor(v)));       /*得到第 i 个元素*/
26        return k;
```

```
27      }
28      void main()
29      {
30              int r,i;
31              printf("请输入项数:");
32              scanf("%d",&i);
33              r=GetItem(i);
34              printf("第%d 项是%d.\n",i,r);
35              system("pause");
36      }
```

该范例的运行结果如图 5-23 所示。

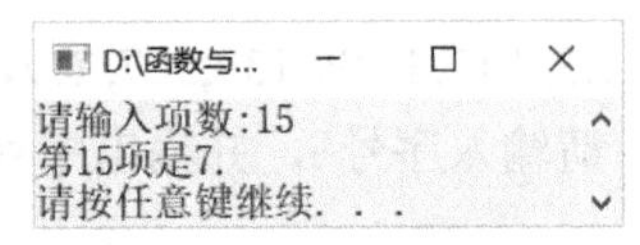

图 5-23　范例的运行结果

4. 例题解析

第 8～22 行：求出序列 *B* 中的元素，直到遇到第 *i* 个元素为止。

第 10 行：得到某个元素的数位 *m*。

第 11 行：得到当前元素所在的位置 l。

第 12～17 行：如果还没有到第 *i* 个位置，则继续求序列 *B* 中的元素。

第 18～21 行：如果到了第 *i* 个位置，则将标志位 flag 置为 0，停止求序列 *B* 中的元素。

第 23 行：求出 *i* 位于当前元素的第几位，用 *j* 表示。

第 24～26 行：求出第 *i* 个位置上的元素并返回给调用函数。

5.6.3　求 2^s+2^t的第 10 项

1. 问题

编写程序，求 2^s+2^t（$s<t$，且 *s*、*t* 为非负整数），按照从小到大的排列顺序，求 2^s+2^t 的第 10 项。

2. 分析

要求 2^s+2^t 的第 10 项，需要先求出若干项（保证足够大的范围），对这些项进行排序后，即可找到第 10 项。

3. 范例

```
/*********************************************
*范例编号：例 05_03
*范例说明：求 2^s+2^t 的第 10 项
*********************************************/
01      #include <stdio.h>
02      #include <stdlib.h>
```

```
03    #include <math.h>
04    #define N 8
05    double a[200]={0};
06    int a1[200],a2[200];
07    int k;
08    void StoreArray()
09    /*将 2^s+2^t 存放到数组 a 中*/
10    {
11        int i,j;
12        k=0;
13        for(i=0;i<N;i++)
14            for(j=i+1;j<N;j++)
15            {
16                a[k]=pow(2.0,i)+pow(2.0,j);
17                a1[k]=i;
18                a2[k]=j;
19                k++;
20            }
21    }
22    void SortArray()
23    /*对数组 a 中的元素进行排序*/
24    {
25        int i,j,t;
26        for(i=0;i<k-1;i++)
27        {
28            for(j=0;j<k-1-i;j++)
29            {
30                if(a[j]>a[j+1])
31                {
32                    t=a[j];
33                    a[j]=a[j+1];
34                    a[j+1]=t;
35                    t=a1[j];
36                    a1[j]=a1[j+1];
37                    a1[j+1]=t;
38                    t=a2[j];
39                    a2[j]=a2[j+1];
40                    a2[j+1]=t;
41                }
42            }
43        }
44    }
45    void main()
46    {
47        int i,j;
48        StoreArray();
49        printf("排序前:\n");
50        for(i=0;i<k;i++)
51            printf("2^%d+2^%d=%.1f\n",a1[i],a2[i],a[i]);
52        SortArray();
53        printf("排序后:\n");
54        for(i=0;i<k;i++)
55            printf("序号%d: 2^%d+2^%d=%.1f\n",i+1,a1[i],a2[i],a[i]);
56        system("pause");
57    }
```

该范例的运行结果如图 5-24 所示。

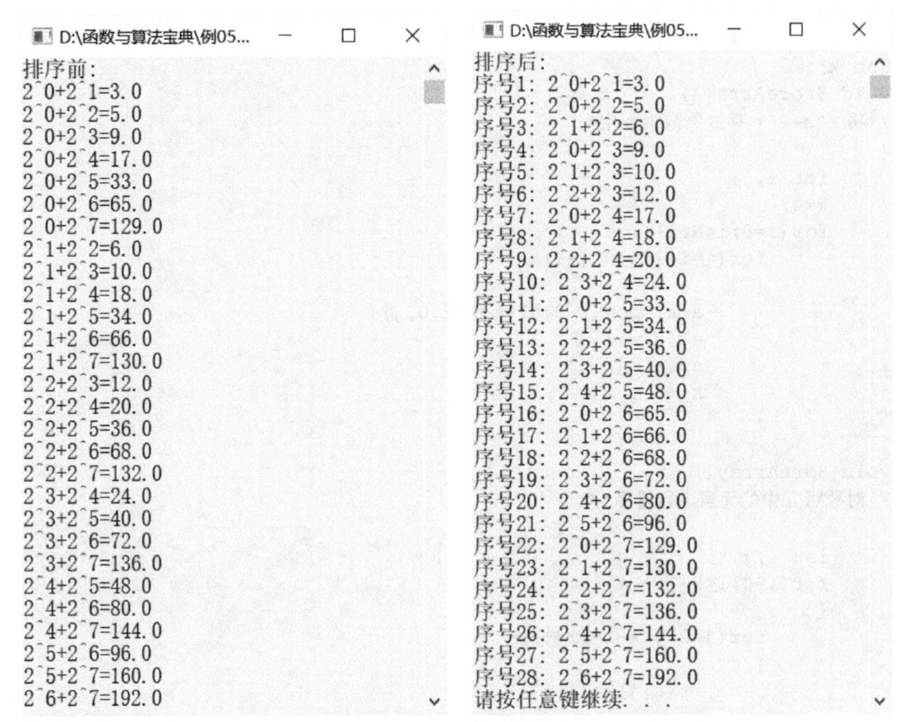

图 5-24 范例的运行结果

4. 例题解析

第 8～21 行：求出 2^s+2^t 的若干项。

第 16～18 行：分别将 2^s+2^t 相应的值、s 和 t 存入数组 a、$a1$ 和 $a2$ 中。

第 19 行：k 为实际所求的项数。

第 22～44 行：对 2^s+2^t 进行从小到大的排序。

注意：为了筛选出第 10 项，需要在比较大的范围内比较各个项的值，这样才能保证结果正确。在排序的过程中，需要将序号和值一起进行排序，这样才能保证序号与值之间的对应关系。

第6章 stdarg.h 库函数

stdarg 是标准参数 standard arguments 的缩写，stdarg.h 库函数中定义的函数（宏）是为了接受不定量参数。stdarg.h 库函数主要包括 3 个宏：va_arg 宏、va_end 宏和 va_start 宏。

使用本章的函数时，需要以下文件包含命令。

```
#include<stdarg.h>
```

或

```
#include<cstdarg>
```

ANSI C++也兼容了 stdarg.h 库函数。

6.1 va_arg 宏

1. 函数原型

```
type va_arg(va_list argptr,type);
```

2. 函数功能

va_arg 宏的功能是返回 argptr 指向的可变参数列表中的参数，并使 argptr 指向可变参数列表中的下一个参数。

3. 函数参数

（1）参数 argptr：指向可变参数列表中的参数，类型为 va_list，va_list 是控制可变参数信息的类型。

（2）参数 type：类型名，表示要提取的参数类型。

4. 函数的返回值

该宏返回 argptr 指向的可变参数列表中的参数，参数类型为 argptr 指向的类型。

5. 函数范例

```
/*******************************************
*范例编号：06_01
*范例说明：计算浮点数的平均值
*******************************************/
01    #include <stdio.h>
02    #include <stdarg.h>
03    #include <stdlib.h>
04    double Average(int amount, ...)
05    {
06         double val,s=0,i;
07         va_list arg;
08         va_start(arg,amount);
09         printf("数组中的各元素是：\n");
10         for(i=0;i<amount;i++)
11         {
12              val=va_arg(arg,double);
13              printf("%6.2lf",val);
14              s+=val;
15         }
16         va_end(arg);
17         s/=amount;
18         return s;
19    }
20    void main()
21    {
22         double ave;
23         ave=Average(8,10.0,20.0,30.0,40.0,50.0,60.0,70.0,80.0);
24         printf("\n 其平均值是：%.2lf\n",ave);
25         system("pause");
26    }
```

该函数范例的运行结果如图 6-1 所示。

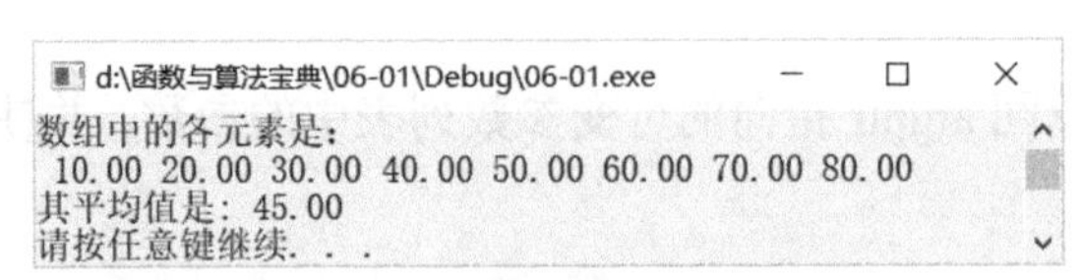

图 6-1　函数范例的运行结果

6. 函数解析

（1）va_list 是可变参数列表的类型，其中，va 是 variable argument 的缩写。

（2）va_arg 宏并不知道存取的参数是否是参数列表中的最后一个参数。因此，在程序设计过程中，最好的办法是另外设置一个参数来表示可变参数列表中参数的个数。

（3）va_arg 宏的第 2 个参数表示所指向的可变参数的类型，可变参数与 va_arg 的参数必须保持一致。

6.2 va_start 宏

1. 函数原型

```
void va_start(va_list argptr,prev_param);
```

2. 函数功能

va_start 宏的功能是初始化可变参数列表对象 argptr，使 argptr 指向可变参数列表中的第一个可选参数。prev_param 是位于第一个可变参数之前的固定参数。

3. 函数参数

（1）参数 argptr：可变参数列表对象，用来指向可变参数列表中的第一个可选参数。
（2）参数 prev_param：位于第一个可变参数之前的固定参数。

4. 函数的返回值

该函数没有返回值。

5. 函数范例

```
/*********************************************
*范例编号：06_02
*范例说明：求 n 个数的最大公约数
*********************************************/
01     #include <stdio.h>
02     #include <stdarg.h>
03     #include <stdlib.h>
04     int Gcd(int n, int m)
05     {
06         if (n<m)
07         {
08             n=m+n;
09             m=n-m;
10             n=n-m;
11         }
12         if (m==0)
13           return n;
14         return Gcd(m,n%m);
15     }
16     int Gcd_n(int amount, ...)
17     {
18           int i, val,gcd,a,b;
19           va_list arg;
20           printf ("这%d 个正整数: ",amount);
21           va_start(arg,amount);
```

```
22          a=va_arg(arg,int);
23          b=va_arg(arg,int);
24          printf ("%3d",a);
25          printf ("%3d",b);
26          gcd=Gcd(a,b);
27          for (i=2;i<amount;i++)
28          {
29              val=va_arg(arg,int);
30              printf ("%3d",val);
31              gcd=Gcd(gcd,val);
32          }
33          va_end(arg);
34          return gcd;
35      }
36      void main ()
37      {
38          int n;
39          n=Gcd_n(5,12,24,60,16,32);
40          printf ("\n最大公约数:%d\n",n);
41          system("pause");
42      }
```

该函数范例的运行结果如图 6-2 所示。

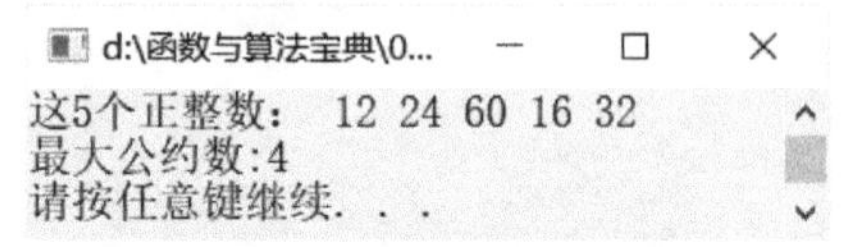

图 6-2　函数范例的运行结果

6. 函数解析

（1）被调用函数的可变参数之前必须至少有一个固定参数，最后一个固定参数传递给 va_start 宏用来初始化参数列表对象。

（2）在调用 va_start 宏初始化可变参数列表对象后，就可以调用 va_arg 宏返回可变参数列表中的下一个参数。

6.3 va_end 宏

1. 函数原型

```
void va_end(va_list argptr);
```

2. 函数功能

va_end 宏的功能是终止使用可变参数列表 argptr。

3. 函数参数

参数 argptr：指向可变参数列表中的参数。

4. 函数返回值

该宏没有返回值。

5. 函数范例

```
/*********************************************
*范例编号：06_03
*范例说明：输出参数列表中的每一个字符串
*********************************************/
01    #include <stdio.h>
02    #include <stdarg.h>
03    #include <stdlib.h>
04    #include <string.h>
05    void MyPrintf(char *start, ...)
06    {
07         char *str;
08         va_list arg;
09         str=start;
10         va_start(arg,start);
11         while(str!=NULL)
12         {
13              printf("字符串%s 的长度为%d\n",str,strlen(str));
14              str=va_arg(arg,char*);
15         }
16         va_end(arg);
17    }
18    void main()
19    {
20         MyPrintf("Northern JiaoTong University",
21              "Beijing University of Science and Technology",
22              "Beijing Normal University",NULL);
23         system("pause");
24    }
```

该函数范例的运行结果如图 6-3 所示。

```
d:\函数与算法宝典\06-03\Debug\06-03.exe
字符串Northern JiaoTong University的长度为28
字符串Beijing University of Science and Technology的长度为44
字符串Beijing Normal University的长度为25
请按任意键继续. . .
```

图 6-3　函数范例的运行结果

6. 函数解析

调用 va_end 宏后，argptr 将变得无效。一般情况下，va_start 宏与 va_end 宏成对使用，va_start 宏用来初始化可变参数，va_end 宏用来结束可变参数的使用。

6.4 可变参数函数综合应用范例

【例 06_01】利用 va_start 宏、va_arg 宏、va_end 宏实现 printf 函数。

分析：printf 函数的原型如下。

```
int printf(char *format,…);
```

其中，format 表示格式控制，省略号（...）表示可变参数列表。

为了实现 printf 函数，需要分为以下两种情况考虑。

（1）如果 format 中的字符是'%'，则需要根据'%'之后的字符决定以何种形式输出可变参数列表中变量的值。例如，当前字符是"%d"，则说明要以整数形式输出可变参数列表中的变量值。

（2）如果 format 中的字符不是'%'，即普通字符，则将这类字符直接输出即可。

通过以上分析，得出以下完整的实现代码。

```
/***********************************************
*范例编号：例 06_01
*范例说明：printf 函数的实现
***********************************************/
01    #include <stdio.h>
02    #include <stdarg.h>
03    #include <stdlib.h>
04    void Myprintf(const char *format,...)
05    {
06          va_list arg;
07          const char *p,*q;
08          char ch;
09          int i;
10          va_start(arg,format);
11          for(p=format;*p!='\0';p++)
12          {
13                if(*p!='%')             /*如果当前字符不是'%'，即普通字符*/
14                {
15                      putchar(*p);      /*输出该字符*/
16                      continue;
17                }
18                switch(*++p)            /*如果当前字符是'%'，则略过%，判断下一个字符*/
19                {
20                case 'd':               /*如果是'd'*/
21                      {
22                            i=va_arg(arg,int);  /*取出可变参数*/
23                            printf("%d",i);     /*输出该参数的值*/
24                            break;
25                      }
26                case 'c':                         /*如果是'c'*/
27                      {
28                            ch=va_arg(arg,int); /*取出可变参数*/
29                            putchar(ch);        /*输出该参数的值*/
30                            break;
```

```
31                  }
32            case 's':                          /*如果是's'*/
33                  {
34                        q=va_arg(arg,char *);   /*取出可变参数*/
35                        fputs(q,stdout);        /*输出该参数的值*/
36                        break;
37                  }
38            default:                           /*其他情况*/
39                  putchar(*p);                 /*直接输出该字符*/
40            }
41      }
42      va_end(arg);
43  }
44  void main()
45  {
46      int a=3,b=5,s;
47      char str[]="Northwest University";
48      s=a+b;
49      Myprintf("%d+%d=%d\n",a,b,s);
50      Myprintf("%s\n",str);
51      system("pause");
52  }
```

该范例的运行结果如图 6-4 所示。

图 6-4　范例的运行结果

例题解析

第 6 行：定义一个可变参数列表对象 arg。

第 10 行：初始化可变参数列表对象 arg，使 arg 指向第 1 个可变参数。

第 11 行：用一个 for 循环依次判断 format 中的每个字符，根据不同情况分别进行处理。

第 13～17 行：如果当前字符不是'%'，则说明是普通字符，直接输出该字符。

第 18～37 行：如果当前字符是'%'，则直接略过'%'，查看'%'后面的字符，根据格式说明符输出不同类型的数据。

第 20～25 行：如果当前字符是'd'，则按照整型输出可变参数的值。

第 26～31 行：如果当前字符是'c'，则按照字符形式输出可变参数的值。

第 32～37 行：如果当前字符是's'，则输出可变参数中的字符串。

第 38～39 行：如果是其他字符，则直接输出该字符。

第 42 行：在使用完可变参数后，需要调用 va_end 宏终止可变参数的使用，销毁变量 arg，使 org 指向 NULL。

第 44～52 行：main 函数，主要用来测试 Myprintf 函数的正确性。

第 7 章　time.h 库函数

time.h 库函数主要包括时间操作函数和时间格式转换函数。

使用本章的函数时，需要以下文件包含命令。

```
#include<time.h>
```

或

```
#include<ctime>
```

ANSI C++也兼容了 time.h 库函数。

7.1 时间操作函数

时间操作函数主要包括 clock 函数、difftime 函数、time 函数。

7.1.1 clock 函数——返回 CPU 时钟计时单元

1. 函数原型

```
long clock();
```

2. 函数功能

clock 函数的功能是返回 CPU 时钟计时单元。

3. 函数参数

该函数没有参数。

4. 函数的返回值

函数返回从开启这个程序进程到程序中调用 clock 函数时的 CPU 时钟计时单元。

5. 函数范例

```
/*********************************************
*范例编号：07_01
*范例说明：利用 clock 函数进行倒计时
*********************************************/
01    #include <stdio.h>
02    #include <time.h>
03    #include <stdlib.h>
04    void wait(int second)
05    {
06         clock_t end;
07         end=clock()+second*CLOCKS_PER_SEC ;
08         while (clock()<end)
09              NULL;
10    }
11    void main()
12    {
13         int i;
14         printf ("计时开始...\n");
15         for (i=3;i>0;i--)
16         {
17              printf("%d 秒\n",i);
18              wait(1);
19         }
20         printf("起步跑!\n");
21         system("pause");
22    }
```

该函数范例的运行结果如图 7-1 所示。

图 7-1　函数范例的运行结果

6. 函数解析

（1）常量 CLOCKS_PER_SEC 在 time.h 中的定义如下。

```
#define CLOCKS_PER_SEC 1000
```

CLOCKS_PER_SEC 表示 1 秒有 1000 个时钟计时单元。

（2）调用 clock 函数时，每过千分之一秒即 1 毫秒，该函数的返回值就会加上 1。公式 clock()/CLOCKS_PER_SEC 表示一个进程自身的运行时间，单位是秒。

7.1.2 difftime 函数——计算两个时钟之间的间隔

1. 函数原型

```
double difftime(time_t time2,time_t time1);
```

2. 函数功能

difftime 函数的功能是返回 time1 到 time2 所相差的秒数。

3. 函数参数

（1）参数 time1：开始时间。

（2）参数 time2：结束时间。

4. 函数的返回值

函数返回 time2 与 time1 的时间差。

5. 函数范例

```
/*******************************************
*范例编号: 07_02
*范例说明: 计算输入手机号码花费的时间
*******************************************/
01    #include <stdio.h>
02    #include <time.h>
03    #include <stdlib.h>
04    void main()
05    {
06         time_t start,end;
07         double diff;
08         char phone[80];
09         start=time(NULL);
10         printf("请输入你的手机号码:\n");
11         gets(phone);
12         end=time(NULL);
13         diff=difftime(end,start);
14         printf("输入手机号码花费的时间:%.2lf.\n",diff);
15         system("pause");
16    }
```

该函数范例的运行结果如图 7-2 所示。

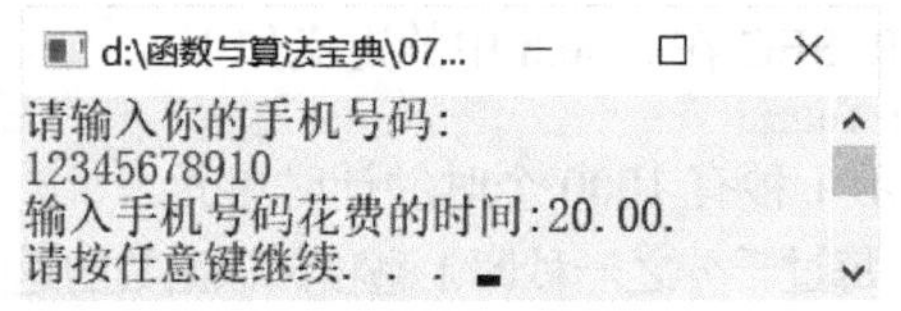

图 7-2　函数范例的运行结果

6. 函数解析

（1）参数类型 time_t 在 C++中被定义为 long 型。

（2）要调用 difftime 函数计算两个时间差，可以利用 time 函数得到起始时间和终止时间，也可以利用 clock 函数得到起始时间和终止时间，具体代码如下。

```
01    start=clock();
02    printf("请输入你的手机号码:\n");
03    gets(phone);
04    end=clock()/CLOCKS_PER_SEC;
```

因为 clock 函数返回值的单位是毫秒，因此，为了得到秒数，需要除以 CLOCKS_PER_SEC。

7.1.3　time 函数——得到当前的时间

1. 函数原型

```
time_t time(time_t *timer);
```

2. 函数功能

time 函数的功能是获取从格林尼治时间（1970 年 1 月 1 日 00：00：00）开始计时到当前时刻的时间值（以秒为单位），并将它存放在 timer 所指向的内存单元中。

3. 函数参数

参数 timer：指向 time_t 类型的指针，用来存放时间值。

4. 函数的返回值

函数返回当前的时间值。

5. 函数范例

```
/*********************************************
*范例编号：07_03
*范例说明：返回当前的时间值
*********************************************/
01    #include <time.h>
02    #include <stdio.h>
03    #include <stdlib.h>
04    void main()
05    {
06         time_t timer;
07         time(&timer);
08         printf("距离 1970 年 1 月 1 日 00:00:00 的秒数：%ld\n",timer);
09         printf("1970 年 1 月 1 日距今天（2022 年 2 月 15 日）有%d 天\n",timer/(24*3600));
10         printf("1970 年 1 月 1 日距今天（2022 年 2 月 15 日）有%d 年\n",timer/(24*3600*365));
11         system("pause");
12    }
```

该函数范例的运行结果如图 7-3 所示。

6. 函数解析

（1）time 函数的参数和返回值类型都是 time_t，而 time_t 的类型定义如下：

```
typedef long time_t;
```

即 time_t 是 long 的别名。

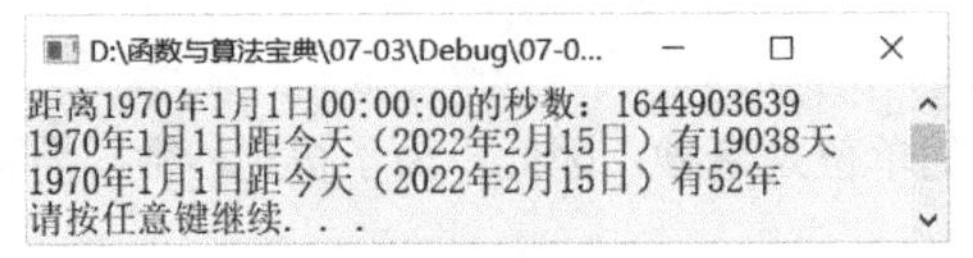

图 7-3　函数范例的运行结果

（2）time 函数返回的时间值是相对于格林尼治时间（1970 年 1 月 1 日 00：00：00）的时间值。

7.2 时间格式转换函数

时间格式转换函数主要包括 asctime 函数、ctime 函数、gmtime 函数、localtime 函数、mktime 函数、strftime 函数等。

7.2.1 asctime 函数——将时间格式转换为字符串形式

1. 函数原型

```
char *asctime(struct tm *timeptr);
```

2. 函数功能

asctime 函数的功能是把以 struct tm 格式表示的时间转换为以下字符串形式。

```
星期 月 日 小时:分:秒 年
```

3. 函数参数

参数 timeptr：指向 struct tm 类型的指针，用来存放待转换的时间值。

4. 函数的返回值

函数返回包含日期和时间值的字符串。

5. 函数范例

```
/**********************************************
*范例编号：07_04
*范例说明：得到当前的时间，并转换为字符串
**********************************************/
01     #include <time.h>
02     #include <stdio.h>
03     #include <stdlib.h>
04     void main()
05     {
06           struct tm *nowtime;
07           time_t relatetime;
```

```
08          time(&relatetime);
09          nowtime=localtime(&relatetime);
10          printf("当前的日期和时间: %s",asctime(nowtime));
11          system("pause");
12      }
```

该函数范例的运行结果如图 7-4 所示。

```
d:\函数与算法宝典\07-04.c\Debug\07-0...
当前的日期和时间: Thu May 20 22:36:25 2021
请按任意键继续. . .
```

图 7-4　函数范例的运行结果

6. 函数解析

（1）参数类型 struct tm 在 time.h 文件中的定义如下。

```
01  struct tm
02  {
03      int tm_sec;         /*秒，取值范围为 0～59*/
04      int tm_min;         /*分，取值范围为 0～59*/
05      int tm_hour;        /*时，取值范围为 0～23*/
06      int tm_mday;        /*日，取值范围为 1～31*/
07      int tm_mon;         /*月，取值范围为 0～11*/
08      int tm_year;        /*年，从 1900 开始的相对年份*/
09      int tm_wday;        /*从周日开始的日期，取值范围为 0～6*/
10      int tm_yday;        /*从 1 月 1 日开始的日期，取值范围为 0～365*/
11      int tm_isdst;       /*夏令时的指示器*/
12  };
```

这种日期和时间的表示形式被称为分解时间（Broken-down Time）。

（2）localtime 函数用来将 time_t 格式表示的时间转换为 struct tm 格式的时间。一般情况下，在调用 asctime 函数前，都需要调用 localtime 函数。

7.2.2　ctime 函数——将时间转换为字符串形式

1. 函数原型

```
char *ctime(time_t *timer);
```

2. 函数功能

ctime 函数的功能是将参数 timer 表示的时间转换为下列形式的字符串。

```
星期 月 日 小时:分:秒 年
```

3. 函数参数

参数 timer：指向时间值的指针，表示待转换的时间值。time_t 是一个长整型。

4. 函数的返回值

函数返回包含日期和时间的字符串。

5. 函数范例

```
/*******************************************
*范例编号：07_05
*范例说明：将时间转换为字符串形式输出
*******************************************/
01    #include <time.h>
02    #include <stdio.h>
03    #include <stdlib.h>
04    void main()
05    {
06         time_t t;
07         struct tm *t2;
08         time(&t);
09         printf("当前的时间是:%s",ctime(&t));
10         t2=localtime(&t);
11         printf("当前的时间是:%s",asctime(t2));
12         printf("当前时间：%4d 年%02d 月%02d 日%02d:%02d:%02d\n",
13    t2->tm_year+1900,t2->tm_mon+1,t2->tm_mday,t2->tm_hour,t2->tm_min,t2->tm_sec);
14         system("pause");
15    }
```

该函数范例的运行结果如图 7-5 所示。

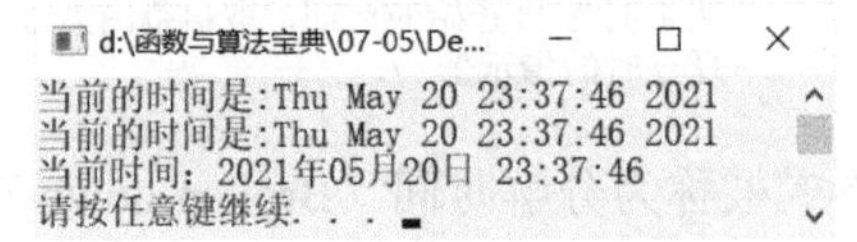

图 7-5　函数范例的运行结果

6. 函数解析

（1）ctime 函数的功能相当于 asctime(localtime(timer))。

（2）ctime 函数与 asctime 函数都可以将当前时间转换为以下格式。

```
星期 月 日 小时 小时:分:秒 年
```

它们的不同之处是，ctime 函数直接将 time_t 表示的时间转换为以上字符串形式；而 asctime 函数则需要先将 time_t 表示的时间转换为 struct tm 格式，然后再调用 asctime 函数将时间转换为字符串形式。

7.2.3　gmtime 函数——返回（格林尼治）时间结构的指针

1. 函数原型

```
struct tm *gmtime(const time_t *timer);
```

2. 函数功能

gmtime 函数的功能是将 time_t 表示的时间转换为格林尼治时间。

3. 函数参数

参数 timer：要转换的时间，它是一个 long 型数据（单位是秒）。

4. 函数的返回值

函数返回指向 struct tm 时间结构的指针。

5. 函数范例

```
/*********************************************
*范例编号：07_06
*范例说明：输出本地时间和格林尼治时间
*********************************************/
01    #include <time.h>
02    #include <stdio.h>
03    #include <stdlib.h>
04    void GMTBeijing(struct tm*t);
05    void main()
06    {
07         time_t t;
08         struct tm *local,*gmt;
09         time(&t);
10         local=localtime(&t);
11         printf("北京时间是:%s",asctime(local));
12         gmt=gmtime(&t);
13         printf("格林尼治时间是:%s",asctime(gmt));
14         printf("格林尼治时间:%d:%d:%d\n",gmt->tm_hour,gmt->tm_min,gmt->tm_sec);
15         GMTBeijing(gmt);
16         printf("北京时间:%d:%d:%d\n",gmt->tm_hour,gmt->tm_min,gmt->tm_sec);
17         system("pause");
18    }
19    void GMTBeijing(struct tm *t)
20    {
21         int days = 0;
22         if (t->tm_mon == 1 || t->tm_mon == 3 || t->tm_mon == 5 || t->tm_mon == 7 || t->tm_mon
23              == 8 || t->tm_mon == 10 || t->tm_mon == 12)
24              days = 31;
25         else if (t->tm_mon == 4 || t->tm_mon == 6 || t->tm_mon == 9 || t->tm_mon == 11)
26              days = 30;
27         else if (t->tm_mon == 2)
28         {
29              if ((t->tm_year % 400 == 0) || ((t->tm_year % 4 == 0) && (t->tm_year % 100 != 0)))
30         /*若是闰年*/
31                   days = 29;
32              else /*若是平年*/
33                   days = 28;
34         }
35         t->tm_hour += 8;                         /*北京时间比格林尼治时间早 8 小时*/
```

```
36          if (t->tm_hour >= 24)              /*跨天*/
37          {
38              t->tm_hour -= 24;
39              t->tm_mday++;
40              if (t->tm_mday > days)         /*跨月*/
41              {
42                  t->tm_mday = 1;
43                  t->tm_mon++;
44                  if (t->tm_mon > 12)        /*跨年*/
45                      t->tm_year++;
46              }
47          }
48          printf("北京时间:%d:%d:%d\n",t->tm_hour,t->tm_min,t->tm_sec);
49          printf("北京时间:%d 年%d 月%d 日\n",1900+t->tm_year,1+t->tm_mon,t->tm_mday);
50      }
```

该函数范例的运行结果如图 7-6 所示。

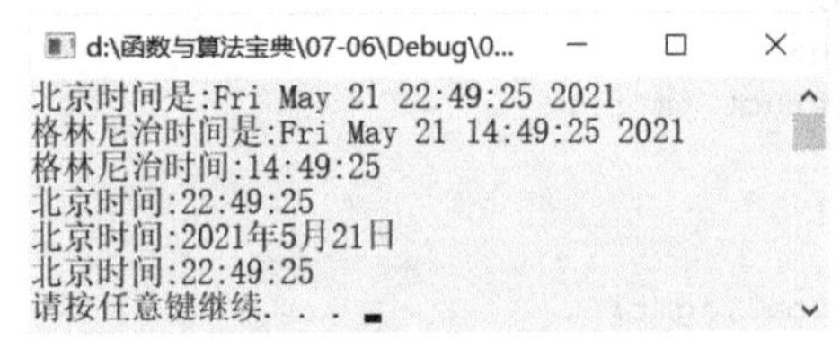

图 7-6　函数范例的运行结果

6. 函数解析

gmtime 函数的返回值是指向时间结构（struct tm）的格林尼治时间指针。

7.2.4　localtime 函数——返回指向时间结构的指针

1. 函数原型

```
struct tm *localtime(const time_t *timer);
```

2. 函数功能

localtime 函数的功能是返回指向 struct tm 时间结构的指针。

3. 函数参数

参数 timer：要转换的时间，它是一个 long 型数据（单位是秒）。

4. 函数的返回值

函数返回指向 struct tm 时间结构的指针。tm 结构体是 time.h 中定义的用于分别存储时间的各个量（年、月、日等）的结构体。

5. 函数范例

```
/*******************************************
*范例编号: 07_07
*范例说明: 输出十二小时制的时间值
*******************************************/
01	#include <time.h>
02	#include <stdio.h>
03	#include <stdlib.h>
04	void main()
05	{
06		time_t timer;
07		struct tm *t;
08		char ampm[10];
09		timer=time(NULL);
10		t=localtime(&timer);
11		printf( "24-hour time: %02d:%02d:%02d\n",t->tm_hour,t->tm_min,t->tm_sec);
12		if(t->tm_hour>12)
13		{
14			strcpy(ampm,"PM");
15			t->tm_hour-=12;
16		}
17		else
18			strcpy(ampm,"AM");
19		if(t->tm_hour==0)
20			t->tm_hour=12;
21		printf( "12-hour time: %.8s %s\n",asctime(t)+11,ampm);
22		system("pause");
23	}
```

该函数范例的运行结果如图 7-7 所示。

图 7-7　函数范例的运行结果

6. 函数解析

（1）在 localtime 函数中，参数 timer 的取值是通过调用 time 函数得到的。

（2）因为 asctime 函数的返回值是指针类型，asctime(t)表示日期和时间字符串的首地址，asctime(t)+11 是时间（小时:分:秒）的地址，长度为 8，所以在输出时间时以%.8s 的形式输出。

（3）localtime 函数返回的是当地时间，gmtime 函数返回的是格林尼治时间。

7.2.5　mktime 函数——将 struct tm 格式的时间转换为秒

1. 函数原型

```
time_t mktime(struct tm *timeptr);
```

2. 函数功能

mktime 函数的功能是将参数 timeptr 所指向的 struct tm 结构数据转换为从格林尼治时间开始到现在所经过的秒数。

3. 函数参数

参数 timeptr：指向 struct tm 结构的指针。

4. 函数的返回值

函数返回从格林尼治时间起到现在所经过的秒数。

5. 函数范例

```
/*********************************************
*范例编号：07_08
*范例说明：计算从 1970 年 1 月 1 日 0 时 0 分 0 秒起到现在所经过的秒数
*********************************************/
01    #include <time.h>
02    #include <stdio.h>
03    #include <stdlib.h>
04    void main()
05    {
06         struct tm *t;
07         time_t now;
08         time(&now);
09         printf("距离年月日 00:00:00 的秒数：%d\n",now);
10         t=localtime(&now);
11         now=mktime(t);
12         printf("距离年月日 00:00:00 的秒数：%d\n",now);
13         printf("距离年有%d 年\n",now/(60*60*24*365));
14         system("pause");
15    }
```

该函数范例的运行结果如图 7-8 所示。

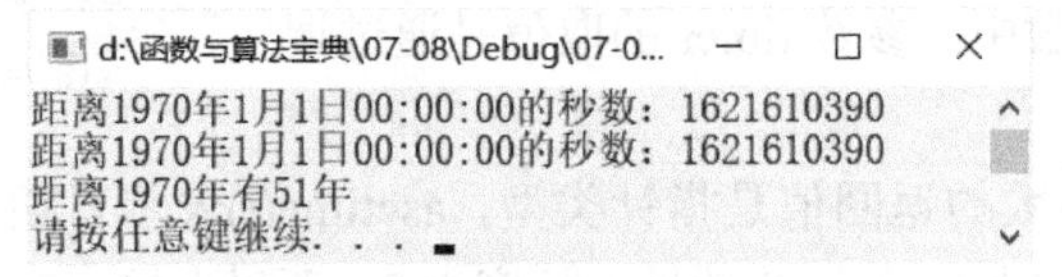

图 7-8　函数范例的运行结果

6. 函数解析

mktime 函数是 localtime 函数的逆运算：mktime 函数将 struct tm 格式的时间转换为 time_t 格式；localtime 函数将 time_t 格式的时间转换为 struct tm 格式。

7.2.6　strftime 函数——将时间格式化为字符串

1. 函数原型

```
size_t strftime(char *ptr,size_t maxsize,const char *format,const struct tm *timeptr);
```

2. 函数功能

strftime 函数的功能是将格式化的时间字符串存放在 ptr 指向的内存单元中。其中，maxsize 表示字符的最大个数；format 表示格式控制，与 printf 函数中的含义相同；timeptr 表示要格式化的 struct tm 结构，包含日期和时间信息。

3. 函数参数

（1）参数 ptr：指向格式化后的时间字符串。

（2）参数 maxsize：表示拷贝到 ptr 数组中的最大字符个数。

（3）参数 format：格式控制，包括普通字符和格式字符。格式字符被 timeptr 指向的对应的 struct tm 格式数据所取代。格式字符及含义如表 7-1 所示。

表 7-1 格式字符及含义

格式字符	含义	举例
%a	星期几的简写	Thu
%A	星期几的全称	Thursday
%b	月份的简写	Aug
%B	月份的全称	August
%c	标准日期和时间	Sun Aug 01 15:34:07 2010
%d	每月的第几天	01
%H	24 小时制的小时	15
%I	12 小时制的小时	3
%j	每年的第几天	213
%m	月份	08
%M	分	34
%p	AM 或 PM 标志	PM
%S	秒	07
%U	每年的第几周	31
%w	星期几（0～6，0 表示星期日）	0
%W	每年的第几周（星期一作为每周的第 1 天）	30
%x	标准的日期串	Sun Aug 01 2010
%X	标准的时间串	15:34:07
%y	两位数字表示的年份	10
%Y	年份	2010
%z	时区名称	中国标准时间
%%	百分号	%

（4）参数 timeptr：指向包含日期和时间信息的 struct tm 结构数据。

4. 函数的返回值

如果函数被成功调用，则返回拷贝到数组 ptr 中的字符个数（不包括'\0'结束符）；否则，函数返回 0。

5. 函数范例

```
/*********************************************
*范例编号：07_09
*范例说明：格式化日期和时间并输出
*********************************************/
01    #include <stdio.h>
02    #include <time.h>
03    #include <stdlib.h>
04    void main()
05    {
06         time_t t;
07         struct tm *timeinfo;
08         char str[60];
09         time(&t);
10         timeinfo=localtime(&t);
11         strftime(str,60,"今天是%Y 年%m 月%d 日.",timeinfo);
12         printf("%s\n",str);
13         strftime(str,60,"现在的时间是：%I:%M%p.",timeinfo);
14         printf("%s\n",str);
15         strftime (str,60,"今天是%Y 年的第%m 个月,是第%j 天.",timeinfo);
16         printf("%s\n",str);
17         system("pause");
18    }
```

该函数范例的运行结果如图 7-9 所示。

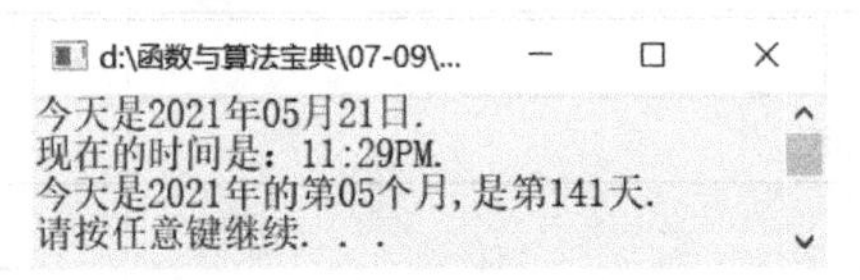

图 7-9　函数范例的运行结果

6. 函数解析

strftime 函数是 ANSI C++增加的标准函数，在 ANSI C 中并没有包含该函数。

第2篇　算法篇

算法是程序设计的灵魂，它用系统的方法描述解决问题的策略和机制。一个正确的算法应该拥有以下性质。

- 输入：有零个或多个输入。
- 输出：至少有一个输出。
- 确定性：组成算法的每条指令都清晰、无歧义。
- 有限性：一个算法在执行有限个步骤后必须结束，即计算步骤是有限的。

描述算法的方式有很多种，如自然语言、流程图、伪代码、程序设计语言。算法设计就是针对具体的问题设计出良好的算法，从而解决该问题。同一个问题可以采用不同的算法来实现，不同算法的时间、空间可能也不相同。一个算法的优劣可以用空间复杂度和时间复杂度来衡量。

本篇将讲述算法设计中经常用到的排序算法、查找算法、递推算法、枚举算法等算法，具体如下图所示。

常用算法
- 排序算法　按照关键字大小使元素递增或递减排列
- 查找算法　分为基于线性表的查找、基于树的查找和哈希表的查找
- 递推算法　分为顺推和逆推通过已知条件借助特定关系不断迭代，直至得出最终结果
- 枚举算法　从众多的候选解中找出候选答案，然后进行逐个验证
- 递归算法　自己调用自己，采用分治的策略不断缩小问题规模，将其各个击破
- 贪心算法　不求最优，但求找到满意的解
- 回溯算法　试探法，根据当前的情况决定是向前试探扩大问题规模还是回溯返回上一步
- 分治算法　将一个规模为N的问题分解为K个规模较小的子问题进行求解
- 矩阵算法　利用元素值和下标之间的关系设计算法
- 实用算法　利用相关算法思想解决实际问题，比如一元多项式的乘法、微信抢红包、大整数相乘、迷宫求解等

第 8 章　排序算法

排序算法是程序设计中最为常用的算法之一。常用的排序算法包括插入类排序算法、交换类排序算法、选择类排序算法、归并排序算法和基数排序算法。

8.1 插入排序

插入排序的算法思想：将待排序元素分为已排序子集和未排序子集，依次将未排序子集中的元素插入已排序子集中。重复执行以上过程，直到所有元素都有序为止。

8.1.1 直接插入排序

1. 算法思想

直接插入排序是一种最简单的插入排序算法。它的基本算法思想如下。

假设待排序元素有 n 个，初始时，已排序子集只有一个元素，即第 1 个元素。未排序子集是剩下的 n−1 个元素。例如，有 4 个待排序元素：22、6、17 和 8，排序前的状态如图 8-1 所示。

初始时: {22}　　{6　17　8}

有序集　　无序集

图 8-1　初始状态

第 1 趟排序：将无序集中的第一个元素（也就是元素 6）与有序集中的元素 22 进行比较，因为 22>6，所以需要先将 22 向后移动一个位置，然后将 6 插入第一个位置，如图 8-2 所示。其中，灰色部分表示无序集，白色部分表示有序集。

（1）取出待排序元素6，将其放置在临时变量t中　（2）因为22>6，所以将22向后移动一个位置　（3）因为没有元素进行比较，所以将6放置在第1个位置

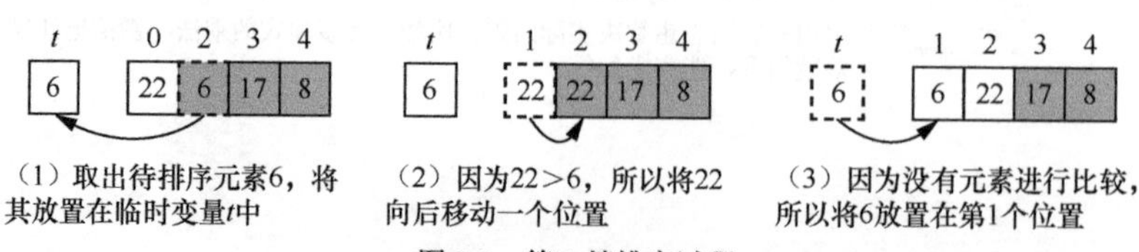

图 8-2　第 1 趟排序过程

第 2 趟排序：将无序集的元素 17 从右到左依次与有序集中的元素进行比较，即先与元素

22 进行比较，因为 17<22，所以先将 22 向后移动一个位置，然后比较 17 与第 1 个元素 6 的大小，因为 17>6，所以将 17 放在第 2 个元素的位置，如图 8-3 所示。

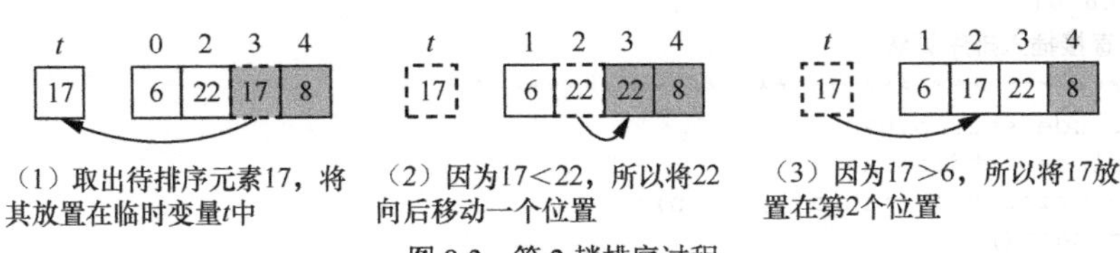

图 8-3 第 2 趟排序过程

第 3 趟排序：将待排序集合中的元素 8 与已经有序的元素集合从右到左依次进行比较。先与元素 22 进行比较，因为 8<22，所以需要将 22 向后移动一个位置，并比较 8 与前一个元素 17。因为 8<17，所以将 17 向后移动一个位置。然后继续与 6 进行比较，因为 8>6，所以将 8 放在第 2 个位置，如图 8-4 所示。

经过以上排序之后，有序集有 4 个元素，无序集为空集，直接插入排序完毕。整个序列为一个有序序列。

（1）取出待排序元素8，将其放置在临时变量t中

（2）因为8<22，所以将22向后移动一个位置

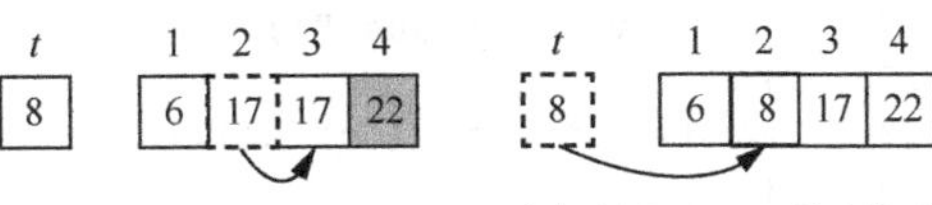

（3）因为8<17，所以将17向后移动一个位置
（4）因为8>6，所以将8放在第2个元素所在的位置

图 8-4 第 3 趟排序过程

2. 示例

假设待排序元素有 8 个，分别是 17、46、32、87、58、9、50、38。使用直接插入排序对该元素序列的排序过程如图 8-5 所示。

排序前：{17} {46 32 87 58 9 50 38}

第1趟排序后：{17 46} {32 87 58 9 50 38}

第2趟排序后：{17 32 46} {87 58 9 50 38}

第3趟排序后：{17 32 46 87} {58 9 50 38}

第4趟排序后：{17 32 46 58 87} {9 50 38}

第5趟排序后：{9 17 32 46 58 87} {50 38}

第6趟排序后：{9 17 32 46 50 58 87} {38}

第7趟排序后：{9 17 32 38 46 50 58 87} { }

最终排序结果：9 17 32 38 46 50 58 87

图 8-5 直接插入排序过程

在图 8-5 中，所有元素被大括号分为两部分，前一部分为有序集，后一部分为无序集。直接插入排序就是将无序集中的元素依次插入有序集中的对应位置，直到无序集为空为止。

3. 范例

```
/*********************************************
*范例编号: 08_01
*范例说明: 直接插入排序算法
*********************************************/
01    #include <stdio.h>
02    #include <stdlib.h>
03    void printarray(int a[],int n);
04    void main()
05    {
06         int a[]={17,46,32,87,58,9,50,38};
07         int t,i,j,n;
08         n=sizeof(a)/sizeof(a[0]);
09         for(i=1;i<n;i++)
10         {
11              t=a[i];
12              for(j=i-1;j>=0&&t<a[j];j--)
13                   a[j+1]=a[j];
14              a[j+1]=t;
15              printarray(a,n);
16         }
17         system("pause");
18    }
19    void printarray(int a[],int n)
20    {
21         int i;
22         for(i=0;i<n;i++)
23              printf("%4d",a[i]);
24         printf("\n");
25    }
```

该范例的运行结果如图 8-6 所示。

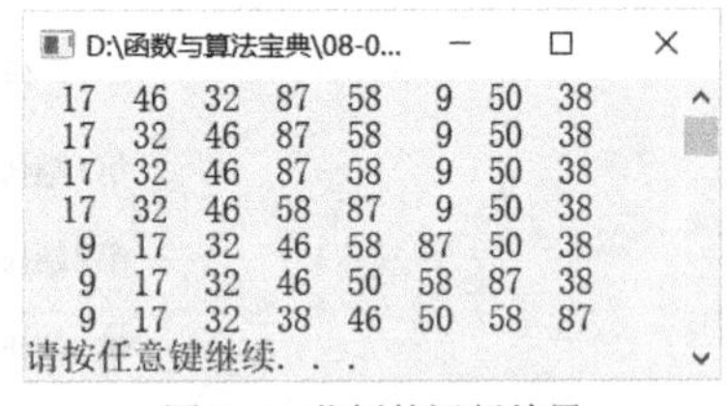

图 8-6　范例的运行结果

4. 主要用途

直接插入算法实现简单，适用于待排序元素较少且元素基本有序的情况，因为在元素基本有序时，需要比较的次数和移动的次数很少。

5. 稳定性与复杂度

直接插入排序属于稳定的排序方法。直接插入排序算法的时间复杂度为 $O(n^2)$，空间复杂度为 $O(1)$。

8.1.2　折半插入排序

1. 算法思想

折半插入排序算法是直接插入排序的改进算法，其主要改进的地方是，在已经有序的集合中使用折半查找法确定待排序元素的插入位置，在找到要插入的位置后，将待排序元素插入相应的位置。

2. 与直接插入排序的区别

折半插入排序：折半查找算法在有序集中查找插入的位置。

直接插入排序：从右到左按顺序查找插入的位置。

3. 示例

假设待排序元素有 7 个，分别是 67、53、73、21、34、98、12。使用折半插入排序对该元素序列第 1 趟排序的过程如图 8-7 所示。

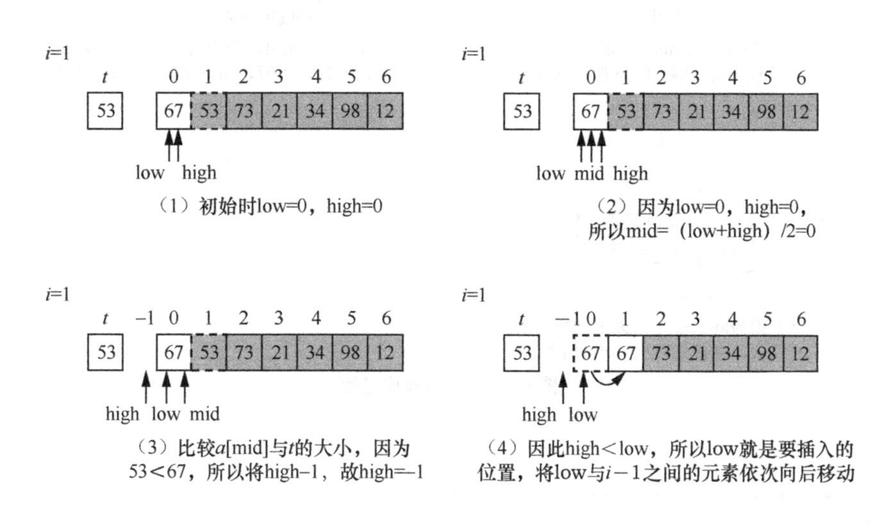

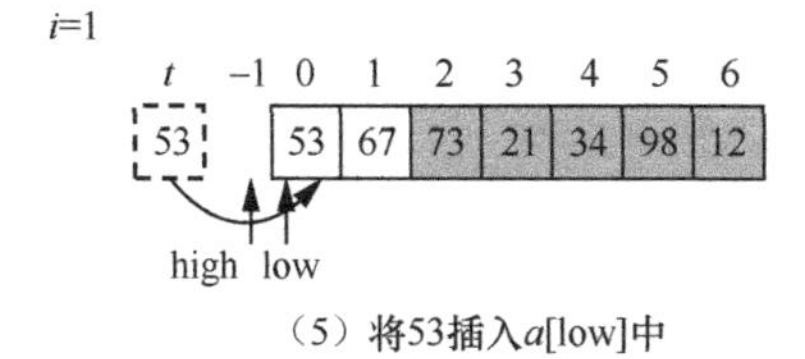

图 8-7　第 1 趟排序过程

low 和 high 分别为有序元素区间的开始和结束位置，mid 为有序元素区间的中间位置。其中，i=1 表示第 1 趟排序，待排序元素为 a[1]，t 中存放待排序元素。当 low>high 时，low 指向的位置为要插入元素的位置。依次将 low 与 i−1 之间的元素向后移动一个位置，然后将 t 的值插入即可。

第 2 趟排序的过程如图 8-8 所示。

从以上两趟排序的过程可以看出，折半插入排序与直接插入排序的区别仅仅在于查找插入位置的方法不同。一般情况下，折半插入排序算法可以减少比较的次数，因此折半查找的效率要高于顺序查找的效率。

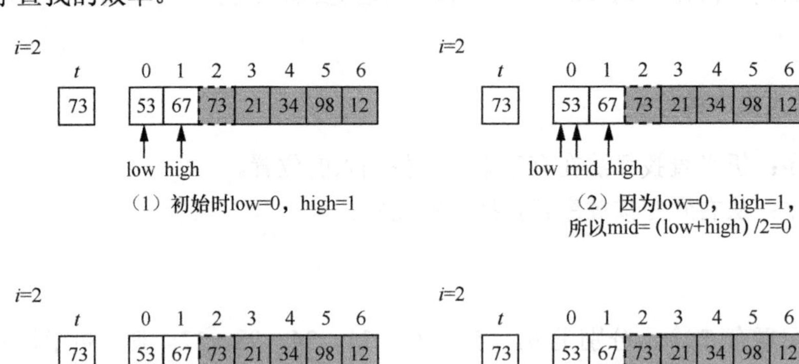

（1）初始时low=0，high=1

（2）因为low=0，high=1，所以mid=（low+high）/2=0

i=2

t

0 1 2 3 4 5 6

73

53 67 73 21 34 98 12

mid low high

（3）比较*a*[mid]与*t*的大小，因为73>67，所以将low加1，故low=1

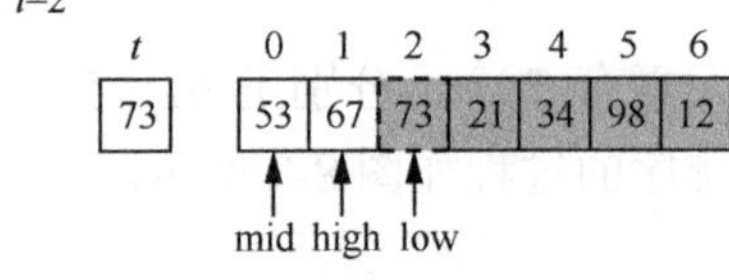

（4）因为low=high=1，所以mid=1。比较*a*[mid]与*t*的大小，因为73>67，所以将low加1，故low=2

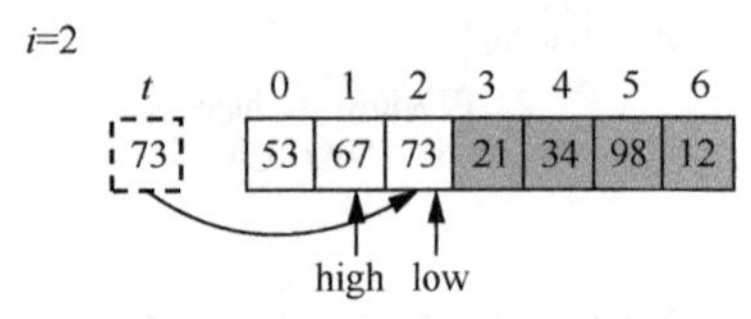

（5）因为low>*i*-1,所以不需要移动元素，直接将73插入*a*[low]中

图 8-8　第 2 趟排序过程

4. 范例

```
/*********************************************
*范例编号：08_02
*范例说明：折半插入排序算法
*********************************************/
01    #include <stdio.h>
02    #include <stdlib.h>
03    void printarray(int a[],int n);
04    void main()
05    {
06         int a[]={67,53,73,21,34,98,12};
07         int t,i,j,low,high,mid,n;
08         n=sizeof(a)/sizeof(a[0]);
09         for(i=1;i<n;i++)
10         {
11              t=a[i];
12              for(low=0,high=i-1;high>=low;)
13              {
14                   mid=(low+high)/2;
15                   if(t<a[mid])
16                        high=mid-1;
17                   else
```

```
18                          low=mid+1;
19                  }
20                  for(j=i-1;j>=low;j--)
21                      a[j+1]=a[j];
22                  a[low]=t;
23                  printarray(a,n);
24          }
25          system("pause");
26      }
27      void printarray(int a[],int n)
28      {
29          int i;
30          for(i=0;i<n;i++)
31              printf("%4d",a[i]);
32          printf("\n");
33      }
```

该范例的运行结果如图 8-9 所示。

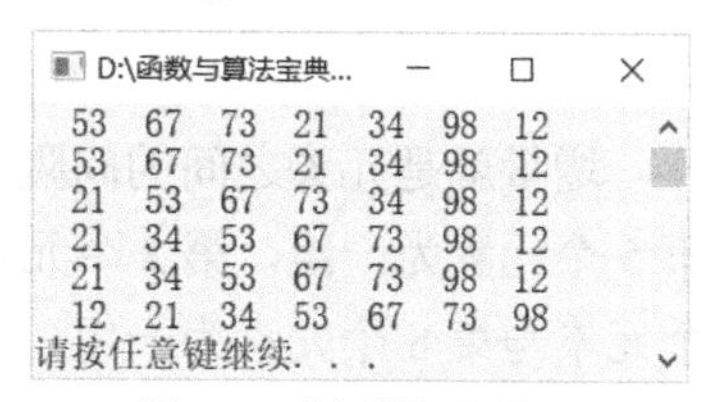

图 8-9　范例的运行结果

5. 主要用途

折半插入排序与直接插入排序一样，通常也用于待排序元素个数较少的情况。如果待排序的元素基本有序，则最好采用直接插入排序算法。

6. 稳定性与复杂度

折半插入排序也是一种稳定的排序算法。虽然折半插入排序在查找插入的位置时改进了查找方法，减少了比较次数，比较次数由 $O(n)$变为 $O(n\log_2 n)$。但是移动元素的时间复杂度仍然没有改变，为 $O(n^2)$，空间复杂度为 $O(1)$。

8.1.3　希尔排序

1. 算法思想

希尔排序也属于插入类排序算法。希尔排序通过缩小增量，将待排序元素划分为若干个子序列，分别对各个子序列按照直接插入排序算法进行排序。当增量缩小为 1 时，待排序元素构成一个子序列，希尔排序算法结束。

2. 与直接插入排序、折半插入排序的区别

希尔排序：待排序元素被划分为若干个子序列，需要分别对每个子序列进行排序。

直接插入排序、折半插入排序：待排序元素构成一个子序列。

3. 示例

假设待排序元素有 8 个，分别是 48、26、66、57、32、85、55、19。使用希尔排序对该

元素序列进行排序的过程如图 8-10 所示。

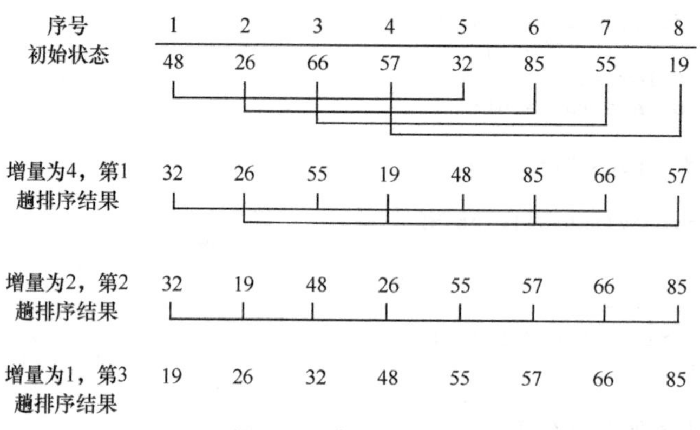

图 8-10　希尔排序过程

增量就是元素之间的间隔元素个数，增量依次为 4、2、1。当增量为 4 时，第 1 个元素与第 5 个元素为一组，第 2 个元素与第 6 个元素为一组，第 3 个元素与第 7 个元素为一组，第 4 个元素与第 8 个元素为一组，本组内的元素进行直接插入排序，即完成第 1 趟希尔排序。当增量为 2 时，第 1、3、5、7 个元素构成一组，第 2、4、6、8 个元素构成一组，各组中的元素进行直接插入排序，即完成第 2 趟直接插入排序。当增量为 1 时，将所有的元素进行直接插入排序，此时，所有的元素都按照从小到大的顺序排列，希尔排序算法结束。

4. 范例

```
/*********************************************
*范例编号：08_03
*范例说明：希尔排序算法
*********************************************/
01    #include <stdio.h>
02    #include <stdlib.h>
03    void ShellSort(int a[],int length,int delta[],int m);
04    void ShellInsert(int a[],int length,int c);
05    void DispArray(int a[],int length);
06    void main()
07    {
08         int a[]={48,26,66,57,32,85,55,19};
09         int delta[]={4,2,1},m=3,length=sizeof(a)/sizeof(a[0]);
10         ShellSort(a,length,delta,m);
11         printf("希尔排序结果:");
12         DispArray(a,length);
13         system("pause");
14    }
15    void ShellInsert(int a[],int length,int c)
16    /*对数组中的元素进行一趟希尔排序，c是增量*/
17    {
18         int i,j,t;
19         for(i=c;i<length;i++)   /*将距离为c的元素作为一个子序列进行排序*/
```

```
20          {
21               if(a[i]<a[i-c])     /*如果后者小于前者，则需要移动元素*/
22               {
23                    t=a[i];
24                    for(j=i-c;j>=0&&t<a[j];j=j-c)
25                         a[j+c]=a[j];
26                    a[j+c]=t;     /*依次将元素插入正确的位置*/
27               }
28          }
29     }
30     void ShellSort(int a[],int length,int delta[],int m)
31     /*每次调用算法 ShellInsert 进行希尔排序,delta 是存放增量的数组*/
32     {
33          int i;
34          for(i=0;i<m;i++)          /*进行 m 次希尔插入排序*/
35          {
36               ShellInsert(a,length,delta[i]);
37               printf("第%d 趟排序结果:",i+1);
38               DispArray(a,length);
39          }
40     }
41     void DispArray(int a[],int length)
42     /*输出数组 a 中的元素*/
43     {
44          int i;
45          for(i=0;i<length;i++)
46               printf("%4d",a[i]);
47          printf("\n");
48     }
```

该范例的运行结果如图 8-11 所示。

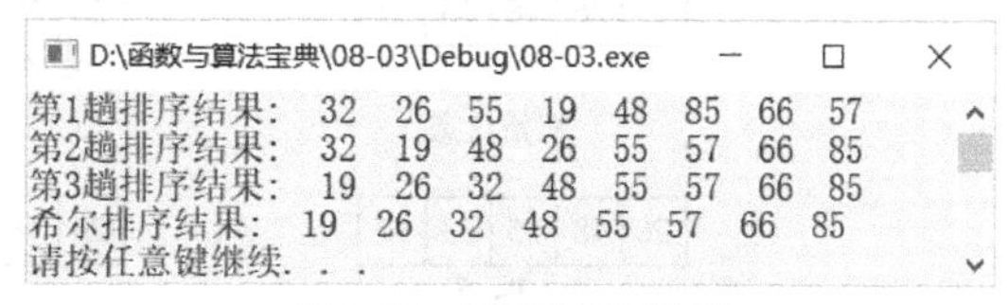

图 8-11　范例的运行结果

5. 主要用途

希尔排序算法可以使值较小的元素快速向前移动，当待排序元素基本有序时，再使用直接插入排序算法处理，这样效率会高很多。希尔排序主要用在数据量在 5000 以内，且对速度要求不高的场合。

6. 稳定性与复杂度

希尔排序是一种不稳定的排序算法。由于增量的选择是随机的，因此分析希尔排序算法的时间复杂度就变成一件非常复杂的事情。但是经过研究发现，当增量序列 $delta[k]=2^{t-k+1}$（其中，t 为排序趟数，$1 \leqslant k \leqslant t \leqslant \log_2(n+1)$）时，希尔排序的时间复杂度为 $O(n^{3/2})$，空间复杂度为 $O(1)$。

8.2 交换排序

交换排序的算法思想：通过交换逆序的元素实现交换排序。交换排序主要有两种：冒泡排序和快速排序。

8.2.1 冒泡排序

1. 算法思想

冒泡排序是一种简单的交换排序算法，它是通过交换相邻的两个数据元素，逐步将待排序序列变成有序序列。它的基本算法思想如下。

假设待排序元素有 n 个，从第 1 个元素开始，依次交换相邻的两个逆序元素，直到最后一个元素为止。当第 1 趟排序结束时，就会将最大的元素移动到序列的末尾。然后按照以上方法进行第 2 趟排序，第二大的元素将会被移动到序列的倒数第 2 个位置。依次类推，经过 $n-1$ 趟排序后，整个元素序列就成了有序的序列。在每趟排序过程中，值小的元素向前移动，值大的元素向后移动，就像气泡一样往上升，因此将这种排序方法称为冒泡排序。

例如，有 5 个待排序元素，分别是 55、26、48、63 和 37。

第 1 趟排序：从第 1 个元素开始，将第 1 个元素与第 2 个元素进行比较，因为 55>26，所以需要交换 55 与 26；然后比较第 2 个元素与第 3 个元素，因为 55>48，所以交换 55 与 48；接着比较第 3 个元素与第 4 个元素，因为 55<63，所以不需要交换；最后比较第 4 个元素与第 5 个元素，因为 63>37，所以交换 63 与 37。此时，完成第 1 趟排序，最大的元素 63 被移动到序列的最末端。第 1 趟排序过程如图 8-12 所示。

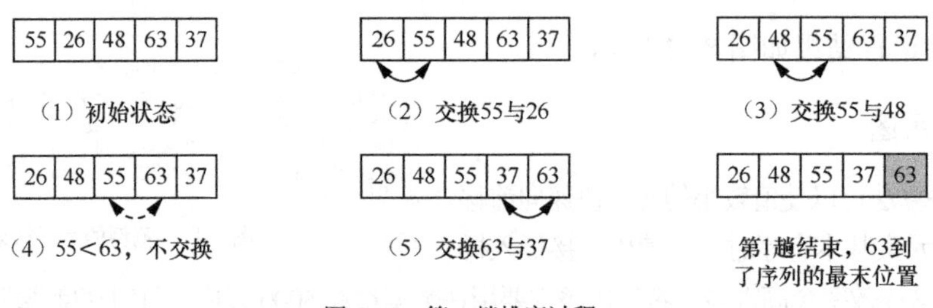

图 8-12　第 1 趟排序过程

第 2 趟排序：从第 1 个元素开始，依次比较第 1 个元素与第 2 个元素、第 2 个元素与第 3 个元素、第 3 个元素与第 4 个元素，如果前者大于后者，则交换之；否则不进行交换。第 2 趟排序过程如图 8-13 所示。

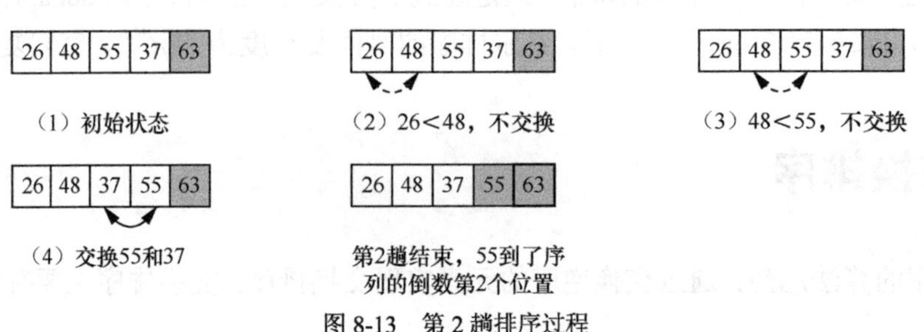

图 8-13　第 2 趟排序过程

第 3 趟排序：按照以上方法，依次比较相邻的两个元素，并交换逆序的元素。第 3 趟排序过程如图 8-14 所示。

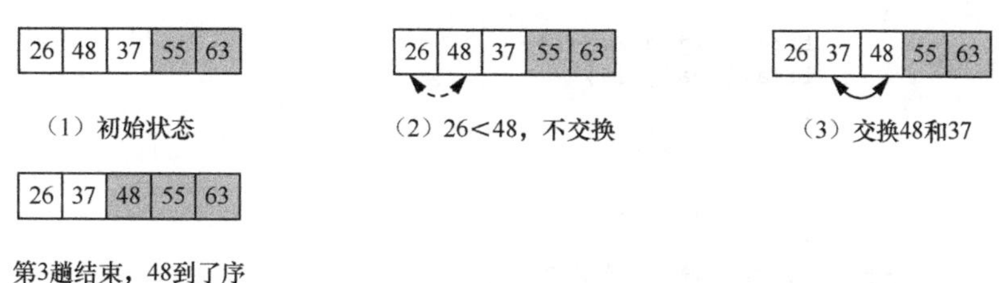

图 8-14　第 3 趟排序过程

第 4 趟排序：此时，待排序元素只剩下 26 和 37，只需要进行一次比较即可。因为 26<37，所以不需要交换。第 4 趟排序过程如图 8-15 所示。

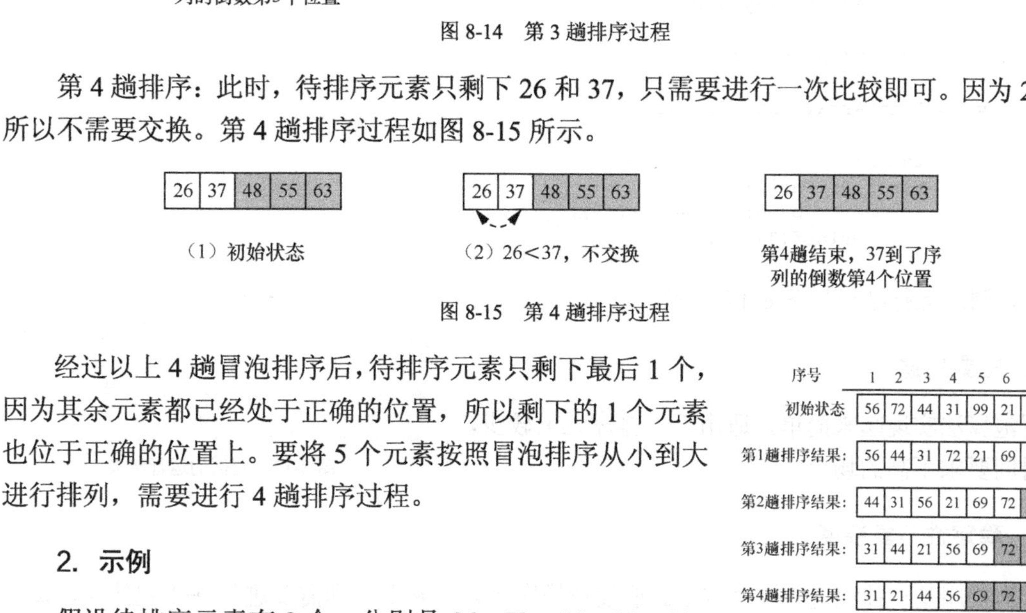

图 8-15　第 4 趟排序过程

经过以上 4 趟冒泡排序后，待排序元素只剩下最后 1 个，因为其余元素都已经处于正确的位置，所以剩下的 1 个元素也位于正确的位置上。要将 5 个元素按照冒泡排序从小到大进行排列，需要进行 4 趟排序过程。

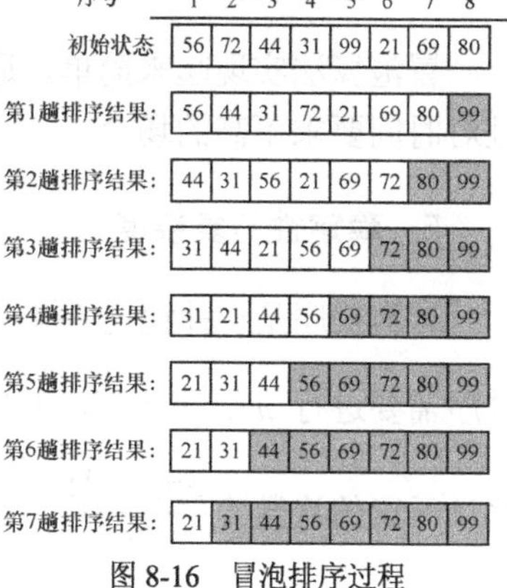

图 8-16　冒泡排序过程

2. 示例

假设待排序元素有 8 个，分别是 56、72、44、31、99、21、69、80。使用冒泡排序对该元素序列进行排序的过程如图 8-16 所示。

在冒泡排序中，如果待排序元素的个数为 n，则需要 $n-1$ 趟排序。对于第 i 趟排序，需要比较的次数为 $i-1$。

3. 范例

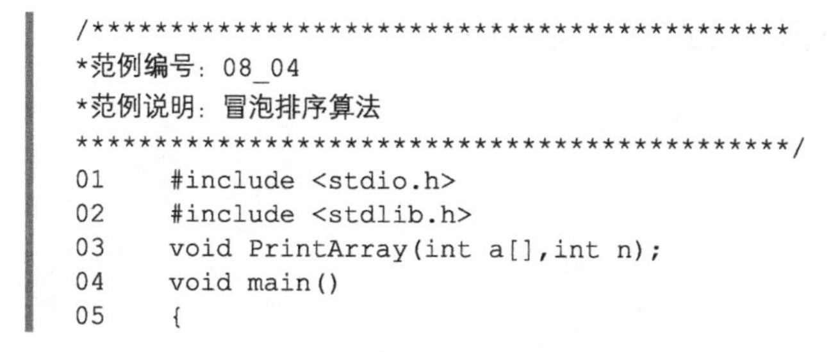

```
/********************************************
*范例编号：08_04
*范例说明：冒泡排序算法
********************************************/
01     #include <stdio.h>
02     #include <stdlib.h>
03     void PrintArray(int a[],int n);
04     void main()
05     {
```

```
06          int a[]={56,72,44,31,99,21,69,80};
07          int i,j,t,n=sizeof(a)/sizeof(a[0]);
08               for(i=1;i<n;i++)
09               {
10                    for(j=0;j<n-i;j++)
11                    if(a[j]>a[j+1])
12                    {
13                         t=a[j];
14                         a[j]=a[j+1];
15                         a[j+1]=t;
16                    }
17               printf("第%d趟排序结果:",i);
18               PrintArray(a,n);
19          }
20          system("pause");
21     }
22     void PrintArray(int a[],int n)
23     {
24          int i;
25          for(i=0;i<n;i++)
26                    printf("%4d",a[i]);
27               printf("\n");
28     }
```

该范例的运行结果如图8-17所示。

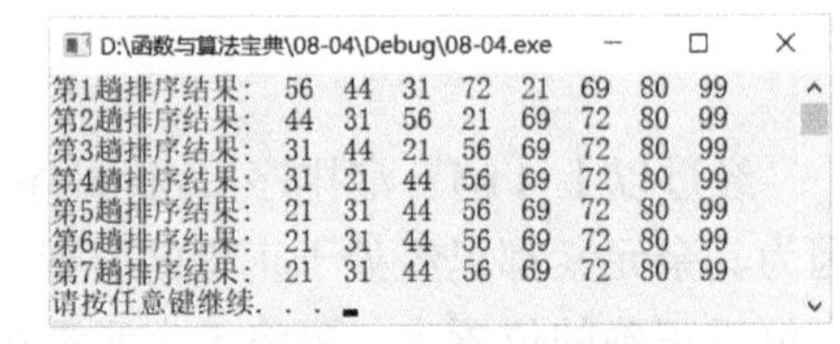

图8-17　范例的运行结果

4. 主要用途

冒泡算法实现起来简单，适用于待排序元素较少，且对时间要求不高的场合。

5. 稳定性与复杂度

冒泡排序是一种稳定的排序方法。假设待排序元素为 n 个，则需要进行 $n-1$ 趟排序，每趟排序需要进行 $n-i$ 次比较，其中 $i=1,2,\ldots,n-1$。因此，冒泡排序的比较次数为 $\sum_{i=1}^{n-1} i=\frac{n(n-1)}{2}$，移动元素的次数为 $\frac{3n(n-1)}{2}$，它的时间复杂度为 $O(n^2)$，空间复杂度为 $O(1)$。

6. 算法改进

即便待排序元素有序，也仍然需要 $n-1$ 趟排序，但其实内层的交换过程是没必要的。为了减少比较次数，可以增加一个标志flag，下面是改进后的冒泡排序算法。

```
void BubbleSort(int a[],int n)
/*改进后的冒泡排序*/
{
    int i,j,flag=1,t;
    for(i=1;i<n&flag;i++)
    {
         flag=0;
         for(j=0;j<n-i;j++)
              if(a[j]>a[j+1])
```

```
            {
                t=a[j];
                a[j]=a[j+1];
                a[j+1]=t;
                flag=1;
            }
        printf("第%d趟排序结果:",i);
        PrintArray(a,n);
    }
}
```

如果 flag 为 1，则表示序列中存在逆序元素，需要进行交换；如果 flag 为 0，则表示序列中不存在逆序元素，不需要进行交换。在比较两个元素前，将标志 flag 置为 0，如果元素序列中存在逆序，则将 flag 置为 1。

8.2.2 快速排序

1. 算法思想

快速排序是冒泡排序算法的改进，也属于交换类排序算法。它的基本算法思想如下。

假设待排序元素个数为 n，分别存放在数组 $a[1...n]$中，令第 1 个元素为参考元素，也就是枢轴元素 pivot=$a[1]$。初始时，i=1，j=n，然后按照以下方法操作。

（1）从第 j 个元素开始向前依次将每个元素与枢轴元素 pivot 进行比较。如果当前元素大于等于 pivot，则将前一个元素与 pivot 进行比较，即比较 $a[j-1]$与 pivot；否则，将当前元素移动到第 i 个位置并执行步骤（2）。

（2）从第 i 个元素开始向后依次将每个元素与枢轴元素 pivot 进行比较。如果当前元素小于 pivot，则将后一个元素与 pivot 进行比较，即比较 $a[i+1]$与 pivot；否则，将当前元素移动到第 j 个位置并执行步骤（3）。

（3）重复执行步骤（1）和步骤（2），直到出现 $i \geqslant j$，将元素 pivot 移动到 $a[i]$中。此时，整个元素序列被划分为两个部分，第 i 个位置前的元素都小于 $a[i]$，第 i 个位置后的元素都大于等于 $a[i]$。

按照以上方法，将每个部分都进行类似的划分操作，直到每个部分都只有一个元素为止。这样整个元素序列就构成了一个有序的序列。

例如，一组待排序元素序列为（55,22,44,67,35,77,18,69），根据快速排序的算法思想，第 1 趟排序的过程如图 8-18 所示。

经过第 1 趟快速排序后，元素序列以 55 为中心被划分为两个部分，左边的元素都小于 55，右边的元素都大于 55。快速排序将每个部分都以枢轴元素为中心不断地划分元素序列，直到每个序列中的元素只有一个，不能继续划分为止。

2. 示例

假设待排序元素有 8 个，分别是 55、22、44、67、35、77、18、69，用快速排序算法对该元素序列进行排序的过程如图 8-19 所示。

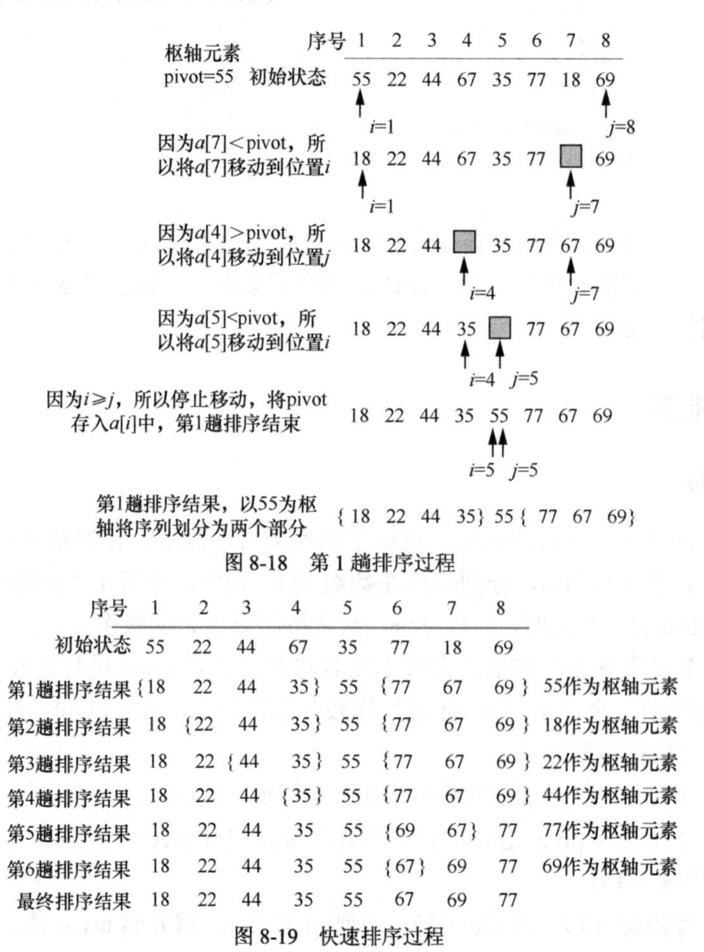

图 8-18 第 1 趟排序过程

序号	1	2	3	4	5	6	7	8	
初始状态	55	22	44	67	35	77	18	69	
第1趟排序结果	{18	22	44	35}	55	{77	67	69}	55作为枢轴元素
第2趟排序结果	18	{22	44	35}	55	{77	67	69}	18作为枢轴元素
第3趟排序结果	18	22	{44	35}	55	{77	67	69}	22作为枢轴元素
第4趟排序结果	18	22	44	{35}	55	{77	67	69}	44作为枢轴元素
第5趟排序结果	18	22	44	35	55	{69	67}	77	77作为枢轴元素
第6趟排序结果	18	22	44	35	55	{67}	69	77	69作为枢轴元素
最终排序结果	18	22	44	35	55	67	69	77	

图 8-19 快速排序过程

通过上面的排序过程不难看出，快速排序算法可以通过递归调用来实现，排序的过程其实就是不断地对元素序列进行划分，直到每一个部分都不能划分为止。

3. 范例

```
/********************************************
*范例编号：08_05
*范例说明：快速排序算法
********************************************/
01    #include <stdio.h>
02    #include <stdlib.h>
03    void DispArray(int a[],int n);
04    void DispArray2(int a[],int n,int pivot,int count);
05    void QSort(int a[],int n,int low,int high);
06    void QuickSort(int a[],int n);
07    int Partition(int a[],int low,int high);
```

```
08    void QSort(int a[],int n,int low,int high)
09    /*利用快速排序算法对数组 a 中的元素进行排序*/
10    {
11        int pivot;
12        static int count=1;
13        if(low<high)  /*如果元素序列的长度大于 1*/
14        {
15            pivot=Partition(a,low,high); /*将待排序序列 a[low..high]划分为两个部分*/
16            DispArray2(a,n,pivot,count); /*输出每次划分的结果*/
17            count++;
18            QSort(a,n,low,pivot-1);  /*对左边的子表进行递归排序，pivot 是枢轴位置*/
19            QSort(a,n,pivot+1,high);  /*对右边的子表进行递归排序*/
20        }
21    }
22    void QuickSort(int a[],int n)
23    /*对数组 a 进行快速排序*/
24    {
25        QSort(a,n,0,n-1);
26    }
27    int Partition(int a[],int low,int high)
28    /*对数组 a[low..high]的元素进行一趟排序，使枢轴前面的元素小于
29        枢轴元素，使枢轴后面的元素大于等于枢轴元素，并返回枢轴位置*/
30    {
31        int t,pivot;
32        pivot=a[low];     /*将表的第一个元素作为枢轴元素*/
33        t=a[low];
34        while(low<high)  /*从表的两端交替地向中间扫描*/
35        {
36            while(low<high&&a[high]>=pivot)/*从表的末端向前扫描*/
37                high--;
38            if(low<high) /*将当前 high 指向的元素保存在 low 位置*/
39            {
40                a[low]=a[high];
41                low++;
42            }
43            while(low<high&&a[low]<=pivot)/*从表的始端向后扫描*/
44                low++;
45            if(low<high) /*将当前 low 指向的元素保存在 high 位置*/
46            {
47                a[high]=a[low];
48                high--;
49            }
50            a[low]=t;     /*将枢轴元素保存在 low 位置*/
51        }
52        return low;        /*返回枢轴所在位置*/
53    }
54    void DispArray2(int a[],int n,int pivot,int count)
55    /*输出每次划分的结果*/
56    {
57        int i;
58        printf("第%d 次划分结果:[",count);
59        for(i=0;i<pivot;i++)
```

```
60              printf("%-4d",a[i]);
61          printf("]");
62          printf("%3d ",a[pivot]);
63          printf("[");
64          for(i=pivot+1;i<n;i++)
65              printf("%-4d",a[i]);
66          printf("]");
67          printf("\n");
68      }
69      void main()
70      {
71          int a[]={55,22,44,67,35,77,18,69};
72          int n=sizeof(a)/sizeof(a[0]);
73          printf("快速排序前:");
74          DispArray(a,n);
75          QuickSort(a,n);
76          printf("快速排序结果:");
77          DispArray(a,n);
78          system("pause");
79      }
80      void DispArray(int a[],int n)
81      /*输出数组中的元素*/
82      {
83          int i;
84          for(i=0;i<n;i++)
85              printf("%4d",a[i]);
86          printf("\n");
87      }
```

该范例的运行结果如图 8-20 所示。

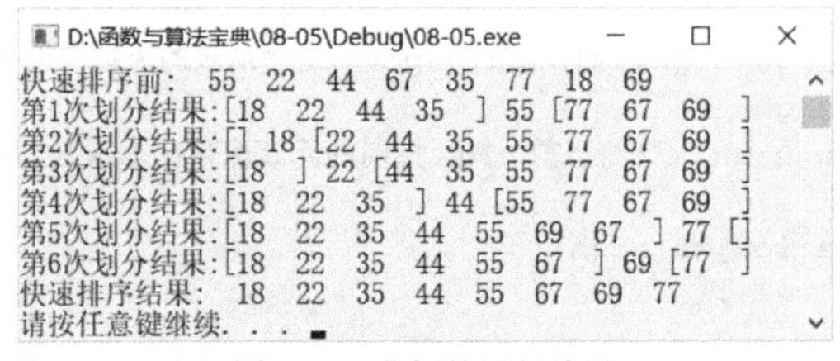

图 8-20　范例的运行结果

4. 主要用途

快速算法是冒泡排序算法的改进，实现起来比较复杂，它主要用在需要对大量数据进行排序的场合，它的效率要远高于冒泡排序，在数据量特别大的情况下尤其明显。

5. 稳定性与复杂度

快速排序算法是一种不稳定的排序算法。

在最好的情况下，每趟排序都是将元素序列正好划分为两个等长的子序列。这样，快速排序子序列的划分过程就是创建完全二叉树的过程，划分的次数等于树的深度，即 $\log_2 n$，因此快速排序总的比较次数为 $T(n) \leqslant n+2T(n/2) \leqslant n+2*(n/2+2*T(n/4))=2n+4T(n/4) \leqslant 3n+8T(n/8) \leqslant \ldots \leqslant n\log_2 n+nT(1)$。因此，在最好的情况下，时间复杂度为 $O(n\log_2 n)$。

在最坏的情况下，待排序元素序列已经是有序的，这样，时间的花费就主要集中在元素的比较次数上。第 1 趟需要比较 $n-1$ 次，第 2 趟需要比较 $n-2$ 次，依次类推，共需要比较 $n(n-1)/2$ 次，因此时间复杂度为 $O(n^2)$。

在平均情况下，快速排序的时间复杂度为 $O(n\log_2 n)$。

快速排序的空间复杂度为 $O(\log_2 n)$

8.3 选择排序

选择排序的算法思想：从待排序元素序列中选择最小（或最大）的元素，将其放在已排序元素序列的最前（或最后）面，其余的元素构成新的待排序元素序列，然后接着从待排序元素序列中选择最小（或最大）的元素，将其放在已排序元素序列的最前（或最后）面。依次类推，直到待排序元素序列中没有待排序的元素。选择排序主要有两种：简单选择排序和堆排序。

8.3.1 简单选择排序

1. 算法思想

简单选择排序是一种简单的选择类排序算法，它是通过依次找到待排序元素序列中最小的数据元素，并将其放在序列的最前面，从而使待排序元素序列变为有序序列。它的基本算法思想如下。

假设待排序元素序列有 n 个，在第 1 趟排序过程中，从 n 个元素序列中选择最小的元素，并将其放在元素序列的最前面，即第 1 个位置。在第 2 趟排序过程中，从剩余的 $n-1$ 个元素中，再选择最小的元素，将其放在第 2 个位置。依次类推，直到没有待比较的元素时，简单选择排序算法结束。

例如，给定一组元素序列（55,33,22,66,44）。简单选择排序的过程如下。

第 1 趟排序：从第 1 个元素开始，将第 1 个元素 55 与第 2 个元素 33 进行比较，因为 55>33，所以 33 是较小的元素；继续将 33 与第 3 个元素 22 进行比较，因为 33>22，所以 22 成为较小的元素；将 22 与第 4 个元素 66 进行比较，因为 22<66，所以 22 仍然是较小的元素；最后将 22 与第 5 个元素 44 进行比较，因为 22<44，所以 22 就是这 5 个元素中最小的元素，将 22 与第 1 个元素 55 交换。此时，完成第 1 趟排序。第 1 趟排序的过程如图 8-21 所示。

初始时，假设最小元素的下标为 0。在比较过程中，用 j 记下最小元素的下标。经过第 1 趟排序后，最小的元素位于第 1 个位置上（处于正确的位置）。

第 2 趟排序：从第 2 个元素开始，将第 2 个元素 33 与第 3 个元素 55 进行比较，因为 33<55，所以 33 是较小的元素；继续将 33 与第 4 个元素 66 进行比较，因为 33<66，所以 33 仍然是较小的元素；将 33 与第 5 个元素 44 进行比较，因为 33<44，所以 33 就是最小的元素，33 本来就是第 2 个元素，不需要进行交换。此时，完成第 2 趟排序。第 2 趟排序的过程如图 8-22 所示。

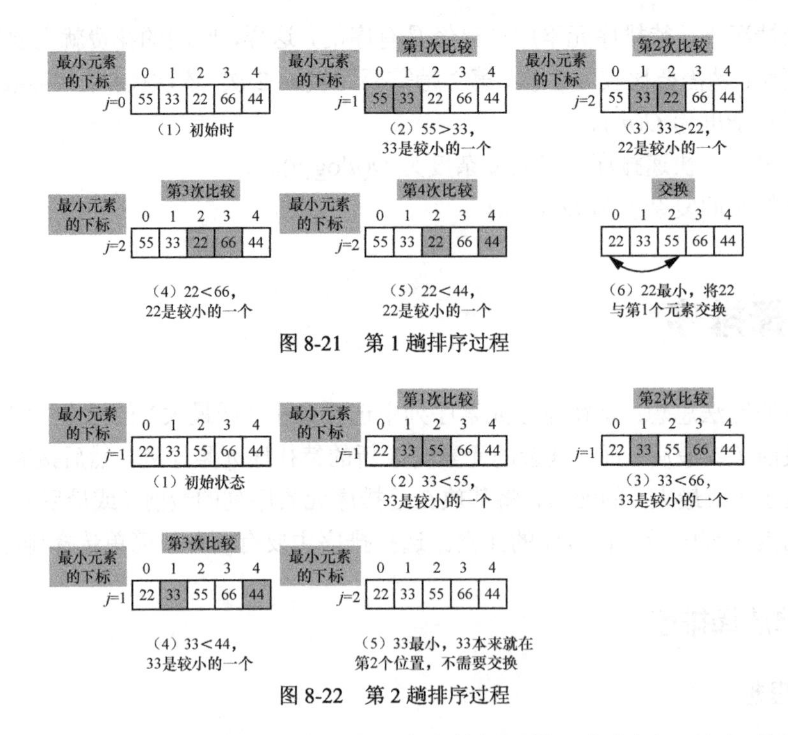

图 8-21　第 1 趟排序过程

图 8-22　第 2 趟排序过程

在第 2 趟排序的过程中，33 是最小的元素，本来就位于第 2 个位置，所以不需要移动。

第 3 趟排序：从第 3 个元素开始，将第 3 个元素 55 与第 4 个元素 66 进行比较，因为 55<66，所以 55 是较小的元素；继续将 55 与第 5 个元素 44 进行比较，因为 55>44，所以 44 成为较小的元素，并将 44 与第 3 个元素 55 交换。此时，完成第 3 趟排序。第 3 趟排序的过程如图 8-23 所示。

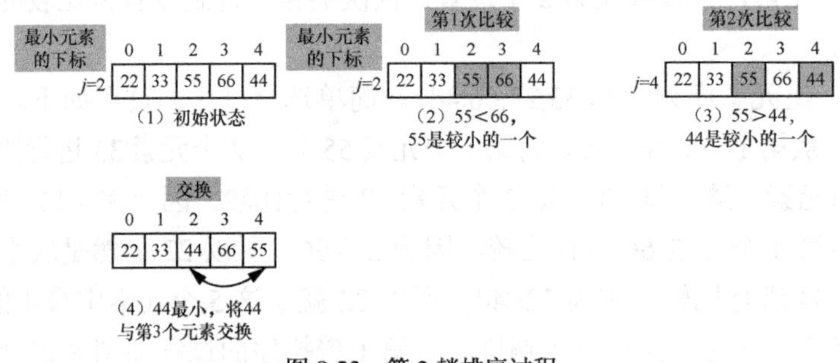

图 8-23　第 3 趟排序过程

到目前为止，前 3 个元素都已经有序，接下来只需要确定第 4 个元素和第 5 个元素的顺序即可。

第 4 趟排序：比较第 4 个元素与第 5 个元素，即 66 与 55 的大小，因为 66>55，所以 55 是较小的元素，并将 66 与 55 交换。此时，完成第 4 趟排序。第 4 趟排序的过程如图 8-24 所示。

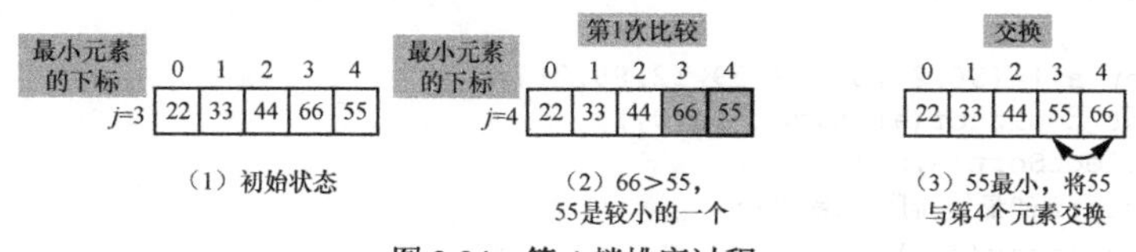

图 8-24　第 4 趟排序过程

此时，前 4 个元素都已经有序并且位于正确的位置上，那么，第 5 个元素也位于正确的位置上。因此，整个简单选择排序结束。

2. 示例

假设待排序元素有 8 个，分别是 56、22、67、32、59、12、89、26。使用简单选择排序对该元素序列的排序过程如图 8-25 所示。

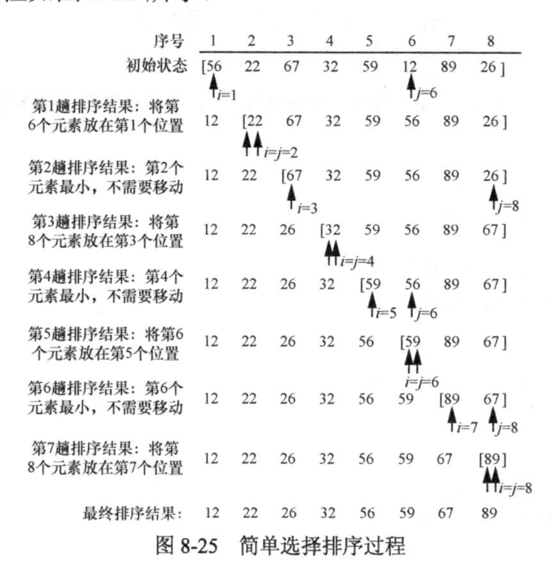

图 8-25　简单选择排序过程

在简单选择排序的过程中，如果待排序元素的个数为 n，则需要进行 $n-1$ 趟排序。对于第 i 趟排序，需要比较的次数为 $i-1$。当第 i 趟排序完毕，并将该趟排序过程中最小的元素放在第 i 个位置时，前 i 个元素都已有序且排列在正确的位置上。

3. 范例

```
/********************************************
*范例编号：08_06
*范例说明：简单选择排序算法
*********************************************/
01    #include <stdio.h>
02    #include <stdlib.h>
03    void SelectSort(int a[],int n);
04    void DispArray(int a[],int n);
05    void main()
```

```
06    {
07         int a[]={56,22,67,32,59,12,89,26};
08         int n=sizeof(a)/sizeof(a[0]);
09         SelectSort(a,n);
10         printf("最终排序结果:");
11         DispArray(a,n);
12         system("pause");
13    }
14    void SelectSort(int a[],int n)
15    /*简单选择排序*/
16    {
17         int i,j,k,t;
18         /*将第 i 个元素与第 i+1,…,n 个元素进行比较，将最小的元素放在第 i 个位置*/
19         for(i=0;i<n-1;i++)
20         {
21              j=i;
22              for(k=i+1;k<n;k++)  /*最小元素的序号为 j*/
23                   if(a[k]<a[j])
24                        j=k;
25              if(j!=i)  /*如果序号 i 不等于序号 j，则需要将序号 i 和序号 j 的元素交换*/
26              {
27                   t=a[i];
28                   a[i]=a[j];
29                   a[j]=t;
30              }
31              printf("第%d趟排序结果:",i+1);
32              DispArray(a,n);
33         }
34    }
35    void DispArray(int a[],int n)
36    /*输出数组中的元素*/
37    {
38         int i;
39         for(i=0;i<n;i++)
40              printf("%4d",a[i]);
41         printf("\n");
42    }
```

该范例的运行结果如图 8-26 所示。

```
D:\函数与算法宝典\08-06\Debug\08-06...
第1趟排序结果:  12  22  67  32  59  56  89  26
第2趟排序结果:  12  22  67  32  59  56  89  26
第3趟排序结果:  12  22  26  32  59  56  89  67
第4趟排序结果:  12  22  26  32  59  56  89  67
第5趟排序结果:  12  22  26  32  56  59  89  67
第6趟排序结果:  12  22  26  32  56  59  89  67
第7趟排序结果:  12  22  26  32  56  59  67  89
最终排序结果:  12  22  26  32  56  59  67  89
请按任意键继续. . .
```

图 8-26　范例的运行结果

4. 主要用途

简单选择排序算法实现起来简单，适用于待排序元素较少，且对时间要求不高的场合。

5. 稳定性与复杂度

简单选择排序算法是一种不稳定的排序算法。

若待排序元素序列按照非递减排列，则不需要移动元素。若待排序元素按照非递增排列，则在每一趟排序时都需要移动元素，移动元素的次数为 $3(n-1)$。在任何情况下，简单选择排序算法都需要进行 $n(n-1)/2$ 次的比较。综上所述，简单选择排序算法的时间复杂度是 $O(n^2)$，空

间复杂度是 $O(1)$。

8.3.2 堆排序

1. 堆的定义

堆排序主要是利用了二叉树的树形结构，按照完全二叉树的编号次序，将元素序列的关键字依次存放在相应的结点。然后从叶子结点开始，从互为兄弟的两个结点中（没有兄弟结点的除外），选择一个较大（或较小）的结点与其双亲结点进行比较，如果该结点大于（或小于）双亲结点，则将两者进行交换，使较大（或较小）的结点成为双亲结点。将所有的结点都做类似操作，直到根结点为止。这时，根结点的元素值的关键字最大（或最小）。

这样就构成了堆，堆中的每一个结点都大于（或小于）其孩子结点。堆的数学形式定义为，假设存在 n 个元素，其关键字序列为$(k_1,k_2,\ldots,k_i,\ldots,k_n)$，如果有

$$\begin{cases}k_i \leqslant k_{2i}\\ k_i \leqslant k_{2i+1}\end{cases} \text{或} \begin{cases}k_i \geqslant k_{2i}\\ k_i \geqslant k_{2i+1}\end{cases}$$

其中，$i=1,2,\ldots,\left\lfloor \dfrac{n}{2} \right\rfloor$，则称此元素序列构成了一个堆。如果将这些元素的关键字存放在一维数组中，将此一维数组中的元素与完全二叉树一一对应起来，则完全二叉树中的每个非叶子结点的值都不小于（或不大于）孩子结点的值。

在堆中，堆的根结点元素值一定是所有结点元素值的最大值或最小值。例如，序列（87,64,53,51,23, 21,48,32）和（12,35,27,46,41,39,48,55,89,76）都是堆，相应的完全二叉树表示如图 8-27 所示。

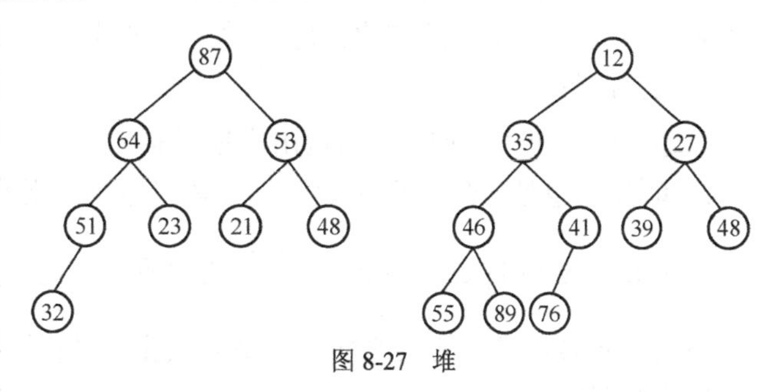

图 8-27 堆

在图 8-27 所示的堆中，一个是非叶子结点的元素值不小于其孩子结点的元素值，这样的堆被称为**大顶堆**。另一个是非叶子结点的元素值不大于其孩子结点的元素值，这样的堆被称为**小顶堆**。

2. 算法思想

如果将堆中的根结点（堆顶）输出之后，再将剩余的 $n-1$ 个结点的元素值重新建立一个堆，则新堆的堆顶元素值就是次大（或次小）值，将该堆顶元素值输出后，再将剩余的 $n-2$ 个结点的元素值重新建立一个堆，反复执行以上操作，直到堆中没有结点时，就构成了一个有序序列，这种重复建堆并输出堆顶元素的过程被称为**堆排序**。

因此，堆排序可以分为建立堆和调整堆两个步骤。

（1）建立堆

堆排序的过程就是建立堆并不断调整使剩余结点构成新堆的过程。假设将待排序元素的关键字存放在数组 a 中，第 1 个元素的关键字 $a[1]$表示二叉树的根结点，其余元素的关键字 $a[2...n]$分别与二叉树中的结点按照层次关系从左到右一一对应。例如，$a[1]$的左孩子结点存放在 $a[2]$中，右孩子结点存放在 $a[3]$中，$a[i]$的左孩子结点存放在 $a[2i]$中，右孩子结点存放在 $a[2i+1]$中。

如果是大顶堆，则有 $a[i].key \geqslant a[2i].key$ 且 $a[i].key \geqslant a[2i+1].key(i=1,2,\ldots,\left\lfloor \frac{n}{2} \right\rfloor)$。如果是小顶堆，则有 $a[i].key \leqslant a[2i].key$ 且 $a[i].key \leqslant a[2i+1].key(i=1,2,\ldots,\left\lfloor \frac{n}{2} \right\rfloor)$。

建立一个顶堆就是将一个无序的关键字序列构建为一个满足条件 $a[i] \geqslant a[2i]$且 $a[i] \geqslant a[2i+1]$ $(i=1,2,\ldots,\left\lfloor \frac{n}{2} \right\rfloor)$的序列。

建立大顶堆的算法思想：从位于元素序列中的最后一个非叶子结点，即第$\left\lfloor \frac{n}{2} \right\rfloor$个元素开始，逐层比较，直到根结点为止。假设当前结点的序号为 i，则当前元素为 $a[i]$，其左、右孩子结点的元素值分别为 $a[2i]$和 $a[2i+1]$。将 $a[2i].key$ 和 $a[2i+1].key$ 的较大者与 $a[i]$进行比较，如果孩子结点的元素值大于当前结点值，则将二者进行交换；否则，不进行交换。逐层向上执行此操作，直到根结点为止，这样就建立了一个大顶堆。建立小顶堆的算法与此类似。

例如，给定一组元素，其关键字序列为（21,47,39,51,$\underline{39}$,57,48,56），建立大顶堆的过程如图 8-28 所示，其中，结点的旁边为对应的序号。

（2）调整堆

建立好一个大顶堆后，当输出堆顶元素后，如何调整其余元素，使其构成一个新的大顶堆呢？其实，这也是一个建堆的过程，由于除了堆顶元素外，其余元素本身就具有 $a[i].key \geqslant a[2i].key$ 且 $a[i].key \geqslant a[2i+1].key(i=1,2,\ldots,\left\lfloor \frac{n}{2} \right\rfloor)$的性质，并且其关键字按照由大到小的顺序排列。因此，调整其余元素构成新的大顶堆只需要从上往下进行比较，找出最大的关键字，并将其放在根结点的位置即可。

具体实现：当堆顶元素输出后，可以将堆顶元素放在堆的最后，即将第 1 个元素与最后一个元素交换，则需要调整的元素序列就是 $a[1...n-1]$。从根结点开始，如果其左、右子树结点的元素值均大于根结点的元素值，则选择较大的一个与其进行交换。如果 $a[2]>a[3]$，则将 $a[1]$与 $a[2]$进行比较，如果 $a[1]>a[2]$，则将 $a[1]$与 $a[2]$进行交换；否则不交换。如果 $a[2]<a[3]$，则将 $a[1]$与 $a[3]$进行比较，如果 $a[1]>a[3]$，则将 $a[1]$与 $a[3]$进行交换；否则不交换。重复执行此操作，直到叶子结点不存在，就完成了堆的调整，构成了一个新堆。

例如，一个大顶堆的关键字序列为（87,64,53,51,23,21,48,32），当输出 87 后，将其余的关键字序列调整为一个新的大顶堆的过程如图 8-29 所示。

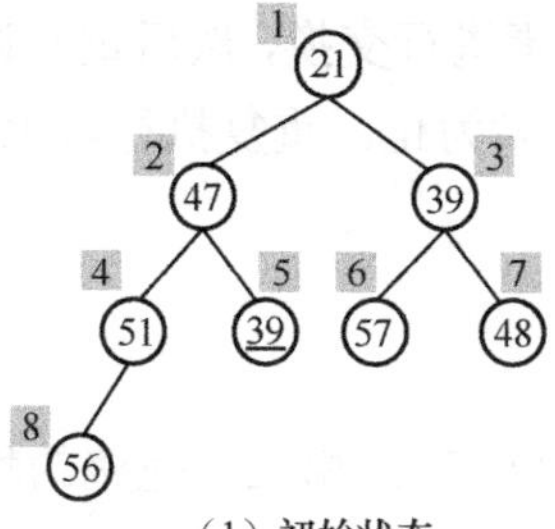

（1）初始状态

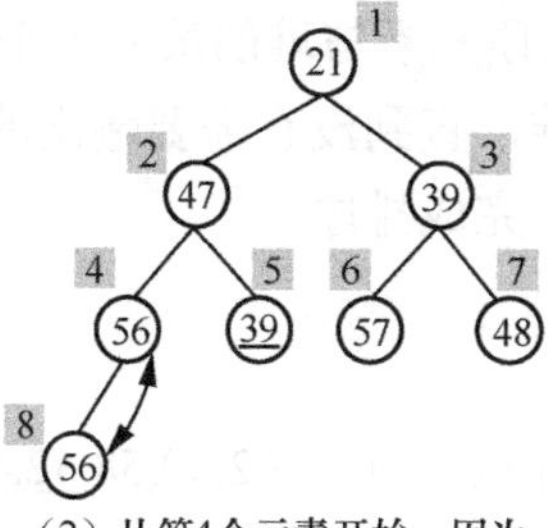

（2）从第4个元素开始，因为51<56，所以交换两个结点

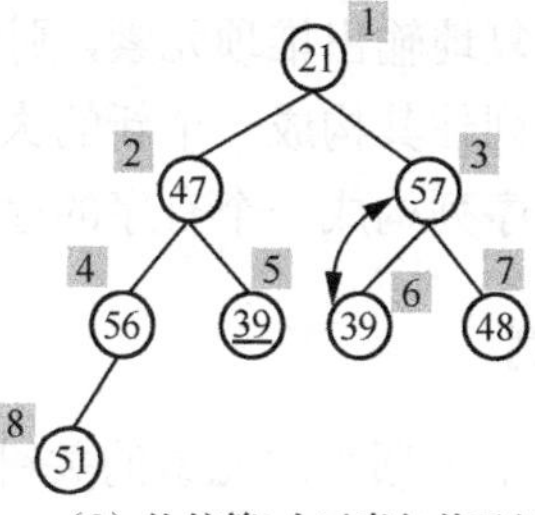

（3）比较第3个元素与其子树结点，因为39＜57且39＜48且57＞48，所以交换39和57

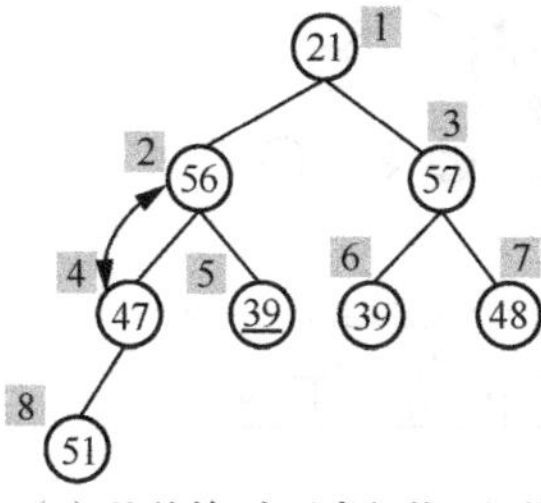

（4）比较第2个元素与其子树结点，因为47＜56且47＞39，所以交换47和56

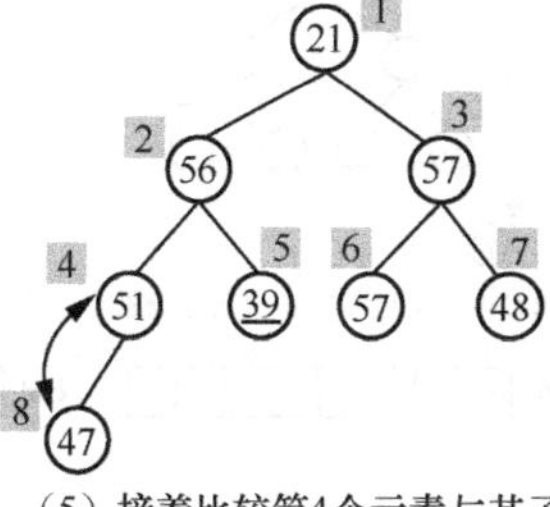

（5）接着比较第4个元素与其子树结点，因为47＜51，所以交换47和51

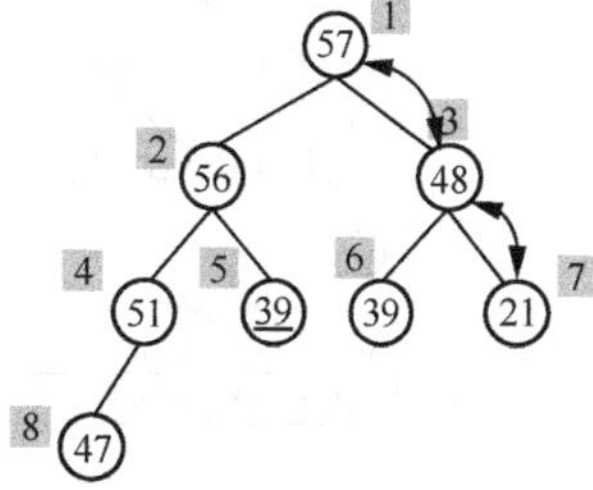

（6）比较第1个元素与其子树结点，经过第2个结点与第3个结点、第1个结点与第3个结点、第3个结点与第7个结点的比较过程，得到大顶堆

图 8-28 建立大顶堆的过程

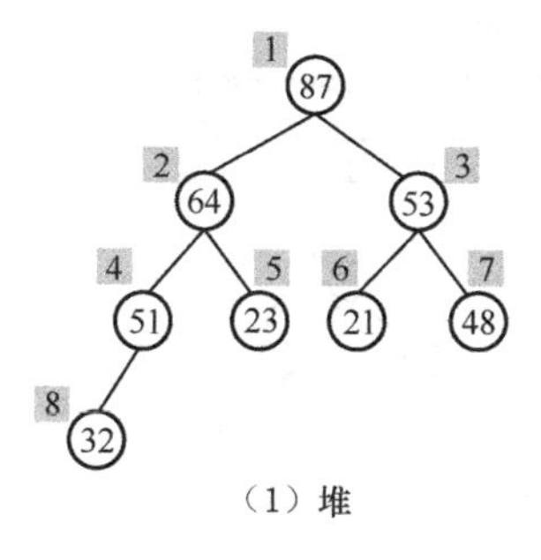

（1）堆

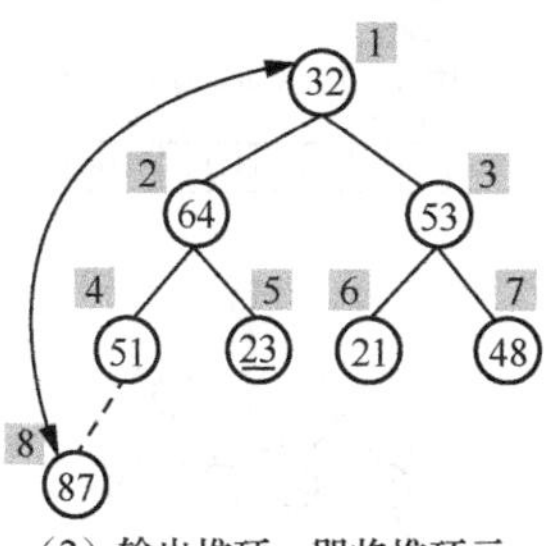

（2）输出堆顶，即将堆顶元素与最后一个元素交换

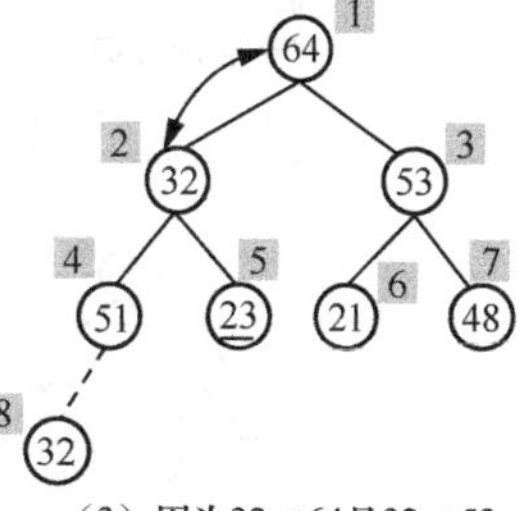

（3）因为32＜64且32＜53且64＞53，所以交换32与64

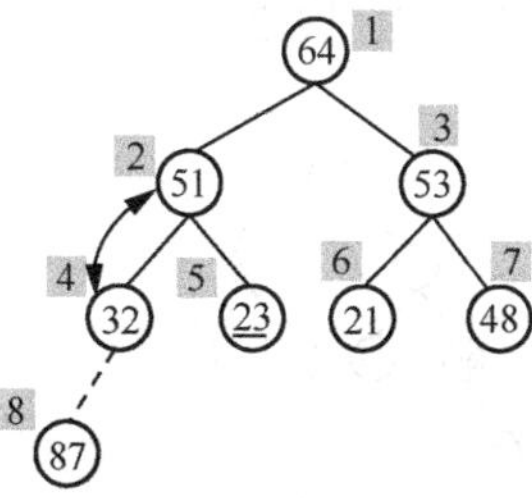

（4）因为32＜51且32＞23，51＞23，所以交换32与51。至此，就构成了一个新的大顶堆

图 8-29 输出堆顶元素后堆的调整过程

如果重复地输出堆顶元素，则将堆顶元素与堆的最后一个元素进行交换，然后重新调整其余的元素序列使其构成一个新的大顶堆，直到没有需要输出的元素为止。重复执行以上操作，就会把元素序列构成一个有序的序列，完成排序。

3. 示例

假设一个大顶堆的元素的关键字序列为（69,62,50,58,<u>42</u>,42,27,53），相应的完整的堆排序过程如图 8-30 所示。

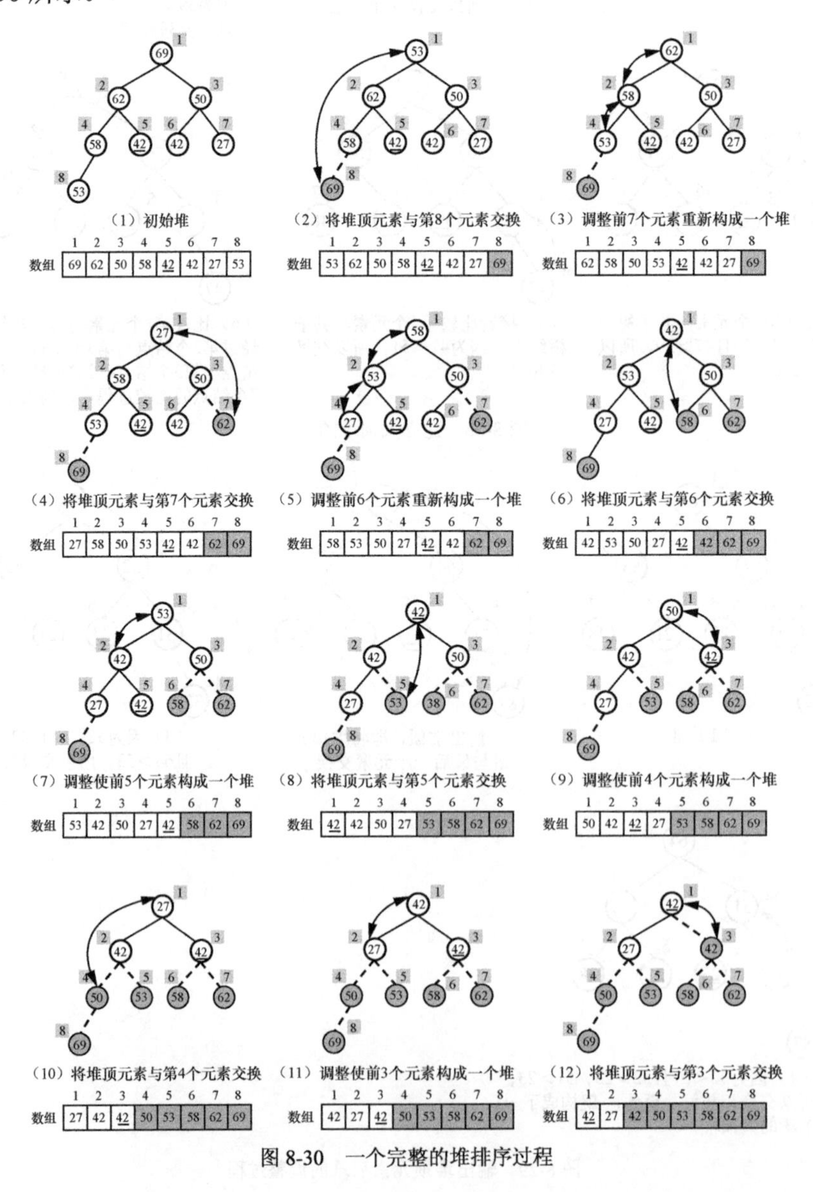

图 8-30　一个完整的堆排序过程

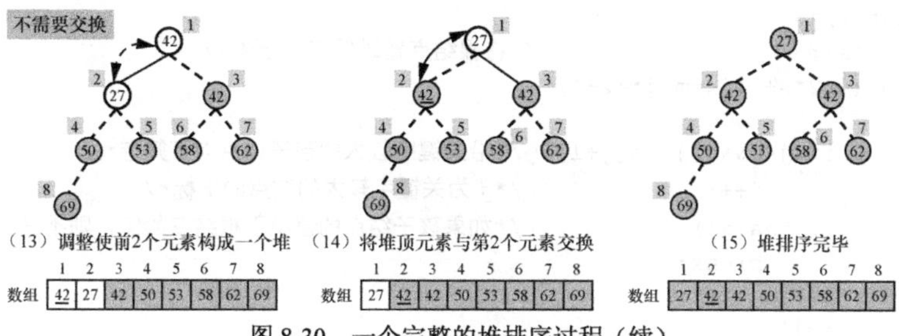

不需要交换
（13）调整使前2个元素构成一个堆
（14）将堆顶元素与第2个元素交换
（15）堆排序完毕
数组

图 8-30　一个完整的堆排序过程（续）

经过若干次的建立堆、调整堆之后，输出的序列为（27,42,42,50,53,58,62,69）。

4. 范例

```
/********************************************
*范例编号：08_07
*范例说明：堆排序算法
********************************************/
01    #include <stdio.h>
02    #include <stdlib.h>
03    void DispArray(int a[],int n);
04    void AdjustHeap(int a[],int s,int m);
05    void CreateHeap(int a[],int n);
06    void HeapSort(int a[],int n);
07    void main()
08    {
09        int a[]={69,62,50,58,42,42,27,53};
10        int n=sizeof(a)/sizeof(a[0]);
11        printf("排序前:");
12        DispArray(a,n);
13        HeapSort(a,n);
14        printf("堆排序结果:");
15        DispArray(a,n);
16        system("pause");
17    }
18    void DispArray(int a[],int n)
19    /*输出数组中的元素*/
20    {
21        int i;
22        for(i=0;i<n;i++)
23            printf("%4d",a[i]);
24        printf("\n");
25    }
26    void CreateHeap(int a[],int n)
27    /*建立大顶堆*/
28    {
29        int i;
30        for(i=n/2-1;i>=0;i--)        /*从序号 n/2-1 开始建立大顶堆*/
31            AdjustHeap(a,i,n-1);
32    }
33    void AdjustHeap(int a[],int s,int m)
34    /*调整 a[s...m]，使其成为一个大顶堆*/
35    {
```

```
36          int t,j;
37          t=a[s];                    /*将根结点暂时保存在 t 中*/
38          for(j=2*s+1;j<=m;j*=2+1)
39          {
40              if(j<m&&a[j]<a[j+1]) /*沿关键字较大的孩子结点向下筛选*/
41                  j++;             /*j 为关键字较大的结点的下标*/
42              if(t>a[j])           /*如果孩子结点的值小于根结点的值，则不进行交换*/
43                  break;
44              a[s]=a[j];
45              s=j;
46          }
47          a[s]=t;                  /*将根结点插入正确位置*/
48      }
49      void HeapSort(int a[],int n)
50      /*利用堆排序算法对数组 a 中的元素进行排序*/
51      {
52          int t,i;
53          CreateHeap(a,n);         /*建立堆*/
54          for(i=n-1;i>0;i--)       /*将堆顶元素与最后一个元素交换，重新调整堆*/
55          {
56              t=a[0];
57              a[0]=a[i];
58              a[i]=t;
59              printf("第%d趟排序结果:",n-i);
60              DispArray(a,n);
61              AdjustHeap(a,0,i-1); /*将 a[0...i-1]调整为大顶堆*/
62          }
63      }
```

该范例的运行结果如图 8-31 所示。

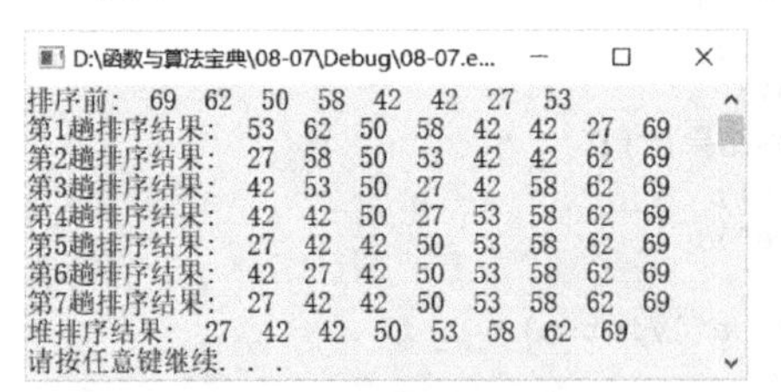

图 8-31　范例的运行结果

5. 主要用途

堆排序算法实现起来比较复杂，它主要适用于大规模的数据排序。例如，如果需要在 10 万个数据元素中找出前 10 个最小的元素或最大的元素，则使用堆排序算法的效率较高。

6. 稳定性与复杂度

从前面的例子不难看出，堆排序算法属于不稳定的排序算法。

堆排序主要是在建立堆和调整堆时耗费时间。一个深度为 h、元素个数为 n 的堆，其调整算法的比较次数最多为 $2(h-1)$次，而建立一个堆，其比较次数最多为 $4n$。一个完整的堆排序过程总共的比较次数为 $2(\lfloor \log_2(n-1) \rfloor + \lfloor \log_2(n-2) \rfloor + \ldots + \lfloor \log_2 2 \rfloor)$，其值小于 $2n\log_2 n$。因此，堆排序的平均时间复杂度和最坏情况下的时间复杂度都是 $O(n\log_2 n)$。堆排序的空间复杂度为 $O(1)$。

8.4 归并排序

归并排序是将两个或两个以上的元素有序序列合并为一个有序序列，也就是说，待排序元素序列被划分为若干个子序列，每个子序列都是有序的，通过将有序的子序列合并为整体有序的序列就是归并排序。其中，归并排序中最常见的是二路归并排序。

1. 算法思想

二路归并排序的算法思想：假设元素的个数是 n，将每个元素都作为一个有序的子序列，然后将相邻的两个子序列两两合并，得到 $\frac{n}{2}$ 个长度为 2 的有序子序列。继续将相邻的两个有序子序列两两合并，得到 $\frac{n}{4}$ 个长度为 4 的有序子序列。依次类推，直到将有序序列合并为 1 个为止。这样，待排序元素序列就整体有序了。

2. 示例

假设一组元素序列的关键字序列为（37,19,43,22,57,89,26,92），其二路归并排序的过程如图 8-32 所示。

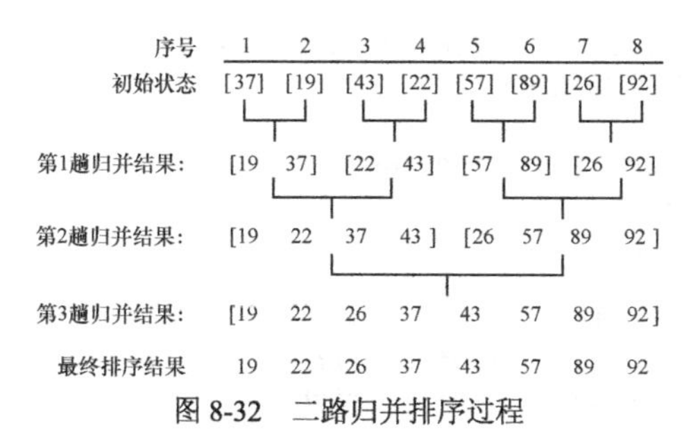

图 8-32　二路归并排序过程

初始时，可以将单个元素看作是一个有序的子序列，通过将两个相邻的子序列合并，子序列中的元素个数就变成了两个，如此不断反复，直到子序列的个数只有一个。这样，待排序元素就构成了一个有序的序列。

3. 范例

```
/********************************************
*范例编号: 08_08
*范例说明: 归并排序算法
********************************************/
```

```
01    #include <stdio.h>
02    #include <stdlib.h>
03    #include <malloc.h>
04    void CopyArray(int source[], int dest[],int len,int first);
05    void MergeSort(int a[],int left,int right);
06    void Merge(int a[],int left,int right);
07    void DispArray(int a[],int n);
08    void main()
09    {
10          int a[]={37,19,43,22,57,89,26,92};
11          int len=sizeof(a)/sizeof(int);
12          printf("排序前数组中的元素:\n");
13          DispArray(a,len);
14          MergeSort(a,0,len-1);
15          printf("排序后数组中的元素:\n");
16          DispArray(a,len);
17          system("pause");
18    }
19    void MergeSort(int a[],int left,int right)
20          /*归并排序*/
21    {
22          int i;
23          if(left<right)
24          {
25                i=(left+right)/2;
26                MergeSort(a,left,i);
27                MergeSort(a,i+1,right);
28                Merge(a,left,right);
29          }
30    }
31    void Merge(int a[],int left,int right)
32          /*合并两个子序列中的元素*/
33    {
34          int begin1,begin2,mid,k=0,len,*b;
35          begin1=left;
36          mid=(left+right)/2 ;
37          begin2=mid+1;
38          len=right-left+1;
39          b=(int*)malloc(len*sizeof(int));
40          while(begin1<=mid && begin2<=right)
41          {
42                if(a[begin1]<=a[begin2])
43                      b[k++]=a[begin1++];
44                else
45                      b[k++]=a[begin2++];
46          }
47          while(begin1<=mid)
48                b[k++]=a[begin1++];
49          while(begin2<=right)
50                b[k++]=a[begin2++];
51          CopyArray(b,a,len,left);
52          free(b);
53    }
```

```
54      void CopyArray(int source[], int dest[],int len,int start)
55           /*将 source 数组中的元素复制到 dest 数组中，
56           其中，len 是源数组的长度，start 是目标数组的起始位置*/
57      {
58           int i,j=start;
59           for(i=0;i<len;i++)
60           {
61                dest[j]=source[i];
62                j++;
63           }
64      }
65      void DispArray(int a[],int n)
66           /*输出数组中的元素*/
67      {
68           int i;
69           for(i=0;i<n;i++)
70                printf("%4d",a[i]);
71           printf("\n");
72      }
```

该范例的运行结果如图 8-33 所示。

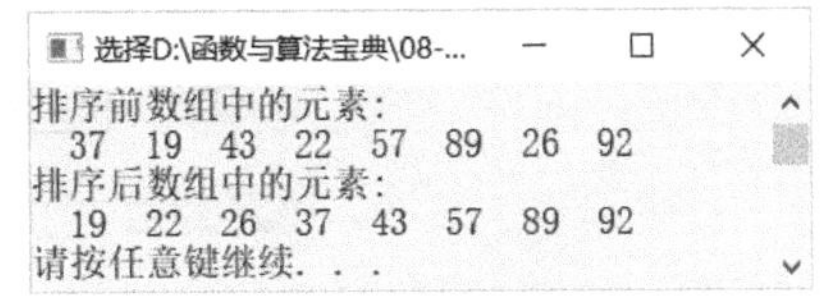

图 8-33　范例的运行结果

4. 主要用途

归并排序算法实现起来比较复杂。因为二路归并排序算法需要的临时空间较大，所以常常用于外部排序中。

5. 稳定性与复杂度

归并排序算法是一种稳定的排序算法。

二路归并排序的过程需要进行 $\log_2 n$ 趟。二路归并排序算法需要多次递归调用自身，其递归调用的过程可以构成一个二叉树的结构，它的时间复杂度为 $T(n)\leqslant n+2T(n/2)\leqslant n+2(n/2+2T(n/4))=2n+4T(n/4)\leqslant 3n+8T(n/8)\leqslant\ldots\leqslant n\log_2 n+nT(1)$，即 $O(n\log_2 n)$。二路归并排序算法的空间复杂度为 $O(n)$。

8.5 基数排序

基数排序不同于前面所讲的排序，前面的排序算法都是基于元素之间的比较实现的，而基数排序算法则是利用分类进行排序。

1. 算法思想

基数排序是一种多关键字排序算法。基数排序根据关键字对所有元素进行分配，然后按照关键字的顺序将这些元素收集起来，进而完成对元素序列的排序。因此，基数排序算法分为两个过程：分配和收集。

基数排序的算法思想：假设第 i 个元素 a_i 的关键字为 key_i，key_i 由 d 位十进制组成，即 $key_i = ki^d ki^{d-1} \ldots ki^1$，其中 ki^1 为最低位，ki^d 为最高位。关键字的每一位数字都可作为一个子关键字。首先将每一个元素依次根据每个关键字进行分配并收集，直到所有的关键字都分配并收集完毕，这样就完成了排序过程。

2. 示例

假如一组元素序列为（236,128,34,567,321,793,317,106）。这组元素的位数最多的是 3 位，因此在排序之前，首先将所有元素都转换为 3 位数字组成的数，即(236,128,034,567,321,793,317,106)，对这组元素进行基数排序需要进行 3 趟分配和收集。首先需要对该元素序列的关键字的最低位，即个位上的数字进行分配和收集，然后对十位数字进行分配和收集，最后对最高位的数字进行分配和收集。一般情况下，采用链表实现基数排序。

对最低位数字进行分配和收集的过程如图 8-34 所示。

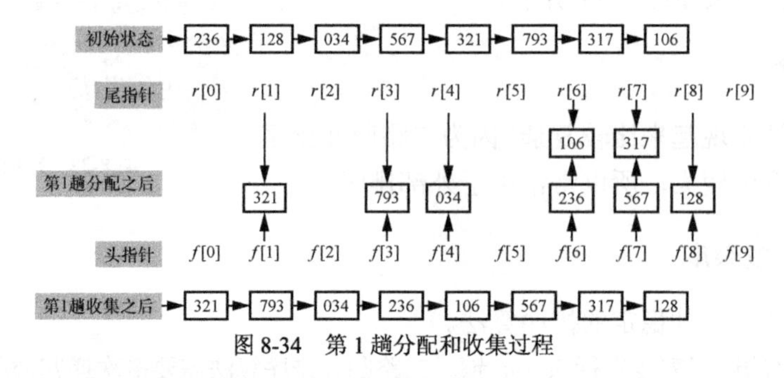

图 8-34　第 1 趟分配和收集过程

其中，数组 $f[i]$保存第 i 个链表的头指针，数组 $r[i]$保存第 i 个链表的尾指针。

对十位数字进行分配和收集的过程如图 8-35 所示。

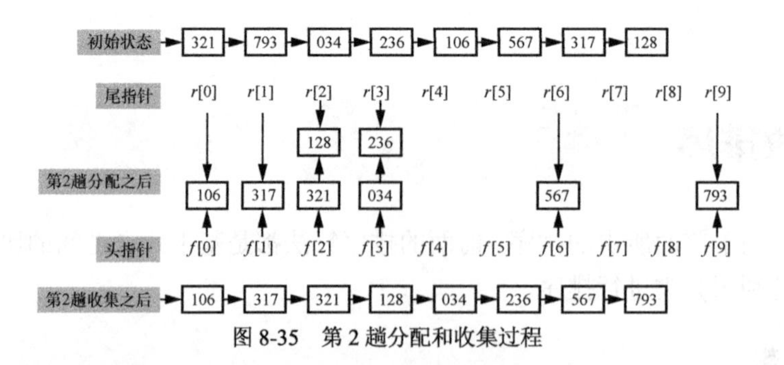

图 8-35　第 2 趟分配和收集过程

对最高位数字进行分配和收集的过程如图 8-36 所示。

综上可以看出，经过第 1 趟排序，即将个位数字作为关键字进行分配后，关键字被分为 10 类，即个位上相同的数字被划分为一类，然后对分配后的元素进行收集，得到以个位数字非递减排列的元素序列。同理，经过第 2 趟分配和收集后，得到以十位数字非递减排列的元素序列。经过第 3 趟分配和收集后，得到最终的排序结果。

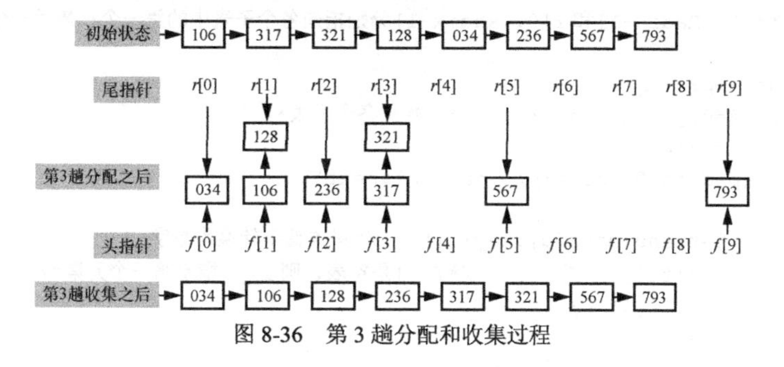

图 8-36　第 3 趟分配和收集过程

3. 范例

```
/*******************************************
*范例编号：08_09
*范例说明：基数排序算法
*******************************************/
01    #include <stdio.h>
02    #include <malloc.h>
03    #include <stdlib.h>
04    #include <string.h>
05    #include <math.h>
06    #define MaxSize 200       /*待排序元素的最大个数*/
07    #define N 8               /*待排序元素的实际个数*/
08    #define MaxNumKey 6       /*关键字项数的最大值*/
09    #define Radix 10          /*关键字基数，10 表示十进制数字可以分为 10 组*/
10    /*静态链表的结点，存放待排序元素*/
11    typedef struct
12    {
13        int key[MaxNumKey];/*关键字*/
14        int next;
15    }SListCell;
16    /*静态链表，存放元素序列*/
17    typedef struct
18    {
19        SListCell data[MaxSize]; /*存储元素，data[0]为头结点*/
20        int keynum;              /*每个元素的当前关键字个数*/
21        int length;              /*静态链表的当前长度*/
22    }SList;
23    typedef int addr[Radix];  /*指针数组类型，用来指向每个链表的第一个结点和最后一个结点*/
24    void DispList(SList L);        /*输出链表中的元素*/
25    void DispStaticList(SList L); /*以静态链表的形式输出元素*/
26    void InitList(SList *L,int d[],int n);
27    int trans(char c);              /*将字符转换为数字*/
28    void Distribute(SListCell data[],int i,addr f,addr r);  /*分配*/
29    void Collect(SListCell data[],addr f,addr r);            /*收集*/
```

```
30    void RadixSort(SList *L);      /*基数排序*/
31    void Distribute(SListCell data[],int i,addr f,addr r)
32        /*为 data 数组中的第 i 个关键字 key[i]建立 Radix 个子表,使同一子表中元素的 key[i]相同*/
33        /*f[0..Radix-1]和 r[0..Radix-1]分别指向各个子表中的第一个和最后一个元素*/
34    {
35        int j,p;
36        for(j=0;j<Radix;j++)      /*初始化各个子表*/
37            f[j]=0;
38        for(p=data[0].next;p;p=data[p].next)
39        {
40            j=trans(data[p].key[i]);  /*将关键字转换为数字*/
41            if(!f[j])             /*f[j]是空表,则 f[j]指示第一个元素*/
42                f[j]=p;
43            else
44                data[r[j]].next=p;
45            r[j]=p;               /*将 p 所指的结点插入第 j 个子表中*/
46        }
47    }
48    void Collect(SListCell data[],addr f,addr r)
49        /*收集,按 key[i]将 f[0..Radix-1]所指的各子表依次链接成一个静态链表*/
50    {
51        int j,t;
52        for(j=0;!f[j];j++);   /*找第一个非空子表*/
53        data[0].next=f[j];
54        t=r[j];                /*r[0].next 指向第一个非空子表中的第一个结点*/
55        while(j<Radix-1)
56        {
57            for(j=j+1;j<Radix-1&&!f[j];j++);   /*找下一个非空子表*/
58            if(f[j])          /*将非空链表连接在一起*/
59            {
60                data[t].next=f[j];
61                t=r[j];
62            }
63        }
64        data[t].next=0;       /*t 指向最后一个非空子表中的最后一个结点*/
65    }
66    void RadixSort(SList *L)
67        /*基数排序,使 L 成为按关键字非递减排列的静态链表,r[0]为头结点*/
68    {
69        int i;
70        addr f,r;
71        for(i=0;i<(*L).keynum;i++) /*根据低位到高位依次对各关键字进行分配和收集*/
72
73        {
74            Distribute((*L).data,i,f,r); /*第 i 趟分配*/
75            Collect((*L).data,f,r);      /*第 i 趟收集*/
76            printf("第%d 趟收集后:",i+1);
77            DispStaticList(*L);
78        }
79    }
80    void InitList(SList *L,int a[],int n)
```

```
81          /*初始化静态链表 L*/
82      {
83          char ch[MaxNumKey],ch2[MaxNumKey];
84          int i,j;
85          double max=a[0];
86          for(i=1;i<n;i++)                      /*将最大的元素存入 max*/
87               if(max<a[i])
88                    max=a[i];
89          (*L).keynum=(int)(log10(max))+1;  /*求子关键字的个数*/
90          (*L).length=n;                        /*待排序个数*/
91          for(i=1;i<=n;i++)
92          {
93               itoa(a[i-1],ch,10);  /*将整型转化为字符，并存入 ch*/
94               for(j=strlen(ch);j<(*L).keynum;j++)/*若 ch 的长度小于 max 的位数,则在 ch 前补'0'*/
95
96               {
97                    strcpy(ch2,"0");
98                    strcat(ch2,ch);
99                    strcpy(ch,ch2);
100               }
101               for(j=0;j<(*L).keynum;j++)  /*将每个元素的各位数存入 key，使其作为关键字*/
102
103     (*L).data[i].key[j]=ch[(*L).keynum-1-j];
104          }
105          for(i=0;i<(*L).length;++i)          /*初始化静态链表*/
106               (*L).data[i].next=i+1;
107          (*L).data[(*L).length].next=0;
108     }
109     void main()
110     {
111          int d[N]={236,128,34,567,321,793,317,106};
112          SList L;
113          InitList(&L,d,N);
114          printf("待排序元素个数是%d 个,关键字个数是%d 个\n",L.length,L.keynum);
115
116          printf("排序前的元素序列:");
117          DispStaticList(L);
118          printf("排序前元素的存放情况:\n");
119          DispList(L);
120          RadixSort(&L);
121          printf("排序后元素的存放情况:\n");
122          DispList(L);
123          system("pause");
124     }
125     void DispList(SList L)
126          /*按数组序号的形式输出静态链表*/
127     {
128          int i,j;
129          printf("序号 关键字 地址\n");
130          for(i=1;i<=L.length;i++)
131          {
```

```
132                 printf("%2d     ",i);
133                 for(j=L.keynum-1;j>=0;j--)
134                      printf("%c",L.data[i].key[j]);
135                 printf("     %d\n",L.data[i].next);
136            }
137       }
138       void DispStaticList(SList L)
139            /*按链表的形式输出静态链表*/
140       {
141            int i=L.data[0].next,j;
142            while(i)
143            {
144                 for(j=L.keynum-1;j>=0;j--)
145                      printf("%c",L.data[i].key[j]);
146                 printf(" ");
147                 i=L.data[i].next;
148            }
149            printf("\n");
150       }
151       int trans(char c)
152            /*将字符 c 转化为对应的整数*/
153       {
154            return c-'0';
155       }
```

该范例的运行结果如图 8-37 所示。

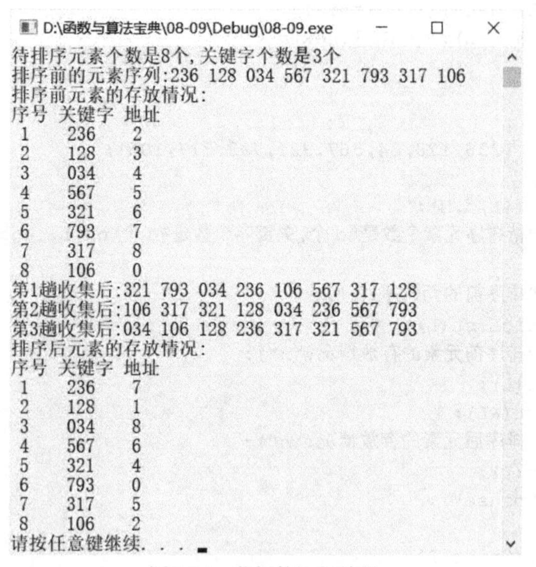

图 8-37　范例的运行结果

4. 主要用途

基数排序算法实现起来比较复杂，是一种多关键字排序算法，属于分配类排序。因为基数排序算法不需要过多比较，所以在数据较多的情况下，采用基数排序算法的效率要优于前面谈到的排序算法。

5. 稳定性与复杂度

基数排序算法是一种稳定的排序算法。

基数排序算法的时间复杂度是 $O(d(n+r))$，其中，n 表示待排序的元素个数，d 是关键字的个数，r 表示基数。其中，一趟分配的时间复杂度是 $O(n)$，一趟收集的时间复杂度是 $O(r)$。

基数排序需要 $2r$ 个指向链式队列的辅助空间。

第9章　查找算法

查找也被称为检索，是指从一批记录中找到指定记录的过程。查找算法是程序设计过程中处理非数值问题非常重要的操作。例如，从英汉词典中查找某个单词的含义，从通讯录中查找朋友的联系方式。常用的查找算法包括基于线性表的查找、基于树的查找、哈希表的查找。

9.1 基于线性表的查找

基于线性表的查找包括顺序查找、折半查找和分块查找。

9.1.1 顺序查找

1. 算法思想

顺序查找是指从表的一端开始，将待查找元素与表中的元素逐个进行比较，如果某个元素与给定的元素相等，则查找成功，函数返回该元素所在的顺序表的位置；否则，查找失败，返回0。

2. 示例

假设有一个元素序列（73,12,67,32,21,39,55,48），待查找元素为32。顺序查找元素32的过程如图9-1所示。

将待查找元素32与第1个元素，即下标为0的元素进行比较，如果不相等，则继续比较下一个元素，直到遇到第4个元素即为查找成功。

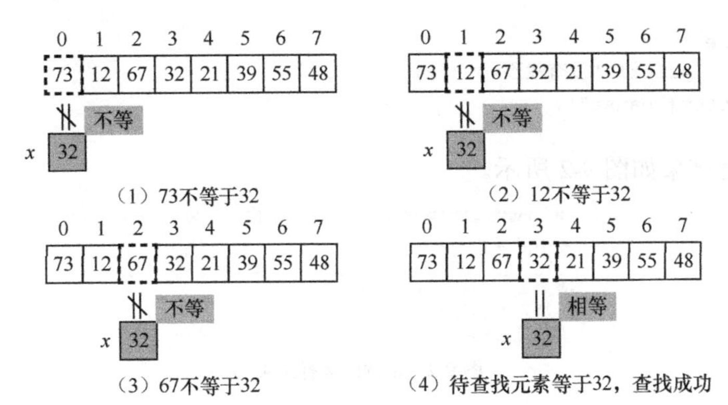

图 9-1　顺序查找元素 32 的过程

3. 范例

```
/**********************************************
*范例编号：09_01
*范例说明：顺序查找算法
**********************************************/
01    #include <stdio.h>
02    #include <stdlib.h>
03    #define MaxSize 100
04    typedef struct
05    {
06         int list[MaxSize];
07         int length;
08    }Table;
09    int SeqSearch(Table S,int x)
10    /*在顺序表中查找元素 x，如果找到，则返回该元素在表中的位置；否则返回 0*/
11    {
12         int i=0;
13         while(i<S.length&&S.list[i]!=x)  /*从表的第 1 个元素开始查找 x*/
14              i++;
15         if(S.list[i]==x)             /*如果找到 x，则返回元素 x 在表中的位置*/
16              return i+1;
17         else                         /*否则返回 0*/
18              return 0;
19    }
20    void main()
21    {
22         Table T={{73,12,67,32,21,39,55,48},8};
23         int i,position,x;
24         printf("表中的元素:\n");
25         for(i=0;i<T.length;i++)
26              printf("%4d",T.list[i]);
27         printf("\n 请输入要查找的元素:");
28         scanf("%d",&x);
29         position=SeqSearch(T,x);
30         if(position)
31              printf("%d 是表的第%d 个元素.\n",x,position);
```

```
32          else
33               printf("没有找到%d.",x);
34          system("pause");
35     }
```

该范例的运行结果如图 9-2 所示。

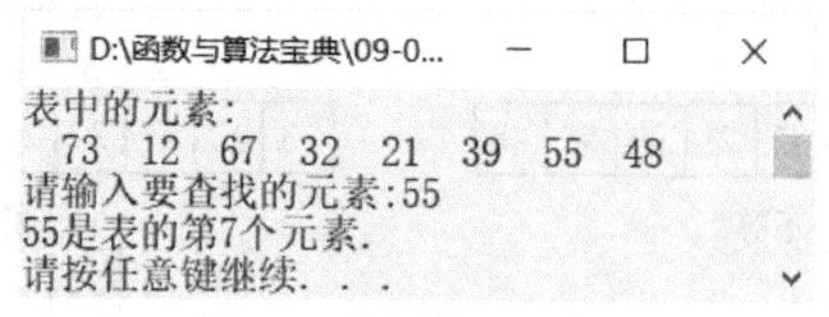

图 9-2　范例的运行结果

4. 特点

顺序查找实现起来比较简单，但是效率较低，主要用于对效率要求不高的场合。

顺序查找可以利用顺序结构实现，也可以利用链式结构实现。

5. 效率分析

假设表中有 n 个元素，则查找第 i 个元素时需要进行 $n-i+1$ 次比较，如果元素在表中出现的概率都相等，即 $\frac{1}{n}$，则顺序表在查找成功时的平均查找长度为

$$\text{ASL}_{\text{成功}}=\sum_{i=1}^{n}P_iC_i=\sum_{i=1}^{n}\frac{1}{n}*(n-i+1)=\frac{n+1}{2}$$

即查找成功时，平均比较次数约为表长的一半。

9.1.2　折半查找

1. 算法思想

折半查找又称为二分查找，这种查找算法要求待查找的元素序列必须是从小到大排列的有序序列。折半查找的算法思想如下。

将待查找元素与表中间的元素进行比较，如果两者相等，则说明查找成功；否则利用中间位置将表分成两部分，如果待查找元素小于中间位置的元素值，则继续与前一个子表的中间位置的元素值进行比较；否则与后一个子表的中间位置的元素值进行比较。不断重复以上操作，直到找到与待查找元素相等的元素即为查找成功。如果子表变为空表，则查找失败。

2. 示例

假设一个有序顺序表为（9,23,26,32,36,47,56,63,79,81），要在此表中查找 56，利用折半查找的过程如图 9-3 所示。其中，图中的 low 和 high 表示两个指针，分别指向待查找元素的下界和上界，指针 mid 指向 low 和 high 的中间位置，即 mid=(low+high)/2。

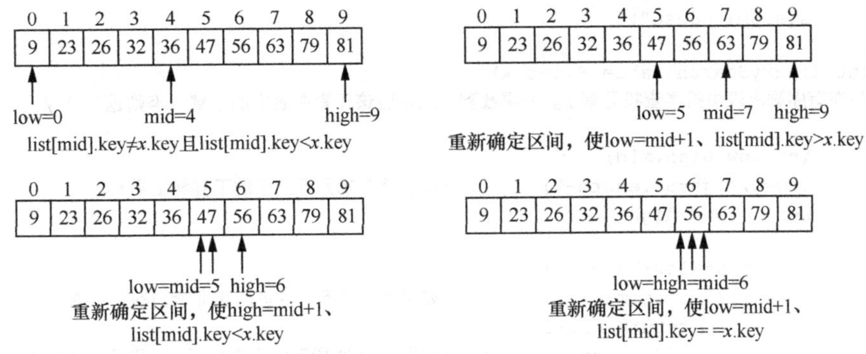

图 9-3 折半查找过程

在图 9-3 中，当 mid=4 时，因为 36<56，说明要查找的元素应该在 36 之后的位置，所以需要将指针 low 移动到 mid 的下一个位置，即使 low=5，而 high 不需要移动。这时有 mid=(5+9)/2=7，而 63>56，说明要查找的元素应该在 63 之前，因此需要将 high 移动到 mid 的前一个位置，即 high=mid−1=6。这时有 mid=(5+6)/2=5，又因为 47<56，所以需要修改 low，使 low=6。这时有 low=high=6，mid=(6+6)/2=6，list[mid].key==x.key，所以查找成功。如果下界指针 low>上界指针 high，则表示表中没有与关键字相等的元素，查找失败。

3. 范例

```
/********************************************
*范例编号：09_02
*范例说明：折半查找算法
*********************************************/
01      #include <stdio.h>
02      #include <stdlib.h>
03      #define MaxSize 100
04      typedef struct
05      {
06           int list[MaxSize];
07           int length;
08      }Table;
09      int BinarySearch(Table S,int x);
10      void main()
11      {
12           Table T={{9,23,26,32,36,47,56,63,79,81},10};
13           int i,find,x;
14           printf("有序顺序表中的元素:\n");
15           for(i=0;i<T.length;i++)
16                printf("%4d",T.list[i]);
17           printf("\n 请输入要查找的元素:");
18           scanf("%d",&x);
19           find=BinarySearch(T,x);
20           if(find)
21                printf("元素%d 是顺序表中的第%d 个元素.\n",x,find);
22           else
23                printf("没有找到该元素.\n");
```

```
24          system("pause");
25     }
26     int BinarySearch(Table S,int x)
27     /*在有序顺序表中折半查找元素 x。如果找到，则返回该元素在表中的位置；否则返回 0*/
28     {
29          int low,high,mid;
30          low=0,high=S.length-1;         /*设置待查找元素范围的下界和上界*/
31          while(low<=high)
32          {
33               mid=(low+high)/2;
34               if(S.list[mid]==x)        /*如果找到元素，则返回该元素所在的位置*/
35                    return mid+1;
36               else if(S.list[mid]<x)  /*如果 mid 所指示的元素小于 x，则修改 low 指针*/
37                    low=mid+1;
38               else if(S.list[mid]>x)  /*如果 mid 所指示的元素大于 x，则修改 high 指针*/
39                    high=mid-1;
40          }
41          return 0;
42     }
```

该范例的运行结果如图 9-4 所示。

4. 特点

折半查找算法要求待排序元素必须是一个有序的序列。

折半查找算法的查找效率高于顺序查找算法的效率。

5. 效率分析

前面折半查找的过程可用一个图 9-5 所示的判定树来描述。图中，用折半查找算法查找关键字为 56 的元素时，需要比较的次数为 4 次。查找元素 36 时需要比较 1 次，查找元素 63 时需要比较 2 次，查找元素 47 时需要比较 3 次。

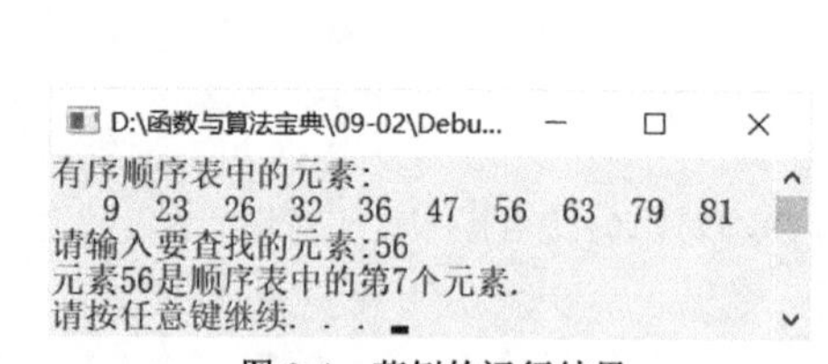

图 9-4 范例的运行结果

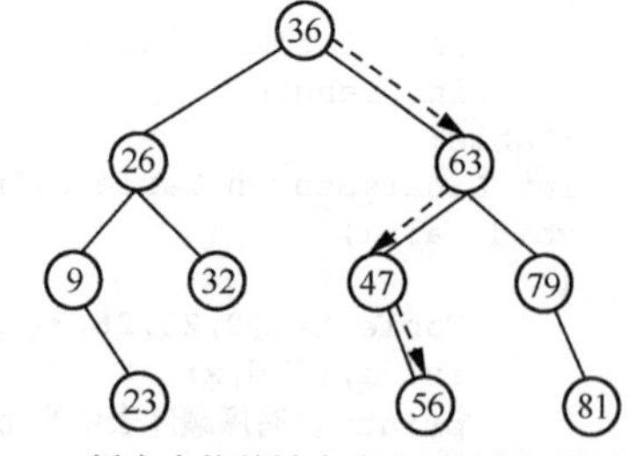

图 9-5 折半查找关键字为 56 的过程的判定树

从图 9-5 中的判定树可以看出，查找关键字为 56 的过程正好是从根结点到元素值为 56 的结点的路径。所要查找元素所在判定树的层次就是折半查找要比较的次数。因此，假设表中具有 n 个元素，折半查找成功时，至多需要比较的次数为 $\lfloor \log_2 n \rfloor + 1$。

对于具有 n 个结点的有序表（恰好构成一个深度为 h 的满二叉树）来说，有 $h=\lfloor \log_2(n+1) \rfloor$，

二叉树中第 i 层的结点个数是 2^{i-1}。假设表中每个元素的查找概率相等，即 $P_i=\frac{1}{n}$，则有序表在折半查找成功时，平均查找长度为

$$\text{ASL}_{\text{成功}}=\sum_{i=1}^{n}P_iC_i=\sum_{i=1}^{h}\frac{1}{n}*i*2^i=\frac{n+1}{n}\log_2(n+1)+1$$

查找失败时，平均查找长度为

$$\text{ASL}_{\text{失败}}=\sum_{i=1}^{n}P_iC_i=\sum_{i=1}^{h}\frac{1}{n}*\log_2(n+1)=\log_2(n+1)\text{。}$$

9.1.3　分块查找

1. 算法思想

分块查找也称为索引顺序表查找。分块查找就是将顺序表（主表）分成若干个单元，然后为每个单元建立一个索引表，利用索引在其中一个单元中进行查找。其中，索引表分为两个部分：一部分用来存储每个子表中最大的元素值，另一部分用来存储每个子表中第 1 个元素的下标。

索引表中的元素必须是有序的，顺序表（主表）中的元素可以是有序排列，也可以是块内无序，但块之间是有序的排列，即后一个单元中的所有元素值都大于前一个单元中的元素值的排列。例如，一个索引顺序表如图 9-6 所示。

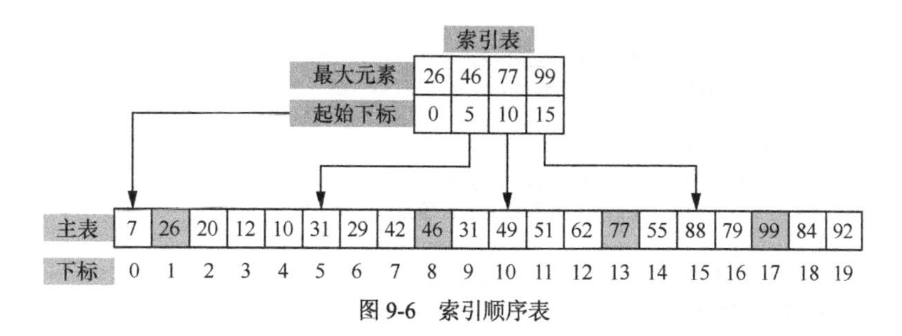

图 9-6　索引顺序表

从图 9-6 可以看出，索引表将主表分为 4 块，每块包含 5 个元素。要查找主表中的某个元素，需要分为两步查找：第 1 步需要确定要查找元素所在的块，第 2 步在该单元查找指定的元素。例如，要查找元素 62，首先需要将 62 与索引表中的元素进行比较，因为 46<62<77，所以需要在第 3 个块中查找，该块的起始下标是 10，因此从主表中下标为 10 的位置开始查找 62，直到找到该元素为止。如果在该块中没有找到 62，则说明主表中不存在该元素，查找失败。

2. 范例

```
/*******************************************
*范例编号: 09_03
*范例说明: 分块查找算法
*******************************************/
01    #include <stdio.h>
02    #include <stdlib.h>
03    #define TableSize 100
04    #define IndexSize 20
05    typedef struct   /*顺序表类型*/
06    {
07         int list[TableSize];
08         int length;
09    }Table;
10    typedef struct   /*索引表类型*/
11    {
12         int maxvalue;
13         int index;
14    }IndexTable[IndexSize];
15    int SeqIndexSearch(Table S,IndexTable T,int m,int x);
16    void main()
17    {
18         Table S={{7,26,20,12,10,31,29,42,46,31,49,51,62,77,55,88,79,99,84,92},20};
19         IndexTable T={{26,0},{46,5},{77,10},{99,15}};
20         int x=62,pos,i;
21         printf("索引表 T:\n");
22         printf("\t 最大元素值:");
23         for(i=0;i<4;i++)
24              printf("%3d",T[i].maxvalue);
25         printf("\n\t 起始下标   :");
26         for(i=0;i<4;i++)
27              printf("%3d",T[i].index);
28         printf("\n 顺序表 S 中的元素:\n");
29         for(i=0;i<S.length;i++)
30              printf("%3d",S.list[i]);
31         if((pos=SeqIndexSearch(S,T,4,x))!=0)
32              printf("\n 元素%d 在主表中的位置是:%2d\n",x,pos);
33         else
34              printf("\n 查找失败!\n");
35         system("pause");
36    }
37    int SeqIndexSearch(Table S,IndexTable T,int m,int x)
38    /*在主表 S 中查找元素 x, T 为索引表。如果找到，则返回该元素在主表中的位置，否则返回 0*/
39    {
40         int i,j,bl;
41         for(i=0;i<m;i++)     /*通过索引表确定要查找元素在主表中的单元*/
42              if(T[i].maxvalue>=x)
43                   break;
44         if(i>=m)             /*如果要查找的元素不在表 S 中，则返回 0*/
45              return 0;
46         j=T[i].index;        /*从第 i 个单元的序号 j 开始查找元素 x*/
47         if(i<m-1)            /*bl 为第 j 单元的长度*/
```

```
48              bl=T[i+1].index-T[i].index;
49          else
50              bl=S.length-T[i].index;
51          while(j<T[i].index+bl)
52              if(S.list[j]==x)/*如果找到元素 x，则返回 x 在主表中所在的位置*/
53                  return j+1;
54              else
55                  j++;
56          return 0;
57      }
```

该范例的运行结果如图 9-7 所示。

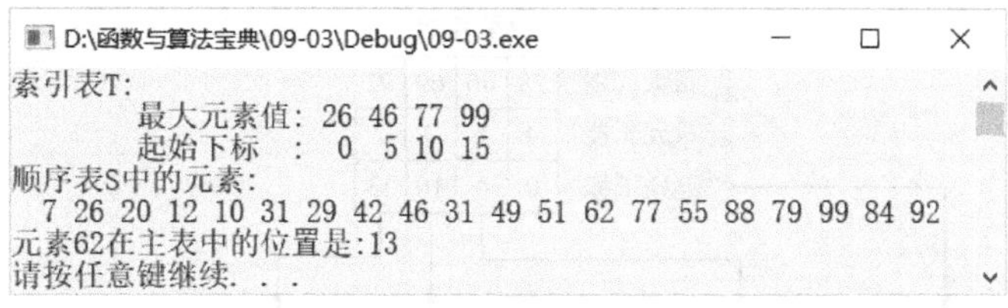

图 9-7 范例的运行结果

3. 特点

（1）索引顺序表由主表和索引表构成，主表中的元素不一定有序，索引表中的元素一定有序。

（2）当待查找的元素序列较多时，利用分块查找可以快速确定待查找元素的大致位置，这样可以大量减少比较次数，从而提高查找效率。

4. 效率分析

索引表中的元素是有序排列的，在确定元素所在的块时，可以用顺序查找算法查找索引表，也可以用折半查找算法查找索引表。由于主表中的元素是无序的，只能采用顺序法查找。因此，索引顺序表的平均查找长度可以表示为 $\text{ASL}=L_{\text{index}}+L_{\text{unit}}$。其中，$L_{\text{index}}$ 是索引表的平均查找长度，L_{unit} 是单元中元素的平均查找长度。

如果主表中的元素个数为 n，并将该主表平均分为 b 个块，且每个块中有 s 个元素，则有 $b=n/s$。在表中元素查找概率相等的情况下，每个块中元素的查找概率就是 $1/s$，主表中每个块的查找概率是 $1/b$。如果用顺序查找算法查找索引表中的元素，则索引顺序表查找成功时的平均查找长度为

$$\text{ASL}_{\text{成功}}=L_{\text{index}}+L_{\text{unit}}=\frac{1}{b}\sum_{i=1}^{b}i+\frac{1}{s}\sum_{j=1}^{s}j=\frac{b+1}{2}+\frac{s+1}{2}=\frac{1}{2}*\left(\frac{n}{s}+s\right)+1$$

如果用折半查找算法查找索引表中的元素，则有 $L_{\text{index}}=\frac{b+1}{b}\log_2(b+1)+1\approx\log_2(b+1)-1$，将其代入 $\text{ASL}_{\text{成功}}=L_{\text{index}}+L_{\text{unit}}$ 中，则索引顺序表查找成功时的平均查找长度为

$$\mathrm{ASL}_{成功}=L_{\mathrm{index}}+L_{\mathrm{unit}}=\log_2(b+1)-1+\frac{1}{s}\sum_{j=1}^{s}j=\log_2(b+1)-1+\frac{s+1}{2}\approx\log_2(n/s+1)+\frac{s}{2}$$

5. 特殊情况

一般情况下，每个块中的元素都是相等的。当每个块中的元素不相等时，就需要在索引表中增加一项——用来存储主表中每个块中元素的个数。我们把这种索引顺序表称为不等长索引顺序表。例如，一个不等长索引顺序表如图 9-8 所示。

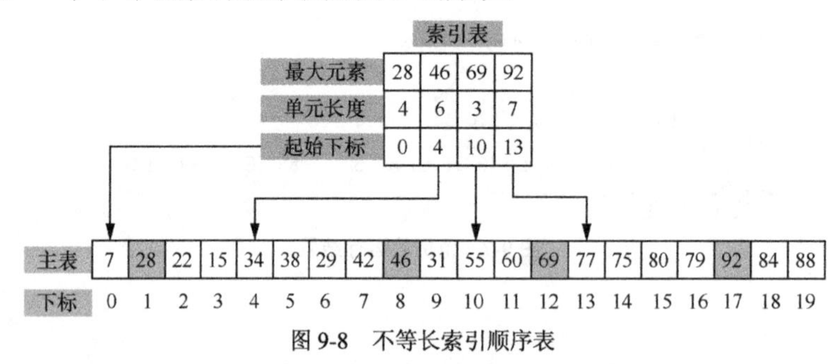

图 9-8　不等长索引顺序表

9.2 基于树的查找

基于树的查找是把待查找表组织成树形结构再进行查找。基于树的查找中最常用的方法是基于二叉排序树的查找。

9.2.1 基于二叉排序树的查找操作

1. 二叉排序树的定义

二叉排序树也称为二叉查找树，或者一棵空二叉树，其具有以下性质。

（1）如果二叉树的左子树不为空，则左子树上的每一个结点的元素值都小于其对应根结点的元素值；

（2）如果二叉树的右子树不为空，则右子树上的每一个结点的元素值都大于其对应根结点的元素值；

该二叉树的左子树和右子树也满足性质（1）和性质（2），即左子树和右子树也是一棵二叉排序树。

显然，这是一个递归的二叉排序树定义。例如，一棵二叉排序树如图 9-9 所示。

从图 9-9 中不难看出，每个结点的元素值都大于其所有左子树结点的元素值，并且小于其所有右子树结点的元素值。例如，结点元素值 80 大于左子树的结点元素值 70，小于右子树的结点元素值 87。

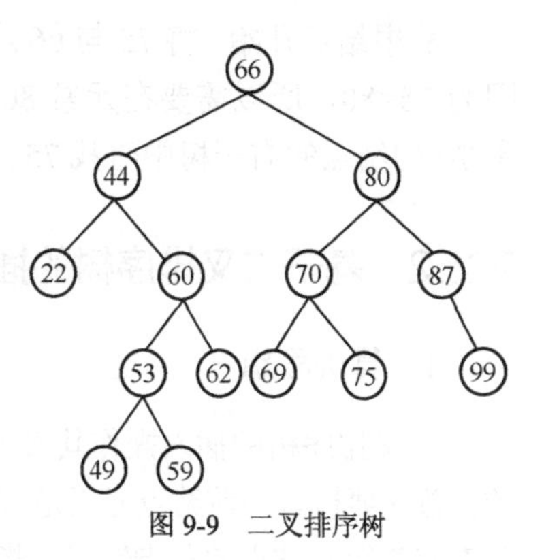

图 9-9　二叉排序树

2. 算法思想

如果要查找二叉树中的某个元素值，需要从根结点出发，与给定的结点元素值进行比较。如果相等，则查找成功；如果给定的元素值小于根结点的元素值，则在该根结点的左子树中查找；如果给定的元素值大于根结点的元素值，则在该根结点的右子树中查找。

3. 示例

假设存在一棵二叉排序树，在该二叉排序树中查找元素 75 的过程如图 9-10 所示。

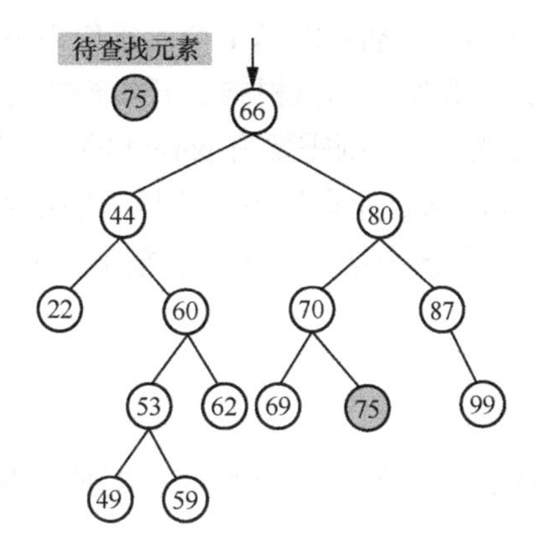

（1）从根结点出发，开始查找元素75

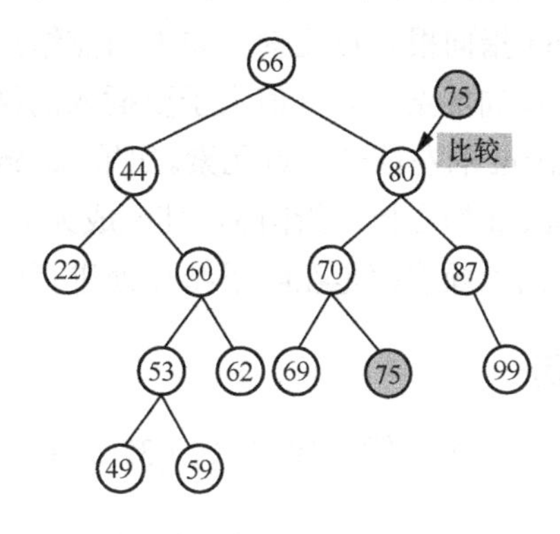

（2）因为75大于66，所以需要将75与右子树结点元素进行比较

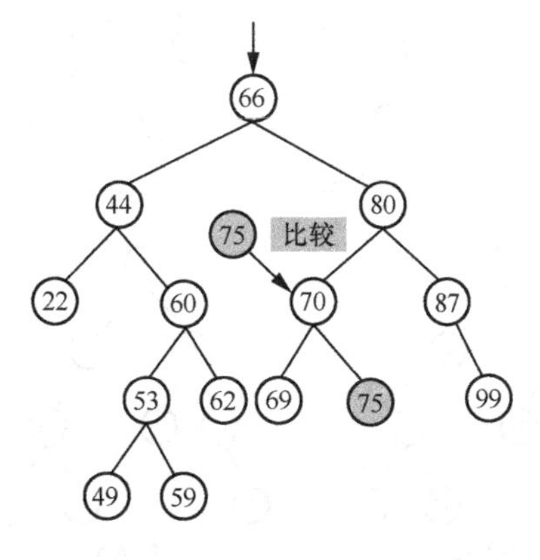

（3）因为75小于80，所以需要将75与左子树结点元素进行比较

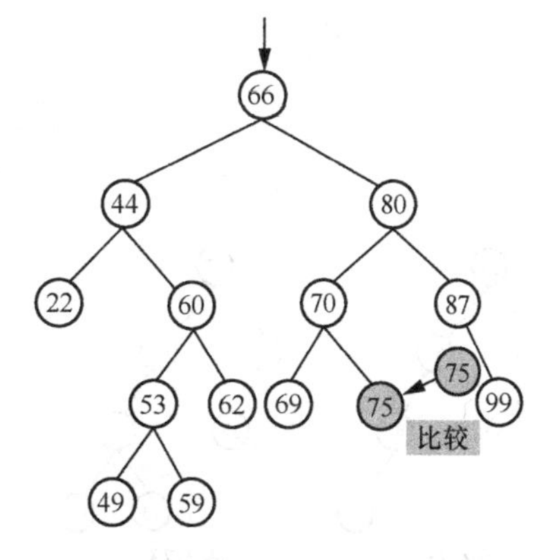

（4）因为75大于70，所以需要将75与右子树结点元素进行比较，查找成功

图 9-10　二叉排序树的查找过程

从根结点开始，将 75 与 66 进行比较，因为 75>66，所以需要在右子树中查找 75 是否存在。因为 75<80，所以需要在元素 80 的结点的左子树中查找元素 75。因为 75>70，所以需要在元素 70 的结点的右子树中查找 75。因为元素 70 的结点的右子树结点与 75 相等，所以查找成功。

9.2.2 基于二叉排序树的插入操作

1. 算法思想

二叉排序树的插入操作其实就是二叉排序树的建立。二叉排序树的插入操作是从根结点开始的，首先要检查当前结点元素是否是要查找的元素。如果是，则不进行插入操作；否则，将结点插入查找失败时结点的左指针或右指针处。在算法的实现过程中，需要设置一个指向下一个要访问结点的双亲结点指针 parent，也就是需要记下前驱结点的位置，以便在查找失败时进行插入操作。

初始时，当前结点指针 cur 为空，则说明查找失败，将插入的第 1 个元素作为根结点元素，然后让 parent 指向根结点元素。如果当前结点指针不为空，则从根结点开始查找待插入位置。如果 parent 指向的结点元素值大于要插入的结点元素值 *x*，则需要将 parent 的左指针指向 *x*，使 *x* 成为 parent 的左孩子结点元素。如果 parent 指向的结点元素值小于要插入的结点元素值 *x*，则需要将 parent 的右指针指向 *x*，使 *x* 成为 parent 的右孩子结点元素。在整个二叉排序树的插入过程中，插入操作都是在叶子结点处进行的。

2. 示例

假设存在一个关键字序列（37,32,35,62,82,95,73,12,5），二叉排序树对应的插入操作如图 9-11 所示。

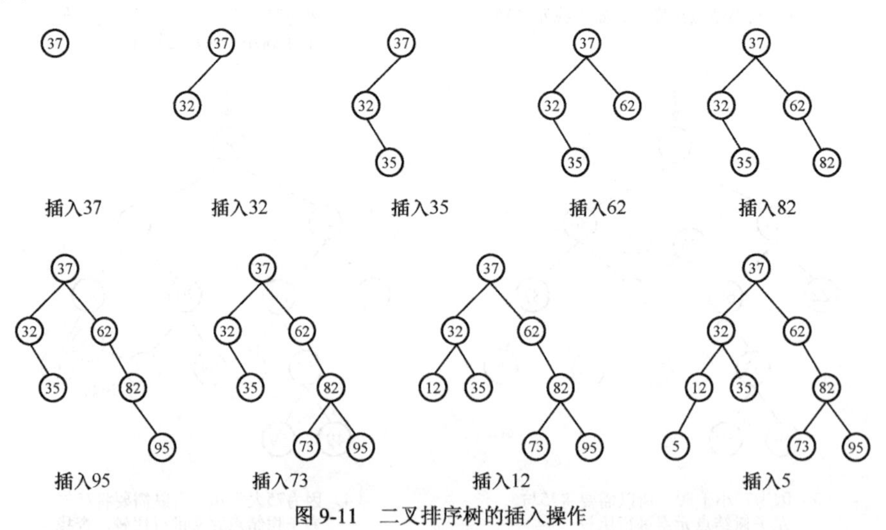

图 9-11　二叉排序树的插入操作

从图 9-11 可以看出，通过中序遍历二叉排序树，可以得到一个关键字有序的序列（5,12,32,

35,37,62,73,82,95）。因此，构造二叉排序树的过程就是对一个无序序列进行排序的过程。在二叉排序树的插入操作中，每次插入的结点都是叶子结点，并且不需要移动结点，仅需要移动结点指针，实现起来较为容易。

3. 范例

```
/*******************************************
*范例编号：09_04
*范例说明：基于二叉树的查找算法
*******************************************/
01    #include <stdio.h>
02    #include <stdlib.h>
03    #include <malloc.h>
04    typedef struct Node   /*二叉排序树的类型定义*/
05    {
06        int data;
07        struct Node *lchild,*rchild;
08    }BiTreeNode,*BiTree;
09    BiTree BSTSearch(BiTree T,int x);
10    int BSTInsert(BiTree *T,int x);
11    void InOrderTraverse(BiTree T);
12    void main()
13    {
14        BiTree T=NULL,p;
15        int table[]={37,32,35,62,82,95,73,12,5};
16        int n=sizeof(table)/sizeof(table[0]);
17        int x,i;
18        for(i=0;i<n;i++)
19            BSTInsert(&T,table[i]);
20        printf("中序遍历二叉排序树得到的序列为:\n");
21        InOrderTraverse(T);
22        printf("\n 请输入要查找的元素:");
23        scanf("%d",&x);
24        p=BSTSearch(T,x);
25        if(p!=NULL)
26            printf("二叉排序树查找:元素%d 查找成功.\n",x);
27        else
28            printf("二叉排序树查找:没有找到元素%d.\n",x);
29         system("pause");
30    }
31    BiTree BSTSearch(BiTree T,int x)
32    /*二叉排序树的查找操作。如果找到元素 x，则返回指向结点的指针，否则返回 NULL*/
33    {
34        BiTreeNode *p;
35        if(T!=NULL)                    /*如果二叉排序树不为空*/
36        {
37            p=T;
38            while(p!=NULL)
39            {
40                if(p->data==x)         /*如果找到，则返回指向该结点的指针*/
41                    return p;
42                else if(x<p->data)  /*如果关键字小于 p 指向的结点的值，则在左子树中查找*/
43                    p=p->lchild;
```

```
44                  else
45                      p=p->rchild;    /*如果关键字大于p指向的结点的值，则在右子树中查找*/
46              }
47          }
48          return NULL;
49      }
50      int BSTInsert(BiTree *T,int x)
51      /*二叉排序树的插入操作。如果树中不存在元素x，则将x插入正确的位置并返回1，否则返回0*/
52      {
53          BiTreeNode *p,*cur,*parent=NULL;
54          cur=*T;
55          while(cur!=NULL)
56          {
57              if(cur->data==x)       /*如果二叉树中存在元素为x的结点，则返回0*/
58                  return 0;
59              parent=cur;            /*parent指向cur的前驱结点*/
60              if(x<cur->data)        /*如果关键字小于p指向的结点的值，则在左子树中查找*/
61                  cur=cur->lchild;
62              else
63                  cur=cur->rchild; /*如果关键字大于p指向的结点的值，则在右子树中查找*/
64          }
65          p=(BiTreeNode*)malloc(sizeof(BiTreeNode));  /*生成结点*/
66          if(!p)
67              exit(-1);
68          p->data=x;
69          p->lchild=NULL;
70          p->rchild=NULL;
71          if(!parent)               /*如果二叉树为空，则第一结点成为根结点*/
72              *T=p;
73      else if(x<parent->data)   /*如果x小于parent指向的结点元素，则让x成为parent的左孩子*/
74              parent->lchild=p;
75      else                      /*如果x大于parent指向的结点元素，则让x成为parent的右孩子*/
76              parent->rchild=p;
77          return 1;
78      }
79      void InOrderTraverse(BiTree T)
80      /*中序遍历二叉排序树*/
81      {
82          if(T)                          /*如果二叉排序树不为空*/
83          {
84              InOrderTraverse(T->lchild);   /*中序遍历左子树*/
85              printf("%4d",T->data);        /*访问根结点*/
86              InOrderTraverse(T->rchild);   /*中序遍历右子树*/
87          }
88      }
```

该范例的运行结果如图9-12所示。

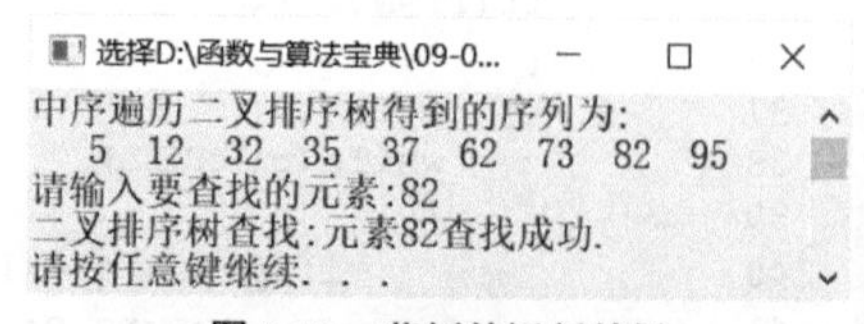

图9-12　范例的运行结果

4. 特点

基于二叉排序树的查找算法分为查找操作和插入操作两部分。

插入操作不需要移动结点，仅需要移动结点指针。

5. 效率分析

在二叉排序树的查找过程中，查找某个结点的过程恰好是从根结点到要查找结点的路径，其比较的次数正好是路径长度+1。这类似于折半查找，不同的是由 n 个结点构成的判定树是唯一的，而由 n 个结点构成的二叉排序树则不唯一。例如图 9-13 为两棵二叉排序树，其元素的关键字序列分别是（57,21,71,12,51,67,76）和（12,21,51,57,67,71,76）。

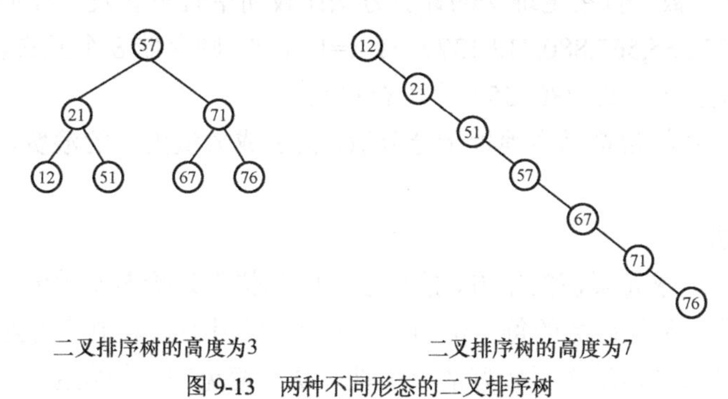

图 9-13　两种不同形态的二叉排序树

在图 9-13 中，假设每个元素的查找概率都相等，则在查找成功时左边的树的平均查找长度为 $ASL_{成功}=\frac{1}{7}\times(1+2\times2+4\times3)=\frac{17}{7}$，右边的树的平均查找长度为 $ASL_{成功}=\frac{1}{7}\times(1+2+3+4+5+6+7)=\frac{28}{7}$。

因此，平均查找长度与树的形态有关。如果二叉排序树有 n 个结点，则在最坏的情况下，平均查找长度为 $(n+1)/2$。在最好的情况下，平均查找长度为 $\log_2 n$。

9.3 哈希表的查找

哈希表也称为散列表，也是用来查找指定元素的一种方法。利用哈希表查找元素需要解决两个问题：构造哈希表和处理冲突。

9.3.1 构造哈希表

1. 哈希表的定义

哈希表是利用待查找元素与元素的存储位置建立起一种对应关系，在构造哈希表时直接将元素存放在相应的位置，在查找时直接利用对应关系从相应的位置找到该元素即可。通常用 key 表示待查找元素，f 表示对应关系，则 $f(\text{key})$ 表示元素的存储地址，把对应关系 f 称为哈希函数，利用哈希函数可以构造哈希表。

2. 哈希函数的构造方法

构造哈希函数的目的主要是使哈希地址尽可能均匀地分布，以避免产生冲突，使计算方法尽可能地简便以提高运算效率。哈希函数的构造方法主要有以下几种。

（1）直接定址法

直接定址法就是直接取元素的线性函数值作为哈希函数的地址。直接定址法的表示如下。

$h(\text{key})=x\times\text{key}+y$

其中，x 和 y 是常数。直接定址法的计算方法比较简单且不会发生冲突。例如，如果任给一组元素（115,231,372,55,567,880,412,137），令 x=1，y=0，则存储 8 个元素就需要占用 825（最大的元素减去最小的元素，即 880−55）个内存单元。

由于这种方法产生的哈希函数地址十分分散，会造成大量内存的浪费，因此一般不采用这种方法。

（2）平方取中法

平方取中法就是先求元素值的平方，然后取其中几位作为哈希函数的地址。由于一个数经过平方后，每一位数字都与该数的每一位相关。因此，采用平方取中法得到的哈希地址与元素的每一位都相关，使哈希地址有了较好的分散性，从而避免冲突的发生。

例如，如果给定关键字 key=1234，则关键字取平方后，即 key^2=1522756，取中间的 3 位得到哈希函数的地址，即 $h(\text{key})$=227。在该方法中，具体取哪几位作为哈希函数的地址要视具体情况而定。

（3）折叠法

折叠法是将元素平均分割为若干份，最后一个部分如果不够可以空缺，然后将这几个等份叠加求和作为哈希地址。这种方法主要用在元素的位数特别多，且每一个元素位数的分布大体相当的情况。例如，给定一个元素 23467523072，可以按照 3 位将该元素分割为几个部分，其折叠计算的过程如下。

$$\begin{array}{r} 234 \\ 675 \\ 230 \\ +\quad 72 \\ \hline h(\text{key})=1111 \end{array}$$

然后去掉进位，将 111 作为元素 key 的哈希地址。

（4）除留余数法

除留余数法主要是通过对元素取余，将得到的余数作为哈希地址。其主要方法为，设哈希表长为 m，p 为小于等于 m 的最大质数，则哈希函数为 $h(\text{key})=\text{key}\%p$。除留余数法是一种常用的求哈希函数的方法。

例如，给定一组关键字（183,123,230,91,75,149,56,37），设哈希表长 m 为 14，取 p=13，则这组关键字哈希地址的存储情况如图 9-14 所示。

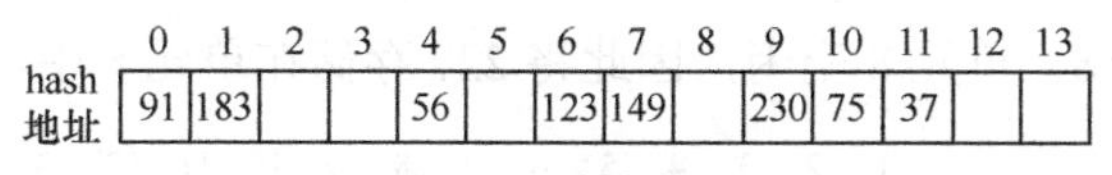

图 9-14　哈希地址

9.3.2　处理冲突

1. 处理冲突的方法

在构造哈希函数的过程中，难免会出现产生冲突的情况。当有冲突发生时，为产生冲突的元素找到另一个地址来存放该元素就是处理冲突。简而言之，处理冲突就是利用新得到的哈希地址 $h_i(i=1,2,\ldots,n)$来存放元素。处理冲突比较常用的方法有开放定址法、再哈希法和链地址法。

（1）开放定址法

开放定址法是解决冲突比较常用的方法。开放定址法就是当利用哈希函数得到的存储地址已放有元素时，寻找新的存储地址的方法。当冲突发生时，按照下列公式处理冲突。

$$h_i=(h(\text{key})+d_i)\%m，其中\ i=1,2,\ldots,m-1$$

其中，$h(\text{key})$为哈希函数，m 为哈希表长，d_i 为地址增量。地址增量 d_i 可从以下 3 种方法获得。

① 线性探测再散列：在冲突发生时，地址增量 d_i 依次取 $1,2,\ldots,m-1$ 自然数列，即 $d_i=1,2,\ldots,m-1$。

② 二次探测再散列：在冲突发生时，地址增量 d_i 依次取自然数的平方，即 $d_i=1^2,-1^2,2^2,-2^2,\ldots,k^2,-k^2$。

③ 伪随机数再散列：在冲突发生时，地址增量 d_i 依次取随机数序列。

例如，在长度为 14 的哈希表中，将关键字 183、123、230、91 存放在哈希表中的情况如图 9-15 所示。

	0	1	2	3	4	5	6	7	8	9	10	11	12	13
hash 地址	91	183					123			230				

图 9-15　将关键字 183、123、230、91 依次存放到哈希表中的情况

当要插入关键字 149 时，哈希函数 $h(149)=149\%13=6$，而单元 6 已经存在关键字，产生冲突，利用线性探测再散列法解决冲突，即 $h_1=(6+1)\%14=7$，将 149 存储在单元 7 中，如图 9-16 所示。

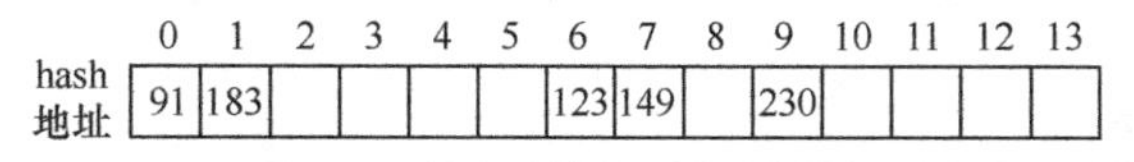

图 9-16　插入关键字 149 后的情况

当要插入关键字 227 时，哈希函数 $h(227)=227\%13=6$，而单元 6 已经存在关键字，产生冲突，利用线性探测再散列法解决冲突，即 $h_1=(6+1)\%14=7$，仍然冲突，继续利用线性探测再散

列法，即 h_2=(6+2)%14=8，单元 8 空闲，因此将 227 存储在单元 8 中，如图 9-17 所示。

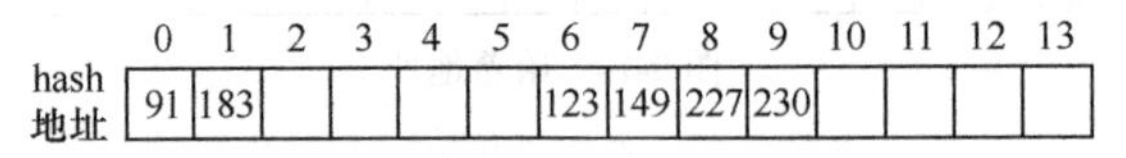

	0	1	2	3	4	5	6	7	8	9	10	11	12	13
hash地址	91	183					123	149	227	230				

图 9-17　插入关键字 227 后的情况

当然，在冲突发生时，也可以利用二次探测再散列法解决冲突。在图 9-17 中，如果要插入关键字 227，因为产生冲突，利用二次探测再散列法解决冲突，即 h_1=(6+1)%14=7，再次产生冲突时，有 h_2=(6−1)%14=5，将 227 存储在单元 5 中，如图 9-18 所示。

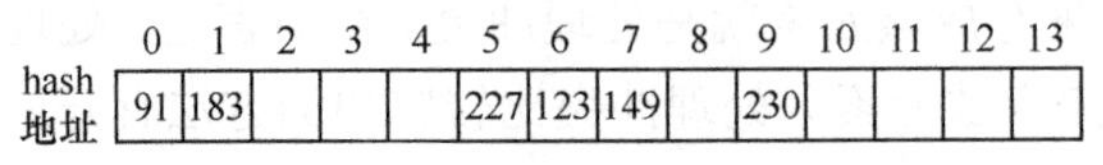

	0	1	2	3	4	5	6	7	8	9	10	11	12	13
hash地址	91	183				227	123	149		230				

图 9-18　利用二次探测再散列法解决冲突

（2）再哈希法

再哈希法就是在冲突发生时，利用另外一个哈希函数再次求哈希函数的地址，直到冲突不再发生为止，可以表示为

$$h_i\text{=rehash(key)}$$

其中，i=1,2,…,n

其中，rehash 表示不同的哈希函数。再哈希法一般不容易再次发生冲突，但是这需要事先构造多个哈希函数。这是一个不太容易实现的方法。

（3）链地址法

链地址法就是将具有相同散列地址的关键字用一个线性链表存储起来。每个线性链表都设置一个头指针指向该链表。链地址法的存储表示类似于图的邻接表表示。在每一个链表中，所有的元素都是按照关键字有序排列的。链地址法的主要优点是在哈希表中方便增加元素和删除元素。

例如，一组关键字序列（23,35,12,56,123,39,342,90,78,110），按照哈希函数 h(key)=key%13 和链地址法处理冲突，其哈希表如图 9-19 所示。

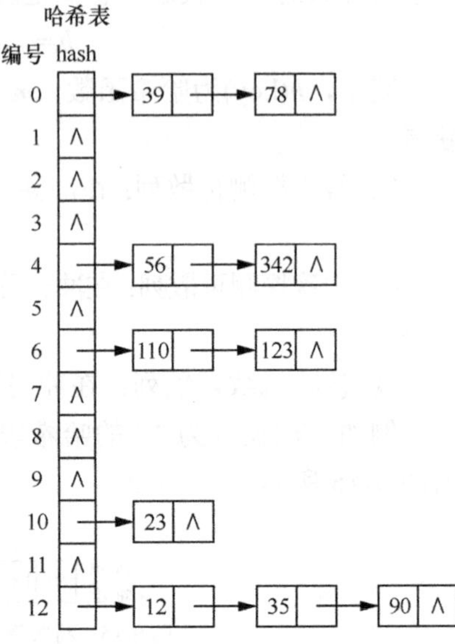

图 9-19　链地址法处理发生冲突的哈希表

2. 范例

```
/*********************************************
*范例编号：09_05
*范例说明：哈希查找算法
*********************************************/
01      #include <stdio.h>
02      #include <malloc.h>
03      #include <stdlib.h>
04      typedef struct          /*定义元素类型*/
```

```
05	{
06		int value;	/*元素值*/
07		int hi;		/*冲突次数*/
08	}DataType;
09	typedef struct		/*定义哈希表*/
10	{
11		DataType *data;
12		int length;	/*长度*/
13		int num;	/*元素个数*/
14	}HashTable;
15	void CreateHashTable(HashTable *H,int m,int p,int hash[],int n);
16	int SearchHash(HashTable H,int k);
17	void HashASL(HashTable H,int m);
18	void DisplayHash(HashTable H,int m);
19	void main()
20	{
21		int hash[]={75,150,123,183,230,56,37,91};
22		HashTable H;
23		int m=11,p=11,n=8,pos,v;
24		CreateHashTable(&H,m,p,hash,n);
25		DisplayHash(H,m);
26		printf("请输入待查找的元素:");
27		scanf("%d",&v);
28		pos=SearchHash(H,v);
29		printf("元素%d 在哈希表中的位置:%d\n",v,pos);
30		HashASL(H,m);
31	system("pause");
32
33	}
34	void CreateHashTable(HashTable *H,int m,int p,int hash[],int n)
35	/*构造哈希表，并处理冲突*/
36	{
37		int i,sum,addr,di,k=1;
38		/*为哈希表分配存储空间*/
39		(*H).data=(DataType*)malloc(m*sizeof(DataType));
40		if(!(*H).data)
41				exit(-1);
42		(*H).num=n;		/*初始化哈希表的元素个数*/
43		 (*H).length=m;		/*初始化哈希表的长度*/
44		for(i=0;i<m;i++)	/*初始化哈希表*/
45		{
46			(*H).data[i].value=-1;
47			(*H).data[i].hi=0;
48		}
49		/*构造哈希表并处理冲突*/
50		for(i=0;i<n;i++)
51		{
52				sum=0;		/*sum 记录冲突次数*/
53				addr=hash[i]%p;		/*利用除留余数法求哈希函数地址*/
54				di=addr;
55				if((*H).data[addr].value==-1)	/*如果不冲突，则将元素存储在表中*/
56				{
57					(*H).data[addr].value=hash[i];
```

```
58                          (*H).data[addr].hi=1;
59                      }
60                      else  /*用线性探测再散列法处理冲突*/
61                      {
62                          do
63                          {
64                          di=(di+k)%m;
65                          sum+=1;
66                          } while((*H).data[di].value!=-1);
67                          (*H).data[di].value=hash[i];
68                          (*H).data[di].hi=sum+1;
69                      }
70          }
71      }
72      int SearchHash(HashTable H,int v)
73      /*在哈希表 H 中查找值为 v 的元素*/
74      {
75          int d,d1,m;
76          m=H.length;
77          d=d1=v%m;               /*求 v 的哈希地址*/
78          while(H.data[d].value!=-1)
79          {
80                  if(H.data[d].value==v) /*如果找到要查找的元素 v，则返回 v 的位置*/
81                      return d;
82                  else        /*如果不是要找的元素，则继续向后查找*/
83                      d=(d+1)%m;
84                  if(d==d1)  /*如果找遍了哈希表中的所有位置还没有找到 v，则返回 0*/
85                      return 0;
86          }
87          return 0;               /*该位置不存在元素 v*/
88      }
89      void HashASL(HashTable H,int m)
90      /*求哈希表的平均查找长度*/
91      {
92          float average=0;
93          int i;
94          for(i=0;i<m;i++)
95                  average=average+H.data[i].hi;
96          average=average/H.num;
97          printf("平均查找长度 ASL:%.2f",average);
98          printf("\n");
99      }
100      void DisplayHash(HashTable H,int m)
101      /*输出哈希表*/
102      {
103          int i;
104          printf("哈希表地址:  ");
105          for(i=0;i<m;i++)            /*输出哈希表的地址*/
106                  printf("%-5d",i);
107          printf("\n");
108          printf("元素值 value: ");
109          for(i=0;i<m;i++)         /*输出哈希表的元素值*/
110              printf("%-5d",H.data[i].value);
```

```
111         printf("\n");
112         printf("冲突次数:     ");
113         for(i=0;i<m;i++)        /*冲突次数*/
114             printf("%-5d",H.data[i].hi);
115         printf("\n");
116     }
```

该范例的运行结果如图 9-20 所示。

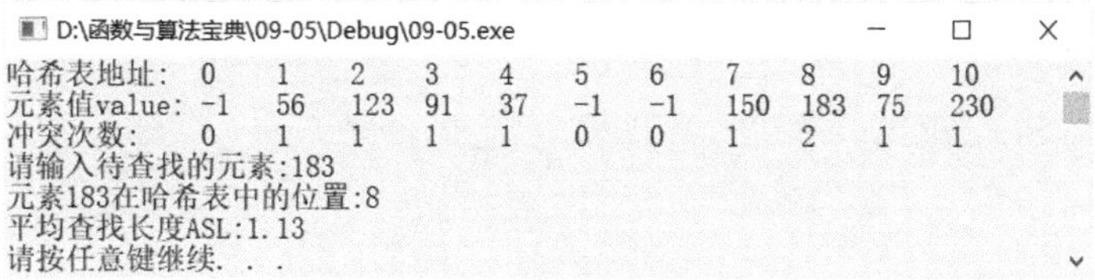

```
D:\函数与算法宝典\09-05\Debug\09-05.exe
哈希表地址:  0    1    2    3    4    5    6    7    8    9    10
元素值value: -1   56   123  91   37   -1   -1   150  183  75   230
冲突次数:    0    1    1    1    1    0    0    1    2    1    1
请输入待查找的元素:183
元素183在哈希表中的位置:8
平均查找长度ASL:1.13
请按任意键继续. . .
```

图 9-20　范例的运行结果

3. 特点

（1）哈希表的查找算法与前面基于线性表和树的查找算法不同，哈希表直接定位元素所在的位置，基本不需要逐个比较元素（冲突时除外）。

（2）哈希表的查找需要解决两个问题：构造哈希表和处理冲突。构造哈希表常用的方法是除留余数法，处理冲突常用的方法是开放定址法和链地址法。

第 10 章　递推算法

递推算法是一种比较简单的算法，即通过已知条件，利用特定关系得出中间结论，然后得到最后结果的算法。递推算法可分为顺推法和逆推法两种。

10.1 顺推法

顺推法是指从已知条件出发，逐步推算出要解决问题的方法。例如，菲波那契数列、进制转换等问题都可以利用顺推法解决。

10.1.1 斐波那契数列

1. 定义

斐波那契数列指的是这样一个数列：

$$0, 1, 1, 2, 3, 5, 8, 13, 21, \ldots$$

这个数列从第三项开始，每一项正好等于前两项之和。如果设 $F(n)$为该数列的第 n 项，那么这句话可以写成如下形式。

$$F(0)=0,\ F(1)=1,\ F(n)=F(n-1)+F(n-2)\ (n\geqslant 2)$$

显然，这是一个线性递推数列。

2. 问题

如果 1 对兔子每月能生 1 对小兔子，而每对兔子在它出生后的第 3 个月又能生 1 对小兔子，假定在不发生死亡的情况下，由 1 对兔子开始，1 年后能繁殖成多少对兔子。

3. 算法思想

我们将兔子分为 3 种：大兔子、1 个月大的小兔子、2 个月大的小兔子。其中，大兔子指的是已经能生小兔子的兔子，1 个月大的兔子是当月生的兔子，2 个月大的兔子是上个月生的兔子。到了第 3 个月时，2 个月大的兔子就能生小兔子。具体的算法思想如下。

（1）初始时，只有 1 对初生的小兔子。因此，总数为 1 对。

（2）第 1 个月时，1 个月大的小兔子长成 2 个月大的小兔子，但还没有繁殖能力。因此，总数仍为 1 对。

（3）第 2 个月时，2 个月大的小兔子长成大兔子，已经有繁殖能力，繁殖 1 对 1 个月大的小兔子。因此，总数为 2 对。

（4）第 3 个月时，只有 1 对大兔子，又繁殖 1 对 1 个月大的小兔子；同时，上个月繁殖的 1 月大的小兔子长成 2 个月大的小兔子。因此，总数为 3 对。

（5）依次类推，具体过程如表 10-1 所示。

表 10-1　兔子的繁殖过程

月份	大兔子数量	1 个月大的小兔子数量	2 个月大的小兔子数量	兔子总数
初始时	0	1	0	1
1	0	0	1	1
2	1	1	0	2
3	1	1	1	3
4	2	2	1	5
5	3	3	2	8
6	5	5	3	13
7	8	8	5	21
8	13	13	8	34
9	21	21	13	55
10	34	34	21	89
11	55	55	34	144
12	89	89	55	233

从表 10-1 不难看出，兔子的总对数分别是 1、1、2、3、5、8、13、…，构成一个数列。这个数列正好是菲波那契数列。

（1）初始时，设 $f_0=1$，第 0 个月兔子的总数为 1 对。

（2）第 1 个月时，$f_1=1$，第 1 个月兔子的总数为 1 对。

（3）第 2 个月时，兔子总数为 $f_2=f_0+f_1$。

（4）第 3 个月时，兔子总数为 $f_3=f_1+f_2$。

（5）依次类推，第 n 个月时，兔子总数为 $f_n=f_{n-2}+f_{n-1}$。

4. 范例

```
/*********************************************
*范例编号：10_01
*范例说明：兔子数列
*********************************************/
01    #include <stdio.h>
02    #include <stdlib.h>
03    #define N 12
04    void main()
05    {
06         int f[N+1],i;
07         f[0]=1;
08         f[1]=1;
09         for(i=2;i<=N;i++)
10              f[i]=f[i-1]+f[i-2];
11         for(i=0;i<=N;i++)
12              printf("第%d个月的兔子总数为:%d\n",i,f[i]);
13         system("pause");
14    }
```

该范例的运行结果如图10-1所示。

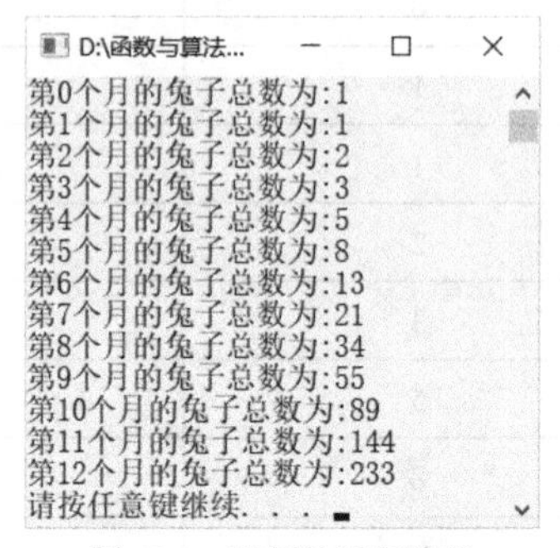

图10-1　范例的运行结果

5. 说明

这个数列是在中世纪由意大利数学家斐波那契在《算盘全书》中提出的，这个数列的通项公式，除了用 $a_n=a_{n-2}+a_{n-1}$ 表示外，还可以用通项公式 $a_n=\frac{\sqrt{5}}{5}\left[\left(\frac{1+\sqrt{5}}{2}\right)^n+\left(\frac{1-\sqrt{5}}{2}\right)^n\right]$ 表示。

10.1.2　将十进制数转换为二进制数

1. 算法思想

十进制数可分为整数部分和小数部分，将十进制数转换为二进制数可以分别将整数和小数部分进行转换。其中，将十进制整数转换为二进制整数采用的方法是“除二取余法”，将十进制小数转换为二进制小数采用的方法是“乘二取整法”。

（1）除二取余法——将十进制整数转换为二进制整数

所谓除二取余法，就是把十进制整数除以 2，得到一个商和余数，并记下该余数。再将商作为被除数除以 2，得到新的商和余数，并记下余数。不断地重复以上过程，直到商为 0 为止。每次得到的余数（0 和 1）分别是对应二进制整数由低位到高位上的数字。例如，十进制整数 86 转换为对应二进制整数的过程如图 10-2 所示。

（2）乘二取整法——将十进制小数转换为二进制小数

所谓乘二取整法，就是用 2 乘以十进制的小数部分，得到整数部分和小数部分。然后继续用 2 乘以小数部分，得到整数部分和小数部分。依次重复下去，直到余下的小数部分为 0 或者满足一定的精度为止，将得到的整数部分按先后次序就构成了相应的二进制小数。

例如，十进制小数$(0.8125)_{10}$转换为二进制小数的过程如图 10-3 所示。

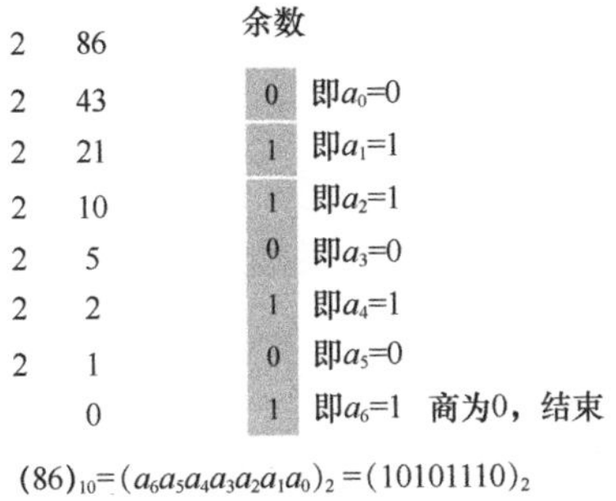

除数	被除数/商	余数	
2	86		
2	43	0	即a_0=0
2	21	1	即a_1=1
2	10	1	即a_2=1
2	5	0	即a_3=0
2	2	1	即a_4=1
2	1	0	即a_5=0
	0	1	即a_6=1　商为0，结束

$(86)_{10}=(a_6a_5a_4a_3a_2a_1a_0)_2=(10101110)_2$

图 10-2　十进制整数 86 转换为二进制整数的过程

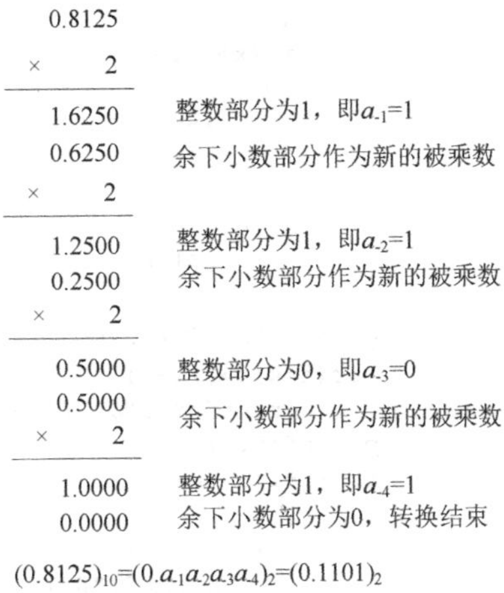

```
  0.8125
×      2
--------
  1.6250    整数部分为1，即a-1=1
  0.6250    余下小数部分作为新的被乘数
×      2
--------
  1.2500    整数部分为1，即a-2=1
  0.2500    余下小数部分作为新的被乘数
×      2
--------
  0.5000    整数部分为0，即a-3=0
  0.5000    余下小数部分作为新的被乘数
×      2
--------
  1.0000    整数部分为1，即a-4=1
  0.0000    余下小数部分为0，转换结束
```

$(0.8125)_{10}=(0.a_{-1}a_{-2}a_{-3}a_{-4})_2=(0.1101)_2$

图 10-3　十进制小数$(0.8125)_{10}$转换为二进制小数的过程

注意：在将一个十进制小数转换为对应的二进制小数的过程中，其不一定都精确地转换为二进制小数。如果最终的小数部分不能恰好等于 0，只需要满足一定精度即可。

最后将转换后的整数部分和小数部分组合在一起就构成了转换后的二进制数。例如，$(86.8125)_{10}=(1010110.1101)_2$。

2. 范例

```
/**********************************************
*范例编号：10_02
*范例说明：将十进制数转换为二进制数
**********************************************/
01    #include <stdio.h>
02    #include <stdlib.h>
03    #include <math.h>
04    #define N 8
05    void main()
```

```
06    {
07          int a[N+1],b[N+1],i,k=0,value;
08          float x;
09          double ipart;
10          for(i=0;i<=N;i++)
11                b[i]=0;
12          printf("请输入一个十进制小数:");
13          scanf("%f",&x);
14          x=modf(x,&ipart);
15          value=(int)ipart;
16          while(value)
17          {
18                b[k++]=value%2;
19                value/=2;
20          }
21          for(i=1;i<=N;i++)
22          {
23                x*=2;
24                if(x>=1.0)
25                {
26                      x-=1;
27                      a[i]=1;
28                }
29                else
30                      a[i]=0;
31          }
32          printf("二进制数:");
33          for(i=k;i>0;i--)
34                printf("%d",b[i]);
35          printf(".");
36          for(i=1;i<=N;i++)
37          {
38                if(a[i]==0)
39                      printf("0");
40                else
41                      printf("1");
42          }
43          printf("\n");
44          system("pause");
45    }
```

该范例的运行结果如图 10-4 所示。

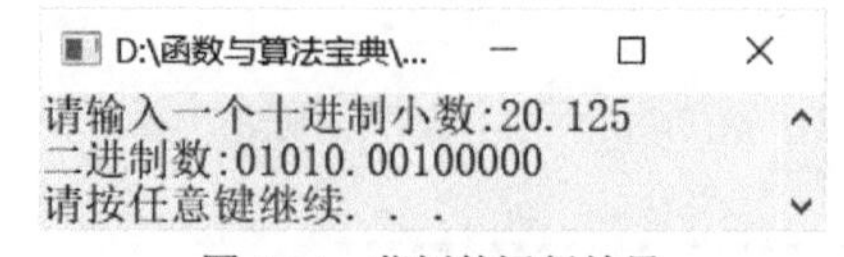

图 10-4　范例的运行结果

10.1.3 求最大公约数和最小公倍数

1. 问题

任意给定两个正整数 M 和 N，求最大公约数和最小公倍数。

2. 分析

利用辗转相除法求最大公约数，然后根据最大公约数得到最小公倍数。辗转相除法求最大公约数的步骤如下。

（1）用 M 对 N 求余，余数记作 R，即 $R=M\%N$。

（2）将除数作为被除数，余数作为除数，求新的余数，即 $M=N$，$N=R$。

（3）重复执行步骤（2），直到余数为 0 为止，此时 N 即为所求。

最小公倍数=$M*N$/最大公约数。

3. 范例

```
/*********************************************
*范例编号：10_03
*范例说明：求最大公约数和最小公倍数
*********************************************/
01      #include <stdio.h>
02      #include <stdlib.h>
03      void main()
04      {
05           int m,n,m1,n1,r;
06           printf("请输入两个正整数:");
07           scanf("%d,%d",&m,&n);
08           m1=m;
09           n1=n;
10           r=m%n;
11           while(r!=0)
12           {
13                m=n;
14                n=r;
15                r=m%n;
16           }
17           printf("%d 和%d 的最大公约数是%d.\n",m1,n1,n);
18           printf("%d 和%d 的最小公倍数是%d.\n",m1,n1,m1*n1/n);
19           system("pause");
20      }
```

该范例的运行结果如图 10-5 所示。

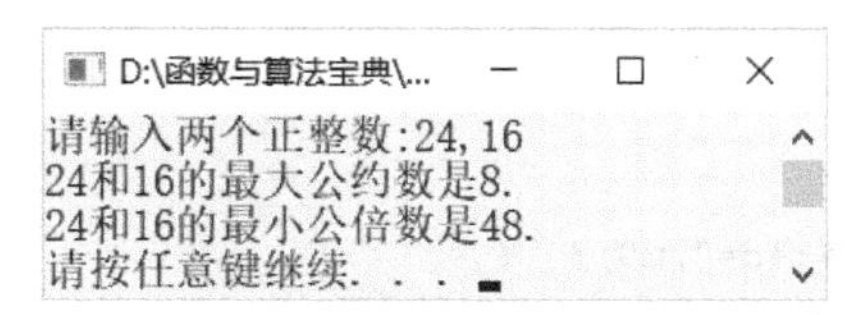

图 10-5　范例的运行结果

4. 说明

为了能输出原来的正整数 m 和 n，需要重新定义变量 $m1$ 和 $n1$，将原来的 m 和 n 保存起来。

10.1.4 质因数的分解

1. 问题

任意给定一个整数 M，编写程序对其进行质因数分解。

2. 分析

算法步骤如下。

（1）如果 M 不等于 1，则从自然数 x=2 开始，让 M 除以 x，如果能够被整除，则 x 是其中的一个因子，将 x 存入数组 a 中，并用商代替 M。

（2）如果 M 能被 x 整除，则执行步骤（1）；否则，将 x 的值增加 1。

（3）如果 M 不为 1，则执行步骤（1）；否则，算法结束。数组 a 中的元素即为所求。

3. 范例

```
/*********************************************
*范例编号：10_04
*范例说明：质因数的分解
*********************************************/
01    #include <stdio.h>
02    #include <stdlib.h>
03    void main()
04    {
05         int a[16],m,m0,x=2,i=0,j;
06         printf("请输入一个待分解的因数:");
07         scanf("%d",&m0);
08         m=m0;
09         while(m!=1)
10         {
11              while(m%x==0)
12              {
13                   i++;
14                   a[i]=x;
15                   m=m/x;
16              }
17              x=x+1;
18         }
19         printf("因式分解:%d=",m0);
20         for(j=1;j<i;j++)
21              printf("%d*",a[j]);
22         printf("%d",a[i]);
23         printf("\n");
24         system("pause");
25    }
```

该范例的运行结果如图 10-6 所示。

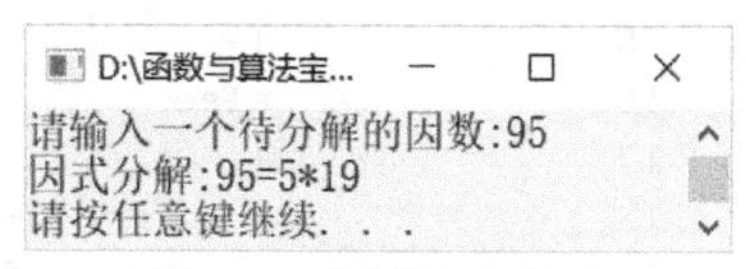

图 10-6　范例的运行结果

4. 说明

为了在最后能够输出待分解的整数 m，需要定义一个变量 $m0$ 来保存 m。

10.1.5　角谷猜想

1. 定义

角谷猜想是指任意给定一个自然数 n，如果 n 为偶数，则将其除以 2；如果 n 是奇数，则将其乘以 3，然后再加 1。按照以上方法经过有限次运算后，总可以得到自然数 1。

例如，对于自然数 21，因为 21 是奇数，将 21 乘以 3，再加上 1，得到 64。因为 64 是偶数，将 64 除以 2，得到 32。因为 32 是偶数，将 32 除以 2，得到 16；如此继续下去，直到为 1。按照角谷猜想，整个过程的数字序列变化如下。

$$21 \rightarrow 64 \rightarrow 32 \rightarrow 16 \rightarrow 8 \rightarrow 4 \rightarrow 2 \rightarrow 1$$

2. 分析

任何一个数的角谷猜想的算法步骤如下。

当 n 不为 1 时，如果 n 为偶数，则使 n 除以 2，并用商取代 n，输出商；如果 n 为奇数，则使 n 乘以 3 加 1 取代 n，并输出该值。当 n 为 1 时，算法结束。

3. 范例

```
/**********************************************
*范例编号：10_05
*范例说明：角谷猜想
**********************************************/
01    #include <stdio.h>
02    #include <stdlib.h>
03    void main()
04    {
05        int n;
06        printf("请输入一个正整数:");
07        scanf("%d",&n);
08        printf("角谷猜想过程中的每一个数:\n%d",n);
09        while(n!=1)
10        {
11            if(n%2==0)
12            {
13                n/=2;
14                printf("->%d",n);
```

```
15                }
16                else
17                {
18                     n=n*3+1;
19                     printf("->%d",n);
20                }
21           }
22           printf("\n");
23           system("pause");
24      }
```

该范例的运行结果如图 10-7 所示。

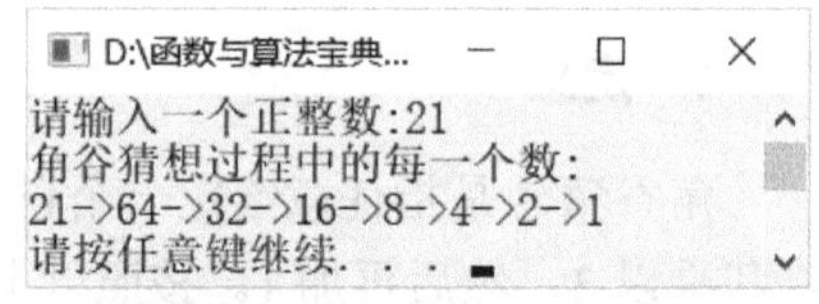

图 10-7　范例的运行结果

10.1.6　母牛生小牛问题

1. 问题

有一头母牛，每年年初生一头小母牛，每头小母牛从第 3 年起，每年年初也生一头小母牛。求在第 20 年时共有多少头母牛。

2. 分析

令 $x0_i$、$x1_i$、$x2_i$、$x3_i$ 分别表示第 i 年后刚生下的小母牛、满 1 岁的小母牛、满 2 岁的小母牛，及可生小母牛的母牛。根据题意，可以得到以下递推公式。

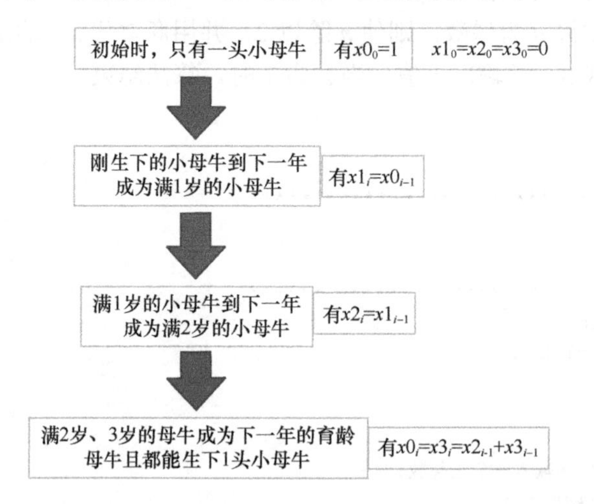

（1）初始时，只有一头刚出生的小母牛，因此有 $x0_0=1$，$x1_0=x2_0=x3_0=0$；

（2）经过一年后，第 $i-1$ 年刚生下的小母牛变为第 i 年的满 1 岁小母牛，即 $x1_i=x0_{i-1}$；

（3）再经过一年后，第 $i-1$ 年满 1 岁的小母牛成为第 i 年满 2 岁的小母牛，即 $x2_i=x1_{i-1}$；

（4）再经过一年后，第 $i-1$ 年满 2 岁和满 3 岁的小母牛都会在第 i 年生下小母牛，即 $x0_i=x2_{i-1}+x3_{i-1}$；第 $i-1$ 年满 2 岁和满 3 岁的小母牛都成为育龄牛，即 $x3_i=x2_{i-1}+x3_{i-1}$。

3. 范例

```
/********************************************
*范例编号：10_06
*范例说明：母牛生小牛问题
********************************************/
01    #include <stdio.h>
02    #include <stdlib.h>
03    #define N 20
04    void main()
05    {
06        int x0[N+1],x1[N+1],x2[N+1],x3[N+1],i,s;
07        /*初始时，只有一头刚出生的小母牛*/
08        x0[0]=1;
09        x1[0]=x2[0]=x3[0]=0;
10        for(i=1;i<=N;i++)
11        {
12            x0[i]=x3[i]=x2[i-1]+x3[i-1];/*满 2 岁和满 3 岁的母牛成为育龄牛，并都生了小母牛*/
13            x1[i]=x0[i-1];/*刚生下的小母牛成为下一年的满 1 岁母牛*/
14            x2[i]=x1[i-1];/*满 1 岁的母牛成为下一年的满 2 岁母牛*/
15            s=x0[i]+x1[i]+x2[i]+x3[i];/*第 i 年的母牛总数*/
16            printf("第%d 年后母牛的总数:%4d\n",i,s);
17        }
18        system("pause");
19    }
```

该范例的运行结果如图 10-8 所示。

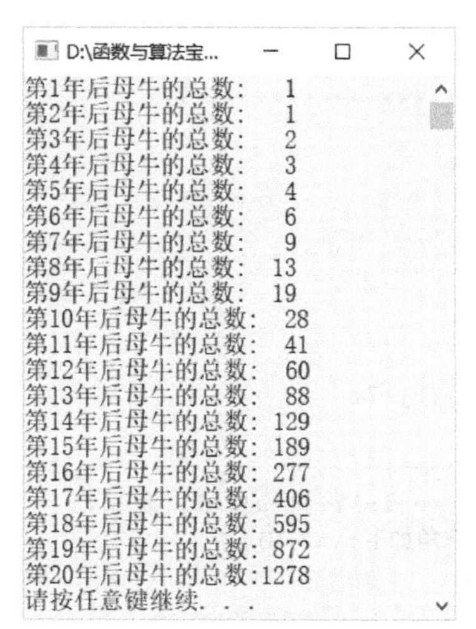

图 10-8　范例的运行结果

10.1.7　杨辉三角

1. 定义

杨辉三角具有二项展开式的二项式系数，即组合数的性质，这是研究杨辉三角其他规律的基础。杨辉三角具有以下特性。

（1）每行数字左右对称，由 1 开始逐渐变大，然后变小，回到 1。

（2）第 n 行的数字个数为 n 个。

（3）第 n 行的数字和为 2^{n-1}。

（4）每个数字等于上一行的左右两个数字之和，即 $C_n^i = C_{n-1}^{i-1} + C_{n-1}^i$。

（5）第 n 行的第 1 个数为 1，第 2 个数为 $1\times(n-1)$，第 3 个数为 $1\times(n-1)\times(n-2)/2$，第 4 个数为 $1\times(n-1)\times(n-2)/2\times(n-3)/3$，依此类推。

一个 8 阶的杨辉三角如图 10-9 所示。

1							
1	1						
1	2	1					
1	3	3	1				
1	4	6	4	1			
1	5	10	10	5	1		
1	6	15	20	15	6	1	
1	7	21	35	35	21	7	1

图 10-9　8 阶杨辉三角

2. 算法思想

为了程序设计上的方便，可以使用二维数组存放杨辉三角中的每个元素值。初始时，将第 1 列和对角线上的元素值初始化为 1，即 $a[i][0]=a[i][i]=1$。然后利用每一行元素值是它上一行两个相邻元素值之和求其他部分的元素值，即 $a[i][j]=a[i-1][j]+a[i-1][j-1]$。最后将二维数组中的元素值按照行输出即可。

3. 范例

```
/*********************************************
*范例编号：10_07
*范例说明：杨辉三角
*********************************************/
01    #include <stdio.h>
02    #include <stdlib.h>
03    #define N 8
04    void main()
05    {
06         int a[N][N],i,j;
07         for(i=0;i<N;i++)
08              a[i][i]=a[i][0]=1;
09         for(i=2;i<N;i++)
10              for(j=1;j<i;j++)
11                   a[i][j]=a[i-1][j]+a[i-1][j-1];
12         printf("%d 阶杨辉三角如下:\n",N);
13         for(i=0;i<N;i++)
14         {
15              for(j=0;j<=i;j++)
16                   printf("%3d",a[i][j]);
17              printf("\n");
18         }
19         system("pause");
20    }
```

该范例的运行结果如图 10-10 所示。

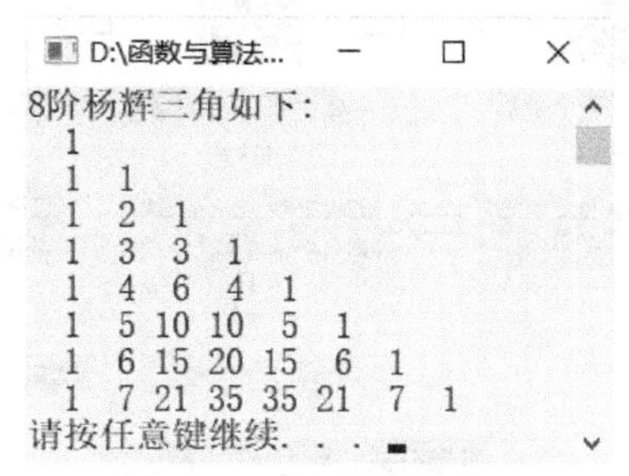

图 10-10　范例的运行结果

4. 说明

（1）杨辉三角是由我国的数学家贾宪首次提出，宋代数学家杨辉在《详解九章算法》中记录了三角形数表。因此，杨辉三角也被称为贾宪三角。

（2）$(a+b)^n$ 的展开式中的各项系数依次对应杨辉三角的第$(n+1)$行中的每一项。

10.2 逆推法

逆推法是根据结果推出已知条件，推算方法与顺推法类似，只是需要将结果作为初始条件向前推算。比较典型的逆推案例是猴子摘桃问题和存取问题。

10.2.1 猴子摘桃问题

1. 问题

猴子第 1 天摘了若干个桃子，当即吃了一半，还不过瘾，又多吃了 1 个。第 2 天早上又将剩下的桃子吃掉一半，又多吃了 1 个。以后每天早上都吃前一天的一半零一个。到第 10 天早上想再多吃时，发现只剩下了 1 个桃子。求第 1 天共摘了多少桃子？

2. 分析

根据第 10 天的桃子个数往前推算。第 10 天只剩下 1 个桃子，第 9 天吃了桃子的一半零一个，假设第 9 天吃之前桃子个数为 x，则有 $x-(x/2+1)=1$，即 $x=2(1+1)$。其中，第 1 个 1 表示第 10 天的桃子个数。接着往前推算，假设第 8 天吃桃子前有 x 个，第 9 天吃桃子前有 y 个（第 9 天的桃子个数可以由第 10 天的桃子个数推算得到），则有 $x-(x/2+1)=y$，即 $x=2(y+1)$。依次类推，可以得到第 1 天的桃子个数。推算过程如图 10-11 所示。

这个逆推过程可以使用循环来实现。

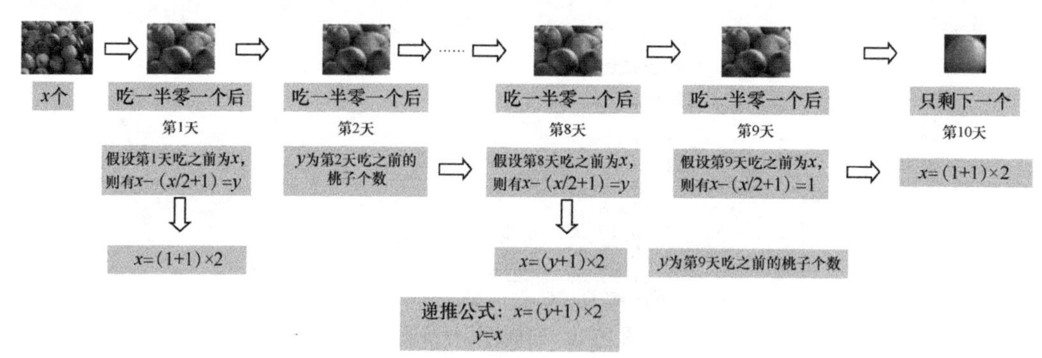

图 10-11　推算桃子个数的过程

3. 范例

```
/*********************************************
*范例编号：10_08
*范例说明：猴子摘桃子问题
**********************************************/
#include <stdio.h>
#include <stdlib.h>
void main()
{
     int day,x,y;
     day=10;
     y=1;
     while(day>1)
     {
          x=(y+1)*2;
          y=x;
          day--;
     }
     printf("第 1 天摘到的桃子总数是%d.\n",x);
     system("pause");
}
```

该范例的运行结果如图 10-12 所示。

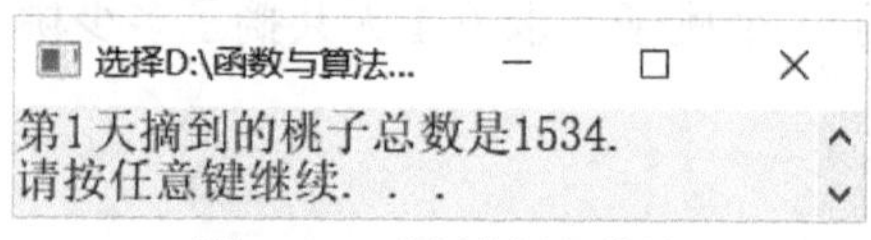

图 10-12　范例的运行结果

10.2.2　存取问题

1. 问题

小明打算为自己的 3 年研究生生活准备一笔学费，并一次性存入银行，保证在每年年底取出 1000 元，到第 3 年学习结束时刚好取完。假设银行一年整存零取的月息为 0.31%，请计算需要存入银行多少钱？

2. 分析

这也是一个已知结果求条件的问题，同样采用逆推法。如果第 3 年年底要连本带息取出 1000 元，则需要先求出第 3 年年初的银行存款。

假设第 3 年年初的银行存款是 x，则有 $x\times(1+0.0031\times12)=1000$，故 $x=1000/(1+0.0031\times12)$，即第 3 年年初的银行存款为 1037.2。同理，可得到第 2 年年初的银行存款和第 1 年年初的银行存款，计算过程如下。

第 2 年年初的银行存款=(第 3 年年初的银行存款+1000)/(1+0.0031×12)；

第 1 年年初的银行存款=(第 2 年年初的银行存款+1000)/(1+0.0031×12)。

其中，第 1 年年初的银行存款就是需要存入银行的存款，这个逆推过程可以使用循环来实现。

3. 范例

```
/********************************************
*范例编号：10_09
*范例说明：存取问题
********************************************/
01    #include <stdio.h>
02    #include <stdlib.h>
03    void main()
04    {
05         int i,n=3;
06         float total=0.0;
07         float month_interest=0.0031;
08         for(i=0;i<n;i++)
09              total=(total+1000)/(1+month_interest*12);
10         printf("第一次必须向银行存入%.2f 元\n",total);
11         system("pause");
12    }
```

该范例的运行结果如图 10-13 所示。

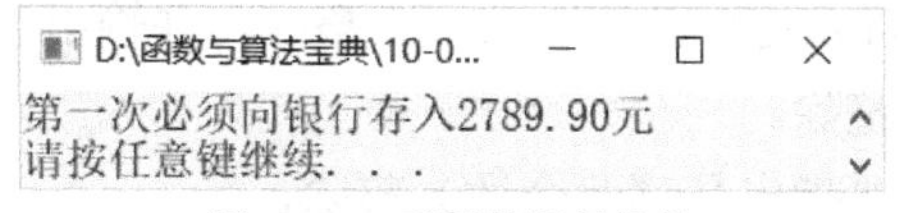

图 10-13　范例的运行结果

第 11 章　枚举算法

枚举算法也称为穷举算法，它是编程中常用的一种算法。在解决某些问题时，可能无法按照一定规律从众多的候选答案中找出正确的答案。此时，可以从众多的候选解中逐一取出候选答案，并验证候选答案是否为正确的解。这种方法即被称为枚举算法。

枚举算法的缺点：运算量比较大，解题效率不高。如果枚举范围太大，在时间上就难以承受。

枚举算法的优点：思路简单，程序的编写和调试较为方便。在竞赛中，时间是有限的，而竞赛的最终目标就是求出问题解。因此，如果题目的规模不是很大，想要在规定的时间内求出解，就可以采用枚举法，从而有更多的时间去解答其他难题。

11.1 判断 *n* 是否能被 3、5、7 整除

1. 问题

输入一个正整数 *n*，判断 *n* 是否能被 3、5、7 整除，并输出以下信息。

（1）能同时被 3、5、7 整除。

（2）能被其中两个数（要指出是哪两个数）整除。

（3）能被其中一个数（要指出是哪一个数）整除。

（4）不能被 3、5、7 的任何一个数整除。

2. 分析

本题可以用简单的 if-else 语句的嵌套结构判断 *n* 是否能被 3、5、7 整除，部分代码如下。

```
01    if(n%3==0&&n%5==0&&n%7==0)
02         printf("该整数能同时被 3,5,7 整除");
03    else if(n%3==0&&n%5==0&&n%7!=0)
04         printf("该整数能被其中的两个数 3,5 整除");
05    else if(n%3==0&&n%5!=0&&n%7==0)
06         printf("该整数能被其中的两个数 3,7 整除");
```

```
07      else if(n%3!=0&&n%5==0&&n%7==0)
08           printf("该整数能被其中的两个数 5,7 整除");
09      else if(n%3==0&&n%5!=0&&n%7!=0)
10           printf("该整数能被其中的一个数 3 整除");
11      else if(n%5==0&&n%3!=0&&n%7!=0)
12           printf("该整数能被其中的一个数 5 整除");
13      else if(n%7==0&&n%3!=0&&n%5!=0)
14           printf("该整数能被其中的一个数 7 整除");
15      else
16           printf("该整数不能被 3,5,7 任何一个数整除");
```

以上方法使用了过多的条件语句，结构不是很清晰。除了这种方法，还可以结合二进制数的性质利用枚举法求解，具体方法如下。

如果将 *n* 能被整除用 1 表示，不能被整除用 0 表示。用 3 位二进制数表示 *n* 是否能被 3、5、7 整除的结果，从高位到低位分别表示是否能被 3、5、7 整除。例如，1，即$(001)_2$表示能被 7 整除；4，即$(100)_2$表示能被 3 整除；6，即$(110)_2$表示能同时被 3 和 5 整除，如图 11-1 所示。

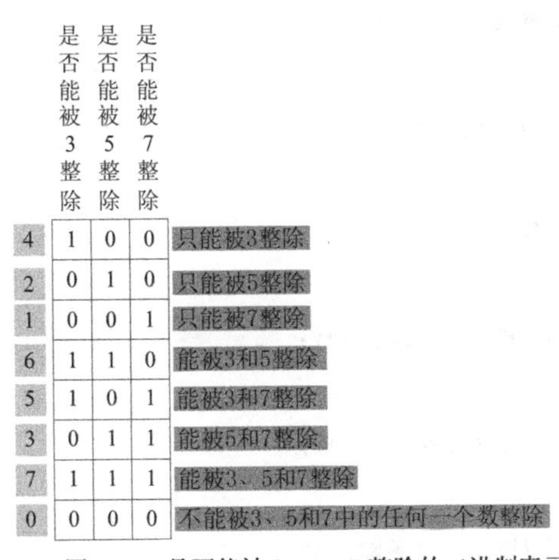

图 11-1 是否能被 3、5、7 整除的二进制表示

从图中可以看出，共有 8 种可能的情况。为了表示该二进制数，需要定义 3 个变量 *c*1、*c*2、*c*3，分别表示是否能被 3、5、7 整除。部分代码如下。

```
01      c1=n%3==0;
02      c2=n%5==0;
03      c3=n%7==0;
```

然后将 *c*1 左移 2 位，将 *c*2 左移 1 位，并与 *c*3 相加，即(*c*1<<2)+(*c*2<<1)+*c*3，该和有 8 种取值，范围为 0～7，接着判断 3 个数的和并输出结果。

3. 范例

```
/*********************************************
*范例编号：11_01
*范例说明：判断 n 是否能被 3、5、7 整除
*********************************************/
01      #include <stdio.h>
```

```
02    #include <stdlib.h>
03    void main()
04    {
05         int n,c1,c2,c3;
06         printf("请输入一个整数:");
07         scanf("%d",&n);
08         c1=n%3==0;
09         c2=n%5==0;
10         c3=n%7==0;
11         switch((c1<<2)+(c2<<1)+c3)
12         {
13         case 0:
14              printf("不能被 3,5,7 整除.\n");
15              break;
16         case 1:
17              printf("只能被 7 整除.\n");
18              break;
19         case 2:
20              printf("只能被 5 整除.\n");
21              break;
22         case 3:
23              printf("可以被 5,7 整除.\n");
24              break;
25         case 4:
26              printf("只能被 3 整除.\n");
27              break;
28         case 5:
29              printf("可以被 3,7 整除.\n");
30              break;
31         case 6:
32              printf("可以被 3,5 整除.\n");
33              break;
34         case 7:
35              printf("可以被 3,5,7 整除.\n");
36              break;
37         }
38         system("pause");
39    }
```

该范例的运行结果如图 11-2 所示。

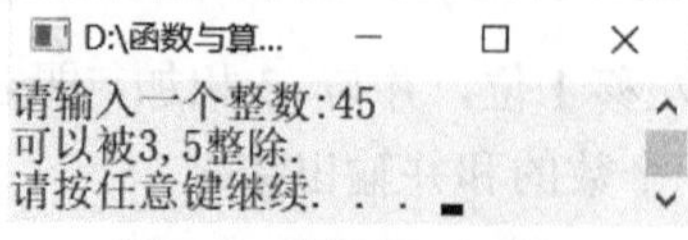

图 11-2　范例的运行结果

4. 说明

（1）利用 switch 语句判断 *n* 是否能被 3、5、7 整除，结构上更加清晰。

（2）这里运用了二进制数的左移运算，因此需要熟练掌握二进制数的使用。

11.2 百钱买百鸡

1. 问题

百钱买百鸡：公鸡 3 元 1 只，母鸡 5 元 1 只，小鸡 1 元 3 只，100 元钱买 100 只鸡。请分别求出公鸡、母鸡和小鸡的数目。

2. 分析

假设公鸡数为 cock，母鸡数为 hen，小鸡数为 chick，得到两个关系：cock+hen+chick=100 和 3cock+5hen+chick/3=100。我们可以依次枚举公鸡、母鸡和小鸡的个数，然后以上面的两个关系作为判定条件，当符合条件时，即是所求。

从上面的关系中不难得出公鸡、母鸡、小鸡的取值范围：公鸡最多有 33 只，最少有 0 只，即 cock 的范围是 0～33；母鸡最多有 20 只，最少有 0 只，即 hen 的范围是 0～20。

3. 范例

```
/*********************************************
*范例编号：11_02
*范例说明：百钱买百鸡
*********************************************/
01    #include <stdio.h>
02    #include <stdlib.h>
03    const int COCKPRICE=3;              /*1 只公鸡的价格*/
04    const int HENPRICE=5;               /*1 只母鸡的价格*/
05    const int CHICKS=3;                 /*1 元钱能买的小鸡数量*/
06    void Scheme(int money, int chooks);/*计算并输出购买方案*/
07    void main()
08    {
09         int money=100;                 /*钱的总数*/
10         int chooks=100;                /*鸡的总数*/
11         printf("购买方案如下:\n");
12         Scheme(money, chooks);         /*计算并输出购买方案*/
13         system("pause");
14    }
15    void Scheme(int money, int chooks)
16         /*计算并输出购买方案*/
17    {
18         int maxCock=money / COCKPRICE;
19         int maxHen=money / HENPRICE;
20         int maxChick=chooks;
21         int cock, hen, chick;
22         for (cock=0; cock<maxCock; ++cock)  /*枚举公鸡的可能数量*/
23         {
24              for (hen=0; hen<maxHen; hen++)  /*枚举母鸡的可能数量*/
```

```
25                  {
26                      for (chick=0; chick<maxChick; chick++)/*枚举小鸡的可能数量*/
27                      {
28                          /*约束条件*/
29                          if (0==chick%CHICKS&&cock+hen+chick==chooks
30                              &&COCKPRICE*cock+HENPRICE*hen+chick/CHICKS==money)
31                          {
32                              printf("公鸡: %2d, 母鸡: %2d, 小鸡: %2d\n", cock,
33                                  hen, chick);
34                          }
35                      }
36                  }
37              }
38          }
```

该范例的运行结果如图 11-3 所示。

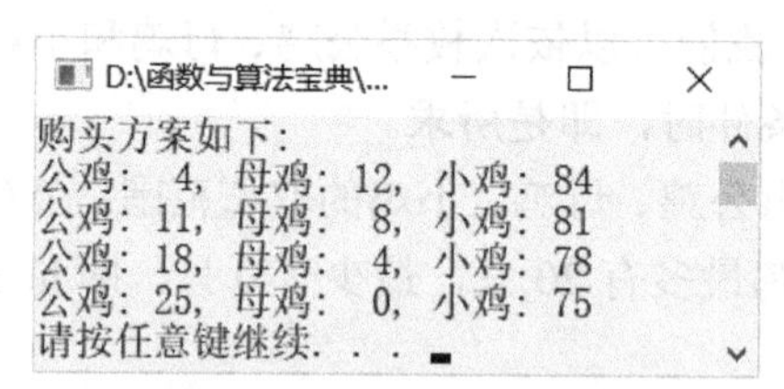

图 11-3　范例的运行结果

4. 说明

在验证候选解时，需要保证小鸡的数量是 3 的倍数，即保证不出现小数，为此可以增加一个条件。

```
chick%3==0
```

11.3 五猴分桃

1. 问题

五猴分桃：5 只猴子一起摘了一堆桃子，因为太累了，它们商量后决定先睡一觉再分。一会儿，其中一只猴子来了，它见别的猴子没来，便将这堆桃子平均分成 5 份，结果多了 1 个，就将多的这个吃了，并拿走其中的一份。一会儿，第 2 只猴子来了，它不知道已经有一个同伴来过，还以为自己是第一个到的呢，于是将地上的桃子堆起来，再一次平均分成 5 份，发现也多了 1 个，同样吃了这 1 个桃子，并拿走其中一份。接着来的第 3 只、第 4 只、第 5 只猴子都是这样做的……

根据上面的条件，问这 5 只猴子至少摘了多少个桃子?第 5 只猴子走后还剩下多少个桃子？

2. 分析

设总的桃子数为 S_0，5 只猴子分得的桃子数分别为 S_1、S_2、S_3、S_4、S_5，则有以下关系式：

$S_0=5S_1+1$

$4S_1=5S_2+1$

$4S_2=5S_3+1$

$4S_3=5S_4+1$

$4S_4=5S_5+1$

我们可以枚举桃子总数 S_0，从 $S_5=1$ 开始枚举，由 S_5 得到 S_4，即 $s[4]=5s[5]+1$，并判断 S_4 是否能被 4 整除。如果能被 4 整除，则由 S_4 得到 S_3，即 $s[4]$ /=4，$s[3]=5s[4]+1$；否则，将 S_5 加 1。依次类推，直到得到 S_0 为止。此时，S_0 的值就是最少的桃子总数。

3. 范例

```
/*********************************************
*范例编号：11_03
*范例说明：五猴分桃
*********************************************/
01    #include <stdio.h>
02    #include <stdlib.h>
03    void main()
04    {
05         int s[6]={0},i;
06         for(s[5]=1;;s[5]++)
07         {
08              s[4]=5*s[5]+1;
09              if (s[4]%4)
10                   continue;
11              else
12                   s[4]/=4;
13              s[3]=5*s[4]+1;
14              if (s[3]%4)
15                   continue;
16              else
17                   s[3]/=4;
18              s[2]=5*s[3]+1;
19              if (s[2]%4)
20                   continue;
21              else
22                   s[2]/=4;
23              s[1]=5*s[2]+1;
24              if (s[1]%4)
25                   continue;
26              else
27                   s[1]/=4;
28              s[0]=5*s[1]+1;
29              break;
30         }
31         for(i=1;i<6;i++)
32              printf("第%d 只猴子将桃子分为 5 堆，每堆%4d 个桃子.\n",i,s[i]);
33         printf("共摘了%d 个桃子，剩下%d 个桃子.\n", s[0], s[5]*4);
```

```
34        system("pause");
35    }
```

该范例的运行结果如图 11-4 所示。

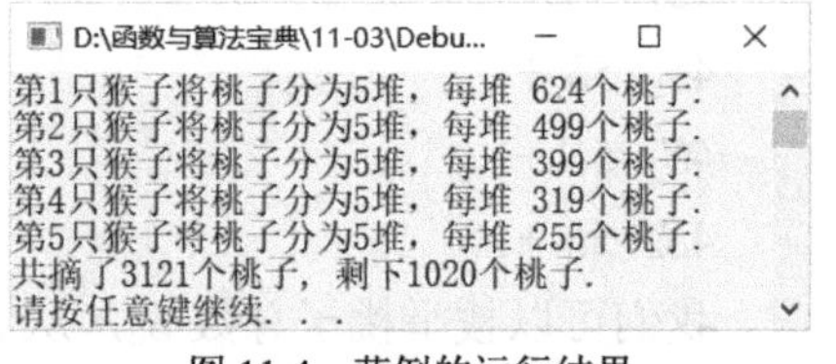

图 11-4 范例的运行结果

4. 说明

第 5 行：从 S_5=1 开始枚举，验证候选解是否是所求解。

第 8 行：根据 S_5 得到 S_4。

第 9～12 行：判断 S_4 是否能被 4 整除。如果不能被 4 整除，则说明 S_4 不是所求解，需要继续将 S_5 增 1 验证下一个候选解，将 S_5 增 1；如果能被 4 整除，则将 S_4 除以 4，得到 S_4。

第 13 行：根据 S_4 得到 S_3。

第 14～17 行：判断 S_3 是否能被 4 整除。如果不能被 4 整除，则说明 S_3 不是所求解，需要继续验证下一个候选解，将 S_5 增 1；否则，将 S_3 除以 4，得到 S_3。

第 18～22 行：求出 S_2。

第 23～27 行：求出 S_1。

第 28 行：求出 S_0。

第 29 行：跳出 for 循环语句。

第 31～32 行：输出每只猴子分成的每堆桃子数。

第 33 行：输出桃子的总数和剩下的桃子数。

11.4 求最大连续子序列和

1. 问题

已知一个包含 *n* 个整数的序列，求最大连续子序列和。例如，序列（20,−31,36,−22,−16,12,−5,−2,8,21,−9,16,−31）的最大子序列和为 41，子序列下标为 5～11，即该子序列为（12,−5,−2,8,21,−9,16）。

2. 分析

假设 *n* 个序列的元素存放在数组 *a*[0…*n*−1]中，从第 0 个元素开始依次求元素的和 thissum，并将最大值存放在 maxsum 中，然后从第 1 个元素开始依次求后面元素的和 thissum，并与 maxsum 进行比较，将最大值存放在 maxsum 中。依次类推，直到得到从第 *n*−1 个元素开始的子序列和，maxsum 的值即为最大连续子序列和。为了获得子序列的下标，在每次得到最大子序列和时，将起始下标和终止下标分别保存到变量 index_start 和 index_end 中。

3. 范例

```
/*********************************************
*范例编号：11_04
*范例说明：求最大连续子序列和
*********************************************/
01    #include <iostream>
02    #include <iomanip>
03    #include <stdlib.h>
04    using namespace std;
05    int MaxSum(int a[], int n, int *index_start, int *index_end);
06    void main()
07    {
08         int a[]={20,-31,36,-22,-16,12,-5,-2,8,21,-9,16,-31};
09         int n,i,index_start,index_end;
10         n=sizeof(a)/sizeof(a[0]);
11         cout<<"一个整数序列为:"<<endl;
12         for(i=0;i<n;i++)
13         {
14              cout<<setw(5)<<a[i];
15              if(i%7==0&&i!=0)
16                   cout<<endl;
17         }
18         cout<<endl;
19         cout<<"它的最大连续子序列和是:"<<MaxSum(a,n,&index_start,&index_end)<<endl;
20         cout<<"起始下标:"<<setw(3)<<index_start<<",终止下标:"<<setw(3)<<index_end<<endl;
21         cout<<"这些元素是:";
22         for(i=index_start;i<=index_end;i++)
23              cout<<setw(4)<<a[i];
24         cout<<endl;
25         system("pause");
26    }
27    int MaxSum(int a[], int n, int *index_start,int *index_end)
28    {
29         int maxsum=0,thissum,i,j;
30         for(i=0;i<n;i++)//从下标 0 开始计算连续子序列和
31         {
32              thissum=0; //初始化，从下标 i 开始的连续子序列和为 0
33              for(j=i;j<n;j++)//从下标 i 开始计算连续子序列和
34              {
35                   thissum+=a[j];
36                   if(thissum>maxsum) //若当前子序列和大于最大的子序列和
37                   {
38                        maxsum=thissum; //则将当前子序列和作为最大的子序列和
39                        *index_start=i; //记录起始下标
40                        *index_end=j; //记录终止下标
41                   }
42              }
43         }
44         return maxsum;
45    }
```

该范例的运行结果如图 11-5 所示。

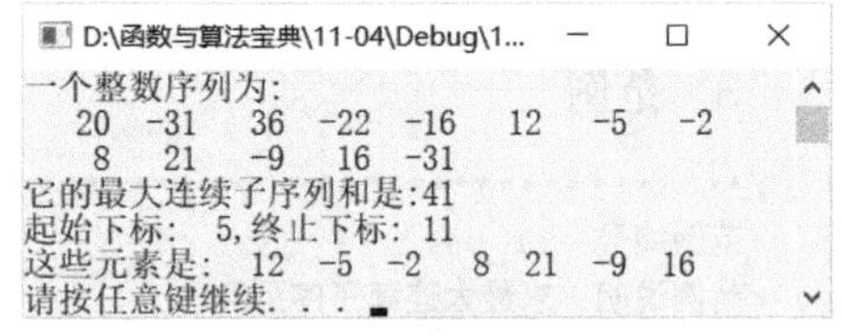

图 11-5 范例的运行结果

4. 说明

第 30 行：从下标 0 开始计算连续子序列和。

第 32 行：初始化当前子序列和。

第 33 行：从第 *i* 个数开始计算当前子序列和。

第 35～36 行：加上 *a*[*j*]后，比较当前子序列和与 maxsum 的值，若当前子序列和较大，则用该子序列和更新子序列的起始最大公共子序列和 maxsum 及对应的下标。

第 38～40 行：更新子序列的起始位置、最大公共子序列和 maxsum。

11.5 填数游戏

1. 问题

完成图 11-6 所示的填数游戏，即每个汉字代表一个数字，不同的汉字代表的数字不同，要求填写这些汉字代表的数字，使汉字代表的数字符合乘法规则，使被乘数和乘数相乘等于乘积。

	北	京	奥	运	会
×					北
会	会	会	会	会	会

图 11-6 填数游戏

2. 分析

从图 11-6 不难看出，共有 5 个汉字，每个汉字都代表 0～9 中的一个数字。显然，“北”和“会”两个汉字不能是 0。利用 5 个循环，依次枚举每个汉字代表的数字，即 0～9，然后判断相乘的结果是否与列出的算式相等。如果相等，则说明找到了一个正确的解；否则，不是正确的解。

例如，如果用 1、2、3、4、5 分别代表“北”“京”“奥”“运”“会”，则 12345 与 55555 比较，显然是不相等的，因此，不是正确的解。

3. 范例

```
/***********************************************
*范例编号: 11_05
*范例说明: 填数游戏
***********************************************/
01    #include <stdio.h>
02    #include <stdlib.h>
03    void main()
04    {
05          int i1,i2,i3,i4,i5;
06          long mult,r;
07          for(i1=0;i1<=9;i1++)
08          {
```

```
09              for(i2=0;i2<=9;i2++)
10              {
11                  for(i3=0;i3<=9;i3++)
12                  {
13                      for(i4=0;i4<=9;i4++)
14                      {
15                          for(i5=1;i5<=9;i5++)
16                          {
17                              mult=i1*10000+i2*1000+i3*100+i4*10+i5;
18                              r=i5*100000+i5*10000+i5*1000+i5*100+i5*10+i5;
19                              if(mult*i1==r&&i1!=i2&&i1!=i3&&i1!=i4&&i1!=i5&&
20                          i2!=i3&&i2!=i4&&i2!=i5&&i3!=i4&&i3!=i5&&i4!=i5)
21                              {
22                                  printf("%4d%4d%4d%4d%4d\n",i1,i2,i3,i4,i5);
23                                  printf("*%18d\n",i1);
24                                  printf("_____________________\n",i1);
25                                  printf("%5d%3d%3d%3d%3d%3d\n",
26                                      i5,i5,i5,i5,i5,i5);
27                              }
28                          }
29                      }
30                  }
31              }
32          }
33          system("pause");
34      }
```

该范例的运行结果如图 11-7 所示。

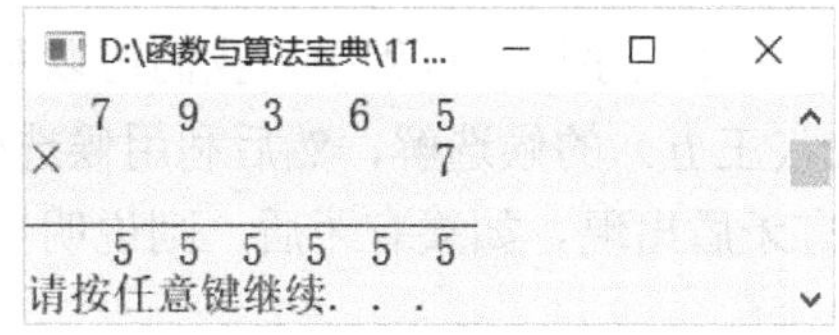

图 11-7　范例的运行结果

4. 说明

第 7～15 行：依次枚举汉字“北”“京”“奥”“运”“会”对应的数字。

第 17 行：求出被乘数。

第 18 行：求出已知的积。

第 19～27 行：判断候选解是否是正确的解。如果是，则输出解。

11.6 谁在说谎

1. 问题

谁在说谎：张三说李四在说谎，李四说王五在说谎，王五说张三、李四都在说谎。请问到底谁在说谎。

2. 分析

这是一个逻辑推理题，用正常的推理方法无法得出答案。我们可以先假设一个条件成立，然后根据这个条件进行推理，如果得出的结果与条件不矛盾，则说明假设成立；如果推出的结果与条件矛盾，则说明假设不成立。这种方法在数学上叫反证法。

如果张三没有说谎，则李四在说谎，进一步推出王五没有说谎。如果李四没有说谎，则王五在说谎，张三也在说谎。如果王五没有说谎，则张三和李四都在说谎。推理过程如图 11-8 所示。

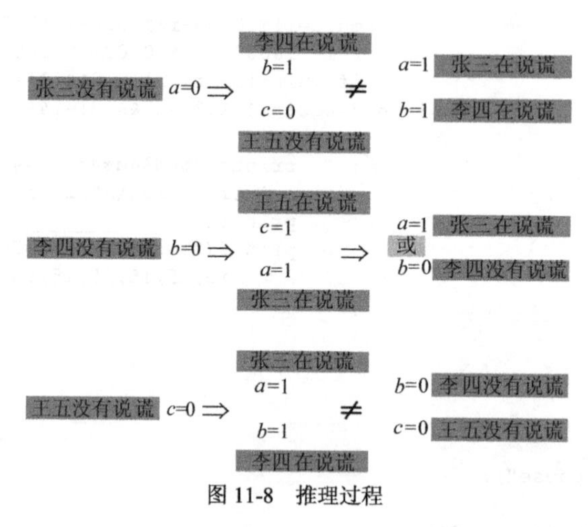

图 11-8　推理过程

在程序设计过程中，我们可以利用枚举法解决这种问题。依次枚举 *a*（张三）、*b*（李四）、*c*（王五）的候选解，然后利用候选解推出结果，将这个结果与已知条件进行比较，检查是否有矛盾出现。如果有矛盾，则说明当前的候选解不是正确的解；否则，候选解是正确的解。

3. 范例

```
/**********************************************
*范例编号：11_06
*范例说明：谁在说谎
**********************************************/
01    #include <stdio.h>
02    #include <stdlib.h>
03    void main()
04    {
05         int a,b,c;
06         for(a=0;a<=1;a++)
07              for(b=0;b<=1;b++)
08                   for(c=0;c<=1;c++)
09                   {
10                        if(a==0)              /*如果张三没有说谎*/
11                             if(b==1)         /*如果李四在说谎*/
12                                  if(c==0)    /*如果王五没有说谎*/
13                                       if(a==1&&b==1)
14                                       {
15                                            printf("%3d,%3d,%3d\n",a,b,c);
16                                       printf("张三和王五没有说谎，李四在说谎\n");
```

```
17                              }
18                  if(b==0)                /*如果李四没有说谎*/
19                      if(a==1&&c==1)  /*如果张三和王五在说谎*/
20                          if(a==0||b==0)
21                          {
22                              printf("%3d,%3d,%3d\n",a,b,c);
23                              printf("张三在说谎，李四没有说谎，王五在说谎\n");
24                          }
25                  if(c==0)                 /*如果王五没有说谎*/
26                      if(a==1&&b==1)   /*如果张三和李四在说谎*/
27                          if(b==0)
28                          {
29                              printf("%3d,%3d,%3d\n",a,b,c);
30                              printf("张三在说谎，李四在说谎，王五没有说谎\n");
31                          }
32              }
33      system("pause");
34  }
```

该范例的运行结果如图 11-9 所示。

图 11-9　范例的运行结果

4. 说明

从运行结果可以看出，张三和王五在说谎，李四没有说谎。

第 6～8 行：依次枚举 *a*、*b*、*c* 的候选解，候选解只有两种取值：0 和 1。0 表示没有说谎，1 表示说谎。

第 10～17 行；假设张三没有说谎，并验证推出的结果是否矛盾。

第 18～24 行：假设李四没有说谎，并验证推出的结果是否矛盾。

第 25～31 行：假设王五没有说谎，并验证推出的结果是否矛盾。

第 12 章 递归算法

递归就是自己调用自己，是设计和描述算法的一种有力的工具，常常用来解决比较复杂的问题。能采用递归描述的算法通常有以下特征：为求解规模为 N 的问题，设法将它分解成规模较小的问题，从小问题的解容易构造出大问题的解，并且这些规模较小的问题也能采用同样的分解方法，分解成规模更小的问题，并能从这些更小问题的解构造出规模较大问题的解。一般情况下，规模 N=1 时，问题的解是已知的。

递归是一种分而治之、将复杂问题转换为简单问题的求解方法。递归算法具有以下优、缺点。

优点：使用递归编写的程序结构清晰且其正确性很容易被证明，不需要了解递归调用的具体细节。

缺点：递归函数在调用过程中，每一层调用都需要保存临时性变量、返回地址和传递参数，因此递归函数的执行效率低。

12.1 简单递归

求 n 的阶乘、斐波纳契数列、求 n 个数中的最大者、进制转换、求最大公约数等都属于简单递归。

12.1.1 求 n 的阶乘

1. 分析

递归的过程分为两个阶段：回推和递推。回推就是根据要求解的问题找到最基本的问题解，这个过程需要系统栈保存临时变量的值；递推是根据最基本问题的解得到所求问题的解，这个过程是逐步释放系统栈的空间，直到得到问题的解。

求 n 的阶乘的过程也分为回推和递推。

（1）回推

求 *n* 的阶乘的过程如下。

```
n!=n*(n-1)!
(n-1)!=(n-1)*(n-2)!
(n-2)!=(n-2)*(n-3)!
…
2!=2*1!
1!=1*0!
```

已知条件：0!=1，1!=1。

例如，求 5!的过程如下。

```
5!=5*4!
4!=4*3!
3!=3*2!
2!=2*1!
1!=1
```

如果把 *n*!写成函数的形式，即 *f*(n)，则 *f*(5)就表示 5!。求 5!的过程可以写成如下形式。

```
f(5)=5*f(4)
f(4)=4*f(3)
f(3)=3*f(2)
f(2)=2*f(1)
f(1)=1
```

从上面的过程可以看出，求 *f*(5)需要调用函数 *f*(4)，求 *f*(4)需要调用 *f*(3)，依次类推，求 *f*(2)需要调用 *f*(1)。其中，*f*(5)、*f*(4)、*f*(3)、*f*(2)、*f*(1)都会调用同一个函数 *f*，只是参数不同而已。上面的递归调用过程如图 12-1 所示。

（2）递推

根据 *f*(1)=1 这个最基本的已知条件，可以得到 2!、3!、4!、5!，这个过程称为递推。由递推过程得到最终的结果，如图 12-2 所示。

图 12-1　求 5!的递归调用的回推过程　　图 12-2　求 5!的递归调用的递推过程

综上所述，回推的过程是将一个复杂的问题变为一个最为简单的问题，而递推的过程是由简单的问题得到复杂问题的解。

求 5!的递归函数调用的完整过程如图 12-3 所示。

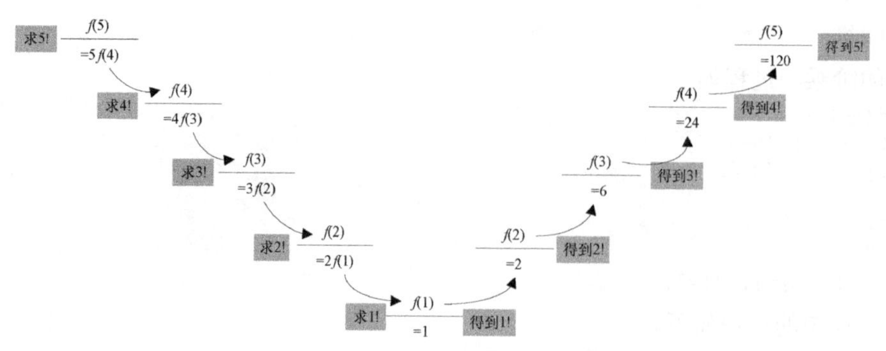

图 12-3　求 5!的递归调用的完整过程

2. 算法描述

通过以上分析可知，当 n=0 或 n=1 时，n 的阶乘即 $f(n)$=1；否则，n 的阶乘即 $f(n)=nf(n-1)$。因此，求 n 的阶乘 $f(n)$可写成如下公式。

$$f(n)\begin{cases}1 & n=0,1\\ nf(n-1) & n=2,3,4,\ldots\end{cases}$$

其实，这就是一个递归定义的公式。

3. 范例

```
/*********************************************
*范例编号：12_01
*范例说明：求 n 的阶乘
*********************************************/
01     #include <stdio.h>
02     #include <stdlib.h>
03     long int Fact(int n);
04     void main()
05     {
06          int n;
07          printf("请输入一个整数:");
08          scanf("%d",&n);
09          printf("%d!=%d\n",n,Fact(n));
10          system("pause");
11     }
12     long int Fact(int n)
13     {
14          if(n < 0)                      /*n<0 时阶乘无定义*/
15          {
16               printf("参数错!");
17               return -1;
18          }
19          if(n == 0)                     /*n==0 时阶乘为 1*/
20               return 1;
21          else
```

```
22        {
23            return n*Fact(n - 1);      /*递归求 n 的阶乘*/
24        }
25    }
```

该范例的运行结果如图 12-4 所示。

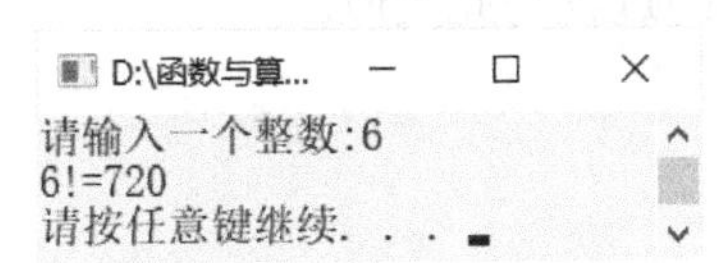

图 12-4 范例的运行结果

4. 说明

（1）函数 f 是递归函数，它的作用是求 n 的阶乘。从函数 f 的实现来看，它与 $f(n)$ 的递归公式没有什么区别，只是将条件变为了用编程语言描述的 if 语句。需要注意的是，因为这个函数需要有返回结果，所以在 if 语句中，必须使用 return 语句。

（2）在递归函数 f 中，必须要有一个结束递归过程的条件，即递归的出口。在该程序中，$n==0||n==1$ 就是结束递归的条件。0!=1 或 1!=1，这也是求递归问题中的一个已知基本问题的解，即最小问题的解。

（3）在递归函数 f 中，函数类型为 long 型，而不是 int 型。这主要是因为 n 的阶乘的值比较大，long 型能容纳更大范围的数据。

（4）一个函数在定义时直接或间接地调用自身，这样的函数被称为递归函数。它通常是将一个复杂的问题转化为一个与原问题相似且规模较小的问题来求解。

（5）递归函数中的局部变量和参数只局限于当前调用层，当进入下一层时，上一层的参数和局部变量都被屏蔽了起来。

12.1.2 斐波那契数列

1. 定义

我们把形如 0，1，1，2，3，5，8，13，21，34，55，89，…的数列称为斐波那契数列。不难发现，从第 3 个数起，每个数都是前两个数之和。

2. 分析

斐波那契数列可以写成如下公式。

$$\text{Fibonacci}(n)\begin{cases}0 & n=0\\ 1 & n=1\\ \text{Fibonacci}(n-1)+\text{Fibonacci}(n-2) & n=2,\ 3,\ 4,\ \dots\end{cases}$$

当 n=4 时，求 *Fibonacci*(4)的值的过程如图 12-5 所示。

其中，图中的阴影部分是右侧函数的对应值。求 Fibonacci(4)的值，需要先求出 Fibonacci(2)与 Fibonacci(3)的值，而求 Fibonacci(3)的值，需要先求出 Fibonacci(1)与 Fibonacci(2)的值，依次类推，直到求出 Fibonacci(0)和 Fibonacci(1)的值，因为当 n=0 和 n=1 时，有 Fibonacci(0)=0、Fibonacci(1)=1，所以直接将 0 和 1 返回。Fibonacci(0)=0 和 Fibonacci(1)=1 就是 Fibonacci(4)基

本问题的解。同理，求解 Fibonacci(n)，$n \geqslant 2$ 也是根据这个基本问题的解得到的。当 n=0 或 n=1 时，开始递推，直到求出 Fibonacci(4)的值。最后，得到 Fibonacci(4)的值为 3。求 Fibonacci(n) 的过程与此类似。

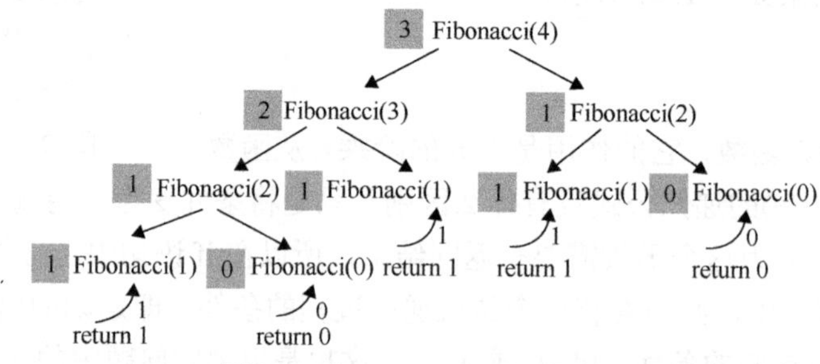

图 12-5　求 *Fibonacci*(4)的值的过程

3. 范例

```
/*********************************************
*范例编号：12_02
*范例说明：求斐波那契数列的 n 项
*********************************************/
01    #include <stdio.h>
02    #include <stdlib.h>
03    int fib(int n);
04    void main()
05    {
06         int n;
07         printf("请输入项数:");
08         scanf("%d",&n);
09         printf("第%d 项的值:%d\n",n,fib(n));
10         system("pause");
11    }
12    int fib(int n)
13    {
14         if (n==0)
15              return 0;
16         if (n==1)
17              return 1;
18         if (n>1)
19              return fib(n-1)+fib(n-2);
20    }
```

该范例的运行结果如图 12-6 所示。

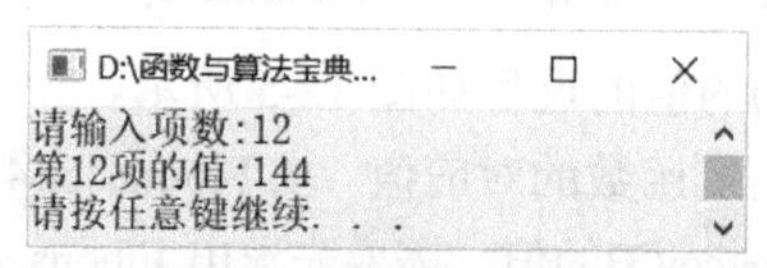

图 12-6　范例的运行结果

12.1.3　求 n 个数中的最大者

1. 问题

求元素序列（55,33,22,77,99,88,11,44）中的最大者。

2. 分析

假设元素序列存放在数组 a 中，数组 a 中 n 个元素的最大者可以通过将 $a[n-1]$与前 $n-1$ 个元素的最大者比较之后得到。当 n=1 时，有 findmax(a,n)=a[0]；当 n>1 时，findmax(a,n)=a[n−1]>findmax(a,n−1)?a[n−1]:findmax(n−1)。

也就是说，数组 a 中只有一个元素时，最大者是 a[0]；超过一个元素时，则要比较最后一个元素 $a[n-1]$和前 $n-1$ 个元素中的最大者，其中较大的一个即是所求，而前 $n-1$ 个元素的最大者需要继续调用 findmax 函数。

3. 范例

```
/*******************************************
*范例编号：12_03
*范例说明：求 n 个数中的最大者
*******************************************/
01    #include <stdio.h>
02    #include <stdlib.h>
03    int findmax(int a[],int n);
04    void main()
05    {
06         int a[]={55,33,22,77,99,88,11,44},n,i;
07         n=sizeof(a)/sizeof(a[0]);
08         printf("数组中的元素:");
09         for(i=0;i<n;i++)
10              printf("%4d",a[i]);
11         printf("\n 最大的元素:%d\n",findmax(a,n));
12         system("pause");
13    }
14    int findmax(int a[],int n)
15    {
16         int m;
17         if(n<=1)
18              return a[0];
19         else
20         {
21              m=findmax(a,n-1);
22              return a[n-1]>=m?a[n-1]:m;
23         }
24    }
```

该范例的运行结果如图 12-7 所示。

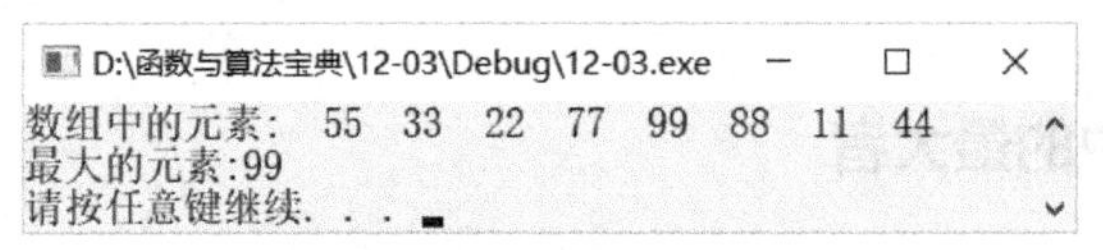

图 12-7 范例的运行结果

4. 说明

findmax(*a*,1)=*a*[0]就是基本问题的解，这是递归函数的已知条件。当 *n*>1 时，findmax 函数正是通过这个已知条件不断递归调用得到所求问题的解。

12.1.4 进制转换

1. 问题

使用递归函数实现将十进制整数转换为二进制整数。

2. 分析

除二取余法：不断地将商作为新的被除数除以 2，而每次得到的余数序列就是所求的二进制数。函数 DectoBin 的定义如下。

```
void DectoBin(int num)
```

当 num==0 时，回推阶段结束，开始递推，返回；否则，将商作为新的被除数，即调用函数 DectoBin(num/2)，同时输出每层的余数，即 printf('%d',num%2)。

3. 范例

```
/*********************************************
*范例编号：12_04
*范例说明：将十进制整数转换为二进制整数
*********************************************/
01    #include <stdio.h>
02    #include <stdlib.h>
03    void DectoBin(int num);
04    void main()
05    {
06         int n;
07         printf("请输入一个十进制整数:");
08         scanf("%d",&n);
09         printf("二进制数是:");
10         DectoBin(n);
11         printf("\n");
12         system("pause");
13    }
14    void DectoBin(int num)
15    {
16         if(num==0)
17              return;
18         else
```

```
19          {
20                DectoBin(num/2);
21                printf("%d",num%2);
22          }
23    }
```

该范例的运行结果如图 12-8 所示。

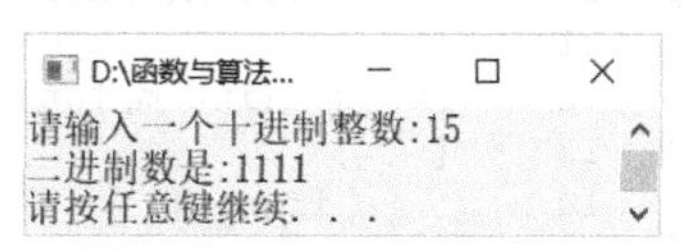

图 12-8　范例的运行结果

4. 说明

因为当商为 0 时，递推阶段结束，需要停止递推，也不需要返回值，所以只需要一个空的返回语句即 return 语句。

为了将商作为新的被除数，需要将 num/2 作为参数传递给函数 DectoBin，同时输出余数，即 num%2。

12.1.5　求最大公约数

1. 问题

用递归函数求两个整数 m 和 n 的最大公约数。

2. 分析

两个整数 m 和 n 的最大公约数具有以下性质。

$$\gcd(m,n)=\begin{cases}\gcd(m-n,n) & \text{当}m>n\text{时}\\ \gcd(m,n-m) & \text{当}m<n\text{时}\\ m & \text{当}m=n\text{时}\end{cases}$$

对应代码如下。

```
if(m>n)
    return gcd(m-n,n);
else if(m<n)
    return gcd(m,n-m);
else
    return m;
```

3. 范例

```
/*********************************************
*范例编号：12_05
*范例说明：求最大公约数
*********************************************/
01    #include <stdio.h>
02    #include <stdlib.h>
03    int gcd(int m,int n);
04    void main()
05    {
```

```
06        int m,n;
07        printf("请输入两个正整数:");
08        scanf("%d,%d",&m,&n);
09        printf("最大公约数是:%d\n",gcd(m,n));
10        system("pause");
11    }
12    int gcd(int m,int n)
13    {
14        if(m>n)
15            return gcd(m-n,n);
16        else if(m<n)
17            return gcd(m,n-m);
18        else
19            return m;
20    }
```

该范例的运行结果如图 12-9 所示。

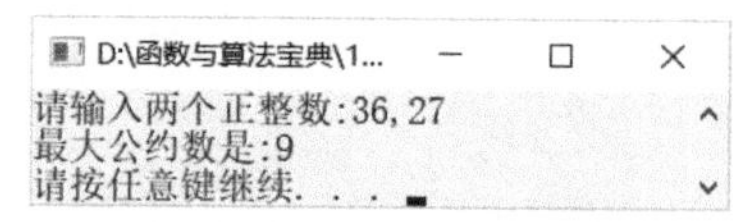
D:\函数与算法宝典\1...
请输入两个正整数:36,27
最大公约数是:9
请按任意键继续. . .

图 12-9 范例的运行结果

4. 说明

这种不断相减的方法与辗转相除法的本质是一样的，都是在寻找 m 和 n 的最大公约数。

12.2 复杂递归

复杂递归算法在递归调用函数的过程中，还需要一些处理，如保存或修改元素值。逆置字符串、和式分解、求无序序列中的第 k 大元素、从 1～n 自然数中任选 r 个数的所有组合数、大牛生小牛问题等都属于比较复杂的递归算法。

12.2.1 逆置字符串

1. 问题

使用递归实现将一个字符串逆置后重新存放在原字符串中。

2. 分析

假设字符串存放在字符数组 s 中，递归函数原型如下。

```
int RevStr(char s[],int i);
```

为了逆置当前位置的字符，需要先求出逆置后当前字符在字符串中的存放位置，将当前位置的字符读取到一个变量 ch 中。若当前位置的字符是字符串的结束符，则函数返回 0，告知上一次递归调用函数，最末字符应存放到字符串的首位置。代码如下。

```
01    char ch=s[i];
02    if(ch=='\0')
03        return 0;
```

对于其他情况，函数以字符串 *s* 和字符位置 *i*+1 作为参数递归调用函数 RevStr，求得当前字符的存放位置 *k*，并将字符存放在位置 *k* 中，同时，下一个位置用来存放前一个字符。代码如下。

```
01    k=RevStr(s,i+1);
02    s[k]=ch;
03    return k+1;
```

综合以上两种情况，可以很容易地写出逆置字符串的递归函数。

3. 范例

```
/********************************************
*范例编号：12_06
*范例说明：逆置字符串
********************************************/
01    #include <stdio.h>
02    #include <stdlib.h>
03    int RevStr(char s[],int i);
04    void main()
05    {
06        char s[]="Welcome to NorthWest University!";
07        printf("逆置前:%s\n",s);
08        RevStr(s,0);
09        printf("逆置后:%s\n",s);
10        system("pause");
11    }
12    int RevStr(char s[],int i)
13    {
14        int k;
15        char ch=s[i];
16        if(ch=='\0')
17            return 0;
18        else
19        {
20            k=RevStr(s,i+1);
21            s[k]=ch;
22            return k+1;
23        }
24    }
```

该范例的运行结果如图 12-10 所示。

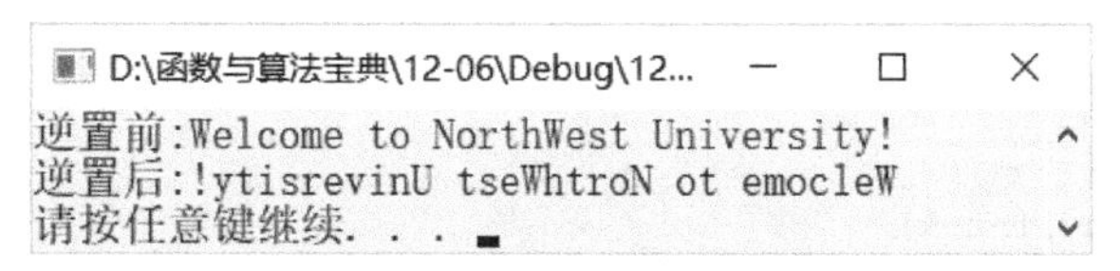

图 12-10 范例的运行结果

4. 说明

（1）条件 ch=='\0'实际上就是递归函数的出口，返回 0 表示已经到了字符串的结束位置，应该将前一个字符即最末一个字符存放在第 0 个位置。

（2）在其他情况下，不断递归调用函数 RevStr，返回值 *k* 就是当前字符应存放的位置。每一层递归调用的返回值为 *k*+1（从前往后），表示依次将递归调用返回的字符 ch（从后往前）存放在相应的位置。

12.2.2 和式分解

1. 问题

编写一个递归函数，要求给定一个正整数 *n*，输出和为 *n* 的所有正整数和式。例如，*n*=4，则输出的和式分解的结果如下。

```
4
3   1
2   2
2   1   1
1   3
1   2   1
1   1   2
1   1   1   1
```

2. 分析

引入数组 *a*，用来存放分解出来的和数，其中，*a*[*k*]存放第 *k* 步分解出来的和数。递归函数 rd（int *n*, int *k*）设置了两个参数：第 1 个参数 *n* 表示本次递归调用要分解的整数；第 2 个参数 *k* 是本次递归调用将要分解出的第 *k* 个和数。对将要分解的整数 *n*，可分解出来的数的范围是 *n*，*n*−1，…，2，1，将每次分解出的数存入数组 *a*[*k*]，然后对余下的数通过递归调用自身继续进行分解。当待分解的数为 0 时，则说明一次和数分解的过程已经结束，将该次分解出来的和数输出。

3. 范例

```
/*********************************************
*范例编号：12_07
*范例说明：和式分解
*********************************************/
01    #include <stdio.h>
02    #include <stdlib.h>
03    #define N 20
04    int a[N]={0};
05    void rd(int n ,int k)
06    /*和式分解*/
07    {
08          int i;
09          if (n>0)    /*若当前的和数还未分解完毕*/
10          {
```

```
11              for(i=n; i>=1;   i--)/*和数分解*/
12              {
13                   a[k]=i; /*将已经分解出的和数存入数组*/
14                   rd(n-i,k+1) ;/*继续分解剩下的部分*/
15              }
16         }
17         else       /*若和数已经分解完毕*/
18         {
19              for (i=0; i<k; i++) /*输出分解结果*/
20                   printf("%4d",a[i]);
21              printf("\n");
22         }
23    }
24    void main( )
25    {
26         int n;
27         printf("请输入待分解的和数:");
28         scanf("%d",&n);
29         rd(n, 0);
30         system("pause");
31    }
```

该范例的运行结果如图 12-11 所示。

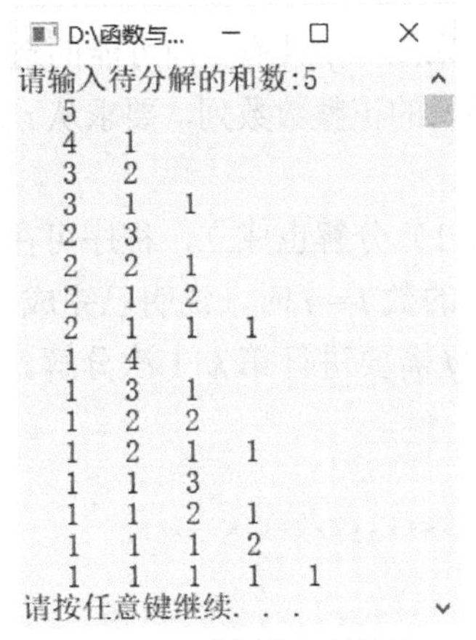

图 12-11　范例的运行结果

4. 说明

第 9～16 行：若待分解的整数 n 还没有分解完，则继续对该整数进行分解。

第 9 行：$n>0$ 表示待分解的整数 n 还没有分解完毕。

第 11 行：待分解出来的和数为 1～n 的整数。

第 13 行：将当前分解出来的数 i 存入数组 $a[k]$。

第 14 行：递归调用自身，继续分解剩下的部分。

第 17～22 行：若 n==0，则表明完成一次和数分解，将该次分解结果输出。

12.2.3 和式分解（分解出的和数非递增排列）

1. 问题

编写一个递归函数，要求给定一个正整数 *n*，输出和为 *n* 的所有非递增的正整数和式。例如，*n*=5，则输出的和式结果如下。

```
5=5
5=4+1
5=3+2
5=3+1+1
5=2+2+1
5=2+1+1+1
5=1+1+1+1+1
```

2. 分析

引入数组 *a*，用来存放分解出来的和数，其中，*a*[*k*]存放第 *k* 步分解出来的和数。递归函数应设置 3 个参数：第 1 个参数是数组名，用来将数组中的元素传递给被调用函数；第 2 个参数 *i* 表示本次递归调用要分解的数；第 3 个参数 *k* 是本次递归调用将要分解出的第 *k* 个和数。递归函数的原型如下。

```
void rd(int a[],int i,int k)
```

对将要分解的数 *i*，可分解出来的数 *j* 共有 *i* 种可能的选择，分别是 *i*、*i*−1、…、2、1。为了保证分解出来的和数依次构成不增的正整数数列，要求从 *i* 分解出来的和数 *j* 不能超过 *a*[*k*−1]，即上次分解出来的和数。

特别地，为保证对第一步（*k*=1）分解也成立，程序可在 *a*[0]中预置 *n*，即第一个和数最大为 *n*。在分解过程中，当分解出来的数 *j*==*i* 时，说明已完成一个和式分解，应将和式输出；当分解出来的数 *j*<*i* 时，说明还有 *i*−*j* 需要进行第 *k*+1 次分解。

3. 范例

```
/********************************************
*范例编号：12_08
*范例说明：和式分解
********************************************/
01    #include <stdio.h>
02    #include <stdlib.h>
03    #define N 50
04    void rd(int a[],int i,int k);
05    void main()
06    {
07         int n,a[N];
08         printf("请输入一个正整数n(0<=n<50):");
09         scanf("%d",&n);
10         a[0]=n;
11         printf("和式分解结果:\n");
12         rd(a,n,1);
```

```
13      system("pause");
14  }
15  void rd(int a[],int i,int k)
16  {
17      int j,p;
18      for(j=i;j>=1;j--)
19      {
20          if(j<=a[k-1])
21          {
22              a[k]=j;
23              if(j==i)
24              {
25                  printf("%d=%d",a[0],a[1]);
26                  for(p=2;p<=k;p++)
27                      printf("+%d",a[p]);
28                  printf("\n");
29              }
30              else
31                  rd(a,i-j,k+1);
32          }
33      }
34  }
```

该范例的运行结果如图 12-12 所示。

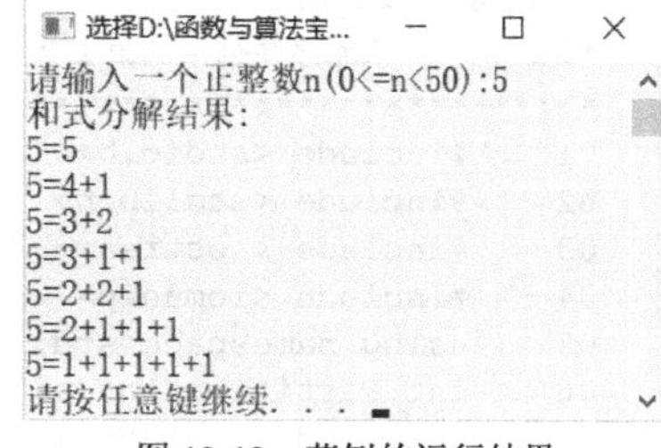

图 12-12　范例的运行结果

4. 说明

第 18 行：循环语句表示待分解的数的范围为 i～1。

第 20 行：如果当前待分解的数 j 小于已经分解的和数 $a[k-1]$。这是为了保证使分解出来的和数按照不增的顺序排列。

第 22 行：将当前待分解的数 j 存放到序号为 k 的位置。

第 23～29 行：如果 j 等于 i，则表示已完成一个和式分解，输出该和式。

第 30～31 行：将还未分解的数 $i-j$ 和分解的和数次数 k 传递给 rd 函数进行递归调用求解。

12.2.4　求无序序列中的第 k 大元素

1. 问题

给定 n 个无序的元素，要求编写一个递归算法，求该序列中的第 k 大元素。

2. 分析

该题也可以像求最大和次大元素一样利用分而治之的算法思想来求解。具体来说，就是可利用快速排序的思想通过确定某个子序列的枢轴元素位置 pos，将这些元素分成若干个子区间，并不断缩小子区间直至区间中只有一个元素。假设这些无序元素存放在数组 a 中，确定子区间的划分位置分为以下几种情况。

（1）如果枢轴元素位置 pos 等于 $n-k$（其中，n 是无序元素的长度），则表明找到了第 k 大的元素，返回该位置的元素。

（2）如果枢轴元素位置 pos 大于 $n-k$，那么第 k 大的元素一定在区间 a[0]～a[pos−1]中，则继续在该子区间查找。

（3）如果枢轴元素位置 pos 小于 $n-k$，那么第 k 大的元素一定在区间 a[pos+1]～a[n−1]中，则继续在该子区间查找。

在划分子区间时，即确定枢轴元素的位置时，利用快速排序算法思想从区间的第一个元素和最后一个元素开始，分别与枢轴元素进行比较，若遇到 a[high]<a[pivot]且 a[low]>a[pivot]的情况，则将两个元素交换，依次类推，直至 high<=low，最后将 a[pivot]放置在 a[low]的位置上，这样 pivot 就将该区间划分为了左、右两个子区间，左区间的元素均小于 a[pivot]，右区间的元素均大于等于 a[pivot]。

3. 范例

```
/*******************************************
*范例编号：12_09
*范例说明：求无序序列中的第 k 大元素
*******************************************/
01    #include <stdio.h>
02    #include <stdlib.h>
03    #include <iostream>
04    #include <iomanip>
05    using namespace std;
06    int Partition(int a[],int low ,int high);
07    int Find_K_Largest(int a[],int low, int high,int n ,int k);
08    int Partition(int a[],int low ,int high)
09    //以 low 为枢轴元素位置划分子区间
10      {
11         int t = a[low];
12         while(low < high)
13        {
14              while(low < high && a[high] >= t)
15              high--;
16              a[low] = a[high];
17              while(low < high && a[low] <= t)
18                   low++;
19              a[high] = a[low];
20        }
21         a[low] = t;//将枢轴元素存放在 low 位置
22        return low;
23     }
24    int Find_K_Largest(int a[],int low, int high,int n ,int k)
25    {
26         int pos;
27         if(a == NULL || low >= high || k > n)//边界条件和特殊输入的处理
28              return 0;
29         pos = Partition(a,low,high);       //划分子区间，获得枢轴元素位置 pos
30         while(pos != n  - k)
```

```
31          {
32               if(pos > n - k)
33               {
34                    high = pos - 1;
35                    pos = Partition(a,low,high); //应在区间[low,pos-1]中查找第 k 大的元素
36               }
37               if(pos < n - k)
38               {
39                    low = pos + 1;
40                    pos = Partition(a,low,high); //应在区间[pos-1,high]中查找第 k 大的元素
41            }
42          }
43          return a[pos];
44     }
45      void main()
46      {
47           int a[]={201,321,162,902,503,28,436,590,68,126},i,first,last,n,k;
48           n=sizeof(a)/sizeof(a[0]);
49           first=0;
50           last=n-1;
51           k=3;
52           cout<<"数组中的元素:"<<endl;
53           for(i=0;i<n;i++)
54                cout<<setw(4)<<a[i];
55           cout<<endl;
56           cout<<"第"<<k<<"大元素是:";
57           cout<<Find_K_Largest(a,first,last,n,k)<<endl;
58           system("pause");
59      }
```

该范例的运行结果如图 12-13 所示。

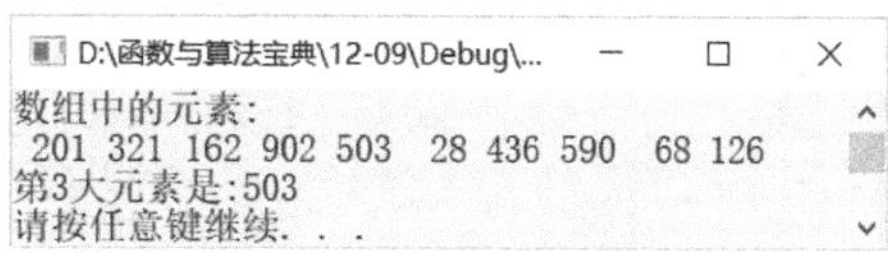

图 12-13　范例的运行结果

4. 说明

第 29 行：利用枢轴元素划分子区间，返回枢轴元素的位置 pos。

第 30～41 行：若 pos 不是第 k 大元素，则根据 pos 与 $n-k$ 的相对位置确定对左半区间还是右半区间继续进行划分。

第 32～36 行：若 pos 大于 $n-k$，则表明第 k 大元素在左半区间，对左半区间进行划分。

第 37～40 行：若 pos 小于 $n-k$，则表明第 k 大元素在右半区间，对右半区间进行划分。

第 43 行：若 pos 等于 $n-k$，则表明找到第 k 大元素，将该元素返回。

12.2.5　从 1～n 个自然数中任选 r 个数的所有组合数

1. 问题

编写递归程序，从 1～n 个自然数中任选 r 个数的所有组合数。

2. 分析

利用分而治之的方法，将从 *n* 个数中选取 *r* 个数的问题分解为较小的问题进行解决。当组合数中的第一个数选定后，可从剩下的 *n*−1 个数中选取 *k*−1 个数的组合。假设用数组 *a* 存放求出的组合数，在求每组组合数的时候，首先将当前组合数的第一个数存放在 *a*[*k*]中，然后调用递归函数从剩下的 *n*−1 个数中求其他组合数。若 *k*<=1，则表明得到一组组合数，将该组合数输出即可。然后再求其他组合数，直到所有的组合数输出为止。

3. 范例

```
/*********************************************
*范例编号：12_10
*范例说明：从 1～n 个自然数中任选 r 个数的所有组合数
*********************************************/
01    #include <iostream>
02    #include <stdlib.h>
03    using namespace std;
04    #define N 100
05    int a[N];
06    void Comb(int m,int k)
07    {
08         int i,j;
09         for(i=m;i>=k;i--)
10         {
11              a[k]=i;
12              if(k>1)//未完成一个组合数
13                   Comb(i-1,k-1);
14              else //完成一个组合数，输出该组合数的所有数字
15              {
16                   for(j=a[0];j>0;j--)
17                        cout<<a[j]<<"  ";
18                   cout<<endl;
19              }
20         }
21    }
22    void main()
23    {
24         int n,r;
25         cout<<"请输入 n 和 r 的值(正整数且 n>r):"<<endl;
26         cin>>n>>r;
27         if(r>n)
28              cout<<"输入 n 和 r 的值错误!"<<endl;
29         else
30         {
31              cout<<"从 1～"<<n<<"中选择其中"<<r<<"个数的组合数依次是:"<<endl;
32              a[0]=r;
33              Comb(n,r);
34         }
35         system("pause");
36    }
```

该范例的运行结果如图 12-14 所示。

```
D:\函数与算法宝典\12-10\Debu...
请输入n和r的值(正整数且n>r):
5 3
从1~5中选择其中3个数的组合数依次是:
5  4  3
5  4  2
5  4  1
5  3  2
5  3  1
5  2  1
4  3  2
4  3  1
4  2  1
3  2  1
请按任意键继续. . .
```

图 12-14 范例的运行结果

4. 说明

第 9 行：从 *m* 个数中选择 *k* 个数。

第 11 行：将当前选择的数存放在 *a*[*k*]中。

第 12～13 行：若未完成选择 *k* 个数的任务，则在剩下的数中继续选择。

第 14～19 行：若完成一个组合数的选择，则输出组合数。

12.2.6 大牛生小牛问题

1. 问题

已知一头刚出生的小牛，4 年后生一头小牛，以后每年生一头。现有一头刚出生的小牛，问 20 年后共有牛多少头？

2. 分析

由题意可以看出，该问题可以分为两种情况来处理：小于 4 年时，只有一头小牛；大于等于 4 年时，小牛成长为大牛，开始生小牛。递归函数的原型如下。

```
long Cow(int years);
```

如果 year<4，则返回 1，表示只有一头牛；如果 year≥4，则第 4 年的大牛开始生小牛，每年生一头，并且每隔 3 年，小牛成长为大牛，开始生小牛，因此需要递归调用 Cow 函数，即 Cow(subYears)。对应代码如下。

```
01   i = 4;
02   while (i <= years)
03   {
04          subYears = i - 3;
05          count += Cow(subYears);
06          i++;
07   }
```

3. 范例

```
/******************************************
*范例编号: 12_11
*范例说明: 大牛生小牛问题
******************************************/
01    #include <stdio.h>
02    #include <stdlib.h>
03    long Cow(int year);
04    void main()
05    {
06         long n;
07         int year;
08         printf("请输入年数:");
09         scanf("%d",&year);
10         n=Cow(year);
11         printf("%d 年后牛的总数:%d\n",year,n);
12         system("pause");
13    }
14    long Cow(int years)
15    {
16         long count=1;
17         int i,subYears;
18         if (years<=3)
19         {
20              return 1;
21         }
22         i=4;
23         while (i<=years)
24         {
25              subYears =i-3;
26              count += Cow(subYears);
27              i++;
28         }
29         return count;
30    }
```

该范例的运行结果如图 12-15 所示。

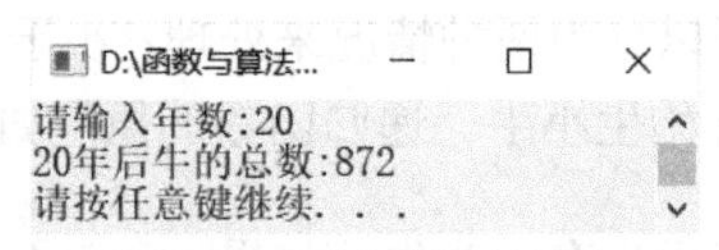

图 12-15　范例的运行结果

4. 说明

第 18～21 行：小牛还不到生育年龄，返回 1，即原来大牛的头数。

第 22 行：从第 4 年开始逐年计算牛的头数。

第 23～28 行：计算大牛和生的小牛的总头数。

第 25 行：准备计算第 4 年生的小牛的头数。

第 26 行：递归调用自身来计算大牛和生的小牛的头数。

第 13 章　贪心算法

贪心算法是一种不追求最优解，只希望找到较为满意解的方法。贪心算法省去了为找最优解要穷尽所有可能而必须耗费的大量时间，因此它一般可以快速得到比较满意的解。贪心算法常以当前情况为基础做最优选择，而不考虑各种可能的整体情况，所以贪心算法不需要回溯。

例如，平时购物找零钱时，为使找回的零钱的硬币数最少，不要求找零钱的所有方案，而是从最大面额的币种开始，按递减的顺序考虑各面额，先尽量用大面额，当大面额不足时才去考虑下一张较小面额，这就是贪心算法。

13.1 找零钱问题

1. 问题

人民币的面额有 100 元、50 元、10 元、5 元、2 元、1 元等。在找零钱时，可以有多种方案。例如，零钱 146 元的找零方案如下。

（1）100+20+20+5+1

（2）100+20+10+10+5+1

（3）100+20+10+10+2+2+2

（4）100+10+10+10+10+1+1+1+1+1+1

……

2. 分析

利用贪心算法，选择的是第 1 种方案。首先选择一张最大面额的人民币，即 100 元，然后在剩下的 46 元中选择面额最大的人民币，即 20 元。依次类推，每次的选择都是局部最优解。

3. 范例

```
/********************************************
*范例编号：13_01
*范例说明：找零钱问题
********************************************/
01    #include <stdio.h>
02    #include <stdlib.h>
03    #define N 60
04    int ExchageMoney(float n,float *a,int c,float *r);
05    void main()
06    {
07         float rmb[]={100,50,20,10,5,2,1,0.5,0.2,0.1};
08         int n=sizeof(rmb)/sizeof(rmb[0]),k,i;
09         float change,r[N];;
10         printf("请输入要找的零钱数:");
11         scanf("%f",&change);
12         for(i=0;i<n;i++)
13              if(change>=rmb[i])
14                   break;
15         k=ExchageMoney(change,&rmb[i],n-i,r);
16         if(k<=0)
17              printf("找不开!\n");
18         else
19         {
20              printf("找零钱的方案:%.2f=",change);
21              if(r[0]>=1.0)
22                   printf("%.0f",r[0]);
23              else
24                   printf("%.2f",r[0]);
25              for(i=1;i<k;i++)
26              {
27                   if(r[i]>=1.0)
28                        printf("+%.0f",r[i]);
29                   else
30                        printf("+%.2f",r[i]);
31              }
32              printf("\n");
33         }
34         system("pause");
35    }
36    int ExchageMoney(float n,float *a,int c,float *r)
37    {
38         int m;
39         if(n==0.0)                   /*能分解，分解完成*/
40              return 0;
41         if(c==0)                     /*不能分解*/
42              return -1;
43         if(n<*a)
44              return ExchageMoney(n,a+1,c-1,r);  /*继续寻找合适的面额*/
45         else
46         {
47              *r=*a;                            /*将零钱保存到 r 中*/
48              m=ExchageMoney(n-*a,a,c,r+1);    /*继续分解剩下的零钱*/
```

```
49            if(m>=0)
50                return m+1;                /*返回找的零钱张数*/
51            return -1;
52        }
53    }
```

该范例的运行结果如图 13-1 所示。

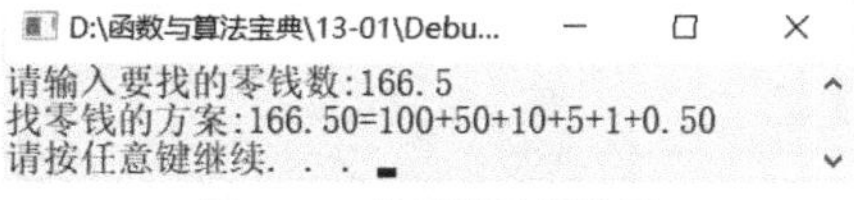

图 13-1　范例的运行结果

4. 程序说明

第 7 行：存放人民币的各种面额大小。

第 12～14 行：找到第 1 张小于 change 的人民币面额。

第 15 行：调用 ExchageMoney 函数并返回找回零钱的张数。

第 16～17 行：如果返回小于等于 0 的数，则表示找不开零钱。

第 18～33 行：输出找零钱的方案。

第 39～40 行：找零钱成功，返回 0。

第 41～42 行：没有找到合适的找零钱方案，返回−1。

第 43～44 行：继续寻找较小的面额。

第 47 行：将零钱的面额存放到数组 *r* 中。

第 48 行：继续分解剩下的零钱。

第 49～50 行：返回找的零钱张数。

13.2 哈夫曼编码

1. 问题

利用给定的结点权值构造哈夫曼树，并输出每个结点的哈夫曼编码。

2. 哈夫曼树相关知识

哈夫曼树：也称为最优二叉树，是带权路径长度最小的二叉树。

结点的权：根据各结点数据的重要性，赋予各结点一定的值。结点值越大，说明其越重要。

结点的路径：在一棵树中，从一个结点往下可以到达的孩子或子孙结点之间的通路被称为路径。

路径长度：通路中分支的数目。若规定根结点的层数为 1，则从根结点到第 L 层结点的路径长度为 L−1。

结点的带权路径长度：从该结点到根结点的路径长度与该结点的权的乘积。

树的带权路径长度：树中所有叶子结点的带权路径长度之和，记作 WPL。

假设一棵二叉树有 4 个叶子结点：*A*、*B*、*C*、*D*，权重分别是 6、7、3、15。利用这 4 个叶子结点可以构造出多棵二叉树，如图 13-2 所示。

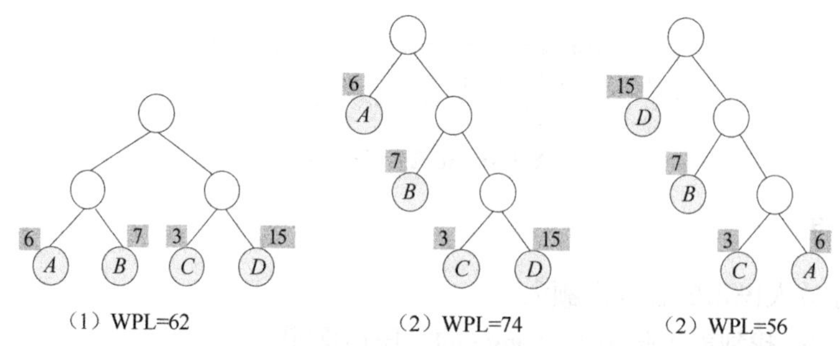

图 13-2　4 个叶子结点的二叉树

图 13-2 中的 3 棵二叉树的带权路径长度分别如下。

（1）WPL=6×2+7×2+3×2+15×2=62

（2）WPL=(3+15) ×3+7×2+6×1=74

（3）WPL=(3+6) ×3+7×2+15×1=56

由此可以看出，第 3 棵二叉树的带权路径长度最小。可以验证，该二叉树是所有 4 个叶子结点构成的带权路径长度最小的二叉树，因此，该二叉树是哈夫曼树。

3. 构造哈夫曼树

假设有 *n* 个叶子结点，对应的权值分别是 *w*1、*w*2、…、*wn*，则哈夫曼树的构造方法如下。

（1）将 *w*1、*w*2、…、*wn* 看成是有 *n* 棵树的森林（每棵树仅有一个结点）。

（2）在森林中选出两个根结点权值最小的树合并，作为一棵新树的左、右子树，且新树的根结点权值为其左、右子树根结点权值之和。

（3）从森林中删除选取的两棵树，并将新树加入森林。

（4）重复执行步骤（2）和步骤（3），直到森林中只剩一棵树为止，该树即为所求的哈夫曼树。

例如，用前面介绍的 *A*、*B*、*C*、*D* 结点来构造哈夫曼树的过程如图 13-3 所示。

4. 哈夫曼编码

哈夫曼编码常应用在数据通信中，在数据传送时，需要将字符转换为二进制的字符串。例如，如果传送的电文是 *ACBAADCB*，电文中有 *A*、*B*、*C* 和 *D* 4 种字符，如果规定 *A*、*B*、*C* 和 *D* 的编码分别为 00、01、10 和 11，则上面的电文代码为 0010010000111001，共 16 个二进制数。

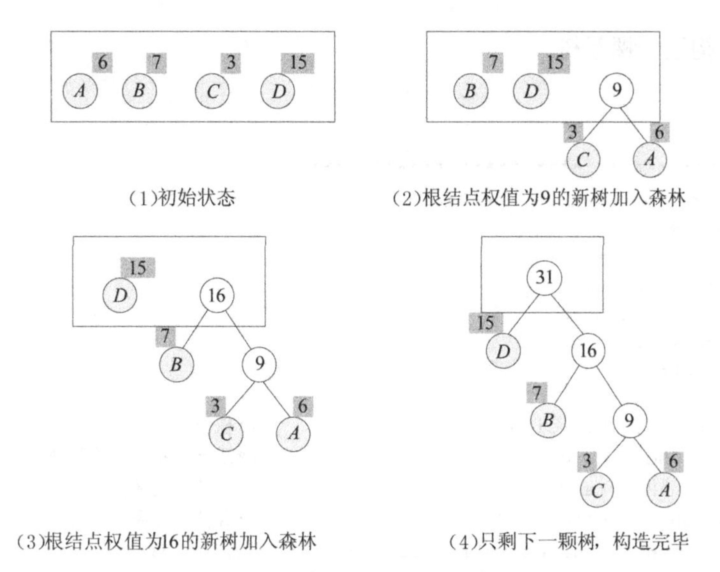

图 13-3 构造哈夫曼树的过程

在传送电文时，希望电文的代码尽可能的短。如果将每个字符按不等长编码，出现频率高的字符采用尽可能短的编码，那么电文的代码长度就会缩短。这可以利用哈夫曼树对电文进行编码，最后得到的编码就是长度最短的编码。具体构造方法如下。

假设需要编码的字符集合为$\{c_1,c_2,\ldots,c_n\}$，相应地，字符在电文中的出现次数为$\{w_1,w_2,\ldots,w_n\}$，以字符 $c_1,c_2,\ldots,c_n$ 作为叶子结点，以 $w_1,w_2,\ldots,w_n$ 为对应叶子结点的权值构造一棵二叉树，规定哈夫曼树的左孩子分支为 0，右孩子分支为 1，从根结点到每个叶子结点经过的分支组成的 0 和 1 序列就是结点对应的编码。

例如，字符集合为$\{A,B,C,D\}$，各个字符相应的出现次数为$\{4,1,1,2\}$，将这些字符作为叶子结点，出现次数作为叶子结点的权值，相应的哈夫曼树如图 13-4 所示。

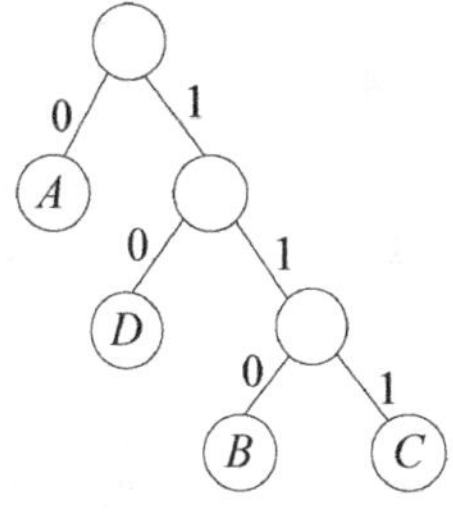

图 13-4 哈夫曼编码

从图 13-4 中不难看出，字符 *A* 的编码为 0，字符 *B* 的编码为 110，字符 *C* 的编码为 111，字符 *D* 的编码为 10。因此，可以得到电文 *ACBAADCB* 的哈夫曼编码为 01111100010111110。这样就保证了电文的编码长度最短。

在设计不等长编码时，必须使任何一个字符的编码都不是另外一个字符编码的前缀。例如，如果字符 *A* 的编码为 11，字符 *B* 的编码为 110，则字符 *A* 的编码就称为字符 *B* 的编码的前缀。如果一个代码为 11010，在进行译码时，无法确定是将前两位译为 *A*，还是要将前三位译为 *B*。但是在利用哈夫曼树进行编码时，不会出现一个字符的编码是另一个字符编码的前缀。

5. 分析

构造哈夫曼树的过程利用了贪心选择的局部最优的性质，每次都是从结点集合中选择权值最小的两个结点构造一棵新树。

6. 范例

```
/*******************************************
*范例编号：13_02
*范例说明：哈夫曼编码
*******************************************/
01    #include <stdio.h>
02    #include <stdlib.h>
03    #include <string.h>
04    typedef struct
05    {
06         unsigned int weight;                    /*权值*/
07         unsigned int parent,LChild,RChild;      /*双亲，左、右孩子结点的指针*/
08    } HTNode, *HuffmanTree;                      /*存储哈夫曼树*/
09    typedef char *HuffmanCode;                   /*存储哈夫曼编码*/
10    void CreateHuffmanTree(HuffmanTree *ht,int *w,int n);
11    void Select(HuffmanTree *ht,int n,int *s1,int *s2);
12    void CreateHuffmanCode(HuffmanTree *ht, HuffmanCode *hc, int n);
13    void main()
14    {
15         HuffmanTree HT;
16         HuffmanCode HC;
17         int *w,i,n,w1;
18         printf("***********哈夫曼编码***********\n" );
19         printf("请输入结点个数:" );
20         scanf("%d",&n);
21         w=(int *)malloc((n+1)*sizeof(int));
22         printf("输入这%d 个元素的权值:\n",n);
23         for(i=1; i<=n; i++)
24         {
25              printf("%d: ",i);
26              scanf("%d",&w1);
27              w[i]=w1;
28         }
29         CreateHuffmanTree(&HT,w,n);            /*构造哈夫曼树*/
30         CreateHuffmanCode(&HT,&HC,n);          /*构造哈夫曼编码*/
31         system("pause");
32    }
33    void CreateHuffmanTree(HuffmanTree *ht,int *w,int n)
34         /*构造哈夫曼树 ht,w 存放已知的 n 个权值*/
35    {
36         int m,i,s1,s2;
37         m=2*n-1;                               /*结点总数*/
38         *ht=(HuffmanTree)malloc((m+1)*sizeof(HTNode));
39         for(i=1; i<=n; i++)                    /*初始化叶子结点*/
40         {
41              (*ht)[i].weight=w[i];
42              (*ht)[i].LChild=0;
43              (*ht)[i].parent=0;
```

```
44             (*ht)[i].RChild=0;
45         }
46         for(i=n+1; i<=m; i++)                    /*初始化非叶子结点*/
47         {
48             (*ht)[i].weight=0;
49             (*ht)[i].LChild=0;
50             (*ht)[i].parent=0;
51             (*ht)[i].RChild=0;
52         }
53         printf("\n 哈夫曼树为: \n");
54         for(i=n+1; i<=m; i++)                  /*创建非叶子结点，创建哈夫曼树*/
55             /*在(*ht)[1]～(*ht)[i-1]的范围内选择两个最小的结点*/
56         {
57             Select(ht,i-1,&s1,&s2);
58             (*ht)[s1].parent=i;
59             (*ht)[s2].parent=i;
60             (*ht)[i].LChild=s1;
61             (*ht)[i].RChild=s2;
62             (*ht)[i].weight=(*ht)[s1].weight+(*ht)[s2].weight;
63             printf("%d (%d, %d)\n",
64                 (*ht)[i].weight,(*ht)[s1].weight,(*ht)[s2].weight);
65         }
66         printf("\n");
67     }
68     void CreateHuffmanCode(HuffmanTree *ht, HuffmanCode *hc, int n)
69         /*从叶子结点到根，逆向求每个叶子结点对应的哈夫曼编码*/
70     {
71         char *cd;                                     /*定义存放编码的空间*/
72         int a[100];
73         int i,start,p,w=0;
74         unsigned int c;
75         /*分配 n 个编码的头指针*/
76         hc=(HuffmanCode *)malloc((n+1)*sizeof(char *));
77         cd=(char *)malloc(n*sizeof(char));      /*分配求当前编码的工作空间*/
78         cd[n-1]='\0';/*从右向左逐位存放编码，首先存放编码结束符*/
79         for(i=1; i<=n; i++)
80             /*求 n 个叶子结点对应的哈夫曼编码*/
81         {
82             a[i]=0;
83             start=n-1;   /*起始指针位置在最右边*/
84             for(c=i,p=(*ht)[i].parent; p!=0; c=p,p=(*ht)[p].parent)
85                 /*从叶子到根结点求编码*/
86             {
87                 if( (*ht)[p].LChild==c)
88                 {
89                     cd[--start]='0';   /*左分支记作 0*/
90                     a[i]++;
91                 }
92                 else
93                 {
94                     cd[--start]='1';   /*右分支记作 1*/
95                     a[i]++;
```

```
96                      }
97                  }
98                  /*为第 i 个编码分配空间*/
99                  hc[i]=(char *)malloc((n-start)*sizeof(char));
100                 strcpy(hc[i],&cd[start]); /*将 cd 复制编码到 hc*/
101         }
102         free(cd);
103         for(i=1; i<=n; i++)
104              printf("权值为%d 的哈夫曼编码为:%s\n",(*ht)[i].weight,hc[i]);
105         for(i=1; i<=n; i++)
106              w+=(*ht)[i].weight*a[i];
107         printf("带权路径为:%d\n",w);
108     }
109     void Select(HuffmanTree *ht,int n,int *s1,int *s2)
110         /*选择两个 parent 为 0，且 weight 最小的结点 s1 和 s2*/
111     {
112         int i,min;
113         for(i=1; i<=n; i++)
114         {
115              if((*ht)[i].parent==0)
116              {
117                   min=i;
118                   break;
119              }
120         }
121         for(i=1; i<=n; i++)
122         {
123              if((*ht)[i].parent==0)
124              {
125                   if((*ht)[i].weight<(*ht)[min].weight)
126                        min=i;
127              }
128         }
129         *s1=min;
130         for(i=1; i<=n; i++)
131         {
132              if((*ht)[i].parent==0 && i!=(*s1))
133              {
134                   min=i;
135                   break;
136              }
137         }
138         for(i=1; i<=n; i++)
139         {
140              if((*ht)[i].parent==0 && i!=(*s1))
141              {
142                   if((*ht)[i].weight<(*ht)[min].weight)
143                       min=i;
144              }
145         }
146         *s2=min;
147     }
```

该范例的运行结果如图 13-5 所示。

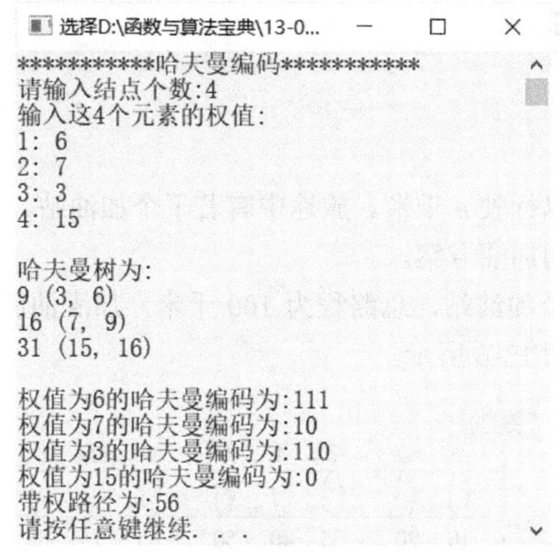

图 13-5　范例的运行结果

7. 说明

第 37 行：求出哈夫曼树所有结点的个数。

第 39～45 行：初始化叶子结点，将每个结点看成一棵树。

第 46～52 行：初始化非叶子结点。

第 54～65 行：创建哈夫曼树，找出两个权值最小的结点，构造它们的根结点。

第 57 行：调用 Select 函数选择权值最小的两个结点。

第 58～59 行：将第 i 个结点作为权值最小的结点 $s1$ 和 $s2$ 的根结点。

第 60～61 行：分别让第 i 个结点的左、右孩子指针指向 $s1$ 和 $s2$。

第 62 行：将 $s1$ 和 $s2$ 的权值之和作为第 i 个结点的权值。

第 63～64 行：输出第 i 个结点、$s1$ 和 $s2$ 结点的权值。

第 84～97 行：从第 0 个结点开始向上直到根结点，为每个叶子结点构造哈夫曼编码。

第 87～91 行：如果是左分支，则用'0'表示。

第 92～96 行：如果是右分支，则用'1'表示。

第 100 行：将每个叶子结点的编码存放到 hc 中。

第 103～104 行：输出每个叶子结点的哈夫曼编码。

第 105～106 行：求出每个叶子结点的带权路径长度。

第 113～120 行：先找出一个参考结点的权值编号。

第 121～129 行：找出权值最小的结点。

第 130～137 行：找出一个编号不是 min 的参考结点权值编号。

第 138～146 行：找出一个编号不是 min 且权值最小的结点，即权值次小的结点。

13.3 加油站问题

1. 问题

一辆汽车加满油后可以行驶 n 千米。旅途中有若干个加油站，为了使沿途加油次数最少，设计一个算法，输出最好的加油方案。

例如，假设沿途有 9 个加油站，总路程为 100 千米，加满油后汽车行驶的最远距离为 20 千米。汽车加油的位置如图 13-6 所示。

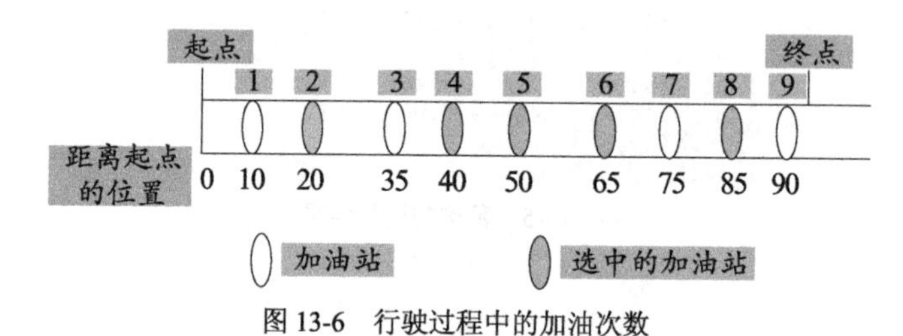

图 13-6　行驶过程中的加油次数

2. 分析

为了使汽车在途中的加油次数最少，需要让汽车加过一次油后行驶的路程尽可能的远，然后再加下一次油。按照这种设计思想，制定以下贪心选择策略。

（1）第 1 次汽车从起点出发，行驶到 n=20 千米时，选择一个距离终点最近的加油站 x_i，应选择距离起点为 20 千米的加油站，即第 2 个加油站加油。

（2）加完一次油后，汽车处于满油状态，这与汽车出发前的状态一致，这样就将问题归结为求汽车从 x_i 到终点加油次数最少的一个规模更小的子问题。

按照以上策略不断地解决子问题，即每次都要找到从前一次选择的加油站开始往前 n 千米且距离终点最近的加油站加油。

在具体的程序设计中，设置一个数组 x，来存放加油站距离起点的距离。全程长度用 S 表示，用数组 a 存放选择的加油站，total 表示已经行驶的最远路程。

3. 范例

```
/*********************************************
*范例编号：13-03
*范例说明：加油站问题
*********************************************/
01    # include <stdio.h>
02    # include <stdlib.h>
03    # define S 100                    /*S:全程长度*/
04    void main()
```

```
05    {
06        int i,j,n,k=0,total,dist;
07        int x[]={10,20,35,40,50,65,75,85,100};/*加油站距离起点的距离*/
08        int a[10];                          /*数组 a:选择加油站的位置*/
09        n=sizeof(x)/sizeof(x[0]);           /*n:沿途加油站的个数*/
10        printf("请输入最远行车距离(15<=n<100):");
11        scanf("%d",&dist);
12        total=dist;                         /*total:总共行驶的里程*/
13        j=1;                                /*j:选择的加油站个数*/
14        while(total<S)                      /*如果汽车未走完全程*/
15        {
16            for(i=k;i<n;i++)
17            {
18                if(x[i]>total)              /*如果距离下一个加油站太远*/
19                {
20                    a[j]=x[i-1];            /*则在当前加油站加油*/
21                    j++;
22                    total=x[i-1]+dist;  /*计算加完油后能行驶的最远距离*/
23                    k=i;                    /*k:记录下一次加油的开始位置*/
24                    break;                  /*退出 for 循环*/
25                }
26            }
27        }
28        for(i=1;i<j;i++)                    /*输出选择的加油站*/
29            printf("%4d",a[i]);
30        printf("\n");
31        system("pause");
32    }
```

该函数范例的运行结果如图 13-7 所示。

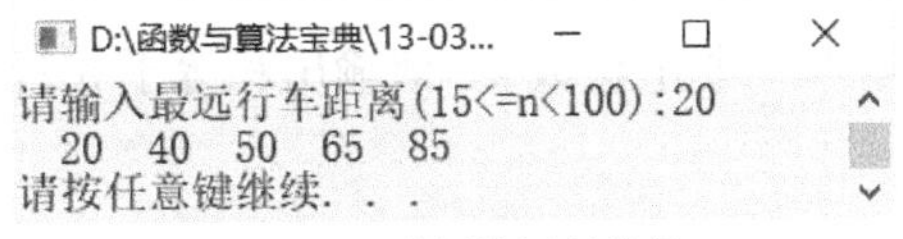

图 13-7　范例的运行结果

4. 说明

第 12 行：初始化刚开始能行驶的最远距离。

第 14 行：判断汽车是否已经行驶了全程。

第 16 行：循环变量 i 表示从第 k 个加油站开始计算加油站的位置。

第 18 行：如果距离下一个加油站太远，则说明汽车行驶不到该加油站，需要在当前加油站加油。

第 20 行：表示在当前加油站加油，将加油站存放在数组 a 中。

第 22 行：求出在当前加油站加完油后能行驶的最远距离。

第 23 行：将下一个加油站的位置下标赋值给 k，表示下一次加油应从 $x[k]$开始。

第 28～29 行：输出选择的加油站的位置。

第14章 回溯算法

回溯算法，也称为试探法，是一种选优搜索法，该方法首先暂时放弃关于问题规模大小的限制，并将问题的候选解按照某种顺序逐一枚举和检验。当发现当前的候选解不可能是解时，就选择下一个候选解；倘若当前候选解除不满足问题的规模要求外，满足所有其他要求时，继续扩大当前候选解的规模，并继续向前试探。如果当前的候选解满足包括问题规模在内的所有要求时，该候选解就是问题的一个解。在寻找解的过程中，放弃当前候选解，退回上一步重新选择候选解的过程就称为回溯。

14.1 和式分解（非递归实现）

1. 问题

编写非递归算法，要求输入一个正整数 n，请输出和等于 n 且不增的所有序列。例如，n=4 时，输出结果如下。

```
4=4
4=3+1
4=2+2
4=2+1+1
4=1+1+1+1
```

2. 分析

利用数组 a 存放分解出来的和数，如 $a[k+1]$存放第 k+1 步分解出来的和数。利用数组 r 存放分解出和数后还未分解的余数，如 $r[k+1]$用于存放分解出和数 $a[k+1]$后还未分解的余数。为保证上述要求能对第一步（k=0）分解也成立，在 $a[0]$和 $r[0]$中置为 n，表示第一个分解出来的和数为 n。第 k+1 步要分解的数是前一步分解后的余数，即 $r[k]$。在分解过程中，当某一步欲分解的余数 $r[k]$为 0 时，表明已完成一个完整的和式分解，将该和式输出；然后在前提条件 $a[k]>1$ 时，调整原来所分解的和数 $a[k]$和余数 $r[k]$，进行新的和式分解，即令 $a[k]-1$，作为新的待分解和数，$r[k]+1$ 就成为新的余数。若 $a[k]==1$，则表明当前和数不能继续分解，需要进行回溯，回退到上一步，即令 k-1，直至 $a[k]$>1 停止回溯，调整新的和数和余数。为了保证分解出的和数依次构成不增的正整数序列，要求从 $r[k]$分解出来的最大和数不能超过 $a[k]$。当 k==0 时，表明完成了所有的和式分解。

3. 范例

```
/*********************************************
*范例编号：14_01
*范例说明：和式分解（非递归实现）
*********************************************/
01    #include <conio.h>
02    #include <stdio.h>
03    #include <stdlib.h>
04    #define MAXN 100
05    int a[MAXN];
06    int r[MAXN];
07    void Sum_Depcompose(int n)  //非递归实现和式分解
08    {
09         int i = 0;
10         int k = 0;
11         r[0] = n; //r[0]存放余数
12         do
13         {
14              if (r[k] == 0) //表明已完成一次和式分解，输出和式分解
15              {
16                   printf("%d = %d", a[0], a[1]);
17                   for (i = 2; i <= k; i++)
18                   {
19                        printf("+%d", a[i]);
20                   }
21                   printf("\n");
22                   while (k>0 && a[k]==1) //若当前待分解的和数为 1，则回溯
23                   {
24                        k--;
25                   }
26                   if (k > 0) //调整和数和余数
27                   {
28                        a[k]--;
29                        r[k]++;
30                   }
31              }
32              else//继续进行和式分解
33              {
34                   a[k+1] = a[k]<r[k]? a[k]:r[k];
35                   r[k+1] = r[k] - a[k+1];
36                   k++;
37              }
38         } while (k > 0);
39    }
40    void main()
```

```
41    {
42          int i,test_data[] = {4,5,6};
43          for (i =0; i <sizeof(test_data)/sizeof(int); i++)
44          {
45               a[0] = test_data[i];  //a[0]存放待分解的和数
46               Sum_Depcompose (test_data[i]);
47               printf("\n*************\n\n");
48          }
49          system("pause");
50    }
```

该范例的运行结果如图 14-1 所示。

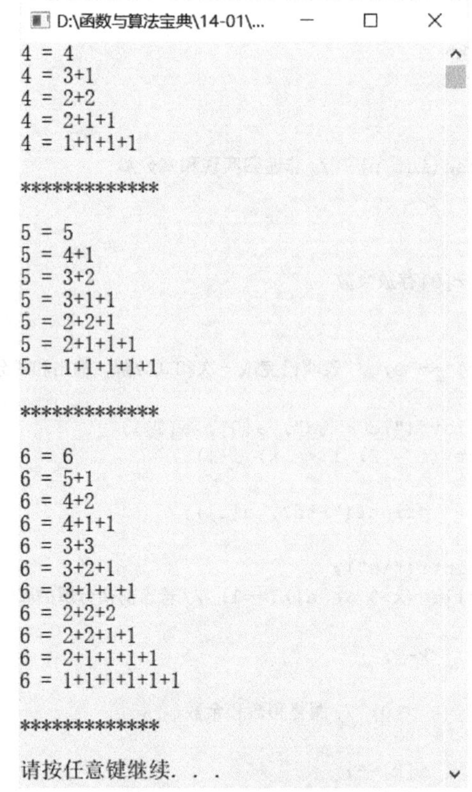

图 14-1　范例的运行结果

4. 说明

第 14 行：当余数为 0 时，表示已完成一次和式分解。

第 16～20 行：输出该和式分解。

第 22～25 行：若当前的和式为 1，表明当前数已经不能继续进行分解，则向前回溯。

第 26～30 行：调整待分解的和数和余数。

第 32～37 行：当未完成一次和式分解时，继续对和式进行分解。

14.2 填字游戏

1. 问题

在 3×3 的方格中填入数字 1～N（$N \geqslant 0$）中的某 9 个数字，每个方格填 1 个整数，使相邻的两个方格中的整数之和为质数。求满足以上要求的各种数字填法。

2. 分析

利用试探法找到问题的解，即从第一个方格开始，为当前方格寻找一个合理的整数填入，并在当前位置正确填入后，为下一方格寻找可填入的合理整数。如果不能为当前方格找到一个合理的可填整数，就要回退到前一方格，调整前一方格的填入数。当第 9 个方格也填入了合理的整数后，就找到了一个解，然后将该解输出，并调整第 9 个填入的整数，继续寻找下一个解。为了检查当前方格填入整数的合理性，引入二维数组 checkMatrix 存放需要合理性检查的相邻方格的序号。

为了找到一种满足要求的 9 个数的填法，按照某种顺序（如从小到大）在当前位置填入一个整数，然后检查当前填入的整数是否能够满足要求。在满足要求的情况下，继续用同样的方法为下一方格填入整数。如果最近填入的整数不能满足要求，就改变填入的整数。如果对当前方格试尽所有可能的整数都不能满足要求，就得回退到前一方格（回溯），并调整该方格填入的整数。如此重复扩展、检查、调整，直到找到一个满足问题要求的解，将解输出。

回溯法找一个解的算法。

```
01    int m=0,ok=1;
02    int n=8;
03    do
04    {
05            if (ok)
06                    扩展;
07            else
08                调整;
09            ok=检查前 m 个整数填入的合理性;
10    } while ((!ok||m!=n)&&(m!=0));
11    if (m!=0)
12            输出解;
13    else
14            输出无解报告;
```

如果程序要找全部解，则在将找到的解输出后，应继续调整最后位置上填入的整数，试图去找下一个解。

回溯法找全部解的相应算法如下。

```
01    int m=0,ok=1;
02    int n=8;
03    do
```

```
04    {
05          if (ok)
06          {
07                if (m==n)
08                {
09                      输出解;
10                      调整;
11                }
12                else
13                      扩展;
14          }
15          else
16                调整;
17          ok=检查前m个整数填入的合理性;
18    } while (m!=0);
```

为了确保程序能够终止，调整时必须保证曾被放弃过的填数序列不会被再次填入，即要求按某种序列模型生成填数序列，设定一个被检验的顺序，按这个顺序逐一形成候选解并进行检验。在调整时，找当前候选解中下一个还未被使用过的整数。

3. 范例

```
/*********************************************
*范例编号：14_02
*范例说明：填字游戏
*********************************************/
01    #include <stdio.h>
02    #define N 12
03    int b[N+1];
04    int a[10];/*存放方格填入的整数*/
05    int total=0;/*共有多少种填法*/
06    int checkmatrix[][3]={ {-1},{0,-1},{1,-1},
07                           {0,-1},{1,3,-1},{2,4,-1},
08                           {3,-1},{4,6,-1},{5,7,-1}};
09    void write(int a[])
10    /*输出方格中的数字*/
11    {
12          int i,j;
13          for (i=0;i<3;i++)
14          {
15                for (j=0;j<3;j++)
16                      printf("%3d",a[3*i+j]);
17                printf("\n");
18          }
19    }
20    int isprime(int m)
21    /*判断m是否是质数*/
22    {
23          int i;
24          int primes[]={2,3,5,7,11,17,19,23,29,-1};
25          if(m==1||m%2==0)
26                return 0;
27          for(i=0;primes[i]>0;i++)
28                if (m==primes[i])
```

```
29                  return 1;
30          for (i=3;i*i<=m;)
31          {
32              if (m%i==0)
33                  return 0;
34              i+=2;
35          }
36          return 1;
37      }
38      int selectnum(int start)
39      /*从 start 开始选择一个没有使用过的数字*/
40      {
41          int j;
42          for (j=start;j<=N;j++)
43              if (b[j])
44                  return j;
45          return 0;
46      }
47      int check(int pos)
48      /*检查填入的 pos 位置是否合理*/
49      {
50          int i,j;
51          if(pos<0)
52              return 0;
53          /*判断相邻的两个数是否是质数*/
54          for(i=0;(j=checkmatrix[pos][i])>=0;i++)
55              if(!isprime(a[pos]+a[j]))
56                  return 0;
57          return 1;
58      }
59      int extend(int pos)
60      /*为下一个方格找一个还没有使用过的数字*/
61      {
62          a[++pos]=selectnum(1);
63          b[a[pos]]=0;
64          return pos;
65      }
66      int change(int pos)
67      /*调整填入的数，为当前方格寻找下一个还没有用到的数*/
68      {
69          int j;
70          /*找到第一个没有使用过的数*/
71          while (pos>=0&&(j=selectnum(a[pos]+1))==0)
72              b[a[pos--]]=1;
73          if (pos<0)
74              return -1;
75          b[a[pos]]=1;
76          a[pos]=j;
77          b[j]=0;
78          return pos;
79      }
80      void find()
81      /*查找*/
82      {
```

```
83        int ok=0,pos=0;
84        a[pos]=1;
85        b[a[pos]]=0;
86        do
87        {
88            if (ok)
89                if (pos==8)
90                {
91                    total++;
92                    printf("第%d 种填法\n",total);
93                    write(a);
94                    pos=change(pos);    /*调整*/
95                }
96                else
97                    pos=extend(pos);    /*扩展*/
98            else
99                pos=change(pos);        /*调整*/
100           ok=check(pos);              /*检查*/
101       } while (pos>=0);
102   }
103   void main()
104   {
105       int i;
106       for (i=1;i<=N;i++)
107           b[i]=1;
108       find();
109       printf("共有%d 种填法\n",total);
110       system("pause");
111   }
```

该范例的运行结果如图 14-2 所示。

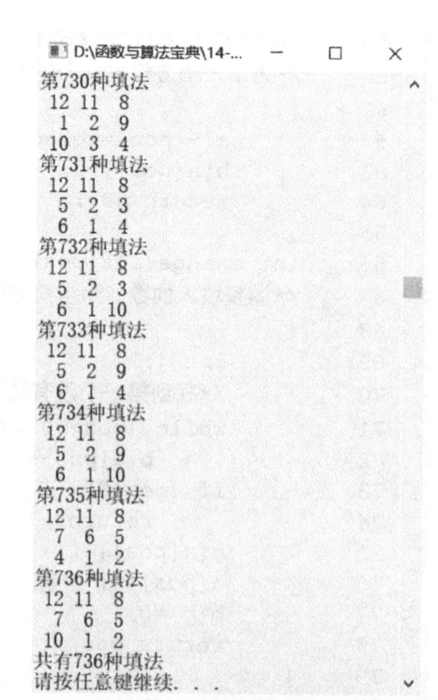

图 14-2　范例的运行结果

4. 说明

第 6～8 行：数组 checkmatrix 是一个二维数组，用来作为检测两个相邻数是否是质数的辅助数组。

第 9～19 行：输出方格中填入的整数。

第 20～37 行：判断 m 是否是质数。

第 38～46 行：选择一个还没有使用过的数字。

第 47～58 行：检测在第 pos 个位置填入的数字是否合适。

第 59～65 行：为下一个方格填入还没有使用过的数字，并将该数的使用标志置为 0。

第 66～79 行：调整填入的数字，为当前方格寻找还没有使用过的数字。

第 84～85 行：初始时将方格中的第一个位置设置为 1。

第 89～95 行：如果填满该方格，则输出方格中的数字，并调整最后一个方格中的数字。

第 97 行：扩展第 pos 个位置中的数字。

第 99 行：从第 pos 个位置开始调整填入的数字，并试探求其他位置填入的数字。

第 100 行：测试填入的数字是否正确。

14.3 装箱问题

1. 问题

有 n 个集装箱要装到两艘船上，每艘船的容载量分别为 $c1$、$c2$，第 i 个集装箱的重量为 $w[i]$，同时满足 $w[1]+w[2]+\ldots+w[n]<=c1+c2$。请确定一个最佳的方案把这些集装箱装入这两艘船上。

2. 分析

确定最佳方案的方法：首先将第一艘船尽量装满，再把剩下的集装箱装在第二艘船上。第一艘船尽量装满，等价于从 n 个集装箱中选取一个子集，使该子集的总重量与第一艘船的重量 $c1$ 最接近，这样就类似于 0–1 背包问题。

问题解空间：$(x1,x2,x3,\ldots,xn)$，其中，xi 为 0 表示不装在第一艘船上，为 1 则表示装在第一艘船上。

约束条件如下。

（1）可行性约束条件：$w1\times x1+w2\times x2+\ldots+wi\times xi+\ldots+wn\times xn<=c1$。

（2）最优解约束条件：remain+cw>bestw（remain 表示剩余集装箱的重量，cw 表示当前已装上的集装箱的重量，bestw 表示当前的最优装载量）。

例如，集装箱的个数为 4，重量分别是 10、20、35、40，第一艘船的最大装载量是 50，则最优装载是将重量为 10 和 40 的集装箱装入。首先从第一个集装箱开始，将重量为 10 的集装箱装入第一艘船，然后将重量为 20 的集装箱装入，此时有 10+20<=50，然后试探将重量为 35 的集装箱装入，但是 10+20+35>50，所以不能装入 35；紧接着试探装入重量为 40 的集装箱，因为 10+20+40>50，所以也不能装入。因此，30 成为当前的最优装载量。

取出重量为 20 的集装箱（回溯，重新调整问题的解），如果将重量为 35 的集装箱装入第一艘船，因为 10+35<=50，所以能够装入。因为 45>bestw，所以 45 作为当前的最优装载量。

继续取出重量为 35 的集装箱，如果将重量为 40 的集装箱装入第一艘船，因为 10+40<=50，所以装入第一艘船。因为 50>bestw，所以 50 作为当前的最优装载量。

3. 范例

```
/**********************************************
*范例编号：14_03
*范例说明：装箱问题
**********************************************/
```

```
01    #include <stdio.h>
02    #include <malloc.h>
03    int *w;                            /*存放每个集装箱的重量*/
04    int n;                             /*集装箱的数目*/
05    int c;                             /*第一艘船的承载量*/
06    int cw=0;                          /*当前载重量*/
07    int remain;                        /*剩余载重量*/
08    int *x;                            /*存放搜索时每个集装箱是否选取*/
09    int bestw;                         /*存放最优的放在第一艘船的重量*/
10    int *bestx;                        /*存放最优的集装箱选取方案*/
11    void Backtrace(int k)
12    {
13         int i;
14         if(k>n)                       /*递归的出口，如果找到一个解*/
15         {
16              for(i=1;i<=n;i++)        /*则将装入的方法存入 bestx 中*/
17                   bestx[i]=x[i];
18              bestw=cw;                /*记下当前的最优装载量*/
19              return;
20         }
21         else
22         {
23              remain-=w[k];
24              if (cw+w[k]<=c)          /*如果装入 w[k]，还小于 c*/
25              {
26                   x[k]=1;             /*则装入 w[k]*/
27                   cw+=w[k];
28                   Backtrace(k+1);/*继续检查剩余的集装箱是否能装入*/
29                   cw-=w[k];           /*不装入 w[k]*/
30              }
31              if (remain+cw > bestw)/*如果剩余的集装箱不能完全装入*/
32              {
33                   x[k]=0;
34                   Backtrace(k+1);/*继续从剩余的集装箱中检查是否能装入*/
35              }
36              remain+=w[k];            /*w[k]重新成为待装入的集装箱*/
37         }
38    }
39    int BestSoution(int *w,int n,int c)
40    /*搜索最优的装载方案：w 存放每个集装箱的重量，
41      n 表示集装箱数目，c 表示第一艘船的装载量*/
42    {
43         int i;
44         remain=0;                    /*第一艘船剩余的装载量*/
45         for(i=1;i<=n;i++)
46         {
47              remain+=w[i];
48         }
49         bestw=0;                     /*初始化第一艘船的最优装载量*/
50         Backtrace(1);
51         return bestw;
52    }
53    void main()
```

```
54    {
55         int i;
56         printf("请输入集装箱的数目=");
57         scanf("%d",&n);
58         w=(int*)malloc(sizeof(int)*(n+1));
59         x=(int*)malloc(sizeof(int)*(n+1));
60         bestx=(int*)malloc(sizeof(int)*(n+1));
61         printf("请输入第一艘船的装载量=");
62         scanf("%d",&c);
63         printf("请输入每个集装箱的重量:\n");
64         for (i=1;i<=n;i++)
65         {
66              printf("第%d 的重量=",i);
67              scanf("%d",&w[i]);
68         }
69         bestw=BestSoution(w,n,c);
70         for (i=1;i<=n;i++)
71         {
72              printf("%4d",bestx[i]);
73         }
74         printf("\n");
75         printf("存放在第一艘船上的重量:%d\n",bestw);
76         free(w);
77         free(x);
78         free(bestx);
79         system("pause");
80    }
```

该范例的运行结果如图 14-3 所示。

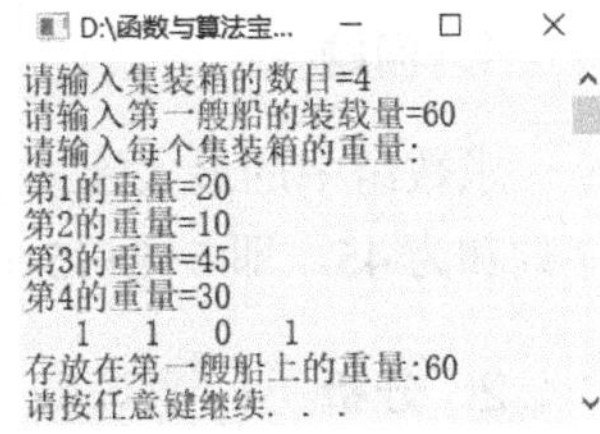

图 14-3　范例的运行结果

4. 说明

第 14～20 行：递归的出口，如果找到问题的一个解，则将解存放到 bestx 数组中，并将 cw 记作当前的最优装载量。

第 23 行：从剩余的集装箱中取出第 *k* 个集装箱（重量为 *w*[*k*]）。

第 24 行：如果将第 *k* 个集装箱装入第一艘船上，总重量小于 *c*，则说明可以装入。

第 26 行：装入第 *k* 个集装箱。

第 27 行：将第 *k* 个集装箱装入第一艘船上。

第 28 行：继续检查剩余的集装箱，并选择合适的装入。

第 29 行：取出第 *k* 个集装箱，用来调整装入的货物。

第 31 行：如果剩余的集装箱不能同时装入。

第 33～34 行：不装入第 *k* 个集装箱，并检查剩余的集装箱是否能装入。

第 36 行：第 *k* 个集装箱重新成为待装入的集装箱。

第 45～48 行：初始时将所有的集装箱都作为即将装入第一艘船的货物。

第 49 行：初始化最优装载量。

第 50 行：调用 Backtrace 函数从第一个集装箱开始试探装入第一艘船。

第 15 章　分治算法

分治算法是将一个规模为 N 的问题分解为 K 个规模较小的子问题进行求解，这些子问题相互独立且与原问题性质相同。求出子问题的解，就可得到原问题的解。最大子序列和问题、求 x 的 n 次幂、众数问题、求 n 个数中的最大者和最小者、整数划分问题、大整数的乘法问题就可以利用分治策略的算法思想来实现。

15.1 最大子序列和问题

1. 问题

求数组中的最大连续子序列和，如给定数组 A={6,3,−11,5,8,15,−2,9,10,−5}，则最大连续子序列和为 45，即 5+8+15+(−2)+ 9+10 = 45。

2. 分析

假设要求子序列的和至少包含一个元素，对于含 n 个整数的数组 a，若 n=1，表示该数组中只有一个元素，则返回该元素。

当 n>1 时，可利用分治算法求解该问题，令 mid=(left+right)/2，最大子序列和可能出现在以下 3 种情况。

（1）该子序列完全落在左半区间，即 a[0…mid−1]中。此时可采用递归将问题缩小在左半区间，通过调用自身 maxLeftSum = MaxSubSum(a,left,mid)求出最大连续子序列和 maxLeftSum。

（2）该子序列完全落在右半区间，即[mid…n−1]中。类似地，此时可通过调用自身 maxRightSum = MaxSubSum(a,mid,right)求出最大连续子序列和 maxRightSum。

（3）该子序列落在两个区间之间，横跨左右两个区间。此时则需要从左半区间求出 maxLeftSum1= $\max \sum_{j=i}^{\text{mid}-1} a_j$（$0\leqslant i\leqslant \text{mid}-1$），从右半区间求出 maxRightSum1=$\max \sum_{j=\text{mid}}^{i} a_j$（$\text{mid}\leqslant i<n$）。最大连续子序列和为 maxLeftSum1+ maxRightSum1。

最后需要求出这 3 种情况连续子序列和的最大值，即 maxLeftSum1+maxRightSum1, maxLeftSum、maxRightSum 的最大值就是最大连续子序列和。

3. 范例

```
/*********************************************
*范例编号：15_01
*范例说明：求连续最大子序列和
*********************************************/
01    #include <stdlib.h>
02    #include <stdio.h>
03    int MaxSubSum(int data[], int left, int right);
04    int GetMaxNum(int a,int b,int c);
05    void main()
06    {
07         int a[]={6,3,-11, 5, 8, 15, -2, 9, 10, -5}, n,s,i;
08         n=sizeof(a)/sizeof(a[0]);
09         printf("元素序列：\n");
10         for(i=0;i<n;i++)
11              printf("%4d",a[i]);
12         printf("\n");
13         s=MaxSubSum(a,0,n);
14         printf("最大连续子序列和 sum=%d\n",s);
15         system("pause");
16    }
17    int GetMaxNum(int x,int y,int z)
18    {
19         if (x > y&&x > z)
20              return x;
21         if (y > x&&y > z)
22              return y;
23         return z;
24    }
25    int MaxSubSum(int a[], int left, int right)
26    {
27         int mid, maxLeftSum, maxRightSum, i, tempLeftSum, tempRighSum;
28         int maxLeftSum1, maxRightSum1;
29         if (right - left == 1)          //如果当前序列只有一个元素
30         {
31              return a[left];
32         }
33         mid = (left + right) / 2;     //计算当前序列的中间位置
34         maxLeftSum = MaxSubSum(a,left,mid);
35         maxRightSum = MaxSubSum(a,mid,right);
36         //计算左半区间的最大子序列和
37         tempLeftSum = 0;
38         maxLeftSum1 = a[mid-1];
39         for (i = mid - 1; i >= left; i--)
40         {
41              tempLeftSum += a[i];
42              if (maxLeftSum1 < tempLeftSum)
43                   maxLeftSum1 = tempLeftSum;
44         }
45         //计算右半区间的最大子序列和
```

```
46          tempRighSum = 0;
47          maxRightSum1 = a[mid];
48          for (i = mid; i < right; i++){
49              tempRighSum += a[i];
50              if (maxRightSum1 < tempRighSum)
51                  maxRightSum1 = tempRighSum;
52          }
53          //返回当前序列的最大子序列和
54          return GetMaxNum(maxLeftSum1 + maxRightSum1, maxLeftSum, maxRightSum);
55      }
```

该范例的运行结果如图 15-1 所示。

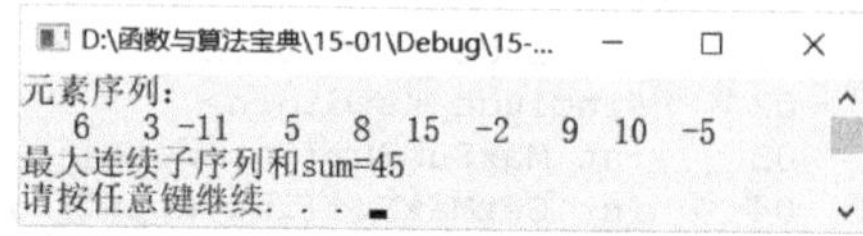

图 15-1 范例的运行结果

4. 说明

第 29～32 行：如果子序列中只有一个元素，则返回该元素。

第 34 行：递归调用自身求左半区间的最大连续子序列和 maxLeftSum。

第 35 行：递归调用自身求右半区间的最大连续子序列和 maxRightSum。

第 37～44 行：求左半区间中从 mid−1 到 *i* 之间的最大子序列和 maxLeftSum1。

第 46～52 行：求右半区间从 mid 到 *i* 之间的最大子序列和 maxRightSum1。

第 54 行：求以上 3 种情况的最大值，即最大连续子序列和。

15.2 求 *x* 的 *n* 次幂

1. 分析

x 的 *n* 次幂可利用简单的迭代法实现，也可将 x^n 看成是 *n* 个 *x* 相乘的问题，这样就可以将规模不断进行划分，直到规模为 1 为止。求 *x* 的 *n* 次幂问题可分为以下两种情况。

```
x^n = x^(n/2) *x(n/2)              (n 是偶数)
    = x^((n-1)/2)*x^((n-1)/2)*x   (n 是奇数)
```

根据以上分析，求 *x* 的 *n* 次幂问题可表示成以下递归模型。

当 *n*=1 时，如果程序要找全部解，则在将找到的解输出后，应继续调整最后位置上填放的整数，然后试图去找下一个解。相应的算法如下。

$$f(x,n)\begin{cases} x & ,当n=1时; \\ f(x,n/2)\times f(x,n/2) & ,当n为偶数时; \\ f(x,(n-1)/2)\times f(x,(n-1)/2)\times x & ,当n为奇数时 \end{cases}$$

2. 范例

```
/*******************************************
*范例编号：15_02
*范例说明：求 x 的 n 次幂
```

```
*********************************************/
01    #include <iostream>
02    #include <math.h>
03    using namespace std;
04    float divide_pow ( float x, float n )
05    {
06        float a;
07        if ( n == 1 )
08           return x;
09        else if ( (int)n % 2 == 0 ) //n 为偶数
10          {
11           a = divide_pow(x,n/2);
12           return a*a;
13        }
14        else //n 为奇数
15          {
16           a = divide_pow(x,(n-1)/2);
17           return a*a*x;
18        }
19    }
20    float common_pow ( float x, float y )
21    {
22        float result = 1,i;
23        for ( i = 1; i <= y; ++i )
24         {
25           result *= x;
26        }
27        return result;
28    }
29    void main()
30    {
31        float x; //底数
32        float n; //幂
33        cout << "请输入底数：" ;
34        cin >> x;
35        cout << "请输入幂：";
36        cin >> n;
37         cout<<"普通的迭代法："<<x<<"^"<<n<<"="<<common_pow(x,n)<<endl;
38         cout<<"分治法："<<x<<"^"<<n<<"="<<divide_pow(x,n)<<endl;
39        system("pause");
40    }
```

该范例的运行结果如图 15-2 所示。

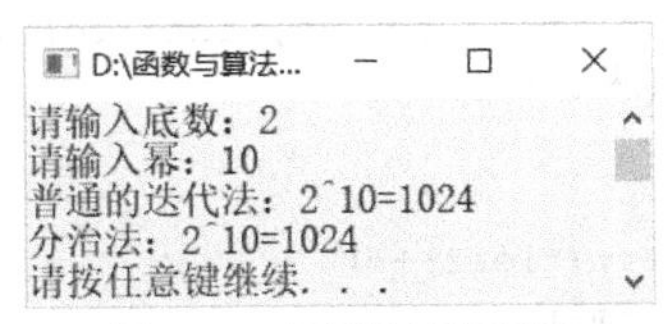

图 15-2　范例的运行结果

3. 说明

第 7～8 行：当 n=1 时，返回 x。

第 9～13 行：当 n 为偶数时，调用自身求 divide_pow(x,n/2)×divide_pow(x,n/2)。

第 14～18 行：当 n 为奇数时，调用自身求 divide_pow(x,(n−1)/2)×divide_pow(x,(n−1)/2)×x。

15.3 众数问题

1. 问题

给定含有 n 个元素的多重集合 **S**，每个元素在 **S** 中出现的次数被称为该元素的重数。多重集 **S** 中重数最大的元素被称为众数。例如，多重集 **S**={2,5,5,5,6,9}的众数是 5，其重数为 3。对于给定的由 n 个自然数组成的多重集 **S**，编写程序求 **S** 中的众数及其重数（假设 **S** 中的元素已经递增有序）。

2. 分析

假设集合中的元素存放在数组 a 中，low 和 high 分别指示元素区间的第一个元素和最后一个元素，利用分治算法思想，先将元素区间划分为两个子区间：[low,mid]和[mid+1,high]，然后在左半区间从第一个元素开始，在右半区间从第 mid 位置开始，分别在左半区间和右半区间查找，直到在左半区间遇到元素与 a[mid]相等、在右半区间遇到元素与 a[mid]不相等为止，分别用 left 和 right 指向该区间的最左端和最右端，a[left,right]中的元素就是与 a[mid]相等的所有元素，重数为 right−left+1，记为 maxcnt。然后在左、右区间 a[low,left−1]和 a[right+1,high]中继续求解众数，若求得的重数大于 maxcnt，则用新的重数替换 maxcnt。依次类推，直至 low>high 结束查找。

3. 范例

```
/*******************************************
*范例编号：15_03
*范例说明：众数问题
*******************************************/
01    #include <stdio.h>
02    #include <iostream>
03    #include <stdlib.h>
04    using namespace std;
05    void split(int a[],int l,int r,int *m, int *left,int *right)
06    /*按中位数 a[m]将 a[]划分成两部分*/
07    {
08        *m=(l+r)/2;
09        for(*left=l;*left<=r;(*left)++)
10            if(a[*left]==a[*m])
11                break;
12        for(*right=(*left)+1;*right<=r;(*right)++)
13            if(a[*right]!=a[*m])
14                break;
15        (*right)--;
```

```
16    }
17    void GetMode(int *a,int low,int high,int *maxcnt,int *index)
18    /*分治求解众数*/
19    {
20        int left,right,mid,cnt;
21        if(low>high)
22            return;
23        split(a,low,high,&mid,&left,&right);//将数组 a 划分为 3 部分
24        cnt=right-left+1;
25        if(cnt>*maxcnt){            //保存众数个数的最大值，以及众数下标
26             *index=mid;
27            *maxcnt=cnt;
28        }
29        GetMode(a,low,left-1,maxcnt,index);
30        GetMode(a,right+1,high,maxcnt,index);
31    }
32    void main()
33    {
34        int a[]={6,3,3,3,2,5,5,9,9,9,9,8};
35        int maxcnt=0,index=0;//maxcnt:重数，index:众数下标
36        int n=sizeof(a)/sizeof(a[0]),i;
37        cout<<"元素序列:"<<endl;
38        for(i=0; i<n;i++)
39            cout<<" "<<a[i];
40        cout<<endl;
41        GetMode(a,0,n-1,&maxcnt,&index);
42        cout<<"众数是:"<<a[index]<<"\t 重数是:"<<maxcnt<<endl;
43        system("pause");
44    }
```

该范例的运行结果如图 15-3 所示。

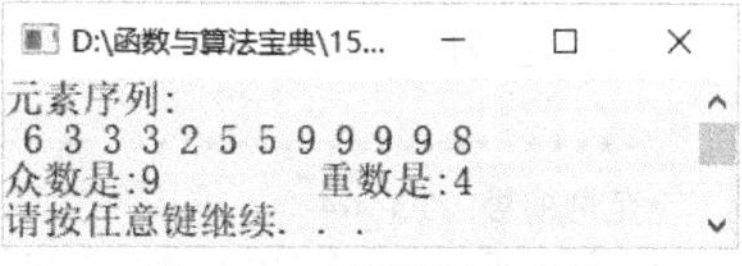

图 15-3　范例的运行结果

4. 说明

第 8 行：求 l 和 *r* 的中间位置 mid。

第 9～11 行：从左半区间的最左端开始查找与 *a*[mid]相等的元素，left 指向与 *a*[mid]相等的最左端元素。

第 12～15 行：继续沿着 left 指向的元素向右查找与 *a*[mid]相等的元素，直至遇到不相等的元素，right 指向与 *a*[mid]相等的最右端元素。

第 21～22 行：若 low 大于 high，则结束划分。

第 23 行：对数组 *a* 中的元素进行划分，分为 *a*[low,left−1]、*a*[left,right]、*a*[right+1,high] 3 部分。

第 24 行：求当前众数的重数 cnt。

第 25～28 行：若当前的 cnt 大于 maxcnt，则更新 maxcnt，并且记录该众数的下标 index。

第 29 行：递归调用自身，在左半区间继续查找众数。

第 30 行：递归调用自身，在右半区间继续查找众数。

15.4 求 *n* 个数中的最大者和最小者

1. 问题

已知一个无序序列有 *n* 个元素，要求编写一个算法，求该序列中的最大和最小元素。

2. 分析

对于无序序列 *a*[start,…,end]，可采用分而治之的方法（即将问题规模缩小为 *k* 个子问题）求最大和最小元素。该问题可分为以下几种情况。

（1）序列 *a*[start,…,end]中只有一个元素，则最大和最小元素均为 *a*[start]。

（2）序列 *a*[start,…,end]中有两个元素，则最大元素为 *a*[start]和 *a*[end]的较大者，最小元素为较小者。

（3）序列 *a*[start,…,end]中元素个数超过两个，则从中间位置 mid=(start+end)/2 将该序列分为两部分：*a*[start,…,mid]和 *a*[mid+1,…,end]。然后分别通过递归调用的方式得到两个区间中的最大元素和最小元素。其中，将左半区间求出的最大元素和最小元素分别存放在 *m*1 和 *n*1 中，将右半区间求出的最大元素和最小元素分别存放在 *m*2 和 *n*2 中。

若 *m*1<=*m*2，则最大元素为 *m*2，否则最大元素为 *m*1；若 *n*1<=*n*2，则最小元素为 *n*1，否则最小元素为 *n*2。

3. 范例

```
/*******************************************
*范例编号：15_04
*范例说明：求 n 个数中的最大者和最小者
*******************************************/
01    #include <stdio.h>
02    #include <stdlib.h>
03    void Max_Min_Comm(int a[], int n, int *max, int *min);
04    void Max_Min_Div(int a[],int start, int end,int *max,int *min);
05    void main()
06    {
07         int a[]={65, 32, 78, -16, 90, 55, 26, -5, 8, 41},n,i;
08         int m1, n1, m2, n2;
09         n=sizeof(a)/sizeof(a[0]);
10         Max_Min_Comm(a,n,&m1,&n1);
11         printf("元素序列：\n");
12         for(i=0;i<n;i++)
13            printf("%4d",a[i]);
14         printf("\n");
15         printf("普通比较算法：Max=%4d, Min=%4d\n",m1,n1);
16         Max_Min_Div(a,0,n-1,&m2,&n2);
17         printf("分治算法：Max=%4d, Min=%4d\n",m2,n2);
```

```
18          system("pause");
19      }
20      void Max_Min_Comm(int a[],int n,int *max,int *min)
21      {
22          int i;
23          *min=*max=a[0];
24          for(i=0;i < n;i++)
25          {
26              if(a[i]> *max)
27                      *max= a[i];
28              if(a[i] < *min)
29                      *min= a[i];
30          }
31      }
32      void Max_Min_Div(int a[],int start, int end,int *max,int *min)
33      /*a[]存放输入的数据，start 和 end 分别表示数据的下标，*max 和*min 用于存放最大值和最小值*/
34      {
35          int m1,n1,m2,n2,mid;
36          if(start==end)/*若只有一个元素*/
37          {
38              *max=*min=a[start];
39                return;
40          }
41           if(end-1==start)/*若有两个元素*/
42           {
43                if(a[start]<a[end])
44                {
45                     *max=a[end];
46                     *min=a[start];
47                }
48                else
49                {
50                     *max=a[start];
51                     *min=a[end];
52                }
53                return;
54           }
55           mid=(start+end)/2;/*取元素序列的中间位置*/
56           Max_Min_Div(a,start,mid,&m1,&n1);/*求左半区间中的最大元素和最小元素*/
57         Max_Min_Div(a,mid+1,end,&m2,&n2);/*求右半区间中的最大元素和最小元素*/
58         if(m1<=m2)
59             *max=m2;
60         else
61             *max=m1;
62         if(n1<=n2)
63             *min=n1;
64         else
65             *min=n2;
66      }
```

该范例的运行结果如图 15-4 所示。

4. 说明

第 36～40 行：若序列 *a*[start,…,end]中只有一个元素，则最大和最小元素均为 *a*[start]。

第 41～54 行：若序列 *a*[start,…,end]中有两个元素，则将较大的元素赋给 max，将较小的元素赋给 min。

第 55～57 行：若序列 *a*[start,…,end]中的元素个数超过两个，则先从中间位置将该序列分为两部分，然后递归调用函数 Max_Min_Div (*a*,start,mid,&*m*1,&*n*1)和MaxMinNum(*a*,mid+1,end,&*m*2,&*n*2)分别求出左半区间和右半区间中的最大和最小元素，并将其分别存在 *m*1 和 *n*1、*m*2 和 *n*2 中。

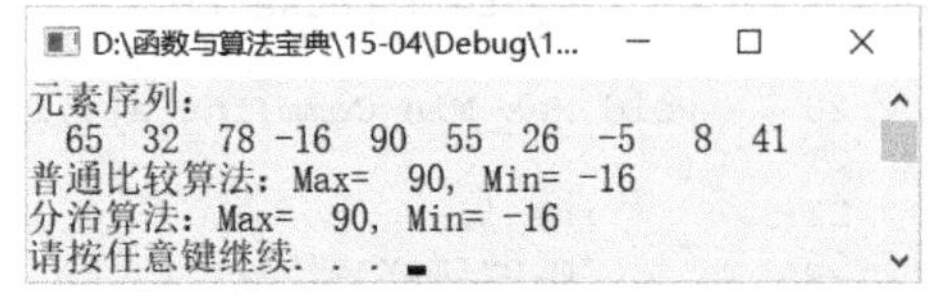

图 15-4　范例的运行结果

第 58～61 行：若 *m*1<=*m*2，则最大元素为 *m*2，将 *m*2 赋给 max；否则最大元素为 *m*1，将 *m*1 赋给 max。

第 62～65 行：若 *n*1<=*n*2，则最小元素为 *n*1，将 *n*1 赋给 min；否则最小元素为 *n*2，将 *n*2 赋给 min。

15.5 整数划分问题

1. 问题

整数划分是将一个整数划分为若干个整数，并将其进行相加。

例如，对于整数 4，设最大加数为 4，则共有以下 5 种划分方案。

4=4

4=3+1

4=2+1+1

4=2+2

4=1+1+1+1

对于整数 5，设最大加数为 5，则共有以下 7 种划分方案。

5=5

5=4+1

5=3+2

5=3+1+1

5=2+2+1

5=2+1+1+1

5=1+1+1+1+1

注意：4=1+3、4=3+1 被看作是同一种划分方案，5=3+2、5=2+3 也是同一种划分方案。

2. 分析

对于该整数划分问题，设划分的整数为 *n*，最大加数为 *m*，根据划分的整数 *n* 和最大加数

m 之间的关系可分为以下几种情况。

（1）当 n=1 或 m=1 时，只有一种划分可能，返回 1。

（2）当 n=m 且 n>1 时，可分为 n 等于 n 和小于 n 的情况，有 DivideNum(n,n−1)+1 种可能。例如，5 可以划分为 5 和小于 5 的情况，这就是将原来规模为 n 的问题缩小为规模为 n−1 的问题进行处理。

（3）当 n<m 时，这种情况实际上是不存在的，但是在处理 n>m 的情况时会遇到这种情况，直接将其转化为 DivideNum(n,n)来解决。

（4）当 n>m时，可分为两种情况来处理：包含m和不包含m。对于包含 m 的情况，有 DivideNum (n−m,m)种可能；对于不包含 m 的情况，有 DivideNum(n,m−1)种可能。

3. 范例

```
/*********************************************
*范例编号：15_05
*范例说明：整数划分问题
*********************************************/
01    #include <stdio.h>
02    #include <stdlib.h>
03    int DivideNum(int n,int m)//n 表示需要划分的整数，m 表示最大加数
04    {
05       if(n==1||m==1)//如果 n 或 m 为 1，则只有一种划分方法，返回 1
06           return 1;
07       else if(n==m&&n>1)
08           return DivideNum(n,n-1)+1;
09       else if(n<m)//如果 m>n,则令 m=n
10           return DivideNum(n,n);
11       else if(n>m)
12         return DivideNum(n,m-1)+DivideNum(n-m,m);//2 种情况:不包含 m 的情况和包含 m 的情况
13        return 0;
14    }
15    void main()
16    {
17        int n,m,r;
18        printf("请输入需要划分的整数与最大加数：\n");
19        scanf("%d %d",&n,&m);
20        r=DivideNum(n,m);
21        printf("共有%d 种划分方式!\n",r);
22        system("pause");
23    }
24    }
```

该范例的运行结果如图 15-5 所示。

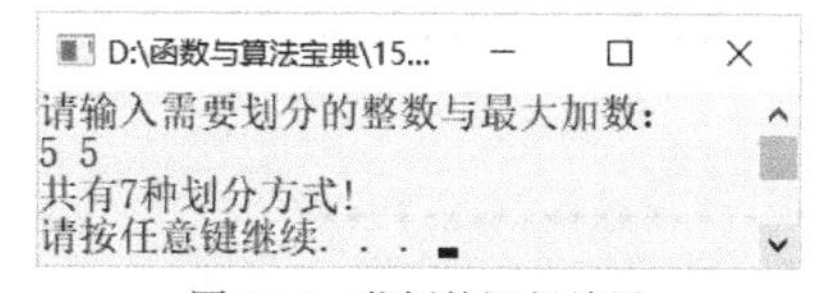

图 15-5　范例的运行结果

15.6 大整数的乘法问题

1. 问题

设 X 和 Y 都是 n 位十进制数，要求计算它们的乘积 $X×Y$。当 n 很大时，利用传统的计算方法求 $X×Y$ 需要很多步骤，运算量较大。若使用分治法求解 $X×Y$，则会更高效。现要求采用分治法编写一个求两个任意长度的整数相乘运算的算法。

2. 分析

假设有两个大整数 X、Y，求 X 和 Y 的乘积就是把 X 与 Y 中的每一项进行相乘，但是这样的乘法效率较低。若采用分治法，则可将 X 拆分为 A 和 B，将 Y 拆分为 C 和 D，如图 15-6 所示。

图 15-6 大整数 X 和 Y 的分段

则有 $X×Y=\left(A\times10^{\frac{n}{2}}+B\right)\left(C\times10^{\frac{n}{2}}+D\right)=A\times C\times10^{n}+(A\times D+B\times C)\times10^{\frac{n}{2}}+B\times D$

（1）若序列 a[start,…,end]中只有一个元素，则最大和最小元素均为 a[start]。

（2）若序列 a[start,…,end]中有两个元素，则最大元素为 a[start]和 a[end]的较大者，最小元素为较小者。

$$X×Y=\left(A\times10^{\frac{n}{2}}+\mathrm{B}\right)\left(C\times10^{\frac{n}{2}}+D\right)=A\times C\times10^{n}+(A\times D+B\times C)\times10^{\frac{n}{2}}+B\times D$$

而 $A\times D+B\times C=\left(A+B\right)\left(C+D\right)-\left(A\times C+B\times D\right)$

这里取的大整数 X、Y 是在理想状态下，即 X 与 Y 的位数一致，且 $n=2^m$，m=1,2,3,…。计算 $X×Y$ 需要进行 4 次 n/2 位整数的乘法，即 $A×C$、$A×D$、$B×C$ 和 $B×D$，以及 3 次不超过 n 位整数的加法运算，此外还要进行 2^n 和 $2^{n/2}$ 两次移位运算。这些加法运算和移位运算的时间复杂度为 O(n)。根据以上分析，分治法求解 $X×Y$ 的时间复杂度为 T(n)=4T(n/2)+O(n)，因此时间复杂度为 O(n^2)。

3. 范例

```
/*********************************************
*范例编号: 15_06
*范例说明: 大整数的乘法
*********************************************/
01      #include <stdlib.h>
02      #include <string>
```

```
03     #include <sstream>
04     #include <iostream>
05     using namespace std;
06     string ToStr(int iValue)
07     //将整数转换为 string 类型
08     {
09         string result;
10         stringstream stream;
11         stream << iValue;//将整数 iValue 输出到 stream 字符串流
12         stream >> result;//从 stream 流中读取字符串数据存入 result
13         return result;
14     }
15     template <typename T>
16     int ToInt(T n)
17     //将字符串转化为整数
18     {
19         int num;
20         stringstream intstream;
21         intstream<<n;
22         intstream>>num;
23         return num;
24     }
25     void AddZero(string &s, int n, bool pre = true)
26         //在字符串前或者字符串后补 0
27     {
28         string temp(n, '0');
29         s = pre ? temp + s : s + temp;
30     }
31     void RemoveZero(string &str)
32     //将字符串中前面的 0 删除
33     {
34         int i = 0;
35         while (i < str.length() && str[i] == '0')
36           i++;
37         if (i < str.length())
38           str = str.substr(i);
39         else
40           str = "0";
41     }
42     string BigIntegerAdd(string x, string y)
43     //大整数相加
44     {
45         string result;
46         int t,m,i,size,b;
47         RemoveZero(x);
48         RemoveZero(y);
49         reverse(x.begin(), x.end());
50         reverse(y.begin(), y.end());
51         m = max((int)x.size(), (int)y.size());
52         for (i = 0, size = 0; size|| i < m; i++)
53         {
54           t = size;
55           if (i < x.size())
56           t += ToInt(x[i]);
57           if (i < y.size())
```

```
58            t += ToInt(y[i]);
59            b = t % 10;
60            result = char(b + '0') + result;
61            size = t / 10;
62          }
63          return result;
64      }
65
66      string BigIntergerSub(string x, string y)
67      //大整数相减
68      {
69          int xi,yi,i,x_size,y_size,*p,count=0;
70          string result;
71          RemoveZero(x);
72          RemoveZero(y);
73          reverse(x.begin(), x.end());
74          reverse(y.begin(), y.end());
75          x_size = (int)x.size();
76          y_size = (int)y.size();
77          p=new int[x_size];
78          for ( i = 0; i < x_size; i++)
79          {
80            xi = ToInt(x[i]);
81            yi = i < y_size ? ToInt(y[i]) : 0;
82            p[count++] = xi - yi;
83          }
84          for (i = 0; i < x_size; i++)
85          {
86            if (p[i] < 0)
87            {
88            p[i] += 10;
89            p[i + 1]--;
90            }
91          }
92          for (i = x_size - 1; i >= 0; i--)
93          {
94            result += ToStr(p[i]);
95          }
96          return result;
97      }
98
99
100     string BigIntegerMul(string X, string Y)
101     //两个大整数相乘
102     {
103         string result, A, B, C, D, v2, v1, v0;
104         int n = 2,iValue;
105         if (X.size() > 2 || Y.size() > 2)
106         {
107           n = 4;
108           while (n < X.size() || n < Y.size())
109           n *=2;
110           AddZero(X, n - (int)X.size());
111           AddZero(Y, n - (int)Y.size());
112         }
113         if (X.size() == 1)
```

```
114          AddZero(X, 1);
115        if (Y.size() == 1)
116          AddZero(Y, 1);
117        if (n == 2)//递归出口
118        {
119          iValue = ToInt(X) * ToInt(Y);
120          result = ToStr(iValue);
121        }
122        else
123        {
124          A = X.substr(0, n / 2);
125          B = X.substr(n / 2);
126          C = Y.substr(0, n / 2);
127          D = Y.substr(n / 2);
128          v2 = BigIntegerMul(A, C);
129          v0 = BigIntegerMul(B, D);
130          v1 = BigIntergerSub(BigIntegerMul(BigIntegerAdd(B, A),
131          BigIntegerAdd(D, C)), BigIntegerAdd(v2, v0));
132          AddZero(v2, n, false);
133          AddZero(v1, n / 2, false);
134          result = BigIntegerAdd(BigIntegerAdd(v2, v1), v0);
135        }
136        return result;
137      }
138      void main()
139      {
140        string a, b;
141        char ch;
142        cout<<"要计算两个大整数相乘吗(y/n)? "<<endl;
143        ch=getchar();
144        while(ch=='y'||ch=='Y')
145        {
146          cout<<"计算两个大整数相乘: "<<endl;
147          cout<<"请输入第 1 个整数: ";
148          cin>>a;
149          cout<<"请输入第 2 个整数: ";
150          cin>>b;
151          cout<<a<<"*"<<b<<"="<<BigIntegerMul(a,b)<<endl;
152          cout<<"要继续计算两个大整数相乘吗(y/n)? "<<endl;
153          getchar();
154          scanf("%c",&ch);
155        }
156        system("pause");
157      }
```

该范例的运行结果如图 15-7 所示。

注意：在计算两个整数的相乘运算时，需要考虑数据的存储是否超过了系统提供的整数所能表达的范围。为了求任意长度的两个整数的乘积，这里采用字符串 string 类型接收用户的输入。在求解过程中，通过将整数字符串划分为长度较短的字符串，然后再将其转换为整数进行运算，最后再将所有划分完的整数组合在一起输出。当然，为了求任意长度的两个整数的乘积，也可以利用数组进行存储。

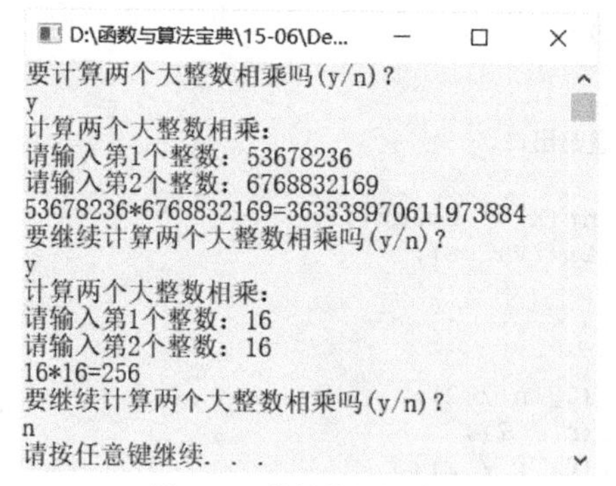

图 15-7　范例的运行结果

4. 说明

第 105～109 行：为了方便划分，当两个整数中的其中一个长度大于 2 时，将整数的长度扩充为 4。

第 110～111 行：将扩充长度后的字符串添加字符 0。

第 117～121 行：当字符串长度为 2 时，结束划分，将数字字符串转换为整数进行计算。

第 124～127 行：将原来的整数 X 和 Y 分别划分为 A 和 B、C 和 D。

第 128～131 行：求解 AC、BD、$(A+B)(C+D)-(A\times C+B\times D)$。

第 132 行：在 AC 后插入 n 个 0，即乘以 10^n。

第 133 行：在$(A+B)(C+D)-(A\times C+B\times D)$后插入 $n/2$ 个 0，即乘以 $10^{n/2}$。

第 134 行：求解 $X\times Y$，并返回。

第 16 章　矩阵算法

矩阵算法通常需要使用二维数组来实现。矩阵算法往往需要交换或者存取矩阵中的某个元素，这就需要我们灵活掌握二维数组两个下标的变换。

本章主要讲解几种比较经典的矩阵算法：拉丁方阵、蛇形方阵、螺旋矩阵、逆螺旋矩阵、将矩阵旋转 90 度、将上三方阵以行序为主序转换为以列序为主序。

16.1 打印拉丁方阵

1. 问题

打印拉丁方阵：$N \times N$ 的拉丁方阵的每一行、每一列均为自然数 1，2，…，N 的全排列，每一行和每一列上均无重复数字。一个 5×5 的拉丁方阵如图 16-1 所示。

1	4	3	2	5
5	3	2	1	4
4	2	1	5	3
3	1	5	4	2
2	5	4	3	1

图 16-1　5×5 的拉丁方阵

2. 分析

生成拉丁方阵的方法如下。

（1）第一行元素用随机数产生，从 1 开始，依次将自然数 1～N 填充到第一行，填入的列号由随机数产生。

（2）以第一行作为方阵的索引，即如果第一行的第 i 个元素值为 j，则 $a[0][j]$在各行中的列号是在第一行中从位置 i 开始读出的 N 个自然数。例如，第一行第 4 个元素为 2，则从第 4 个元素开始读出的 5 个数依次是 2、5、1、4、3，分别是元素 $a[0][2]$（值为 4）在各行的列号。

3. 范例

```
/*********************************************
*范例编号：16_01
*范例说明：打印拉丁方阵
*********************************************/
```

```
01    #include <stdio.h>
02    #include <stdlib.h>
03    #define N 20
04    void Latin_Square(int n,int a[][N]);
05    void main()
06    {
07        int i,j,n;
08        int latin[N][N];
09        printf("请输入矩阵的阶 n=");
10        scanf("%d",&n);
11        for(i=0;i<n;i++)
12            for(j=0;j<n;j++)
13                latin[i][j]=0;
14        Latin_Square(n,latin);
15        for(i=0;i<n;i++)
16        {
17            for(j=0;j<n;j++)
18                printf("%4d",latin[i][j]);
19            printf("\n");
20        }
21        system("pause");
22    }
23    void Latin_Square(int n,int a[][N])
24    {
25        int i,j,sub,index;
26        for(i=1;i<=n;i++)
27        {
28            do
29            {
30                index=rand()%n;
31            }while(a[0][index]!=0);
32            a[0][index]=i;
33        }
34        for(i=0;i<n;i++)
35        {
36            for(j=0;j<n;j++)
37                if(a[0][j]==i+1)
38                    break;
39            sub=j+1;
40            for(j=1;j<n;j++)
41                a[j][a[0][(sub++)%n]-1]=a[0][i];
42        }
43    }
```

该范例的运行结果如图 16-2 所示。

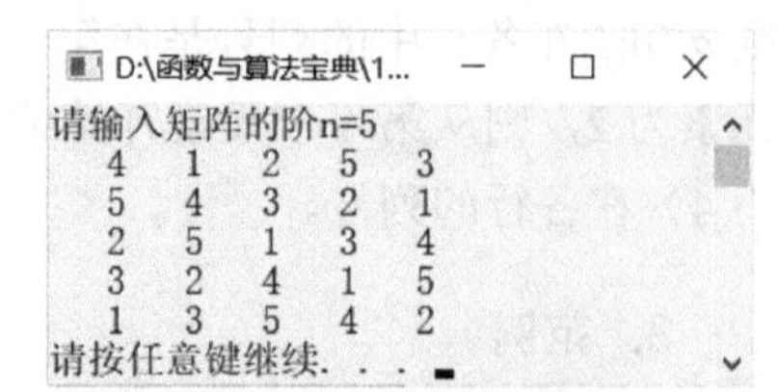

图 16-2　范例的运行结果

4. 说明

第 11～13 行：将数组 latin 初始化为 0。

第 14 行：调用 Latin_Square 函数产生拉丁方阵。

第 15～20 行：输出拉丁方阵。

第 26～33 行：随机产生第一行的元素值。

第 36～39 行：查找第一行中每一个数所在的列号。

第 40～41 行：将当前的数依次存放到第 2～5 行对应的列。

16.2 打印蛇形方阵

1. 问题

打印蛇形方阵：将自然数 1，2，…，N 按照蛇形方式依次存入 $N\times N$ 的矩阵 a 中。例如，N=5 的蛇形方阵如图 16-3 所示。

1	3	4	10	11
2	5	9	12	19
6	8	13	18	20
7	14	17	21	24
15	16	22	23	25

图 16-3 5×5 的蛇形方阵

2. 分析

从 a_{11} 开始到 a_{nn} 为止，依次填入自然数，交替对每一斜行从左上元素到右下元素或从右下元素到左上元素填数。通过观察，发现对于每一斜行的元素来说，蛇形矩阵有以下特点。

（1）对于奇数的斜行来说，下一个数的行号比上一个数的行号增 1，列号减 1。

（2）对于偶数的斜行来说，下一个数的行号比上一个数的行号减 1，列号增 1。

（3）对于前 n 个斜行来说，奇数斜行的元素从矩阵的第一行开始计数，偶数斜行的元素从矩阵的第 1 列开始计数。

（4）对于后 n−1 个斜行来说，奇数斜行的元素从矩阵的第 n 列开始计数，偶数斜行的元素从矩阵的第 n 行开始计数。

3. 范例

```
/********************************************
*范例编号: 16_02
*范例说明: 打印蛇形方阵
********************************************/
01    #include <stdio.h>
02    #include <stdlib.h>
03    #define N 20
04    void main()
05    {
06          int i,j,a[N][N],n,k;
07          printf("请输入矩阵的阶 n= ");
08          scanf("%d",&n);
09          k=1;
10          /*输出上三角（前 n 个斜行）*/
11          for(i=1;i<=n;i++)
12                for(j=1;j<=i;j++)
13                {
14                      if(i%2==0)
15                            a[i+1-j][j]=k;
16                      else
17                            a[j][i+1-j]=k;
```

```
18                  k++;
19              }
20              /*输出下三角（后 n-1 个斜行）*/
21              for(i=n+1;i<2*n;i++)
22                  for(j=1;j<=2*n-i;j++)
23                  {
24                      if(i%2==0)
25                          a[n+1-j][i-n+j]=k;
26                      else
27                          a[i-n+j][n+1-j]=k;
28                      k++;
29                  }
30                  printf("********蛇形方阵********\n");
31                  for(i=1;i<=n;i++)
32                  {
33                      for(j=1;j<=n;j++)
34                          printf("%4d",a[i][j]);
35                      printf("\n");
36                  }
37          system("pause");
38      }
```

该范例的运行结果如图 16-4 所示。

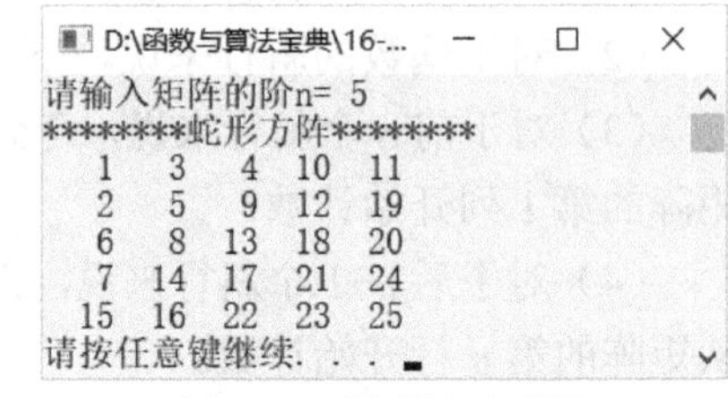

图 16-4 范例的运行结果

4. 说明

第 11～19 行：输出前 *n* 个斜行的元素。

第 14～15 行：如果是偶数斜行，则元素的列下标等于矩阵中元素的下标，行下标依次减 1。

第 16～17 行：如果是奇数斜行，则元素的行下标等于矩阵中元素的下标，列下标依次增 1。

第 21～29 行：输出后 *n*-1 个斜行的元素。

第 24～25 行：如果是偶数斜行，则元素的行下标依次减 1，列下标依次增 1。

第 26～27 行：如果是奇数斜行，则元素的行下标依次增 1，列下标依次减 1。

第 31～36 行：输出蛇形矩阵。

16.3 打印螺旋矩阵（非递归和递归实现）

1. 问题

打印螺旋矩阵。例如，一个 5×5 的螺旋矩阵如图 16-5 所示。

2. 分析

通过观察发现一个 $N \times N$ 的螺旋矩阵可以分为 $(N+1)/2$ 圈，可以使用一个循环来控制圈数。

每圈中的元素可以分为上、右、下、左 4 个方向，在内层循环中可以用 4 个循环控制每圈中 4 个方向的元素输出，如下所示。

上：行号保持不变，列号依次增 1。

右：行号依次增 1，列号保持不变。

下：行号保持不变，列号依次减 1。

左：行号依次减 1，列号保持不变。

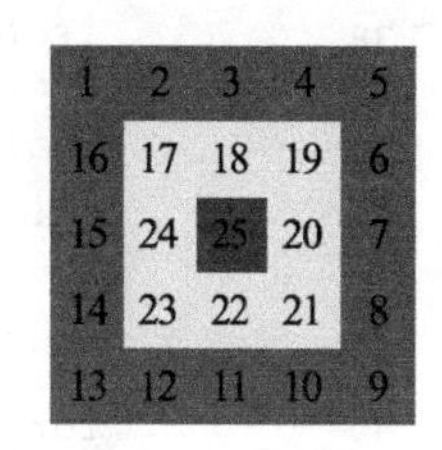

图 16-5　5*5 的螺旋矩阵

3. 范例

```
/*********************************************
*范例编号：16_03
*范例说明：打印螺旋矩阵
*********************************************/
01    #include <stdio.h>
02    #include <stdlib.h>
03    #define N 20
04    void SpiralMatrix(int a[][N], int n);
05    void SpiralMatrix2(int a[][N], int x, int y, int s, int n);
06    void DispMatrix(int a[][N],int n);
07    void main()
08    {
09         int n,a[N][N];
10         printf("请输入一个正整数(1≤N≤20):");
11         scanf("%d",&n);
12         printf("螺旋矩阵（非递归实现）:\n");
13         SpiralMatrix(a,n);
14         DispMatrix(a,n);
15         printf("螺旋矩阵（递归实现）:\n");
16         SpiralMatrix2(a,0,0,1,n);
17         DispMatrix(a,n);
18         system("pause");
19    }
20    void SpiralMatrix(int a[][N], int n)
21    {
22         int i,j,k=1;
23         for(i=0;i<=n/2;i++)          /*控制圈数*/
24         {
25              for(j=i;j<n-i;j++)      /*上方元素*/
26                   a[i][j]=k++;
27              for(j=i+1;j<n-i;j++)    /*右方元素*/
28                   a[j][n-i-1]=k++;
29              for(j=n-i-2;j>i;j--)    /*下方元素*/
30                   a[n-i-1][j]=k++;
31              for(j=n-i-1;j>i;j--)    /*左方元素*/
32                   a[j][i]=k++;
33         }
34    }
35    void SpiralMatrix2(int a[][N], int x, int y, int s, int n)
36    {
37          int i, j;
```

```
38          if (n <= 0)
39              return;
40          if (n == 1)    /*只有一个元素时*/
41            {
42              a[x][y] = s;
43              return;
44          }
45          for (i = x; i < x + n-1; i++)        /*上方元素*/
46               a[y][i] = s++;
47          for (j = y; j < y + n-1; j++)        /*右方元素*/
48               a[j][x+n-1] = s++;
49          for (i = x+n-1; i > x; i--)          /*下方元素*/
50               a[y+n-1][i] = s++;
51          for (j = y+n-1; j > y; j--)          /*左方元素*/
52               a[j][x] = s++;
53          SpiralMatrix2(a, x+1, y+1, s, n-2); /*递归调用求内圈中的元素*/
54      }
55      void DispMatrix(int a[][N],int n)
56      {
57          int i,j;
58          printf("********螺旋矩阵********\n");
59          for(i=0;i<n;i++)
60          {
61               for(j=0;j<n;j++)
62                   printf("%5d",a[i][j]);
63              printf("\n");
64          }
65      }
```

该范例的运行结果如图 16-6 所示。

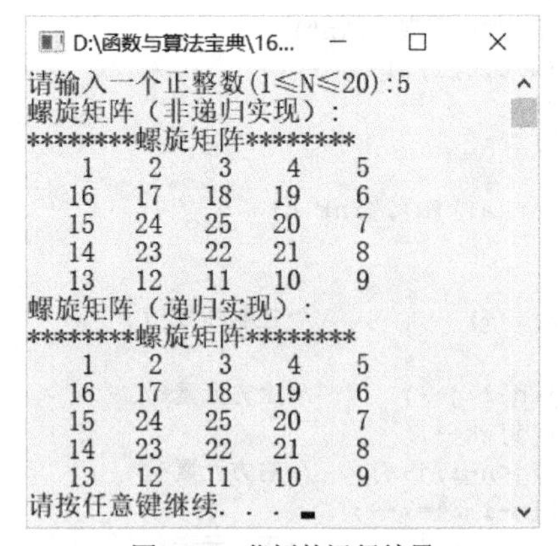

图 16-6　范例的运行结果

4. 说明

第 23 行：外层 for 循环控制矩阵的圈数。

第 25～26 行：输出上方的元素，行号保持不变，列号依次增 1。

第 27～28 行：输出右方的元素，行号依次增 1，列号保持不变。

第 29～30 行：输出下方的元素，行号保持不变，列号依次减 1。

第 31～32 行：输出左方的元素，行号依次减 1，列号保持不变。

第 35～54 行：递归算法实现输出螺旋矩阵中的元素。

16.4 打印逆螺旋矩阵

1. 问题

打印逆螺旋矩阵。例如，一个 5×5 的逆螺旋矩阵如图 16-7 所示。

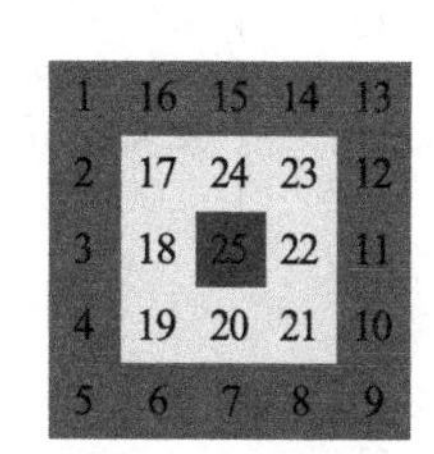

1	16	15	14	13
2	17	24	23	12
3	18	25	22	11
4	19	20	21	10
5	6	7	8	9

图 16-7　5×5 的逆螺旋矩阵

2. 分析

与螺旋矩阵类似，$N \times N$ 的逆螺旋矩阵也可以分为$(N+1)/2$ 圈，每一圈分为 4 个方向输出，如下所示。

左：行号依次增 1，列号保持不变。

下：行号保持不变，列号依次增 1。

右：行号依次减 1，列号保持不变。

上：行号保持不变，列号依次减 1。

3. 范例

```
/*********************************************
*范例编号：16_04
*范例说明：打印逆螺旋矩阵
*********************************************/
01    #include <stdio.h>
02    #include <stdlib.h>
03    #define N 100
04    void CreateArray(int a[N][N],int n);
05    void OutPut(int s[N][N],int n);
06    void main()
07    {
08         int n,a[N][N];
09              printf("请输入一个正整数n(1<n<100):");
10              scanf("%d",&n);             /*输入螺旋矩阵阶数*/
11              CreateArray(a,n);           /*调用数组函数*/
12              printf("********逆螺旋矩阵: ********\n");
13              OutPut(a,n);                /*调用输出函数*/
14              system("pause");
15    }
16    void CreateArray(int a[N][N],int n)
17    /*创建逆螺旋矩阵*/
18    {
19         int p,i,j,k,m;
20              m=(n+1)/2;                  /*求螺旋矩阵的圈数*/
```

```
21              p=1;
22          for(k=0;k<m;k++)                    /*用循环控制产生的圈数*/
23          {
24                  for(i=k;i<n-k;i++)
25                  a[i][k]=p++;                /*生成左方元素*/
26                  for(j=k+1;j<n-k;j++)
27                  a[n-k-1][j]=p++;            /*生成下方元素*/
28                  for(i=n-k-2;i>=k;i--)
29                  a[i][n-k-1]=p++;            /*生成右方元素*/
30                  for(j=n-k-2;j>k;j--)
31                  a[k][j]=p++;                /*生成上方元素*/
32              }
33      }
34      void OutPut(int s[N][N],int n)
35      /*定义输出函数*/
36      {
37              int i,j;
38              for(i=0;i<n;i++)
39              {
40                  for(j=0;j<n;j++)
41                  printf("%4d",s[i][j]);
42                  printf("\n");
43              }
44      }
```

该范例的运行结果如图16-8所示。

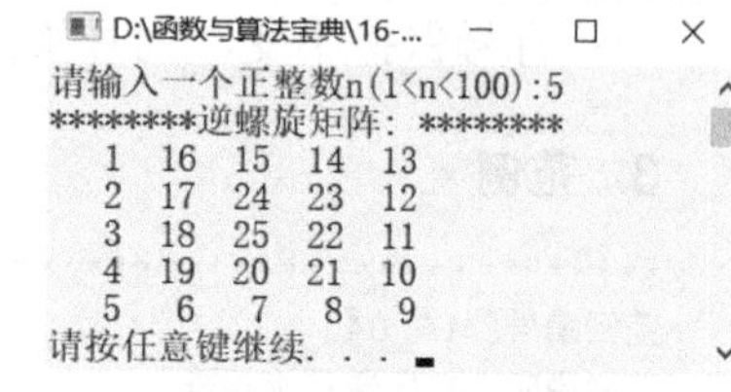

图16-8　范例的运行结果

4. 说明

第20行：求逆螺旋矩阵的圈数。

第22行：外层for循环控制矩阵的圈数。

第24～25行：输出左方的元素，行号依次增1，列号保持不变。

第26～27行：输出下方的元素，行号保持不变，列号依次增1。

第28～29行：输出右方的元素，行号依次减1，列号保持不变。

第30～31行：输出上方的元素，行号保持不变，列号依次减1。

16.5 将矩阵旋转90度

1. 问题

将矩阵顺时针旋转90度。例如，将一个5×5的矩阵顺时针旋转90度，旋转前后如图16-9所示。

2. 分析

这是北京航空航天大学2005年的考研试题。对于任意N阶方阵，如果N是偶数，则矩阵

构成 $N/2$ 圈；如果 N 是奇数，则矩阵构成$(N-1)/2$ 圈。将矩阵顺时针旋转 90 度，就是将每圈的元素在 4 个方位依次轮换位置。例如，对于 5×5 矩阵来说，将 6 放在原来 4 的位置，4 放在原来 20 的位置，20 放在原来 22 的位置，22 放在原来 6 的位置，具体交换过程如图 16-10 所示。

（1）旋转前

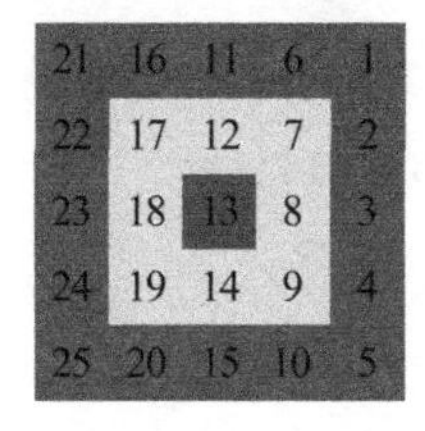

（2）旋转后

图 16-9　旋转前后的 5×5 矩阵

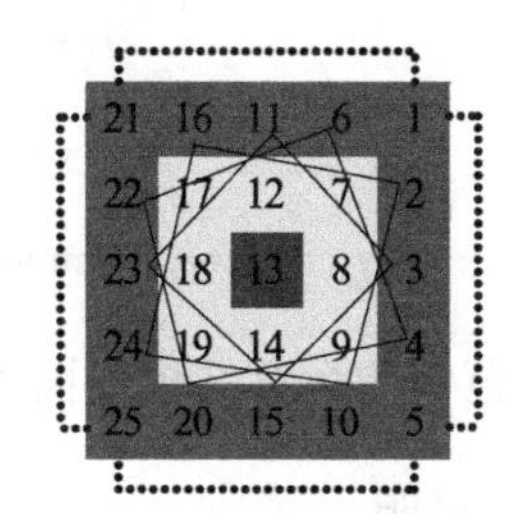

图 16-10　将 5×5 矩阵顺时针旋转的过程

从图 16-10 中不难看出，交换元素的规律如下。

$$
\begin{array}{ccc}
a_{i,j} & \Rightarrow & a_{j,N-i+1} \\
\Uparrow & & \Downarrow \\
a_{N-j+1,i} & \Leftarrow & a_{N-i+1,N-j+i}
\end{array}
$$

3. 范例

```
/*********************************************
*范例编号：16_05
*范例说明：将矩阵旋转 90 度
*********************************************/
01    #include <stdio.h>
02    #include <stdlib.h>
03    #define N 20
04    void main()
05    {
06          int a[N][N],i,j,t,p=1,n;
07          printf("请输入矩阵的阶:");
08          scanf("%d",&n);
09          printf("------旋转前的矩阵------\n");
10          for(i=1;i<=n;i++)
11          {
12                for(j=1;j<=n;j++)
13                {
14                      a[i][j]=p++;
15                      printf("%4d",a[i][j]);
16                }
17                printf("\n");
18          }
19          printf("----顺时针旋转后的矩阵----\n");
20          for(i=1;i<=n/2;i++)
21                for(j=i;j<n-i+1;j++)
22                {
23                      t=a[i][j];
```

```
24                      a[i][j]=a[n-j+1][i];
25                      a[n-j+1][i]=a[n-i+1][n-j+1];
26                      a[n-i+1][n-j+1]=a[j][n-i+1];
27                      a[j][n-i+1]=t;
28                  }
29                  for(i=1;i<=n;i++)
30                  {
31                      for(j=1;j<=n;j++)
32                          printf("%4d",a[i][j]);
33                      printf("\n");
34                  }
35          system("pause");
36      }
```

该范例的运行结果如图 16-11 所示。

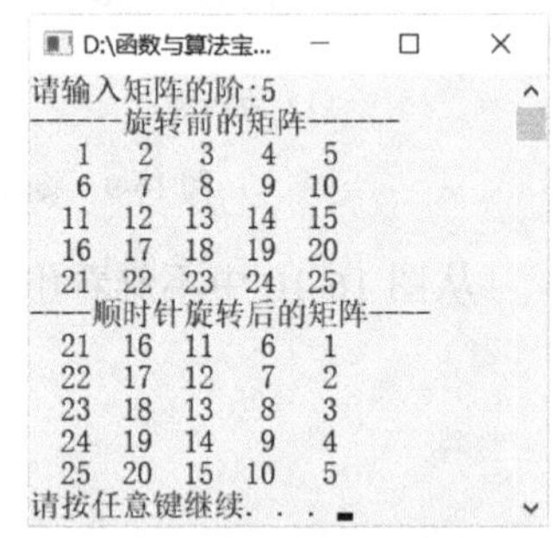

图 16-11 范例的运行结果

4. 说明

第 10～18 行：初始化数组 *a* 并输出。

第 20～28 行：将矩阵顺时针旋转 90 度。

第 20 行：控制要旋转矩阵的圈数。

第 23～27 行：依次将四周的元素顺次交换。

第 29～34 行：输出旋转后的矩阵元素。

16.6 将上三方阵以行序为主序转换为以列序为主序

1. 问题

假设有一个 $N \times N$ 的上三角矩阵 A，其上三角元素已按行序为主序连续存放在数组 b 中，请设计一个算法 TransArray 将数组 b 中的元素按列序为主序连续存放在数组 c 中。当 N=5 时，矩阵 A 如图 16-12 所示。其中，b=（1,2,3,4,5,6,7,8,9,10,11,12,13,14,15），c=（1,2,6,3,7,10,4,8,11,13,5,9,12,14,15）。根据数组 b 转换得到数组 c。

$$A_{5\times5}=\begin{bmatrix}1&2&3&4&5\\0&6&7&8&9\\0&0&10&11&12\\0&0&0&13&14\\0&0&0&0&15\end{bmatrix}$$

图 16-12 5×5 的上三角矩阵

2. 分析

本题主要考查特殊矩阵的压缩存储中对数组下标的灵活使用程度。用 i 和 j 分别表示矩阵中元素的行、列下标，用 k 表示数组 b 的下标。解答本题的关键是找出以行序为主序和以列序为主序的数组下标的对应关系（初始时，i=0，j=0，k=0），即 $c[j\times(j+1)/2+i]=b[k]$。其中，$j\times(j+1)/2+i$ 就是根据等差数列得出的。根据这种对应关系，直接把 b 中的元素赋给 c 中对应的位置即可。但是读出 c 中的一列即 b 中的一行（元素 1、2、3、4、5）之后，还要改变行下标 i 和列下标 j，开始读 6、7、8 元素时，列下标 j 需要从 1 开始，行下标 i 也需要增加 1，依次类推，可以得出修改行下标和列下标的办法：当一行还没有结束时，j++；否则，i++并修改下一行的元素个数及 i、j 的值，直到 $k=n(n+1)/2$ 为止。

3. 范例

```
/*******************************************
*范例编号：16_06
*范例说明：将矩阵以行序为主序转换为以列序为主序排列
*******************************************/
01    #include <stdio.h>
02    #include <stdlib.h>
03    #include <malloc.h>
04    #define N 20
05    void TransArray(int b[],int c[],int n);
06    void InitArray(int a[][N],int n);
07    void DispArray(int a[][N],int n);
08    void ReadArray(int a[][N],int n, int *b);
09    void main()
10    {
11        int x[N][N],*y,*z,n,i;
12        printf("请输入矩阵的阶数:");
13        scanf("%d",&n);
14        y=(int*)malloc(sizeof(int)*n);
15        z=(int*)malloc(sizeof(int)*n);
16        InitArray(x,n);
17        DispArray(x,n);
18        ReadArray(x,n,y);
19        TransArray(y,z,n);
20        printf("以行序为主序的矩阵转换为以列序为主序的矩阵，元素对应的下标：\n");
21        for(i=0;i<n*(n+1)/2;i++)
22            printf("%4d",z[i]);
23        printf("\n");
24        free(y);
25        free(z);
26        system("pause");
27    }
28    void InitArray(int a[][N],int n)
29    {
30        int i,j,k=1;
31        for(i=0;i<n;i++)
32        {
33            for(j=i;j<n;j++)
34                a[i][j]=k++;
35            for(j=0;j<i;j++)
36                a[i][j]=0;
37        }
38    }
```

```
39     void DispArray(int a[][N],int n)
40     {
41         int i,j,k=1;
42         for(i=0;i<n;i++)
43         {
44             for(j=0;j<n;j++)
45                 printf("%4d",a[i][j]);
46             printf("\n");
47         }
48     }
49     void ReadArray(int a[][N],int n, int *b)
50     {
51         int i,j,k=0;
52         for(i=0;i<n;i++)
53         {
54             for(j=i;j<n;j++)
55                 b[k++]=a[i][j];
56         }
57     }
58     void TransArray(int b[],int c[],int n)
59     /*将数组b中的元素按列序为主序连续存放到数组c中*/
60     {
61         int step=n,count=0,i=0,j=0,k;
62         for(k=0;k<n*(n+1)/2;k++)
63         {
64             count++;                /*记录一行是否读完*/
65             c[j*(j+1)/2+i]=b[k];  /*把以行序为主序的数存放到对应以列序为主序的数组中*/
66             if(count==step)         /*一行读完后*/
67             {
68                 step--;
69                 count=0;            /*下一行重新开始计数*/
70                 i++;                /*下一行的开始行*/
71                 j=n-step;           /*一行读完后，下一轮的开始列*/
72             }
73             else
74                 j++;                /*一行还没有读完，继续下一列的数*/
75         }
76     }
```

该范例的运行结果如图16-13所示。

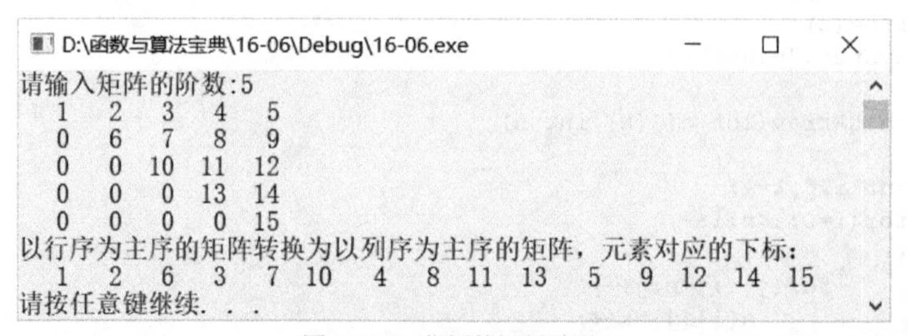

图16-13 范例的运行结果

第 17 章　实用算法

在学习和工作中，经常会遇到一些与实际生活紧密相关的问题，这些问题也可通过算法来得到答案，可以大大提高我们的学习和工作效率。

本章主要介绍几种比较常见的实用算法：一年中的第几天、大小写金额转换、将 15 位身份证号转换为 18 位、微信抢红包问题、求算术表达式的值、一元多项式的乘法、大整数乘法、迷宫求解。

17.1 一年中的第几天

1. 问题

根据输入的年、月、日，计算它是这一年中的第几天。

2. 分析

输入年（year）、月（month）、日（day）后，首先根据年份判断这一年是闰年还是平年，如果是闰年，则 2 月份为 29 天，否则，2 月份为 28 天。然后累加前 month−1 个月的天数，最后加上 day，就得到它是这一年中的第几天。

3. 范例

```
/*******************************************
*范例编号：17_01
*范例说明：一年中的第几天
*******************************************/
01    #include <stdio.h>
02    #include <stdlib.h>
03    const int leapYear[12] = { 31, 29, 31, 30, 31, 30, 31, 31, 30, 31, 30, 31 };
04    const int nonLeapYear[12] = {31,28,31,30,31,30,31,31,30,31,30,31 };
05    int IsLeapYear( int iYear )
06    {//判断是否为闰年
07        if (iYear % 4  == 0 && iYear % 100 != 0  || iYear % 400 == 0)
08            return 1;
```

```
09        else
10            return 0;
11    }
12    int GetDayInYear( int iYear, int iMonth, int iDay )
13    {//计算某年某月某日是一年中的第几天
14        int i;
15        int iCurMonth = iMonth - 1;
16        int iIndex = 0;
17        if( iYear < 0 )
18            return -1;
19        if( iMonth > 13 || iMonth < 1 )
20            return -1;
21        if( IsLeapYear( iYear ) )//闰年
22        {
23            for( i = 0; i < iCurMonth; i++ )
24            {
25                iIndex += leapYear[i];
26            }
27            if( iDay > leapYear[i] || iDay < 1 )
28                return -1;
29            iIndex += iDay;
30        }
31        else//不是闰年
32        {
33            for( i = 0; i < iCurMonth; i++ )
34            {
35                iIndex += nonLeapYear[i];
36            }
37            if( iDay > nonLeapYear[i] || iDay < 1 )
38                return -1;
39            iIndex += iDay;
40        }
41        return iIndex;
42    }
43    void main( )
44    {
45        int year,month,day;
46        printf("请输入年、月、日:");
47        scanf("%d%d%d",&year,&month,&day);
48        printf( "%d 年%d 月%d 日是这年的第%d 天.\n" ,year,month,day,
49                GetDayInYear( year, month, day ) );
50    }
```

该范例的运行结果如图 17-1 所示。

图 17-1　范例的运行结果

4. 说明

第 3～4 行：定义两个数组 leapYear 和 nonLeapYear，分别存放闰年和平年每个月的天数。

第 5～11 行：判断 iYear 是否为闰年。如果某年份能被 4 整除，但不能被 100 整除，那么这一年就是闰年。此外，能被 400 整除的年份也是闰年。

第 21～30 行：如果 iYear 是闰年，则将 leapYear 数组中 1～iMonth-1 个月中的天数相加，然后加上当月的日期 iDay。

第 31～41 行：如果 iYear 是平年，则将 nonLeapYear 数组中 1～iMonth−1 个月中的天数相加，然后加上当月的日期 iDay。

17.2 大小写金额转换

1. 问题

在实际工作中，当我们填写人民币数据，如报销旅差费、打欠条时，就需要使用大写金额，有时还需要把表格中的一系列小写金额转换为大写金额，这就是大小写金额转换。例如，10802.54 的大写金额为壹万零捌佰零贰元伍角肆分。

2. 分析

将小写金额转换为大写金额的方法如下。

（1）求出小写金额对应的整数部分和小数部分。

（2）分别将整数部分和小数部分转换为大写金额，即把阿拉伯数字“0123456789”转换为“零壹贰叁肆伍陆柒捌玖”，并加上人民币的货币单位“分角元拾佰仟万拾佰仟亿拾佰仟万”。

将整数部分转换为大写金额时，若整数部分的某位数字为 0，还需要分以下几种情况进行处理。

（1）第一位数字为 0。若第二位不是‘.’或后面仍有其他字符，则输入有误；否则，输出“零元”。

（2）若为 0 的数字不是第一位且不是亿、万、元位，则需要输出“零”；若是亿、万、元位，则需要增加人民币单位。

（3）其他情况直接将阿拉伯数字转换为大写金额，并输出货币单位。

在转换小数部分时，当某位数为 0 时，若该位是小数点后的第一位，则输出“零”；若小数点的第一位和第二位都为 0，则输出“整”。其他情况则直接将阿拉伯数字转换为大写金额，并输出货币单位。

3. 范例

```
/*********************************************
*范例编号：17_02
*范例说明：大小写金额转换
*********************************************/
01    #include <stdio.h>
02    #include <stdlib.h>
03    #include <string.h>
```

```
04      #define N 30
05      void rmb_units(int k);
06      void big_write_num(int l);
07      void main()
08      {
09          char c[N],*p;
10          int a,i,j,len,len_integer=0,len_decimal=0;  //len_integer 整数部分长
11      度,len_decimal 小数部分长度
12          printf("****************************************\n");
13          printf("  本程序是将阿拉伯数字小写金额转换成中文大写金额!\n");
14          printf("****************************************\n");
15          printf("请输入阿拉伯数字小写金额: ¥");
16          scanf("%s",c);
17          printf("\n");
18          p=c;
19          len=strlen(p);
20          /*求出整数部分的长度*/
21          for(i=0;i<=len-1 && *(p+i)<='9' && *(p+i)>='0';i++);
22              if(*(p+i)=='.' || *(p+i)=='\0')//*(p+i)=='\0'没小数点的情况
23                  len_integer=i;
24          else
25          {
26              printf("\n 输入有误，整数部分含有错误的字符!\n");
27              exit(-1);
28          }
29          if(len_integer>13)
30          {
31              printf("超过范围，最大万亿! 整数部分最多 13 位!\n");
32              printf("注意: 超过万亿部分只读出数字的中文大写!\n");
33          }
34          printf("¥%s 的大写金额: ",c);
35          /*转换整数部分*/
36          for(i=0;i<len_integer;i++)
37          {
38              a=*(p+i)-'0';
39              if(a==0)
40              {
41                  if(i==0)
42                  {
43                      if(*(p+1)!='.' && *(p+1)!='\0' && *(p+1)!='0')
44                      {
45                          printf("\n 输入有误! 第一位后的整数部分有非法字符，请检
46                                  查!\n");
47                          printf("程序继续执行,注意: 整数部分的剩下部分将被忽
48                                  略!\n");
49                      }
50                      printf("零元");
51                      break;
52                  }
53                  else if(*(p+i+1)!='0' && i!=len_integer-5 && i!=len_integer-1
54                          && i!=len_integer-9) //元、万、亿位为 0 时选择不加零
55                  {
```

```
56                      printf("零");
57                      continue;
58                  }
59                  else if(i==len_integer-1 || i==len_integer-5 ||
60                              i==len_integer-9)    //元、万、亿单位不能掉
61                  {
62                      rmb_units(len_integer+1-i);
63                      continue;
64                  }
65                  else
66                      continue;
67              }
68              big_write_num(a);                  //阿拉伯数字中文大写输出
69              rmb_units(len_integer+1-i);        //人民币货币单位中文大写输出
70          }
71          /*求出小数部分的长度*/
72          len_decimal=len-len_integer-1;
73          if(len_decimal<0)             //若只有整数部分，则在最后输出“整”
74          {
75              len_decimal=0;
76              printf("整");
77          }
78          if(len_decimal>2)                  //只取两位小数
79              len_decimal=2;
80          p=c;
81          /*转换小数部分*/
82          for(j=0;j<len_decimal;j++)
83          {
84              a=*(p+len_integer+1+j)-'0'; //定位到小数部分，等价于
85      a=*(p+len-len_decimal+j)-'0';
86              if(a<0 || a>9)
87              {
88                  printf("\n输入有误，小数部分含有错误的字符!\n");
89                  system("pause");
90                  exit(-1);
91              }
92              if(a==0)
93              {
94                  if(j+1<len_decimal)
95                  {
96                      if(*(p+len_integer+j+2)!='0')
97                          printf("零");
98                      else
99                      {
100                         printf("整");
101                         break;
102                     }
103                 }
104                 continue;
105             }
106             big_write_num(a);
107             rmb_units(1-j);
108         }
```

```
109         printf("\n\n");
110         system("pause");
111     }
112     void rmb_units(int k)
113     /*人民币货币单位中文大写输出*/
114     {
115         //相当于 const char rmb_units[]="fjysbqwsbqisbqw";
116         //"分角元拾佰仟万拾佰仟亿拾佰仟万";
117         switch(k)
118         {
119         case 3:case 7:case 11: printf("拾");break;
120         case 4:case 8:case 12: printf("佰");break;
121         case 5:case 9:case 13: printf("仟");break;
122         case 6: case 14:       printf("万");break;
123         case 10:               printf("亿");break;
124         case 2:                printf("元");break;
125         case 1:                printf("角");break;
126         case 0:                printf("分");break;
127         default:               break;
128         }
129     }
130     void big_write_num(int l)
131     /*阿拉伯数字中文大写输出*/
132     {
133         //相当于 const char big_write_num[]="0123456789";
134         //"零壹贰叁肆伍陆柒捌玖"
135         switch(l)
136         {
137         case 0:printf("零");break;
138         case 1:printf("壹");break;
139         case 2:printf("贰");break;
140         case 3:printf("叁");break;
141         case 4:printf("肆");break;
142         case 5:printf("伍");break;
143         case 6:printf("陆");break;
144         case 7:printf("柒");break;
145         case 8:printf("捌");break;
146         case 9:printf("玖");break;
147         default:break;
148         }
149     }
```

该范例的运行结果如图 17-2 所示。

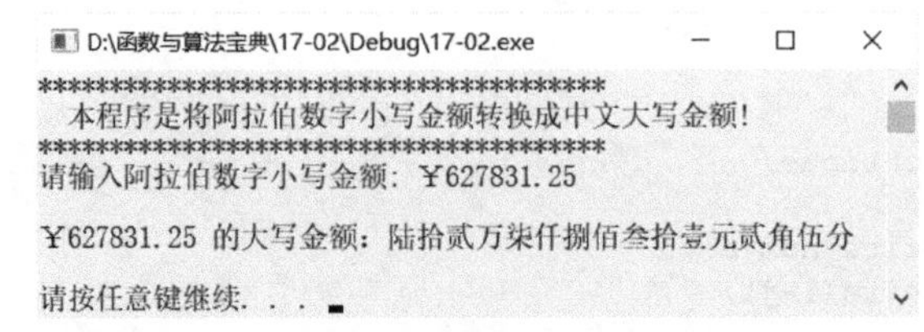

图 17-2　范例的运行结果

4. 说明

第 18～19 行：求出字符串的长度，即整数位数和小数位数之和（包括小数点）。

第 21～23 行：统计整数部分的长度。

第 41～52 行：如果第一位整数部分为 0，则输出“零元”。

第 53～58 行：如果当前位上数字为 0 且不在元、万、亿位上，则输出“零”。

第 59～64 行：如果当前位上数字为 0 且在元、万、亿位上，则输出人民币单位。

第 68～69 行：如果当前位上数字不为 0，则直接将其转换为大写金额且输出对应的人民币单位。

第 73～77 行：如果只有整数部分，则在大写金额后输出“整”。

第 94～103 行：如果小数部分的第一位上数字为 0 且第二位上数字不为 0，则输出“零”；如果第一位上数字为 0 且第二位上数字也为 0，则输出“整”。

第 106～107 行：其他情况直接将小写金额转换为大写金额，并输出人民币单位。

第 112～129 行：这个函数的功能是输出对应位上的人民币单位。

第 130～149 行：这个函数的功能是将阿拉伯数字转换为对应的大写金额。

17.3 将 15 位身份证号转换为 18 位

1. 问题

我国的第一代身份证号是 15 位，这主要是在 1980 年以前发放的身份证，后来考虑到千年虫问题，因为 15 位的身份证号只能为 1900 年 1 月 1 日到 1999 年 12 月 31 日出生的人编号，所以将原来的 15 位升级为目前的 18 位身份证号。为了验证之前的 15 位身份证号与目前的 18 位身份证号是同一个人的，就需要按照身份证号转换规则进行验证。请编写算法，将 15 位身份证号转换为 18 位。例如，一代身份证号为 340524800101001，对应的二代身份证号为 34052419800101001X，它们之间的区别是二代在年份前多了19，即将出生的年份补充完整，还有就是最后面多了一位校验位。

2. 分析

首先要了解身份证号最后一位的校验位是如何得到的。第 18 位数字的计算方法为先将前面的 17 位身份证号分别乘以不同的系数。从第 1 位到第 17 位的系数分别为 7、9、10、5、8、4、2、1、6、3、7、9、10、5、8、4、2。然后将这 17 位数和系数相乘的结果累加，再将该结果除以 11，得到的余数只可能有 0、1、2、3、4、5、6、7、8、9、10 这 11 个数字，其分别对应身份证号最后一位的号码为 1、0、X、9、8、7、6、5、4、3、2。

3. 范例

```
/*******************************************
*范例编号：17_03
*范例说明：将 15 位身份证号转换为 18 位
*******************************************/
01    #include <iostream>
02    #include <string>
03    using namespace std;
04    void main()
05    {
06        char strID[19];
07        int weight[]={7,9,10,5,8,4,2,1,6,3,7,9,10,5,8,4,2},m=0,i;
08        char verifyCod[]={'1','0','X','9','8','7','6','5','4','3','2'};
09        while(1)
10        {
11            m=0;
12             cout<<"请输入 15 位身份证号(输入-1 退出):"<<endl;
13             cin>>strID;
14             if(strcmp(strID,"-1")==0)
15                 break;
16             for(i=strlen(strID);i>5;i--)
17                 strID[i+2]=strID[i];
18             strID[6]='1';
19             strID[7]='9';
20             for(i=0; i<strlen(strID);i++)
21             {
22                 m+=(strID[i]-'0')*weight[i];
23             }
24             strID[17]=verifyCod[m%11];
25             strID[18]='\0';
26             cout<<"转换后的 18 位身份证号:"<<endl;
27             cout<<strID<<endl;
28        }
29        system("pause");
30    }
```

该范例的运行结果如图 17-3 所示。

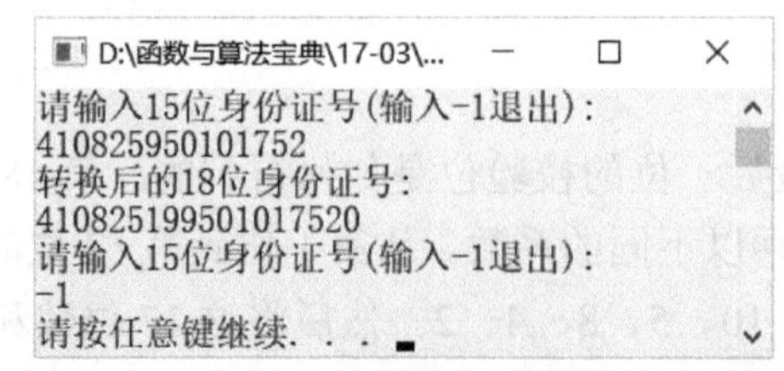

图 17-3　范例的运行结果

17.4 微信抢红包问题

1. 分析

微信抢红包采用的策略是二倍均值法。红包的金额是随机的，但是额度在 0.01 与剩余平均值的两倍之间波动，这样保证每次随机金额的平均值都是公平的。除了最后一次抢到的红包，任何一次抢到的红包金额都不会超过人均金额的两倍，并不是任意的随机。例如，发 100 元的红包，如果让 10 个人去抢，那么一个红包平均 10 元钱，则发出来的红包额度范围应该是在 0.01 元～20 元。若前面 3 个红包总共被领走了 40 元钱，则还剩下 60 元钱，7 个红包，那么这 7 个红包中，每个额度应该是在 0.01 元～60/7×2 元。假设剩余红包的金额为 M，剩余人数为 N，那么，每次抢到的金额=随机(0.01，M/N×2)。

2. 范例

```
/*******************************************
*范例编号：17_04
*范例说明：微信抢红包问题
*******************************************/
01    #include <stdio.h>
02    #include <stdlib.h>
03    #include <time.h>
04    #include <ctype.h>
05    #define N 100
06    void QiangHongbao()
07    {
08        int num,i;
09        double total,total1=0,a[N],min=0.01,average;
10        float per_max_hongbao=0;
11        srand(time(0));
12        printf("请输入红包的总金额:");
13        scanf("%lf",&total);
14        printf("请输入红包的个数:");
15        scanf("%d",&num);
16        for(i=1;i<num;i++)
17        {
18            average=total/(num-i+1);
19            per_max_hongbao=average*2;
20            a[i]=(rand()%(int)(per_max_hongbao*total)+
21                (int)min*total)/total+min;
22            total=total-a[i];
23            printf("第%d个红包有%0.2lf元\n",i,a[i]);
24            total1+=a[i];
25        }
26        a[i]=total;
27        total1+=a[i];
28        printf("第%d个红包有%0.2lf元\n",i,a[i]);
29        printf("你发红包的总金额是%0.2lf元\n",total1);
```

```
30          system("pause");
31      }
32      void main()
33      {
34          char ch;
35          while(1)
36          {
37              printf("要抢红包吗(Y/N?)?\n");
38              ch=getchar();
39              ch=tolower(ch);
40              if(ch=='y')
41              {
42                  QiangHongbao();
43              }
44              else if(ch=='n')
45              {
46                  printf("欢迎使用抢红包程序! ");
47                  break;
48              }
49              else
50                  printf("输入错误，请重新输入!\n");
51          }
52      }
```

该范例的运行结果如图 17-4 所示。

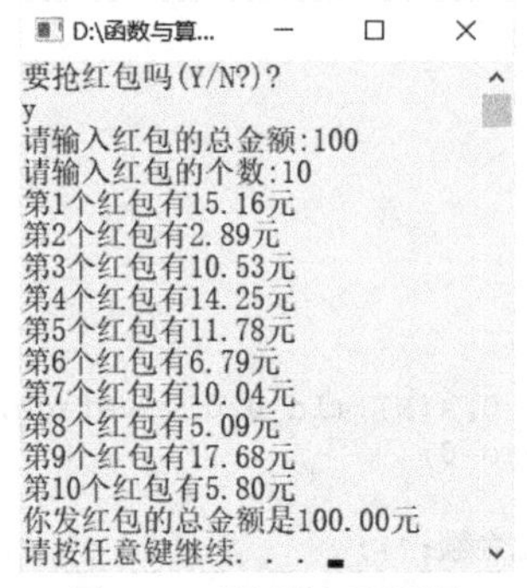

图 17-4　范例的运行结果

17.5 求算术表达式的值

1. 分析

求表达式的值是程序设计编译中的基本问题，它的实现是栈应用的一个典型例子。本节将介绍一种简单并广为使用的算法，即算符优先法。计算机编译系统利用栈的“后进先出”特性把人们便于理解的表达式翻译成计算机能够正确理解的表示序列。

一个算术表达式由操作数、运算符和分界符组成。为了简化问题，我们假设算术运算符仅由加、减、乘、除 4 种运算符和左、右圆括号组成。

例如，一个算术表达式为

6+(7−1)*3+10/2

这种算术表达式中的运算符总是出现在两个操作数之间，这种算术表达式被称为中缀表达式。计算机编译系统在计算一个算术表达式之前，要将中缀表达式转换为后缀表达式，然后对后缀表达式进行计算。后缀表达式出现在操作数之后，并且不含括号。

计算机在求算术表达式的值时分为两个步骤。

（1）将中缀表达式转换为后缀表达式

要将一个算术表达式的中缀形式转换为相应的后缀形式，首先需要了解算术四则运算的规则。算术四则运算的规则如下。

1）先乘除，后加减；

2）同级别的运算从左到右进行计算；

3）先括号内，后括号外。

上面的算术表达式转换为后缀表达式后如下。

6 7 1 – 3 * + 10 2 / +

不难看出，转换后的后缀表达式具有以下两个特点。

1）后缀表达式与中缀表达式的操作数出现的顺序相同，只是运算符的先后顺序发生了改变；

2）后缀表达式不出现括号。

正因为后缀表达式拥有以上特点，所以编译系统不必考虑运算符的优先关系，仅需要从左到右依次扫描后缀表达式的各个字符。当遇到运算符时，直接对运算符前面的两个操作数进行运算即可。

如何将中缀表达式转换为后缀表达式呢？根据中缀表达式与后缀表达式中的操作数次序相同，只是运算符次序不同的特点，设置一个栈，用于存放运算符。依次读入表达式中的每个字符，如果是操作数，则直接输出。如果是运算符，则比较栈顶元素符与当前运算符的优先级，然后进行处理，直到整个表达式处理完毕。我们约定'#'作为后缀表达式的结束标志，假设 θ_1 为栈顶运算符，θ_2 为当前扫描的运算符，则中缀表达式转换为后缀表达式的算法描述如下。

1）初始化栈，并将'#'入栈；

2）若当前读入的字符是操作数，则将该操作数输出，并读入下一字符；

3）若当前字符是运算符，记作 θ_2，则将 θ_2 与栈顶的运算符 θ_1 进行比较。若 θ_1 的优先级低于 θ_2 的，则将 θ_2 进栈；若 θ_1 的优先级高于 θ_2 的，则将 θ_1 出栈并将其作为后缀表达式输出。然后继续比较新的栈顶运算符 θ_1 与当前运算符 θ_2 的优先级，若 θ_1 的优先级与 θ_2 的相等，且 θ_1 为'('，θ_2 为')'，则将 θ_1 出栈，继续读入下一个字符；

4）如果 θ_2 的优先级与 θ_1 的相等，且 θ_1 和 θ_2 都为'#'，将 θ_1 出栈，栈为空，则完成中缀表达式到后缀表达式的转换，算法结束。

运算符的优先关系如表 17-1 所示。

表 17-1　运算符的优先关系

θ_1 \ θ_2	+	−	*	/	(	)	#
+	>	>	<	<	<	>	>
−	>	>	<	<	<	>	>
*	>	>	>	>	<	>	>
/	>	>	>	>	<	>	>
(	<	<	<	<	<	=	
)	>	>	>	>		>	>
#	<	<	<	<	<		=

初始化一个空栈，用来对运算符进行出栈和入栈操作。中缀表达式 6+(7−1)*3+10/2#转换为后缀表达式的具体过程如图 17-5 所示（为了便于描述，在要转换表达式的末尾加一个'#'作为结束标记）。

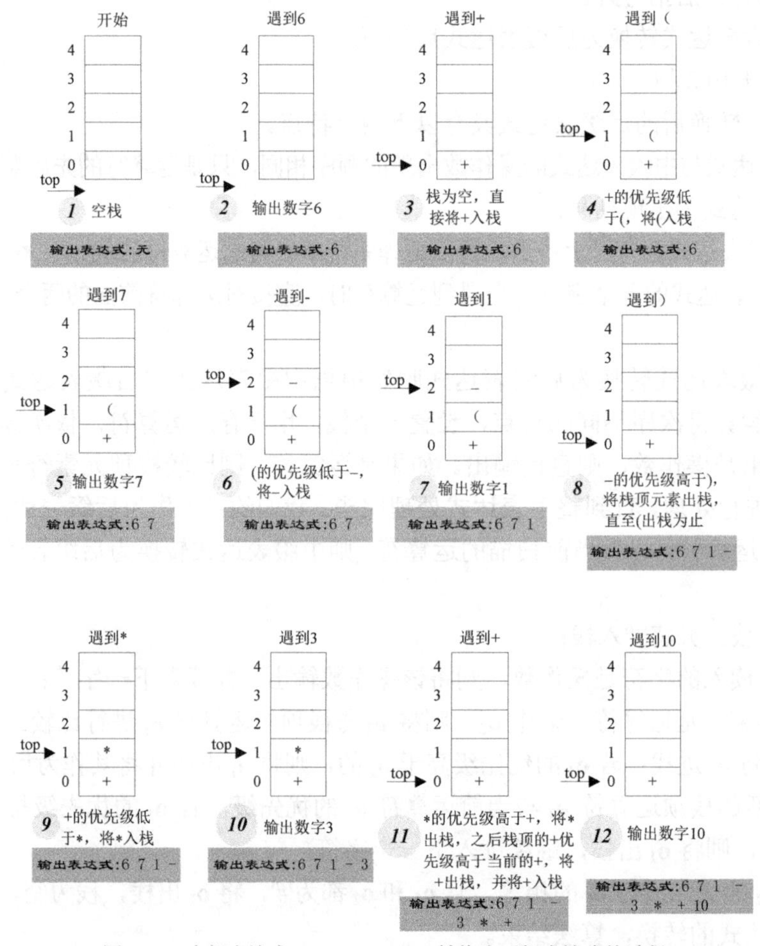

图 17-5　中缀表达式 6+(7−1)*3+10/2 转换为后缀表达式的过程

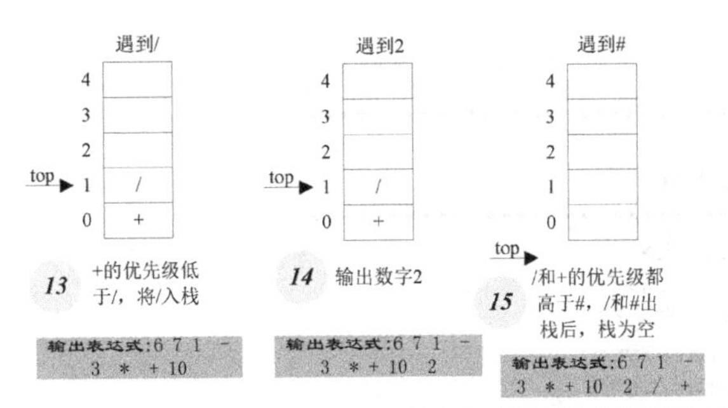

图 17-5 中缀表达式 6+(7−1)*3+10/2 转换为后缀表达式的过程（续）

（2）求后缀表达式的值

将中缀表达式转换为后缀表达式后，就可以计算后缀表达式的值了。计算后缀表达式的值的规则是依次读入后缀表达式中的每个字符。如果是操作数，则将操作数入栈；如果是运算符，则将处于栈顶的两个操作数出栈，然后利用当前运算符进行运算，将运行结果入栈，直到整个表达式处理完毕。

利用上述规则，后缀表达式 6 7 1 – 3 * + 10 2 / +的值的运算过程如图 17-6 所示。

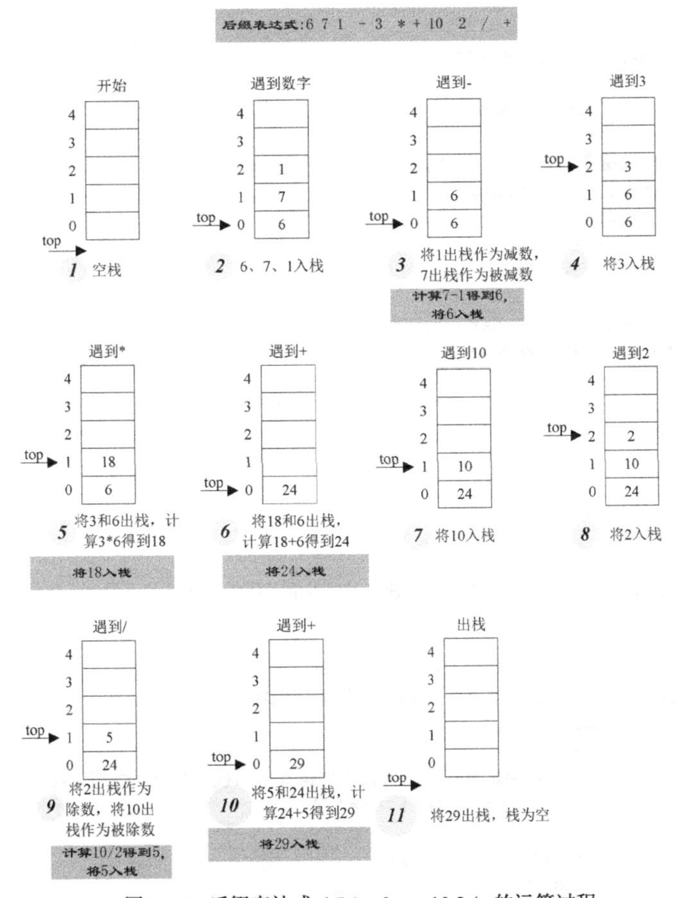

图 17-6 后缀表达式 6 7 1 – 3 * + 10 2 / +的运算过程

2. 范例

```
/*******************************************
*范例编号：17_05
*范例说明：求算术表达式的值
*******************************************/
01    #include <stdio.h>
02    #include <string.h>
03    /*顺序栈基本操作头文件*/
04    typedef char DataType;
05    #include"SeqStack.h"
06    #define MAXSIZE 50
07    /*操作数栈定义*/
08    typedef struct
09    {
10        float data[MAXSIZE];
11           int top;
12    }OpStack;
13    /*函数声明*/
14    void TranslateExpress(char s1[],char s2[]);
15    float ComputeExpress(char s[]);
16    void main()
17    {
18        char a[MAXSIZE],b[MAXSIZE];
19        float f;
20        printf("请输入一个算术表达式：\n");
21        gets(a);
22        printf("中缀表达式为：%s\n",a);
23        TranslateExpress(a,b);
24        printf("后缀表达式为：%s\n",b);
25        f=ComputeExpress(b);
26        printf("计算结果：%f\n",f);
27    }
28    void TranslateExpress(char str[],char exp[])
29    /*把中缀表达式转换为后缀表达式*/
30    {
31        SeqStack S;      /*定义一个栈，用于存放运算符*/
32        char ch;
33        DataType e;
34        int i=0,j=0;
35        InitStack(&S);
36        ch=str[i];
37        i++;
38        while(ch!='\0')   /*依次扫描中缀表达式中的每个字符*/
39        {
40            switch(ch)
41            {
42             case'(':   /*如果当前字符是左括号，则将其进栈*/
43                 PushStack(&S,ch);
44                 break;
45             case')': /*如果是右括号，将栈中的运算符出栈，并存入数组 exp 中*/
46                 while(GetTop(S,&e)&&e!='(')
47                 {
48                     PopStack(&S,&e);
49                     exp[j]=e;
```

```
50                      j++;
51                  }
52                  PopStack(&S,&e); /*将左括号出栈*/
53                  break;
54              case'+':
55              case'-': /*如果遇到的是'+'和'-', 因为其优先级低于栈顶运算符的优先级，
56                  所以先将栈顶字符出栈，并将其存入数组 exp 中，然后将当前运算符进栈*/
57                  while(!StackEmpty(S)&&GetTop(S,&e)&&e!='(')
58                  {
59                      PopStack(&S,&e);
60                      exp[j]=e;
61                      j++;
62                  }
63                  PushStack(&S,ch); /*当前运算符进栈*/
64                      break;
65              case'*':
66              case'/':  /*如果遇到的是'*'和'/',则先将同级运算符出栈，并存入数组
67                          exp 中，然后将当前的运算符进栈*/
68              while(!StackEmpty(S)&&GetTop(S,&e)&&e=='/'||e=='*')
69                  {
70                      PopStack(&S,&e);
71                      exp[j]=e;
72                      j++;
73                  }
74                  PushStack(&S,ch); /*当前运算符进栈*/
75                  break;
76              case' ':                    /*如果遇到空格，则忽略*/
77                  break;
78              default:            /*如果遇到的是操作数，则将操作数直接送入数
79                                    组 exp 中，并在其后添加一个空格，用来分隔数字字符*/
80                  while(ch>='0'&&ch<='9')
81                  {
82                      exp[j]=ch;
83                      j++;
84                      ch=str[i];
85                      i++;
86                  }
87                  i--;
88                  exp[j]=' ';
89                  j++;
90              }
91              ch=str[i];          /*读入下一个字符，准备处理*/
92              i++;
93          }
94          while(!StackEmpty(S)) /*将栈中所有剩余的运算符出栈，并送入数组 exp 中*/
95          {
96              PopStack(&S,&e);
97              exp[j]=e;
98              j++;
99          }
100         exp[j]='\0';
101     }
102     float ComputeExpress(char a[])
103     /*计算后缀表达式的值*/
104     {
105         OpStack S;              /*定义一个操作数栈*/
```

```
106         int i=0,value;
107         float x1,x2;
108         float result;
109         S.top=-1;            /*初始化栈*/
110         while(a[i]!='\0') /*依次扫描后缀表达式中的每个字符*/
111        {
112          if(a[i]!=' '&&a[i]>='0'&&a[i]<='9') /*如果当前字符是数字字符*/
113          {
114              value=0;
115              while(a[i]!=' ')
116              {
117                  value=10*value+a[i]-'0';
118                  i++;
119              }
120              S.top++;
121              S.data[S.top]=value;/*处理之后将数字进栈*/
122          }
123          else                 /*如果当前字符是运算符*/
124          {
125              switch(a[i])         /*将栈中的数字出栈两次，然后用当前的运算符进行运算，再将结
126                                     果入栈*/
127              {
128              case '+':
129                  x1=S.data[S.top];
130                  S.top--;
131                  x2=S.data[S.top];
132                  S.top--;
133                  result=x1+x2;
134                  S.top++;
135                  S.data[S.top]=result;
136                  break;
137              case '-':
138                  x1=S.data[S.top];
139                  S.top--;
140                  x2=S.data[S.top];
141                  S.top--;
142                  result=x2-x1;
143                  S.top++;
144                  S.data[S.top]=result;
145                  break;
146              case '*':
147                  x1=S.data[S.top];
148                  S.top--;
149                  x2=S.data[S.top];
150                  S.top--;
151                  result=x1*x2;
152                  S.top++;
153                  S.data[S.top]=result;
154                  break;
155              case '/':
156                  x1=S.data[S.top];
157                  S.top--;
158                  x2=S.data[S.top];
159                  S.top--;
160                  result=x2/x1;
161                  S.top++;
```

```
162                     S.data[S.top]=result;
163                     break;
164                 }
165                 i++;
166             }
167         }
168         if(!S.top!=-1)          /*如果栈不空，则将结果出栈，并返回*/
169         {
170             result=S.data[S.top];
171             S.top--;
172             if(S.top==-1)
173                 return result;
174             else
175             {
176                 printf("表达式错误");
177                 exit(-1);
178             }
179         }
180     }
```

以下是栈的实现函数，存放在文件 SeqStack.h 中。

```
#define STACKSIZE 100
typedef struct
{
    DataType stack[STACKSIZE];
    int top;
}SeqStack;
void InitStack(SeqStack *S)
/*将栈 S 初始化为空栈*/
{
S->top=0;      /*把栈顶指针置为 0*/
}
int StackEmpty(SeqStack S)
/*判断栈是否为空，栈为空返回 1，否则返回 0*/
{
    if(S.top==0)            /*当栈为空时*/
        return 1;           /*返回 1*/
    else                    /*否则*/
        return 0;           /*返回 0*/
}
int GetTop(SeqStack S, DataType *e)
/*取栈顶元素。将栈顶元素值返回给 e，并返回 1 表示成功；否则返回 0 表示失败。*/
{
   if(S.top<=0)             /*在取栈顶元素之前，判断栈是否为空*/
   {
      printf("栈已经空!\n");
      return 0;
   }
else
   {
      *e=S.stack[S.top-1]; /*取栈顶元素*/
      return 1;
}
}
int PushStack(SeqStack *S,DataType e)
/*将元素 e 进栈，元素进栈成功返回 1，否则返回 0*/
```

```
{
   if(S->top>=STACKSIZE)     /*在元素进栈前，判断栈是否已满*/
{
        printf("栈已满，不能进栈！\n");
        return 0;
   }
   else
   {
        S->stack[S->top]=e;  /*元素 e 进栈*/
        S->top++;            /*修改栈顶指针*/
        return 1;
    }
}
int PopStack(SeqStack *S,DataType *e)
/*出栈操作。将栈顶元素出栈，并将其赋给 e。出栈成功返回 1，否则返回 0*/
{
   if(S->top==0)             /*元素出栈之前，判断栈是否为空*/
   {
        printf("栈已经没有元素，不能出栈!\n");
        return 0;
   }
   else
   {
        S->top--;            /*先修改栈顶指针，即出栈*/
        *e=S->stack[S->top]; /*将出栈元素赋值给 e*/
        return 1;
   }
}

int StackLength(SeqStack S)
/*求栈的长度，即栈中的元素个数，栈顶指针的值就等于栈中元素的个数*/
{
    return S.top;
}

void ClearStack(SeqStack *S)
/*清空栈*/
{
   S->top=0;                 /*将栈顶指针置为 0*/
}
```

该范例的运行结果如图 17-7 所示。

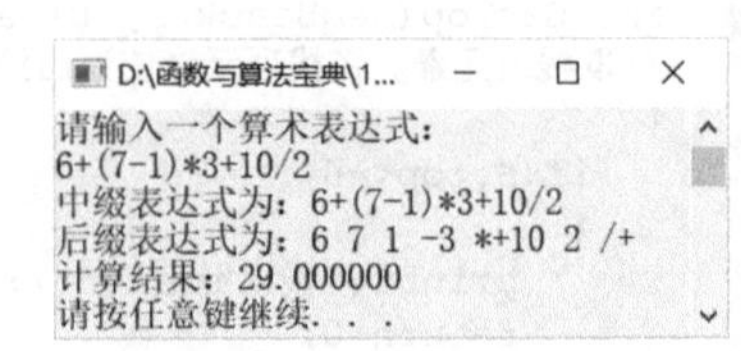

图 17-7　范例的运行结果

3. 说明

第 36 行：读取一个字符，并将其存入 ch 中。

第 42～44 行：如果当前字符是左括号，从表 17-1 可以看出，左括号的优先级高于其他运算符的优先级，因此将其入栈。

第 45～53 行：如果是右括号，则将栈中的运算符依次出栈直到遇到左括号为止，并将其存入数组 exp 中，最后将左括号出栈。

第 54～64 行：如果遇到的是'+'和'–'，因为其优先级低于栈顶运算符的优先级，所以先将栈顶字符出栈，并将其存入数组 exp 中，然后将当前运算符进栈。

第 65～75 行：如果遇到的是'*'和'/'，则先将同级运算符出栈，并存入数组 exp 中，然后将当前的运算符进栈。

第 78～89 行：如果遇到的是操作数，则将操作数直接存入数组 exp 中，并在其后添加一个空格，用来分隔数字字符。

第 94～99 行：将栈中所有剩余的运算符出栈，并存入数组 exp 中。

第 112～122 行：如果是数字字符，则将数字字符转换为对应的数值存入栈 S 中。若数字字符是多位数，则还需要将字符串中对应位上的数进行累加。

第 123～166 行：如果是运算符，则将栈中的数字出栈两次，然后用当前的运算符进行运算，再将结果入栈。

第 168～179 行：最后，栈中只有一个元素，将其出栈并返回给调用函数。

17.6 一元多项式的乘法

1. 定义

（1）一元多项式的表示

在数学中，一个一元多项式 $A_n(x)$可以写成降幂的形式：

$$A_n(x)=a_nx^n+a_{n-1}x^{n-1}+\ldots+a_1x+a_0$$

如果 $a_n\neq0$，则 $A_n(x)$被称为 n 阶多项式。一个 n 阶多项式由 n+1 个系数构成，系数可以用线性表$(a_n,a_{n-1},\ldots,a_1,a_0)$表示。

线性表的存储可以采用顺序存储结构，这样使多项式的一些操作变得更加简单。可以定义一个维数为 n+1 的数组 $a[n+1]$,$a[n]$存放系数 a_n,$a[n-1]$存放系数 a_{n-1},…,$a[0]$存放系数 a_0。但是，实际情况是可能多项式的阶数（最高的指数项）会很高，多项式的每个项的指数会差别很大，这可能会浪费很多的存储空间。例如，一个多项式：

$$P(x)=10x^{2001}+x+1$$

若采用顺序存储，则存放系数需要 2002 个存储空间，但是存储有用的数据只有 3 个。若只存储非零系数项，则还必须存储相应的指数信息。

一元多项式 $A_n(x)=a_nx^n+a_{n-1}x^{n-1}+\ldots+a_1x+a_0$ 的系数和指数同时存放，可以表示成一个线性表，线性表的每一个数据元素都由一个二元组构成。因此，多项式 $A_n(x)$可以表示成线性表：

$$((a_n,n),(a_{n-1},n-1),\ldots,(a_1,1),(a_0,0))$$

多项式 $P(x)$可以表示成((10,2001),(1,1),(1,0))的形式。

因此，多项式可以采用链式存储方式表示，每一项可以表示成一个结点，结点的结构由 3 个域组成：存放系数的 coef 域、存放指数的 expn 域和指向下一个结点的 next 指针域，如图 17-8 所示。

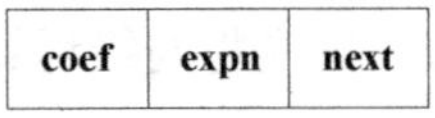

coef	expn	next

图 17-8　多项式的结点结构

结点结构可以用 C 语言描述。

```
typedef struct polyn
{
    float coef;
    int expn;
    struct polyn *next;
}PloyNode,*PLinkList;
```

例如，多项式 $S(x)=9x^8+5x^4+6x^2+7$ 可以表示成链表，如图 17-9 所示。

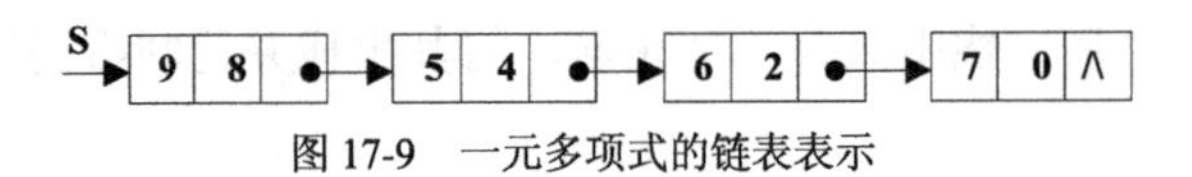

图 17-9　一元多项式的链表表示

（2）一元多项式相乘

两个一元多项式的相乘运算，需要将一个多项式中每一项的指数与另一个多项式中每一项的指数相加，并将其系数相乘。假设两个多项式 $A_n(x)=a_nx^n+a_{n-1}x^{n-1}+\ldots+a_1x+a_0$ 和 $B_m(x)=b_mx^m+b_{m-1}x^{m-1}+\ldots+b_1x+b_0$，则这两个多项式相乘的结果用线性表表示为$((a_n\times b_m,n+m),(a_{n-1}\times b_m,n+m-1),\ldots,(a_1,1),(a_0,0))$。

例如，两个多项式 $A(x)$和 $B(x)$相乘后得到 $C(x)$。

$A(x)=6x^5+3x^4+7x^2+8x$

$B(x)=7x^3+6x^2+9x+12$

$C(x)=42x^8+57x^7+72x^6+148x^5+134x^4+111x^3+156x^2+96x$

以上多项式可以表示成链式存储结构，如图 17-10 所示。

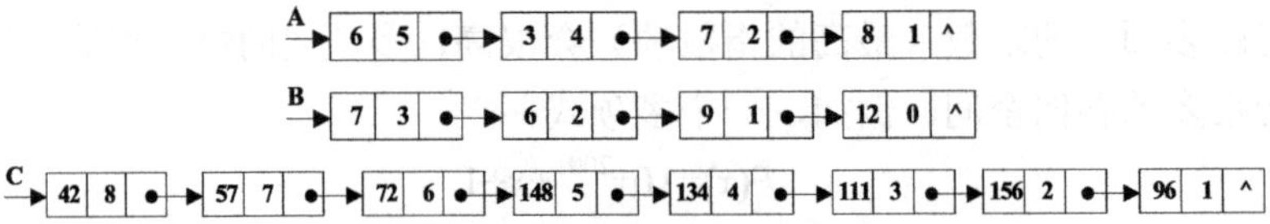

图 17-10　多项式的链表表示

算法思想：设 A、B 和 C 分别是多项式 $A(x)$、$B(x)$和 $C(x)$对应链表的头指针，计算 $A(x)$和 $B(x)$的乘积，要先计算出 $A(x)$和 $B(x)$的最高指数和，即 5+3=8，则 $A(x)$和 $B(x)$的乘积 $C(x)$的指数范围为 0～8。然后将 $A(x)$的各项按照指数降幂排列，将 $B(x)$按照指数升序排列，分别设两个指针 pa 和 pb，pa 指向链表 A，pb 指向链表 B，从第一个结点开始计算两个链表每个结点 expn 域的和，并将其与 k 比较（k 为指数和的范围，从 8 到 0 依次递减），使链表的和呈递减排列。若和小于 k，则 pb=pb->next；若和等于 k，则求出两个多项式系数的乘积，并将其存入新结点中。若和大于 k，则 pa=pa->next。依次类推，这样就可以得到多项式 $A(x)$和 $B(x)$的乘积 $C(x)$。算法结束后重新将链表 B 逆置，恢复原样。

2. 范例

```
/*********************************************
*范例编号：17_06
*范例说明：一元多项式的乘法
*********************************************/
01    #include <stdio.h>
02    #include <stdlib.h>
03    #include <malloc.h>
04    /*一元多项式结点类型定义*/
05    typedef struct polyn
06    {
07        float coef;     /*存放一元多项式的系数*/
08        int expn;       /*存放一元多项式的指数*/
09        struct polyn *next;
10    }PolyNode, *PLinkList;
11    PLinkList CreatePolyn()
12    /*创建一元多项式，使一元多项式呈指数递减*/
13    {
14            PolyNode *p,*q,*s;
15           PolyNode *head=NULL;
16           int expn2;
17           float coef2;
18           head=(PLinkList)malloc(sizeof(PolyNode));/*动态生成一个头结点*/
19           if(!head)
20              return NULL;
21           head->coef=0;
22           head->expn=0;
23           head->next=NULL;
24           do
25           {
26              printf("输入系数 coef(系数和指数都为 0 结束)");
27              scanf("%f",&coef2);
28              printf("输入指数 exp(系数和指数都为 0 结束)");
29              scanf("%d",&expn2);
30              if((long)coef2==0&&expn2==0)
31                  break;
32              s=(PolyNode*)malloc(sizeof(PolyNode));
33              if(!s)
34                  return NULL;
35              s->expn=expn2;
36              s->coef=coef2;
37              q=head->next;    /*q 指向链表的第一个结点，即表尾*/
38              p=head;          /*p 指向 q 的前驱结点*/
39              while(q&&expn2<q->expn)
40                /*将新输入的指数与 q 指向的结点指数进行比较*/
41              {
42                  p=q;
43                  q=q->next;
44              }
45              if(q==NULL||expn2>q->expn)     /*q 指向要插入结点的位置，p 指向要插入
46    结点的前驱*/
47              {
```

```
48                  p->next=s;              /*将 s 结点插入链表中*/
49                  s->next=q;
50              }
51              else
52                  q->coef+=coef2;     /*若指数与链表中结点的指数相同，则将系数相加*/
53          } while(1);
54          return head;
55  }
56  PolyNode *MultiplyPolyn(PLinkList A,PLinkList B)
57  /*多项式的乘积*/
58  {
59          PolyNode *pa,*pb,*pc,*u,*head;
60          int k,maxExp;
61          float coef;
62          head=(PLinkList)malloc(sizeof(PolyNode));/*动态生成头结点*/
63          if(!head)
64             return NULL;
65          head->coef=0.0;
66          head->expn=0;
67          head->next=NULL;
68          if(A->next!=NULL&&B->next!=NULL)
69             maxExp=A->next->expn+B->next->expn;       /*maxExp 为两个链表指数的和
70  的最大值*/
71          else
72             return head;
73          pc=head;
74          B=Reverse(B);                   /*使多项式 B(x)呈指数递增形式*/
75          for(k=maxExp;k>=0;k--)          /*多项式乘积的指数范围为 0~maxExp*/
76          {
77             pa=A->next;
78             while(pa!=NULL&&pa->expn>k)/*寻找 pa 的开始位置*/
79                pa=pa->next;
80             pb=B->next;
81             while(pb!=NULL&&pa!=NULL&&pa->expn+pb->expn<k)/*如果和小于 k,
82  则使 pb 移到下一个结点*/
83                pb=pb->next;
84             coef=0.0;
85             while(pa!=NULL&&pb!=NULL)
86             {
87                if(pa->expn+pb->expn==k)       /*如果在链表中找到对应的结点，即
88  和等于 k，则求相应的系数*/
89                {
90                   coef+=pa->coef*pb->coef;
91                   pa=pa->next;
92                   pb=pb->next;
93                }
94                else if(pa->expn+pb->expn>k)   /*如果和大于 k，则使 pa 移到下一个
95  结点*/
96                   pa=pa->next;
97                else
98                   pb=pb->next;    /*如果和小于 k，则使 pb 移到到下一个结点*/
99          }
100         if(coef!=0.0)
```

```
101             /*如果系数不为 0，则生成新结点，并将系数和指数分别赋值给新结点，并将结
102  点插入链表中*/
103             {
104                 u=(PolyNode*)malloc(sizeof(PolyNode));
105                 u->coef=coef;
106                 u->expn=k;
107                 u->next=pc->next;
108                 pc->next=u;
109                 pc=u;
110             }
111         }
112         B=Reverse(B); /*完成多项式的相乘后，使 B(x)呈指数递减形式*/
113         return head;
114     }
115     void OutPut(PLinkList head)
116     /*输出一元多项式*/
117     {
118         PolyNode *p=head->next;
119         while(p)
120         {
121           printf("%1.1f",p->coef);
122           if(p->expn)
123              printf("*x^%d",p->expn);
124           if(p->next&&p->next->coef>0)
125              printf("+");
126           p=p->next;
127     }
128     }
129     PolyNode *Reverse(PLinkList head)
130     /*将生成的链表逆置，使一元多项式呈指数递增形式*/
131     {
132          PolyNode *q,*r,*p=NULL;
133          q=head->next;
134          while(q)
135          {
136             r=q->next;           /*r 指向链表的待处理结点*/
137             q->next=p;           /*将链表结点逆置*/
138             p=q;                 /*p 指向刚逆置后的链表结点*/
139             q=r;                 /*q 指向下一个准备逆置的结点*/
140           }
141           head->next=p;          /*将头结点的指针指向已经逆置后的链表*/
142          return head;
143     }
144     void main()
145     {
146          PLinkList A,B,C;
147          A=CreatePolyn();
148          printf("A(x)=");
149          OutPut(A);
150          printf("\n");
151          B=CreatePolyn();
152          printf("B(x)=");
153          OutPut(B);
154          printf("\n");
```

```
155        C=MultiplyPolyn(A,B);
156        printf("C(x)=A(x)*B(x)=");
157        OutPut(C);                /*输出结果*/
158        printf("\n");
159        system("pause");
160    }
```

该范例的运行结果如图 17-11 所示。

```
D:\函数与算法宝典\17-06\Debug\17-06.exe
输入系数coef(系数和指数都为0结束)6
输入指数exp(系数和指数都为0结束)5
输入系数coef(系数和指数都为0结束)3
输入指数exp(系数和指数都为0结束)4
输入系数coef(系数和指数都为0结束)7
输入指数exp(系数和指数都为0结束)2
输入系数coef(系数和指数都为0结束)8
输入指数exp(系数和指数都为0结束)1
输入系数coef(系数和指数都为0结束)0
输入指数exp(系数和指数都为0结束)0
A(x)=6.0*x^5+3.0*x^4+7.0*x^2+8.0*x^1
输入系数coef(系数和指数都为0结束)7
输入指数exp(系数和指数都为0结束)3
输入系数coef(系数和指数都为0结束)6
输入指数exp(系数和指数都为0结束)2
输入系数coef(系数和指数都为0结束)9
输入指数exp(系数和指数都为0结束)1
输入系数coef(系数和指数都为0结束)12
输入指数exp(系数和指数都为0结束)0
输入系数coef(系数和指数都为0结束)0
输入指数exp(系数和指数都为0结束)0
B(x)=7.0*x^3+6.0*x^2+9.0*x^1+12.0
C(x)=A(x)*B(x)=42.0*x^8+57.0*x^7+72.0*x^6+148.0*x^5+134.0*x^4+111.0*x^3+156.0*x^2+96.0*x^1
请按任意键继续. . .
```

图 17-11　范例的运行结果

3. 说明

第 5～10 行：定义一元多项式的结点，包括两个域：系数和指数。

第 18～23 行：动态生成头结点，初始时链表为空。

第 24～31 行：输入系数和指数，当系数和指数都输入为 0 时，输入结束。

第 37～44 行：从链表的第一个结点开始寻找新结点的插入位置。

第 45～50 行：将新结点 q 插入链表的相应位置，插入后使链表中的每个结点都按照指数从大到小的形式排列，即降幂排列。

第 65～72 行：将两个多项式指数的最大值之和作为多项式相乘后的最高指数项，若多项式中有一个为空，则相乘后结果为空，直接返回一个空链表。

第 73～74 行：初始时，pc 是一个空链表，将 pb 逆置，使其指数按降幂排列。

第 77～83 行：分别在 pa 和 pb 链表中寻找可能开始的位置，保证两个链表中结点的指数相加起来为 k。

第 87～93 行：若指数之和等于 k，则将两个结点的系数相乘。

第 94～96 行：若指数之和大于 k，则需要从 pa 的下一个结点开始查找。

第 97～98 行：若指数之和小于 k，则需要从 pb 的下一个结点开始查找。

第 100～110 行：若两个系数相乘后不为 0，则创建一个新结点，并将系数和指数存入其中，把该结点插入链表 pc 中。

第 112 行：将 pb 逆置，恢复原样。

17.7 大整数乘法

1. 问题

利用数组解决两个大整数相乘的问题。

2. 分析

一般情况下，求两个大整数相乘往往利用分治法来解决，但理解起来较为困难，这里使用的方法是模拟人类大脑计算两个整数相乘的方式进行大整数相乘的计算，中间结果和最后结果仍然使用数组来存储。

假设 A 为被乘数，B 为乘数，分别从 A 和 B 的最低位开始，将 B 的最低位与 A 的各位数依次相乘，乘积的最低位存放在数组元素 $a[i]$中，高位（进位）存放在临时变量 d 中；再将 B 的次低位与 A 的各位数相乘，并加上得到的进位 d 和 $a[i]$，就是 B 中该位数字与 A 中对应位上数字的乘积，其中 $a[i]$是之前得到乘积的第 i 位数字。依次类推，就可得到两个整数的乘积。代码如下。

```
for(i1=0,k=n1-1;i1<n1;i1++,k--)
     for(i2=0,j=n2-1;i2<n2;i2++,j--)
     {
          i=i1+i2;
          b=a[i]+(s1[k]-48)*(s2[j]-48)+d;
          a[i]=b%10;
          d=b/10;
     }
```

如果 B 中的最高位与 A 中对应位的数字相乘后有进位，则需要将该进位存放在 $a[i+1]$中，代码如下。

```
while(d>0)
{
     i++;
     a[i]=a[i]+d%10;
     d=d/10;
}
```

3. 范例

```
/*********************************************
*范例编号：17_07
*范例说明：计算两个大整数的乘积
*********************************************/
```

```
01    #include <stdio.h>
02    #include <string.h>
03    #include <stdlib.h>
04    #define N 500
05    void main()
06    {
07        long b,d;
08        int i,i1,i2,j,k,n,n1,n2,a[N];
09        char s1[N],s2[N];
10        printf("计算两个整数相乘:");
11        printf("输入一个整数:");
12        scanf("%s",&s1);
13        printf("再输入一个整数:");
14        scanf("%s",&s2);
15        for(i=0;i<N;i++)
16           a[i]=0;
17        n1=strlen(s1);
18        n2=strlen(s2);
19        d=0;
20        for(i1=0,k=n1-1;i1<n1;i1++,k--)
21        {
22           for(i2=0,j=n2-1;i2<n2;i2++,j--)
23           {
24               i=i1+i2;
25               b=a[i]+(s1[k]-48)*(s2[j]-48)+d;
26               a[i]=b%10;
27               d=b/10;
28           }
29           if(d>0)
30           {
31               i++;
32               a[i]=a[i]+d%10;
33                  d=d/10;
34           }
35           n=i;
36        }
37        printf("%s * %s= ",s1,s2);
38        for(i=n;i>=0;i--)
39           printf("%d",a[i]);
40        printf("\n");
41    }
```

该范例的运行结果如图 17-12 所示。

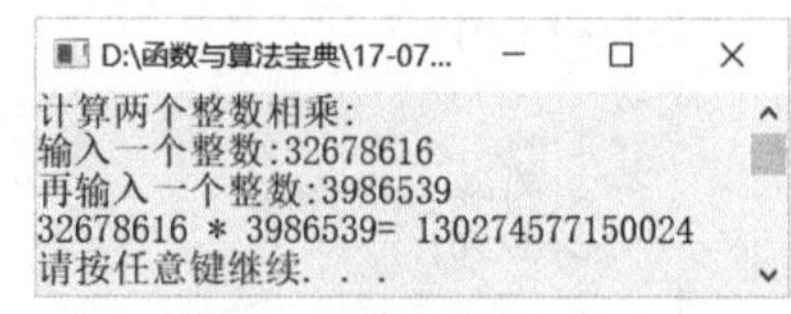

图 17-12　范例的运行结果

4. 说明

第 15～18 行：将大整数上的每一位都初始化为 0，分别求出两个整数的位数。

第 20～28 行：将被乘数分别和乘数上的每一位数字相乘，并将当前值存入 *b* 中。然后，把当前位上的数字存入 *a*[*i*]中，进位存入 *d* 中。

第 29～34 行：在乘数中的每一位与被乘数相乘结束后，若最高位上还有进位，则将进位加到对应位 *a*[*i*+1]上。

第 35 行：记下当前结果的位数，并存入 *n* 中。

第 38～39 行：从高位到低位依次输出大整数相乘后的结果。

17.8 迷宫求解

1. 问题

在图 17-13 所示的迷宫中，编写算法求一条从入口到出口的路径。

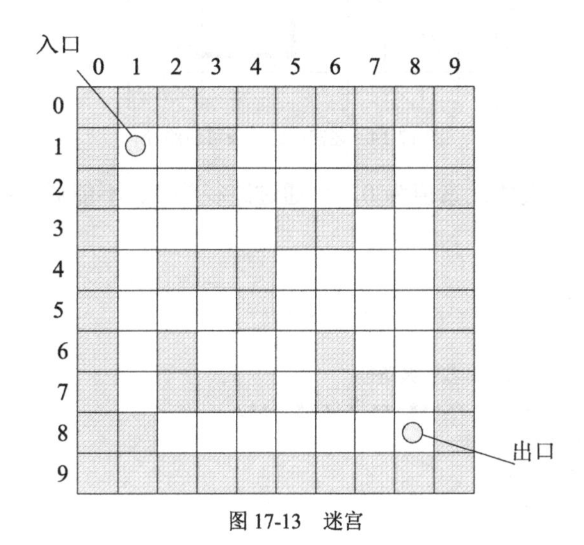

图 17-13 迷宫

2. 分析

求迷宫中从入口到出口的路径是经典的程序设计问题。通常采用穷举法，即从入口出发，顺着某一个方向向前探索，若能走通，则继续往前走；否则沿原路返回，换另一个方向继续探索，直到探索到出口为止。为了保证在任何位置都能沿原路返回，显然需要用一个后进先出的栈来保存从入口到当前位置的路径。

可以用图 17-13 所示的方块表示迷宫，图中的空白方块为通道，带阴影的方块为墙。

所求路径必须是简单路径，即求得的路径上不能重复出现同一通道块。求迷宫中一条路径的算法的基本思想是，如果当前位置可通，则纳入“当前路径”，并继续朝下一个位置探索，即切换下一个位置为当前位置，如此重复直至到达出口；如果当前位置不可通，则应沿“来向”退回到前一通道块，然后朝“来向”之外的其他方向继续探索；如果该通道块四周的 4 个方块均不可通，则应从当前路径上删除该通道块。

所谓的下一个位置指的是当前位置四周（东、南、西、北）4 个方向上相邻的方块。假设入口位置为(1,1)，出口位置为(8,8)，根据以上算法搜索出来的一条路径如图 17-14 所示。

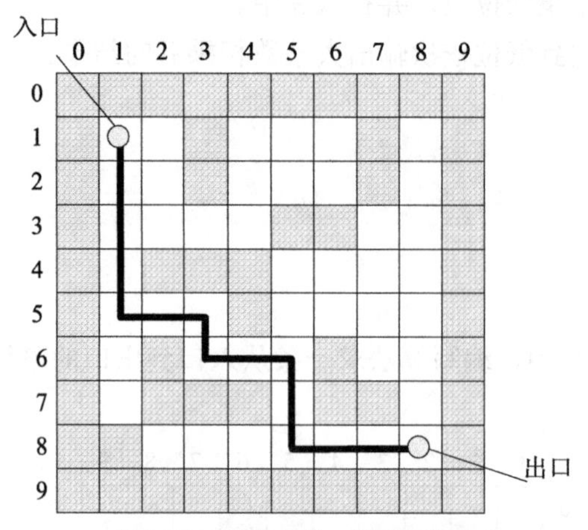

图 17-14　迷宫中的一条可通路径

在程序的实现中，定义墙元素值为 0、可通过路径为 1、不能通过路径为-1。

3. 范例

```
/*********************************************
*范例编号：17_08
*范例说明：在迷宫的入口到出口之间找一条路径
*********************************************/
01    #include <stdio.h>
02    #include <stdlib.h>
03    #include <malloc.h>
04    typedef struct
05    {
06        int x; /* 行值 */
07        int y; /* 列值 */
08    }PosType; /* 迷宫坐标位置类型 */
09    typedef struct
10    {
11        int ord; /* 通道块在路径上的序号 */
12        PosType seat; /* 通道块在迷宫中的坐标位置 */
13        int di; /* 从此通道块走向下一通道块的方向(0～3 表示东～北) */
14    }DataType; /* 栈的元素类型 */
15    #include "SeqStack.h"
16
17    #define MAXLENGTH 40 /* 设迷宫的最大行列为 40 */
18    typedef int MazeType[MAXLENGTH][MAXLENGTH]; /* 迷宫数组类型[行][列] */
19
20    MazeType m; /* 迷宫数组 */
21    int x,y; /* 迷宫的行数、列数 */
22    PosType begin,end; /* 迷宫的入口坐标、出口坐标 */
23    int curstep=1; /* 当前足迹，初值(在入口处)为 1 */
```

```
24
25    void Init(int k)
26    /* 设定迷宫布局(墙值为 0,通道值为 k) */
27    {
28        int i,j,x1,y1;
29        printf("请输入迷宫的行数,列数(包括外墙): ");
30        scanf("%d,%d",&x,&y);
31        for(i=0;i<x;i++) /* 定义周边值为 0(外墙) */
32        {
33            m[0][i]=0; /* 行周边 */
34            m[x-1][i]=0;
35        }
36        for(i=0;i<y-1;i++)
37        {
38            m[i][0]=0; /* 列周边 */
39            m[i][y-1]=0;
40        }
41        for(i=1;i<x-1;i++)
42            for(j=1;j<y-1;j++)
43                m[i][j]=k; /* 定义除外墙，其余都是通道，初值为 k */
44            printf("请输入迷宫内墙单元数: ");
45            scanf("%d",&j);
46            printf("请依次输入迷宫内墙每个单元的行数,列数: \n");
47            for(i=1;i<=j;i++)
48            {
49                scanf("%d,%d",&x1,&y1);
50                m[x1][y1]=0; /* 修改墙的值为 0 */
51            }
52            printf("迷宫结构如下:\n");
53            Print();
54            printf("请输入入口的行数,列数: ");
55            scanf("%d,%d",&begin.x,&begin.y);
56            printf("请输入出口的行数,列数: ");
57            scanf("%d,%d",&end.x,&end.y);
58    }
59    void Print()
60    /* 输出迷宫的解(m 数组) */
61    {
62        int i,j;
63        for(i=0;i<x;i++)
64        {
65            for(j=0;j<y;j++)
66                printf("%3d",m[i][j]);
67            printf("\n");
68        }
69    }
70
71    int Pass(PosType b)
```

```
72     /* 当迷宫 m 的 b 点的序号为 1(可通过路径)时，返回 1; 否则，返回 0 */
73    {
74        if(m[b.x][b.y]==1)
75            return 1;
76        else
77            return 0;
78    }
79    void FootPrint(PosType a)
80    /* 使迷宫 m 的 a 点的值变为足迹(curstep) */
81    {
82        m[a.x][a.y]=curstep;
83    }
84    void NextPos(PosType *c,int di)
85    /* 根据当前位置及移动方向，求得下一位置 */
86    {
87        PosType direc[4]={{0,1},{1,0},{0,-1},{-1,0}}; /* {行增量,列增量},移动
88    方向依次为东、南、西、北 */
89        (*c).x+=direc[di].x;
90        (*c).y+=direc[di].y;
91    }
92    void MarkPrint(PosType b)
93    /* 使迷宫 m 的 b 点的序号变为-1(不能通过路径) */
94    {
95        m[b.x][b.y]=-1;
96    }
97    int MazePath(PosType start,PosType end)
98    /* 若迷宫 m 中存在从入口 start 到出口 end 的通道，则求得一条
99    存放在栈中(从栈底到栈顶)，并返回 1; 否则返回 0*/
100   {
101       SeqStack S; /* 顺序栈 */
102       PosType curpos; /* 当前位置 */
103       DataType e; /* 栈元素 */
104       InitStack(&S); /* 初始化栈 */
105       curpos=start; /* 当前位置在入口 */
106       do
107       {
108           if(Pass(curpos))
109           /* 当前位置可以通过，即是未曾走过的通道块 */
110           {
111               FootPrint(curpos); /* 留下足迹 */
112               e.ord=curstep;
113               e.seat=curpos;
114               e.di=0;
115               PushStack(&S,e); /* 入栈当前位置及状态 */
116               curstep++; /* 足迹加 1 */
117               if(curpos.x==end.x&&curpos.y==end.y) /* 到达终点(出口) */
118                   return 1;
```

```
119                 NextPos(&curpos,e.di); /* 由当前位置及移动方向确定下一个当前位置
120     */
121             }
122             else/* 当前位置不能通过 */
123             {
124                 if(!StackEmpty(S)) /* 栈不空 */
125                 {
126                     PopStack(&S,&e); /* 退栈到前一位置 */
127                     curstep--; /* 足迹减 1 */
128                     while(e.di==3&&!StackEmpty(S))
129                     /* 前一位置处于最后一个方向(北) */
130                     {
131                         MarkPrint(e.seat);
132                         /* 在前一位置留下不能通过的标记(-1) */
133                         PopStack(&S,&e); /* 再退回一步 */
134                         curstep--; /* 足迹再减 1 */
135                     }
136                     if(e.di<3) /* 没到最后一个方向(北) */
137                     {
138                         e.di++; /* 换下一个方向探索 */
139                         PushStack(&S,e); /* 入栈该位置的下一个方向 */
140                         curstep++; /* 足迹加 1 */
141                         curpos=e.seat; /* 确定当前位置 */
142                         NextPos(&curpos,e.di);
143                         /* 确定下一个当前位置是该新方向上的相邻块 */
144                     }
145                 }
146             }
147         }while(!StackEmpty(S));
148         return 0;
149     }
150
151     void main()
152     {
153         Init(1); /* 初始化迷宫，通道值为 1 */
154         if(MazePath(begin,end)) /* 有通路 */
155         {
156             printf("此迷宫从入口到出口的一条路径如下:\n");
157             Print(); /* 输出此通路 */
158         }
159         else
160             printf("此迷宫没有从入口到出口的路径\n");
161     }
```

该范例的运行结果如图 17-15 所示。

```
D:\函数与算法宝典\17-08\Debug\17-0...
请输入迷宫的行数,列数(包括外墙): 10,10
请输入迷宫内墙单元数: 18
请依次输入迷宫内墙每个单元的行数,列数:
1,3
1,7
2,3
2,7
3,5
3,6
4,2
4,3
4,4
5,4
5,2
6,6
7,2
7,3
7,4
7,6
7,7
8,1
迷宫结构如下:
  0  0  0  0  0  0  0  0  0  0
  0  1  1  0  1  1  1  0  1  0
  0  1  1  0  1  1  1  0  1  0
  0  1  1  1  1  0  0  1  1  0
  0  1  0  0  0  1  1  1  1  0
  0  1  0  1  0  1  1  1  1  0
  0  1  1  1  1  1  0  1  1  0
  0  1  0  0  0  1  0  0  1  0
  0  0  1  1  1  1  1  1  1  0
  0  0  0  0  0  0  0  0  0  0
请输入入口的行数,列数: 1,1
请输入出口的行数,列数: 8,8
此迷宫从入口到出口的一条路径如下:
  0  0  0  0  0  0  0  0  0  0
  0  1  2  0 -1 -1 -1  0  1  0
  0  1  3  0 -1 -1 -1  0  1  0
  0  5  4 -1 -1  0  0  1  1  0
  0  6  0  0  0  1  1  1  1  0
  0  7  0  1  0  1  1  1  1  0
  0  8  9 10 11 12  0  1  1  0
  0  1  0  0  0 13  0  0  1  0
  0  0  1  1  1 14 15 16 17  0
  0  0  0  0  0  0  0  0  0  0
请按任意键继续. . .
```

图 17-15　范例的运行结果

第 18 章　程序调试技术

C 语言程序中的错误分为警告错误、语法错误、链接错误、运行时错误和逻辑错误。警告错误可以忽略，语法错误编译系统会在编译阶段给出提示，链接错误是链接阶段给出的，运行时错误是运行阶段检查出来的，这些错误计算机都会帮我们检查出来，一般来讲系统已经帮我们找出错误的位置，只要认真检查程序就可以改正过来。而逻辑错误是程序设计本身的问题造成了错误的运行结果，这种错误比较难找到，需要进行单步跟踪，并逐条调试语句，可能还需要调试人员理解程序算法的设计思想。

18.1 为什么要调试程序

在编写程序时，即使是很简单的程序，也有可能会输入错误，更不要说大型的软件开发了。输入错误或程序本身的逻辑错误都是在所难免的，面对几千行、上万行，甚至百万行以上的代码，只通过人工逐行检查显然是不可能的，可能发现一些明显的语法错误还比较容易，但是内部设计的错误是很难看出来的。那么，为了能快速检查程序中的错误并且准确定位错误的位置，就需要利用编译器对程序进行调试，通过调试程序可以检查出各种各样的语法错误、链接错误，还可以通过单步逐条语句跟踪执行，发现隐藏在程序内部的逻辑错误。正所谓“程序是调出来的”，任何一名程序员都应该有娴熟的调试技术和丰富的调试程序经验，因为即使是经验丰富的程序员也不能保证写出的程序完全正确。

程序调试不仅是程序员必备的一项技能，对于初学 C 语言的人也是如此。在学习 C 语言的过程中，需要我们不断上机输入程序代码，然后看看运行的结果是否正确，如果不正确就需要对程序进行调试，找出程序中的错误并修改，然后再运行，如此反复，直到程序运行正确。对于初学者来说，通过不断调试程序，既验证了程序的正确性，深入理解了程序的算法思想，又提高了调试程序的能力，为今后深入学习计算机的其他内容，如数据结构、算法等打下坚实的基础。Dev C++、CodeBlock、Visual Studio 等是目前比较流行的开发环境，并提供了各种调试手段。本书主要以 Visual Studio 2019 为例，来讲解如何对 C 语言程序进行调试。

18.2 程序调试

Visual Studio 是一款非常经典的程序调试工具。本节主要讲解如何使用 Visual Studio 2019 调试程序，并结合相应的实例进行演练。

18.2.1 如何使用 Visual Studio 2019 开发环境调试程序

下面通过实例介绍如何使用 Visual Studio 2019 调试程序。

1. 设置 Visual Studio 2019 调试环境

使用 Visual Studio 2019 开发环境创建一个工程，假设工程名为 Test，然后创建一个 C 语言程序文件 Test.c。在 Visual Studio 2019 开发环境中，有两个版本：Debug 版和 Release 版。Debug 版是用于调试的版本，Release 版是准备发布的版本。

为了调试程序，需要将环境设置成 Debug 版。设置方法如下。

选择【项目】|【Test 属性】命令，弹出对话框，在对话框左侧的窗格中选择【配置属性】选项，然后在【配置】列表中选择“活动（Debug）”选项。默认情况下，工程的版本就是“活动（Debug）”选项，如图 18-1 所示。

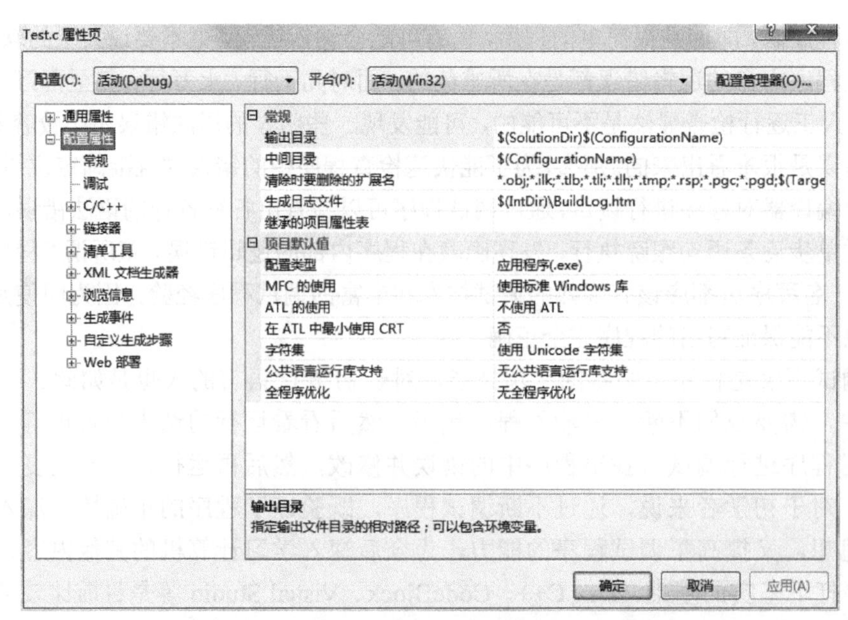

图 18-1　设置 Test 配置属性

2. 设置断点

接下来，就可以调试程序了。调试程序的第 1 步就是设置断点。所谓断点，就是程序执行停止的地方。这样，就可以使程序停止在断点处，以便观察变量或程序运行的状态。

在 C 语言程序的调试过程中，最为常用的断点有 2 种：位置断点和条件断点。

（1）位置断点

位置断点的设置非常简单，只需要将光标定位在需要设置断点的代码行，单击鼠标左键或单击鼠标右键，在弹出的快捷菜单选择【断点|插入断点】，就会在该行的左侧出现一个红色的圆点，这样就设置好了位置断点，如图 18-2 所示。

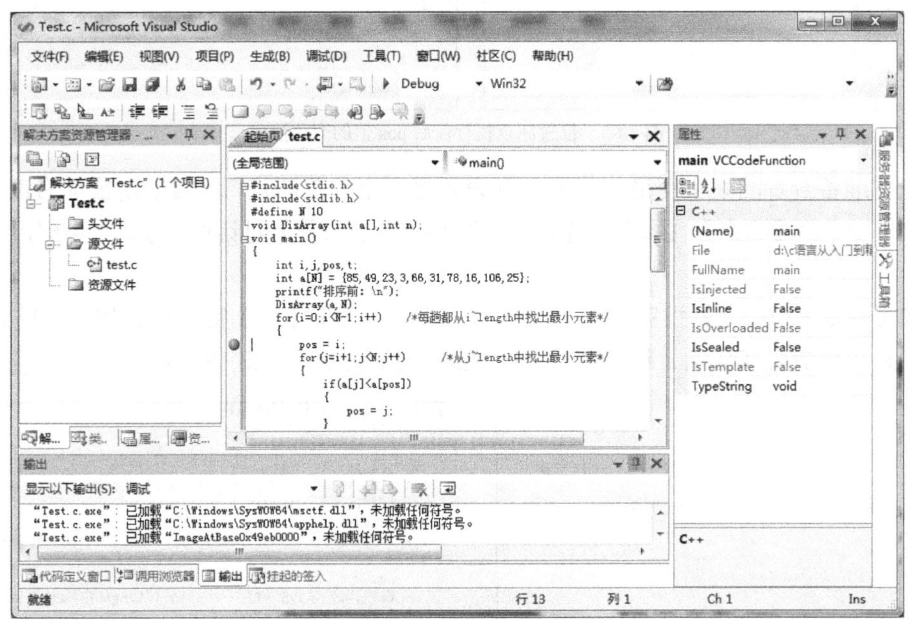

图 18-2 设置位置断点

这时按下【F5】键调试程序，程序执行到该行就会自动暂停下来，把光标放置在变量 pos 上就可以观察到该变量的值，若想观察执行 pos=*i* 后的值，则需要按下【F10】键单步执行这条语句，然后将光标放置在 pos 上就可以观察该变量的值，如图 18-3 所示。

（2）条件断点

有时，需要使程序达到某个条件时停止，然后观察变量的状态。但当循环次数特别多时，不可能从循环开始每次都观察变量的值，这样的调试效率就太低了。为了提高效率，可以使程序直接运行到某个条件后停止，再去观察变量的状态。

例如，如果要查看 *i*==5 时，数组 *a* 中前 5 个元素的值，若通过按下【F10】键单步执行，则需要执行很多次才能执行到 *i*==5 时的情况，这显然非常麻烦。为了节省时间，可以通过设置条件断点的方式，让程序直接定位到该位置。具体方法如下。

```
#include<stdio.h>
#include<stdlib.h>
#define N 10
void DisArray(int a[],int n);
void main()
{
    int i,j,pos,t;
    int a[N] = {85,49,23,3,66,31,78,16,106,25};
    printf("排序前: \n");
    DisArray(a,N);
    for(i=0;i<N-1;i++)    /*每趟都从i~length中找出最小元素*/
    {
        pos = i;
        fo  pos -858993460    /*从j~length中找出最小元素*/
        {
            if(a[j]<a[pos])
            {
                pos = j;
            }
        }
        if(i!=pos)/*将最小元素与第i个数进行交换*/
        {
            t=a[pos];
            a[pos] = a[i];
            a[i] = t;
        }
    }
    printf("排序后: \n");
    DisArray(a,N);
    system("pause");
}
```

```
#include<stdio.h>
#include<stdlib.h>
#define N 10
void DisArray(int a[],int n);
void main()
{
    int i,j,pos,t;
    int a[N] = {85,49,23,3,66,31,78,16,106,25};
    printf("排序前: \n");
    DisArray(a,N);
    for(i=0;i<N-1;i++)    /*每趟都从i~length中找出最小元素*/
    {
        pos = i;
        fo  pos 0 N;j++)    /*从j~length中找出最小元素*/
        {
            if(a[j]<a[pos])
            {
                pos = j;
            }
        }
        if(i!=pos)/*将最小元素与第i个数进行交换*/
        {
            t=a[pos];
            a[pos] = a[i];
            a[i] = t;
        }
    }
    printf("排序后: \n");
    DisArray(a,N);
    system("pause");
```

图 18-3　位置断点执行前后 pos 值的变化情况

首先在准备查看的某个变量值的所在行设置好一个位置断点，然后单击鼠标右键，在弹出的快捷菜单中选择【断点】|【条件...】命令，弹出【断点条件】对话框，输入"*i*==5"，如图 18-4 所示。

单击【确定】按钮，就设置了一个条件断点。这时按下【F5】键调试程序，程序直接运行到该行，把光标放置在变量 *i* 上，就可以观察到 *i* 的值为 5，如图 18-5 所示。

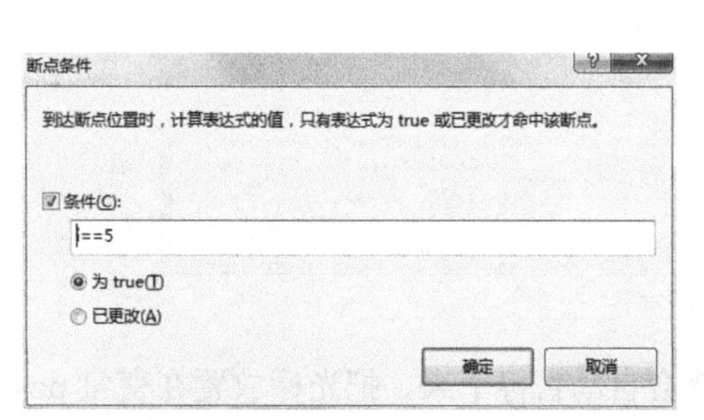

图 18-4　【断点条件】对话框

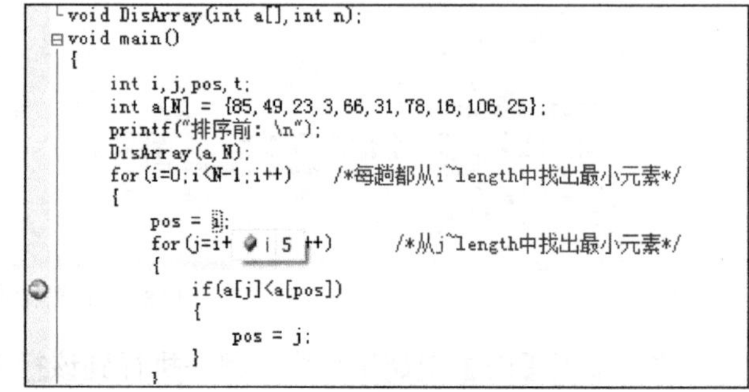

```
void DisArray(int a[],int n);
void main()
{
    int i,j,pos,t;
    int a[N] = {85,49,23,3,66,31,78,16,106,25};
    printf("排序前: \n");
    DisArray(a,N);
    for(i=0;i<N-1;i++)    /*每趟都从i~length中找出最小元素*/
    {
        pos = i;
        for(j=i+  i 5  ++)    /*从j~length中找出最小元素*/
        {
            if(a[j]<a[pos])
            {
                pos = j;
            }
        }
```

图 18-5　查看变量 *i* 的值

若想查看数组 *a* 中的元素值，可以在调试状态下，单击鼠标右键，选择【监视】命令，添加【监视】对话框，然后在【监视】对话框的【名称】栏中输入"*a*"，添加数组名并进入，即可查看数组 *a* 中的元素值，如图 18-6 所示。

通过查看【监视】对话框可以发现，数组 *a* 中的前 5 个元素值已经有序。

说明：常用的调试命令有【F5】【F10】和【F11】。其中，【F5】是启动调试程序的命令；【F10】和【F11】是单步执行的命令：【F10】是逐过程执行命令，遇到函数直接跳过该函数，不逐一执行函数内部的命令，仅仅是将函数作为一条语句执行；而【F11】是逐语句执行命令，遇到函数则进入函数内部逐条执行语句。

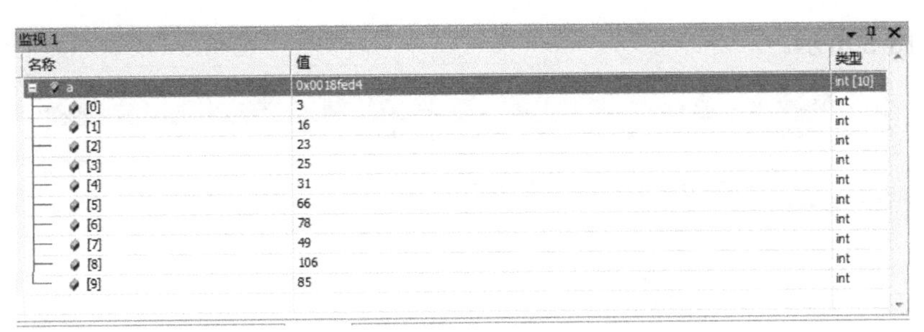

图 18-6　在【监视】对话框中查看数组 *a* 中的元素值

3. 查看工具

要查看程序的运行状态，如变量的值，就需要使用查看工具。Visual Studio 2019 开发环境提供的查看工具包括【监视】窗口、【局部变量】窗口、【内存】窗口、【反汇编】窗口等。

（1）【监视】窗口

【监视】窗口的作用是观察程序调试期间变量的值，通过观察变量的值，以确定程序运行过程中是否存在错误。在调试状态下，单击鼠标右键，在弹出的快捷菜单中选择【添加监视】命令，就可以调出【监视】窗口，也可以通过选择【调试】|【窗口】|【监视】命令查看【监视】窗口。

添加后的【监视】窗口会在项目中的左下角显示，【监视】窗口包含“名称”“值”和“类型”3 项内容，我们可以直接在“名称”栏中输入变量的名称，如输入数组名"*a*"，就可以查看数组中各元素的当前值，如图 18-7 所示。

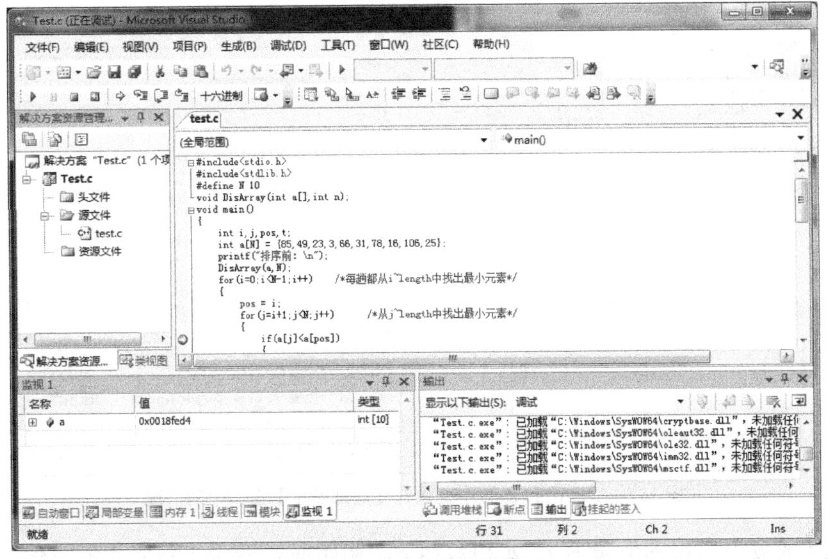

图 18-7　添加【监视】窗口

在调试过程中，也可以将选中的变量名直接拖入【监视】窗口，如将变量 *i*、*j*、pos 拖入其中，如图 18-8 所示。

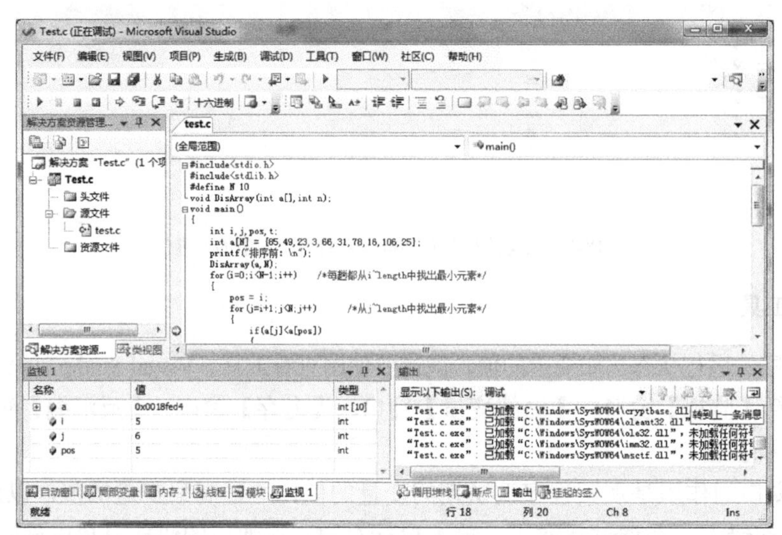

图 18-8　拖入变量 *i*、*j* 和 pos 后的【监视】窗口

（2）【局部变量】窗口

【局部变量】窗口是指当程序运行到当前函数块中时，【局部变量】窗口就会自动显示该函数中出现的所有变量值，如图 18-9 所示。

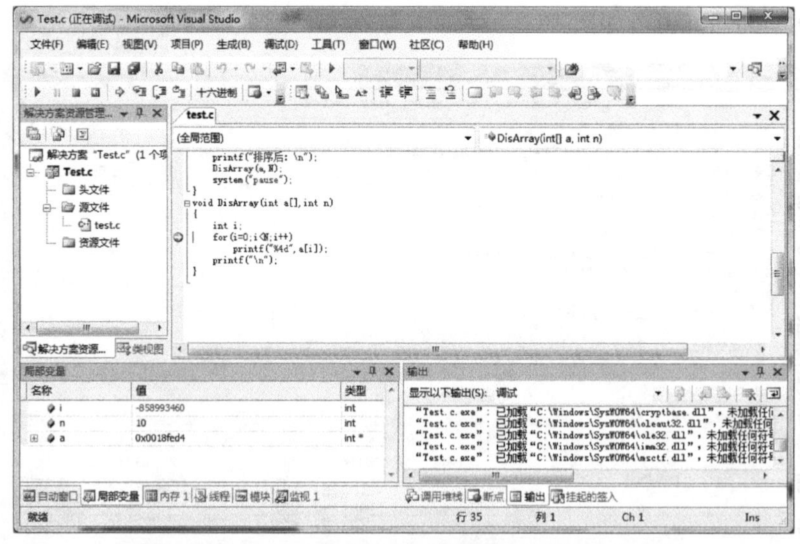

图 18-9　DisArray 函数中变量在【局部变量】窗口中的情况

DisArray 函数中出现的变量有 *i*、*n* 和数组 *a*，初始时，变量 *i* 的值为随机值。

（3）【内存】窗口

【内存】窗口用来显示某个地址开始处的内存数据，如果要查看连续多个变量的值，如数

组的值，就可以通过【内存】窗口查看。【内存】窗口的调出可通过【调试】|【窗口】|【内存】命令完成。若要在【内存】窗口中查看数组 *a* 中的元素值，首先在【监视】窗口中查看数组名的值，即数组的首地址 0x0018fed4，如图 18-10 所示。

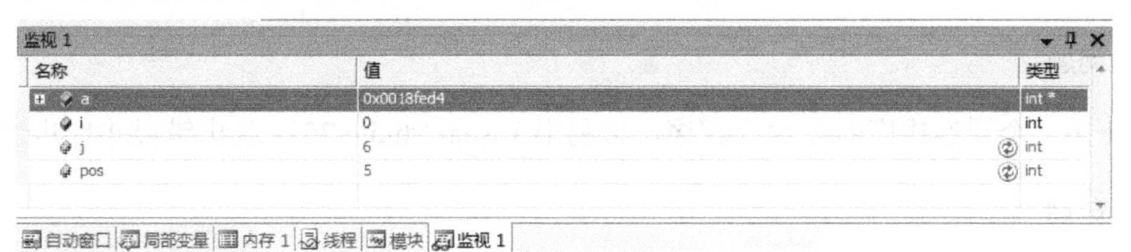

图 18-10　在【监视】窗口中查看数组 *a* 的首地址

然后将该首地址复制到【内存】窗口的地址中，按下 Enter 键，就会从第一行第一列开始显示数组 *a* 中的元素值，如图 18-11 所示。

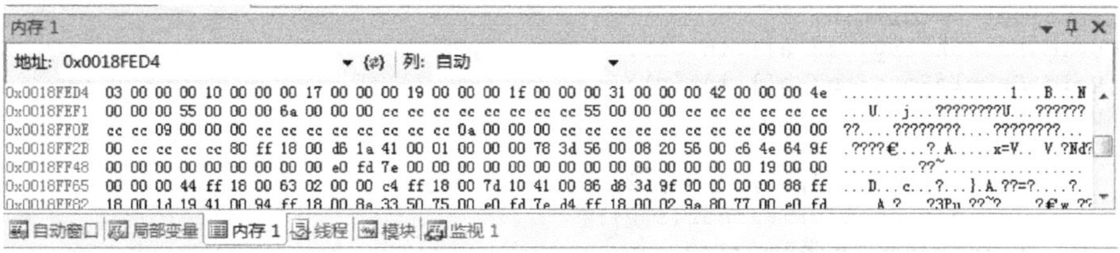

图 18-11　【内存】窗口中数组 *a* 中的元素值

数组 *a* 中的元素值以十六进制显示的，第 1 个数是 00000003，第 2 个数是 00000010，即 16，第 3 个数是 00000017，即 23，第 4 个数是 00000019，即 25，以此类推。

（4）【反汇编】窗口

【反汇编】窗口用来显示 C 语言源代码对应的反汇编命令。【反汇编】窗口如图 18-12 所示。

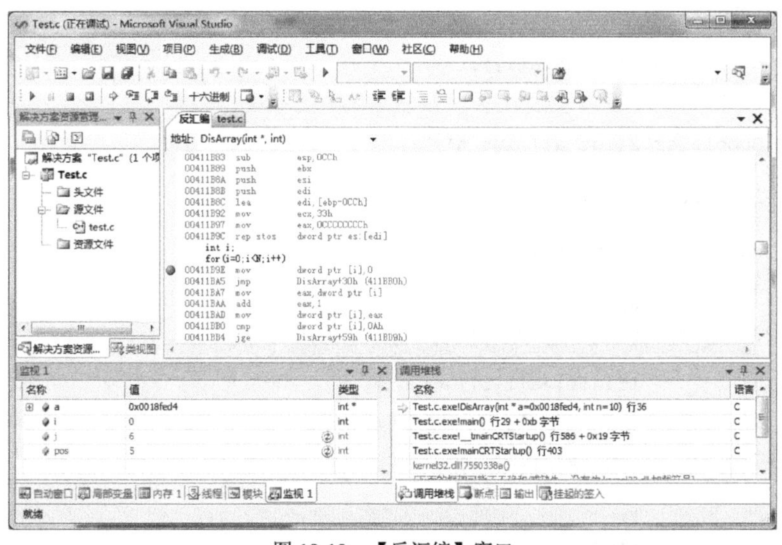

图 18-12　【反汇编】窗口

编辑区显示的是当前行对应的反汇编指令。

18.2.2 冒泡排序程序调试

1. 问题

以下是一个冒泡排序的 C 语言程序，请利用 Visual Studio 2019 找出错误并将其改正。

2. 范例

```
/*******************************************
*范例编号：18_01
*范例说明：冒泡排序
*******************************************/
01    #include <stdio.h>
02    #include <stdlib.h>
03    void PrintArray(int a[],int n);
04    void BubbleSort(int a[],int n);
05    void main()
06    {
07         int a[]={56,22,67,32,59,12,89,26,48,37};
08         int n=sizeof(a)/sizeof(a[0]);
09         printf("冒泡排序前:\n");
10         PrintArray(a,n);
11         printf("冒泡排序:\n");
12         BubbleSort(a,n);
13         PrintArray(a,n);
14         system("pause");
15    }
16    void PrintArray(int a[],int n)
17    {
18         int i;
19         for(i=0;i<n;i++)
20              printf("%4d",a[i]);
21         printf("\n");
22    }
23    void BubbleSort2(int a[],int n)
24    {
25         int i,t,flag=1;
26         int low=0,high=n-1;
27         while(low<high && flag)
28         {
29              flag=0;
30              for(i=low;i<high;i++)
31              {
32                   if(a[i]>a[i+1])
33                   {
34                        t=a[i];
35                        a[i]=a[i+1];
36                        a[i+1]=t;
37                   }
38                   flag=1;
```

```
39              }
40              high--;
41              for(i=high;i>low;i--)
42              {
43                  if(a[i]<a[i-1])
44                  {
45                      t=a[i];
46                      a[i]=a[i+1];
47                      a[i+1]=t;
48                      flag=1;
49                  }
50              }
51              low++;
52              printf("第%d趟排序结果:",i);
53              PrintArray(a,n);
54          }
55          system("pause");
56      }
```

运行程序后，在【输出】窗口出现图 18-13 所示的错误提示。

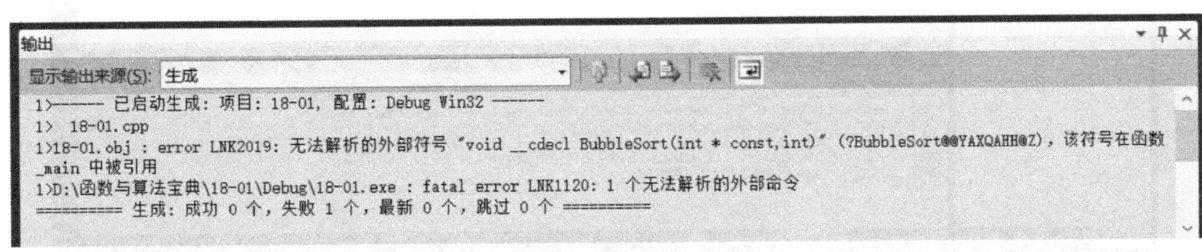

图 18-13　错误提示

这是一个链接错误，提示无法解析 BubbleSort 函数名，经过仔细检查，发现在第 12 行的程序调用是

```
12          BubbleSort(a,n);
```

而在第 23 行的函数声明却是

```
23    void BubbleSort2(int a[],int n)
```

两者不一致，我们把第 23 行的 BubbleSort2 修改为 BubbleSort，即

```
22    void BubbleSort(int a[],int n)
```

重新运行程序后，程序的运行结果如图 18-14 所示。

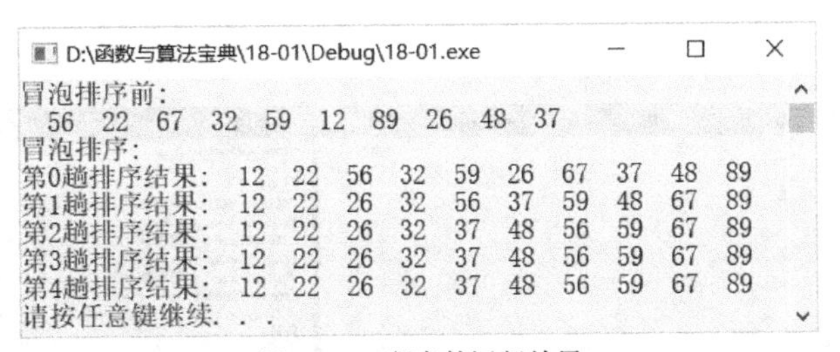

图 18-14　程序的运行结果

从运行结果上看，显然这个程序的运行结果是不正确的。虽然程序没有了语法错误和链接错误，并能正常运行，但其存在逻辑错误，这种错误就是程序设计本身的问题了，也就是说程

序编写的不正确。因为输入和输出都没有问题，就说明问题出在了 BubbleSort 函数内部，那我们就把检查的重点放在该函数中。

在调用 BubbleSort 函数的语句处设置一个断点，如图 18-15 所示。然后按下【F5】键开始调试程序以逐行检查，如图 18-16 所示。

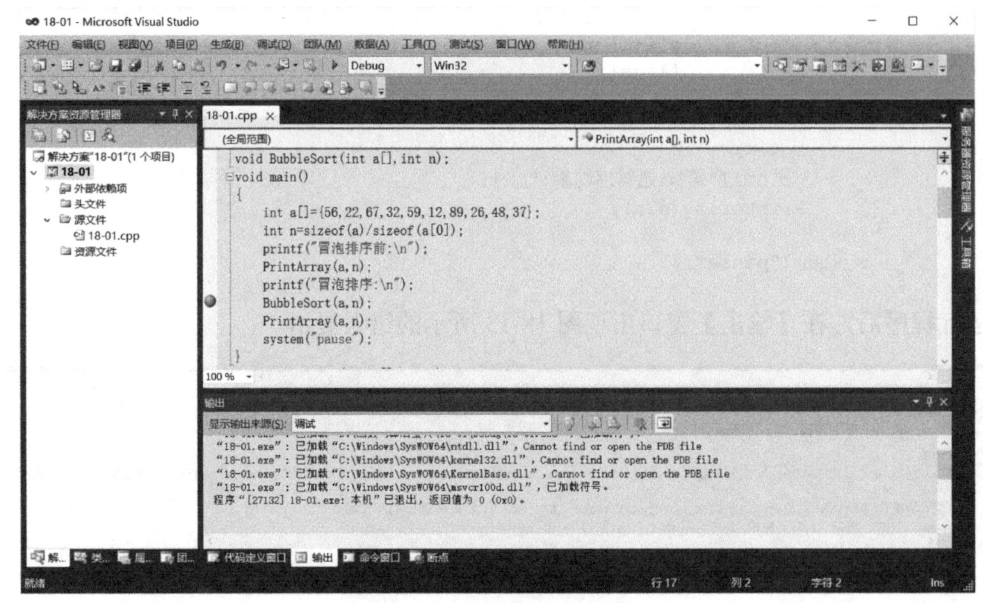

图 18-15　设置断点开始调试

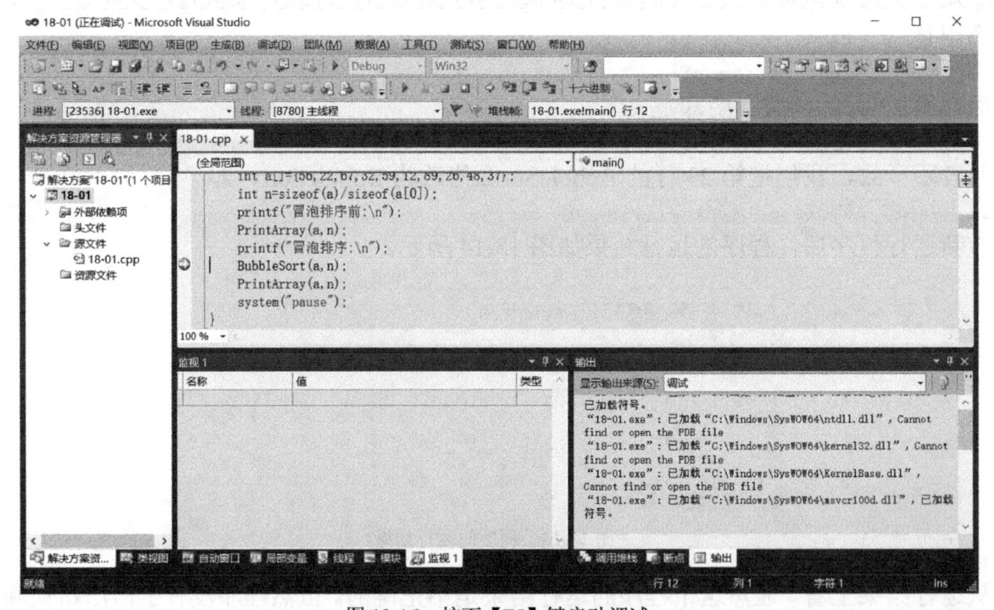

图 18-16　按下【F5】键启动调试

按下【F11】键，进入 BubbleSort 函数内部，为了观察数组 a 中的各元素值，可以在【监视】窗口中分别添加 $a[0]$～$a[9]$，共 10 个变量，观察各元素的变化情况，如图 18-17 所示。

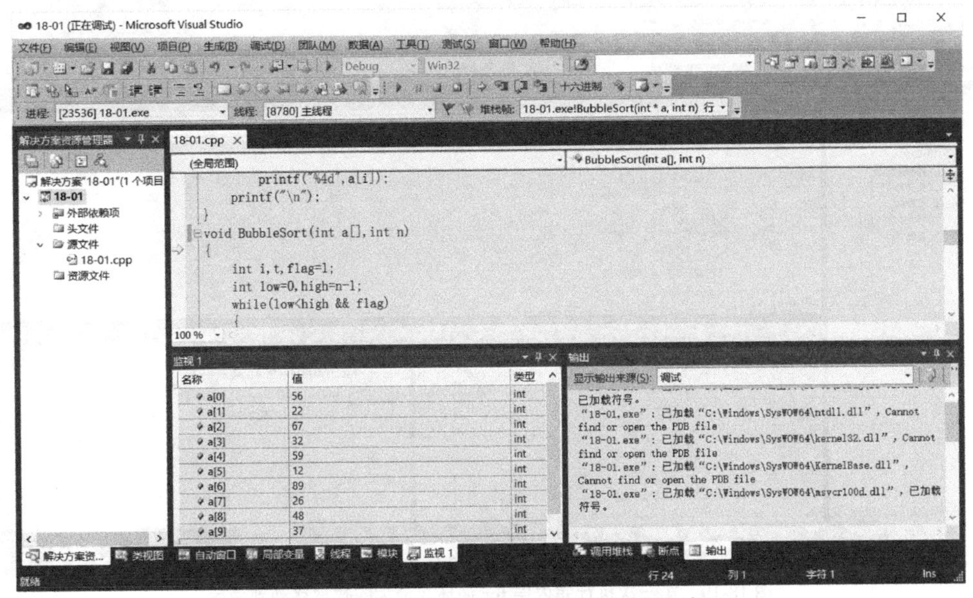

图 18-17　添加元素值 $a[0]$～$a[9]$后的【监视】窗口

单击【F10】键开始进行单步逐条语句的跟踪调试，并观察【监视】窗口中各元素值的变化，当 i=0 时，执行以下语句。

```
if(a[i]>a[i+1])
{
        t=a[i];
        a[i]=a[i+1];
        a[i+1]=t;
}
```

之后，22 与 56 发生了交换，【监视】窗口如图 18-18 所示。

监视 1

名称	值	类型
a[0]	22	int
a[1]	56	int
a[2]	67	int
a[3]	32	int
a[4]	59	int
a[5]	12	int
a[6]	89	int
a[7]	26	int
a[8]	48	int
a[9]	37	int

自动窗口　局部变量　线程　模块　监视 1

图 18-18　【监视】窗口中 $a[0]$和 $a[1]$发生了交换

i 从 0 变化到 9，跳出内层 for 循环后，最大的数 89 被移动到了最后，如图 18-19 所示。然后继续执行，high 变为 8，执行后面的 for 循环，开始从后往前挑选出最小的数并将其移动到最前面，执行完一次后，数组中元素值的变化如图 18-20 所示。

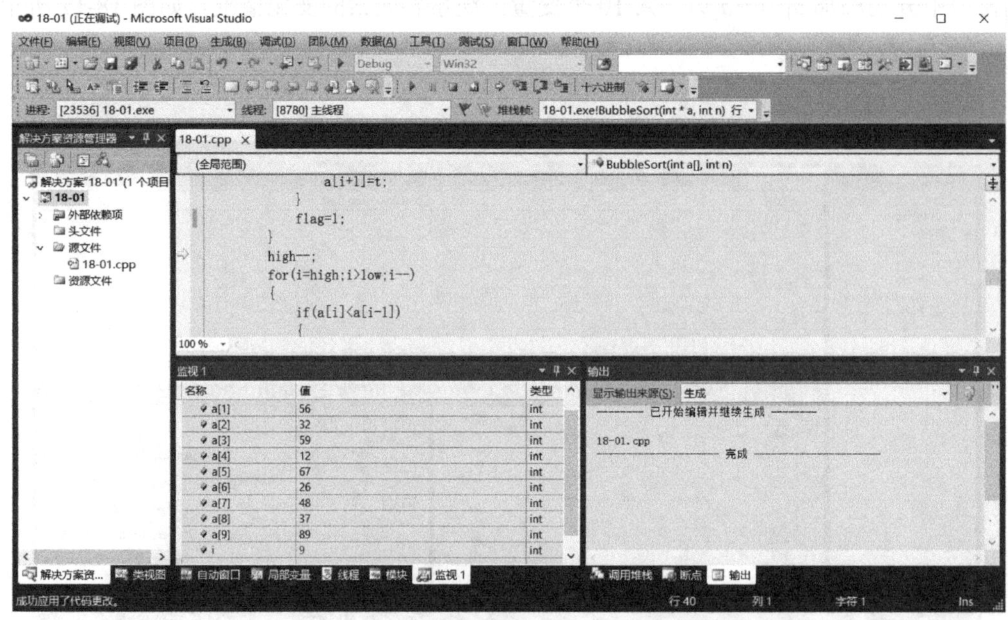

图 18-19　第一次执行完内层 for 循环，最大的数被移动到最后

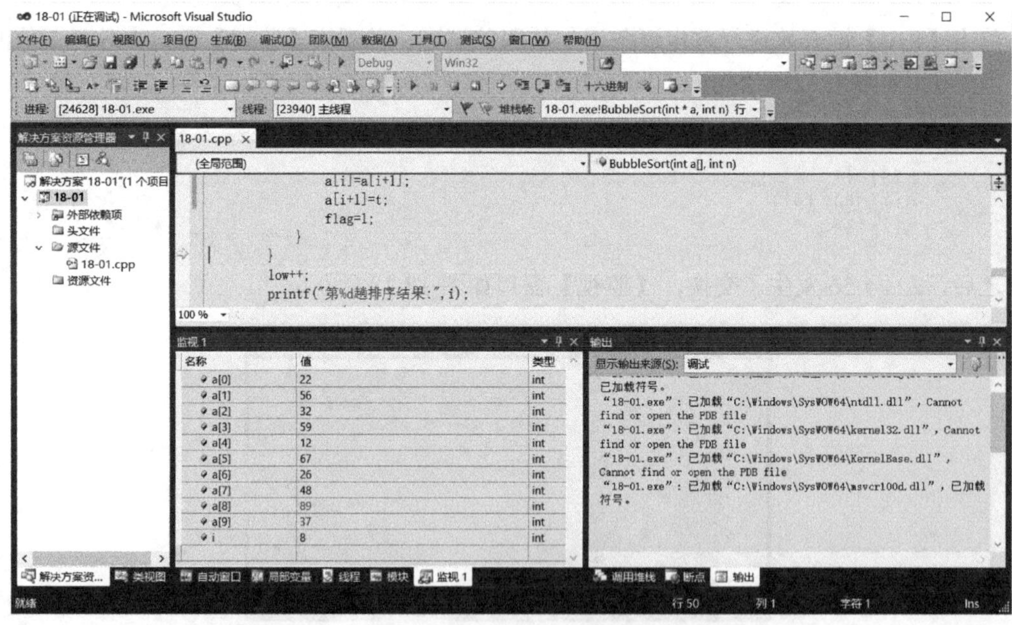

图 18-20　执行完一次第二个内层 for 循环后元素值的变化

最大的数又被往前移动了一个位置，这显然是不对的，因为最大的数已经被放置在正确的位置上，而下面的 for 循环语句应该是在 *a*[0]～*a*[8]的范围内找出最小的数并将其移动到最前面。

```
if(a[i]<a[i-1])
{
        t=a[i];
        a[i]=a[i+1];
        a[i+1]=t;
        flag=1;
}
```

因此问题很可能就出现在这段代码上。经过检查，发现是由于 if 语句中的两个数交换时，数组的下标写错了。将上面的代码修改为如下的代码。

```
if(a[i]<a[i-1])
{
        t=a[i];
        a[i]=a[i-1];
        a[i-1]=t;
        flag=1;
}
```

即将 *a*[*i*+1]修改为 *a*[*i*−1]，重新运行程序后，程序的运行结果如图 18-21 所示。

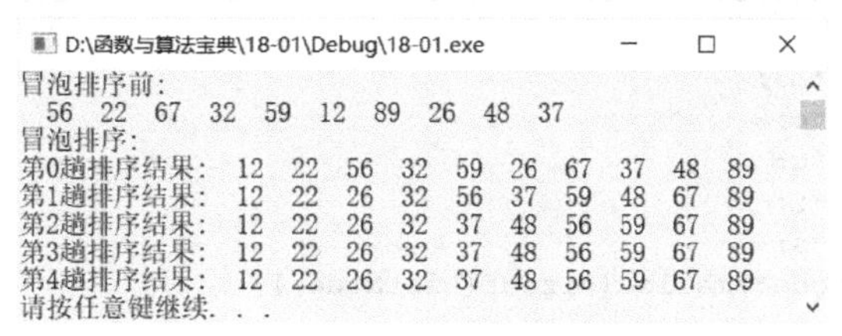

图 18-21　程序的运行结果

18.2.3　合并链表程序调试

1. 问题

将两个有序链表合并为一个有序链表，该程序存在一些错误，请找出哪里出了错误，并改正。

2. 范例

```
/*********************************************
*范例编号：18_02
*范例说明：将两个有序链表合并为一个有序链表
*********************************************/
01    #include <stdio.h>
02    #include <stdlib.h>
03    typedef struct Node
04    {
05        int data;
06        struct Node *next;
07    }ListNode;
08    ListNode *head;
09    ListNode *CreateList()      /*创建链表*/
10    {
11        ListNode *s;
12        ListNode *t;
```

```
13         int n;
14         printf("请输入链表的长度:\n");
15         scanf("%d",&n);
16         while(n--)
17         {
18              printf("请输入元素值:");
19              t=(ListNode*)malloc(sizeof(ListNode));
20              scanf("%d",t->data);
21              if(head==NULL)
22                   head=t;
23              else
24                   s->next=t;
25              s=t;
26         }
27         if(head!=NULL)
28              t->next=NULL;
29         return (head);
30    }
31    ListNode *MergeList(ListNode *L1, ListNode *L2)/*合并链表*/
32    {
33         ListNode *L3;
34         ListNode *p;
35         ListNode *q;
36         ListNode *t;
37         ListNode *s;
38         L3=(ListNode*)malloc(sizeof(ListNode));
39         t=L3;
40         while(p!=NULL && q!=NULL)
41         {
42              if(p->data<q->data)
43              {
44                   s=(ListNode*)malloc(sizeof(ListNode));
45                   s->data=p->data;
46                   p=p->next;
47                   t->next=s;
48                   t=s;
49              }
50              else if(p->data>q->data)
51              {
52                   s=(ListNode*)malloc(sizeof(ListNode));
53                   s->data=q->data;
54                   q=q->next;
55                   t->next=s;
56                   t=s;
57              }
58              else
59              {
60                   s=(ListNode*)malloc(sizeof(ListNode));
61                   s->data=p->data;
62                   p=p->next;
63                   q=q->next;
64                   t->next=s;
65                   t=s;
66              }
67         }
```

```
68          if(q!=NULL)
69              p=q;
70          while(p!=NULL)
71          {
72              s=(ListNode*)malloc(sizeof(ListNode));
73              s->data=p->data;
74              p=p->next;
75              t->next=s;
76              t=s;
77          }
78          t->next=NULL;
79          return L3;
80      }
81      void DispList(ListNode *head)    /*输出链表*/
82      {
83          while(head!=NULL)
84          {
85              printf("%4d",head->data);
86              head=head->next;
87          }
88          printf("\n");
89      }
90      void main()                      /*主函数*/
91      {
92          ListNode *L1;
93          ListNode *L2;
94          ListNode *L;
95          L1=CreateList();
96          DispList(L1);
97          head=NULL;
98          L2=CreateList();
99          DispList(L2);
100         L=MergeList(L1,L2);
101         DispList(L);
102         system("pause");
103     }
```

运行以上程序，当输入链表长度和第一个元素值后，会弹出一个运行错误提示信息，如图 18-22 所示。

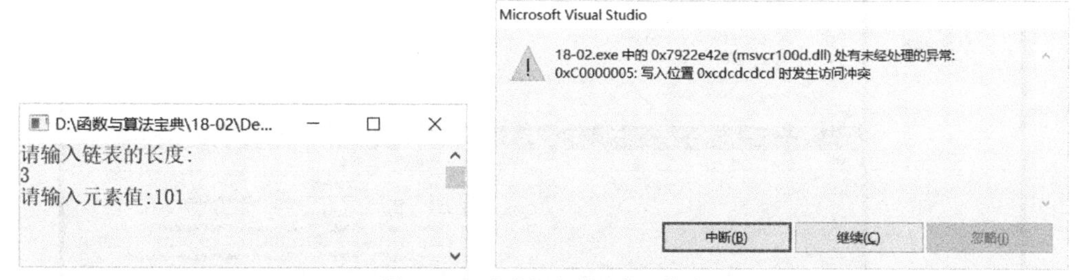

图 18-22　程序运行错误提示信息

这说明程序内部有一个致命错误，该错误并不属于语法和链接类错误，这就需要对该程序进行单步调试，直到找到错误的地方。

因为我们并不知道错误的地方在哪里，所以可以在每个函数的入口都分别设置一个断点，对每个函数分别进行调试，从而检查错误到底在哪个函数中。断点设置如图 18-23 所示。细心的读者可能会发现刚才的错误是在输入链表中的元素时出现的，那错误很可能就是在创建链表函数中。我们先在 CreateList 函数中进行单步调试。

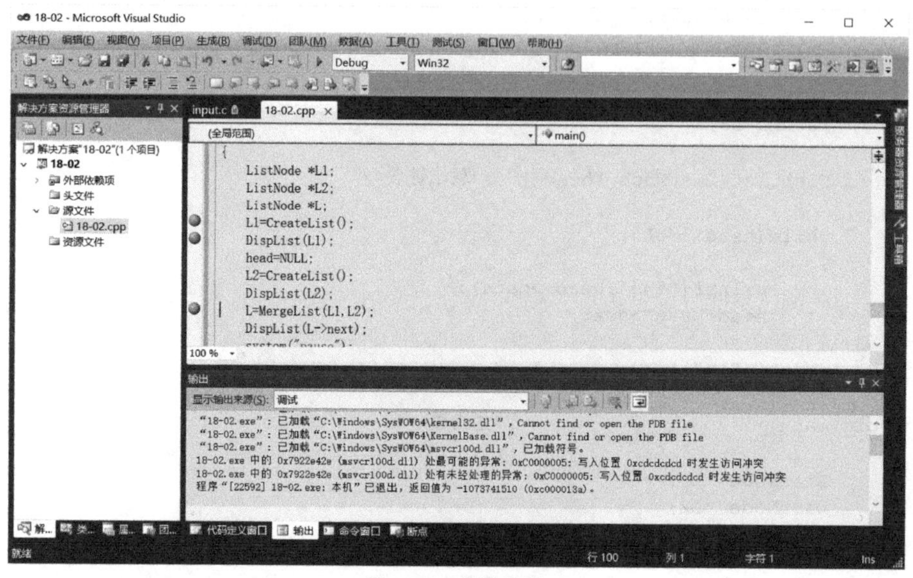

图 18-23　断点设置

按下【F10】键程序定位到图 18-24 所示的位置。

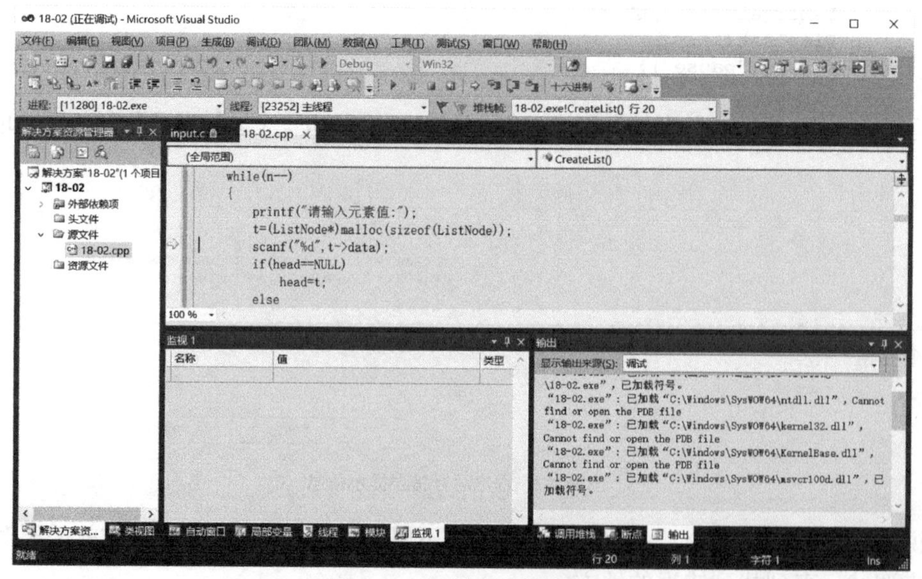

图 18-24　程序运行到断点处

按下【F10】键单步跟踪程序，输入第 1 个元素后，弹出图 18-25 所示的提示框。

并且程序的错误定位在如下代码处。

```
scanf("%d",t->data);
```

经过检查发现少了一个&运算符，将以上代码修改为如下代码。

```
scanf("%d",&(t->data));
```

继续按下【F10】键进行调试，经过调试发现 CreateList 函数没有出现其他错误。然后继续单步执行，创建 $L1$ 和 $L2$ 链表，如图 18-26 所示。

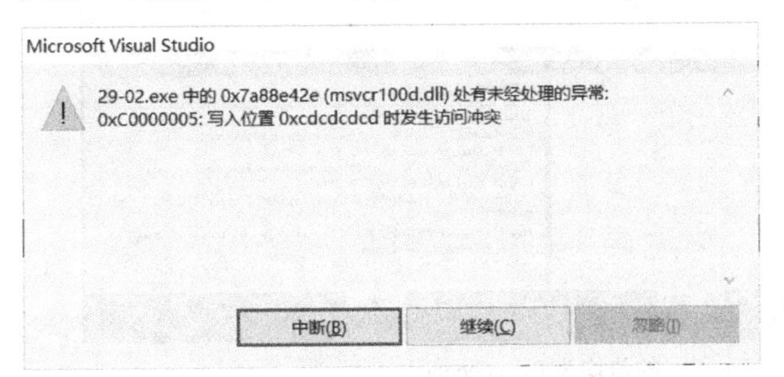

图 18-25 程序异常信息提示框

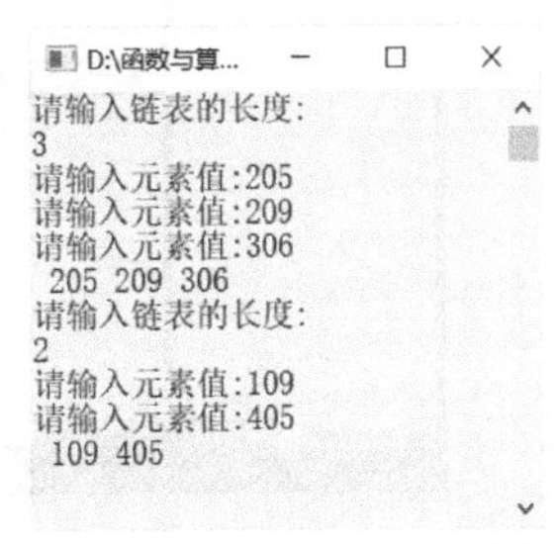

图 18-26 创建 $L1$ 和 $L2$ 链表

这表明 CreateList 函数和 DispList 函数都没有错误，再次进行单步跟踪，进入 MergeList 函数中，当执行到

```
while(p!=NULL && q!=NULL)
```

时，弹出图 18-27 所示的错误提示。

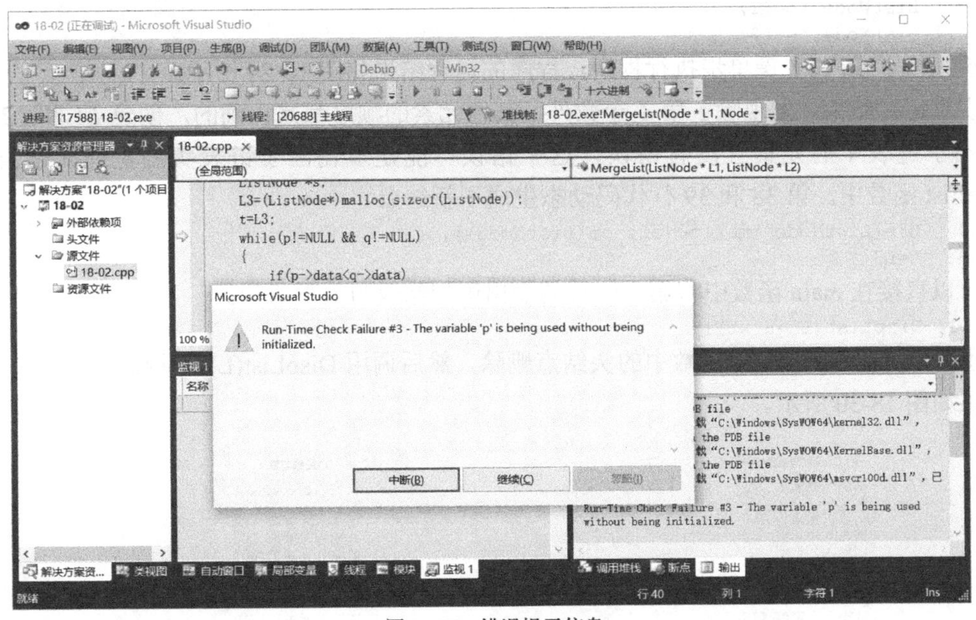

图 18-27 错误提示信息

将光标放置在 p 和 q 的上面，发现 p 和 q 的值均为 0xcccccccc，这说明 p 和 q 的值均没有被赋值，如图 18-28 所示。

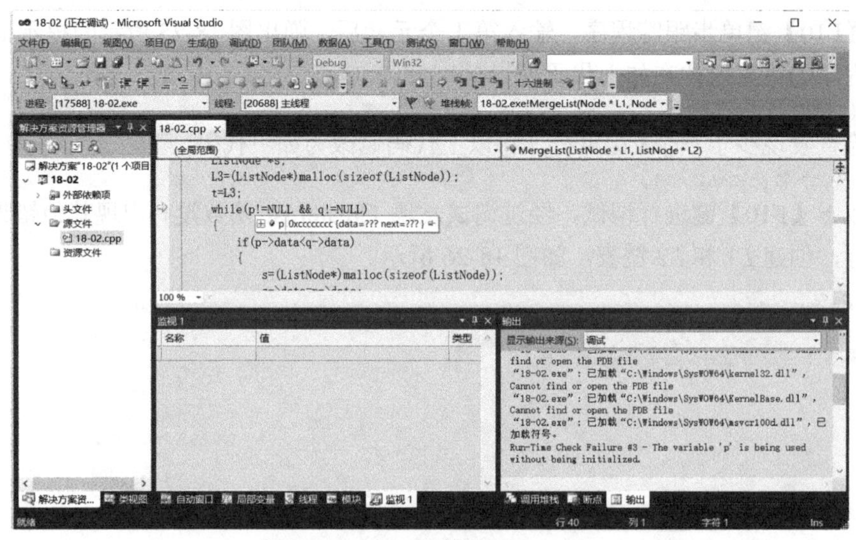

图 18-28　p 和 q 的值均为 0xcccccccc

然后在 MergeList 函数中，在该语句之前检查 p 和 q 的赋值情况，发现 p 和 q 均没有被赋值，因此将以下代码

```
34   ListNode *p;
35   ListNode *q;
```

修改为如下形式。

```
34   ListNode *p=L1;
35   ListNode *q=L2;
```

继续按下【F10】键单步执行程序，程序的运行结果如图 18-29 所示。

观察运行结果，发现除了第 1 个数外，其他元素的顺序都是正确的，创建 $L1$ 和 $L2$ 之后都输出了链表中的元素且没有错误，这个错误可能是多输出了链表头结点的元素值，在 MergeList 函数中，第 38 和 39 行代码动态生成了新结点。

```
38   L3=(ListNode*)malloc(sizeof(ListNode));
39   t=L3;
```

可以直接在 main 函数中将第 101 行的输出语句修改为如下语句。

```
101  DispList(L->next);
```

也可以先把 MergeList 函数中的头结点删除，然后调用 DispList(L)，继续运行程序，输出的结果如图 18-30 所示。

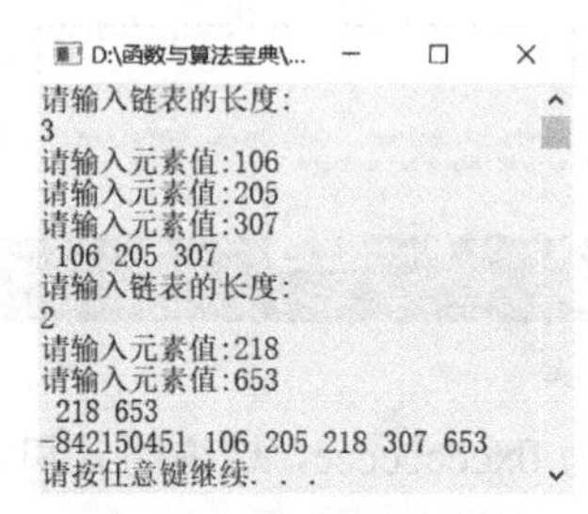

图 18-29　程序的运行结果

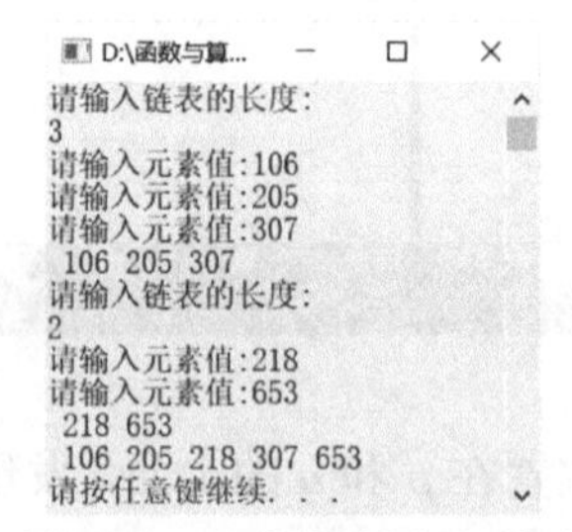

图 18-30　程序的最终运行结果